“十三五”国家重点出版物出版规划项目

中国土系志

Soil Series of China

（中西部卷）

总主编　张甘霖

江 西 卷

Jiangxi

王天巍　陈家赢　著

科 学 出 版 社
龍 門 書 局
北 京

内 容 简 介

《中国土系志·江西卷》是在对江西省区域概况和主要土壤类型全面调查研究的基础上，进行了土壤高级分类单元（土纲、亚纲、土类、亚类）和基层分类单元（土族、土系）的鉴定和划分。本书分上、下两篇，上篇论述江西省区域概况、成土因素、成土过程、诊断层与诊断特性、土壤分类的发展以及本次土系调查的概况；下篇重点介绍建立的江西省典型土系，内容包括每个土系所属的高级分类单元、分布与环境条件、土系特征与变幅、对比土系、利用性能综述、参比土种、代表性单个土体和相应的理化性质。

本书可供从事土壤学相关学科包括农业、环境、生态和自然地理等的科学研究和教学工作者，以及从事土壤与环境调查的部门和科研机构人员参考。

审图号：GS（2020）3822 号

图书在版编目（CIP）数据

中国土系志. 中西部卷. 江西卷/张甘霖主编；王天巍，陈家赢著. —北京：龙门书局，2020.12

“十三五”国家重点出版物出版规划项目 国家出版基金项目

ISBN 978-7-5088-5701-5

Ⅰ.①中… Ⅱ.①张… ②王… ③陈… Ⅲ.①土壤地理-中国②土壤地理-江西 Ⅳ. ①S159.2

中国版本图书馆 CIP 数据核字（2019）第 291499 号

责任编辑：胡 凯 周 丹 曾佳佳/责任校对：杨聪敏

责任印制：师艳茹/封面设计：许 瑞

科学出版社
龍門書局 出版

北京东黄城根北街 16 号

邮政编码：100717

http://www.sciencep.com

中国科学院印刷厂 印刷

科学出版社发行 各地新华书店经销

*

2020 年 12 月第 一 版 开本：787 × 1092 1/16

2020 年 12 月第一次印刷 印张：24 1/2

字数：580 000

定价：298.00 元

（如有印装质量问题，我社负责调换）

《中国土系志》编委会顾问

土系审定小组

《中国土系志》编委会

《中国土系志·江西卷》作者名单

主要作者 王天巍 陈家赢

参编人员 （以姓氏笔画为序）

王军光　王腊红　邓　楠　朱　亮　刘书羽

刘窑军　关熊飞　牟经瑞　李婷婷　杨　松

杨家伟　罗梦雨　周泽璠　聂坤照　曹金洋

顾　　问 蔡崇法

丛 书 序 一

土壤分类作为认识和管理土壤资源不可或缺的工具，是土壤学最为经典的学科分支。现代土壤学诞生后，近150年来不断发展，日渐加深人们对土壤的系统认识。土壤分类的发展一方面促进了土壤学整体进步，同时也为相邻学科提供了理解土壤和认知土壤过程的重要载体。土壤分类水平的提高也极大地提高了土壤资源管理的水平，为土地利用和生态环境建设提供了重要的科学支撑。在土壤分类体系中，高级单元主要体现土壤的发生过程和地理分布规律，为宏观布局提供科学依据；基层单元主要反映区域特征、层次组合以及物理、化学性状，是区域规划和农业技术推广的基础。

我国幅员辽阔，自然地理条件迥异，人类活动历史悠久，造就了我国丰富多样的土壤资源。自现代土壤学在中国发端以来，土壤学工作者对我国土壤的形成过程、类型、分布规律开展了卓有成效的研究。就土壤基层分类而言，自20世纪30年代开始，早期的土壤分类引进美国Marbut体系，区分了我国亚热带低山丘陵区的土壤类型及其续分单元，同时定名了一批土系，如孝陵卫系、萝岗系、徐闻系等，对后来的土壤分类研究产生了深远的影响。

与此同时，美国土壤系统分类（soil taxonomy）也在建立过程中，当时Marbut分类体系中的土系（soil series）没有严格的边界，一个土系的属性空间往往跨越不同的土纲。典型的例子是迈阿密（Miami）系，在系统分类建立后按照属性边界被拆分成为不同土纲的多个土系。我国早期建立的土系也同样具有属性空间变异较大的情形。

20世纪50年代，随着全面学习苏联土壤分类理论，以地带性为基础的发生学土壤分类迅速成为我国土壤分类的主体。1978年，中国土壤学会召开土壤分类会议，制定了依据土壤地理发生的《中国土壤分类暂行草案》。该分类方案成为随后开展的全国第二次土壤普查中使用的主要依据。通过这次普查，于20世纪90年代出版了《中国土种志》，其中包含近3000个典型土种。这些土种成为各行业使用的重要土壤数据来源。限于当时的认识和技术水平，《中国土种志》所记录的典型土种依然存在“同名异土”和“同土异名”的问题，代表性的土壤剖面没有具体的经纬度位置，也未提供剖面照片，无法了解土种的直观形态特征。

随着“中国土壤系统分类”的建立和发展，在建立了从土纲到亚类的高级单元之后，建立以土系为核心的土壤基层分类体系是“中国土壤系统分类”发展的必然方向。建立我国的典型土系，不但可以从真正意义上使系统完整，全面体现土壤类型的多样性和丰富性，而且可以为土壤利用和管理提供最直接和完整的数据支持。

在科技部国家科技基础性工作专项项目“我国土系调查与《中国土系志》编制”的支持下，以中国科学院南京土壤研究所张甘霖研究员为首，联合全国二十多所大学和相关科研机构的一批中青年土壤科学工作者，经过数年的努力，首次提出了中国土壤系统分类框架内较为完整的土族和土系划分原则与标准，并应用于土族和土系的建立。通过艰苦的野外工作，先后完成了我国东部地区和中西部地区的主要土系调查和鉴别工作。在比土、评土的基础上，总结和建立了具有区域代表性的土系，并编纂了以各省市为分册的《中国土系志》，这是继“中国土壤系统分类”之后我国土壤分类领域的又一重要成果。

作为一个长期从事土壤地理学研究的科技工作者，我见证了该项工作取得的进展和一批中青年土壤科学工作者的成长，深感完善这项成果对中国土壤系统分类具有重要的意义。同时，这支中青年土壤分类工作者队伍的成长也将为未来该领域的可持续发展奠定基础。

对这一基础性工作的进展和前景我深感欣慰。是为序。

中国科学院院士

2017 年 2 月于北京

丛 书 序 二

土壤分类和分布研究既是土壤学也是自然地理学中的基础工作。认识和区分土壤类型是理解土壤多样性和开展土壤制图的基础，土壤分类的建立也是评估土壤功能，促进土壤技术转移和实现土壤资源可持续管理的工具。对土壤类型及其分布的勾画是土地资源评价、自然资源区划的重要依据，同时也是诸多地表过程研究所不可或缺的数据来源，因此，土壤分类研究具有显著的基础性，是地球表层系统研究的重要组成部分。

我国土壤资源调查和土壤分类工作经历了几个重要的发展阶段。20 世纪 30 年代至 70 年代，老一辈土壤学家在路线调查和区域综合考察的基础上，基本明确了我国土壤的类型特征和宏观分布格局；80 年代开始的全国土壤普查进一步摸清了我国的土壤资源状况，获得了大量的基础数据。当时由于历史条件的限制，我国土壤分类基本沿用了苏联的地理发生分类体系，强调生物气候带的影响，而对母质和时间因素重视不够。此后虽有局部的调查考察，但都没有形成系统的全国性数据集。

以诊断层和诊断特性为依据的定量分类是当今国际土壤分类的主流和趋势。自 20 世纪 80 年代开始的“中国土壤系统分类”研究历经 20 多年的努力构建了具有国际先进水平的分类体系，成果获得了国家自然科学奖二等奖。“中国土壤系统分类”完成了亚类以上的高级单元，但对基层分类级别——土族和土系——仅仅开展了一些样区尺度的探索性研究。因此，无论是从土壤系统分类的完整性，还是土壤类型代表性单个土体的数据积累来看，仅有高级单元与实际的需求还有很大距离，这也说明进行土系调查的必要性和紧迫性。

在科技部国家科技基础性工作专项的支持下，自 2008 年开始，中国科学院南京土壤研究所联合国内 20 多所大学和科研机构，在张甘霖研究员的带领下，先后承担了“我国土系调查与《中国土系志》编制”（项目编号 2008FY110600）和“我国土系调查与《中国土系志（中西部卷）》编制”（项目编号 2014FY110200）两期研究项目。自项目开展以来，近百名项目参加人员，包括数以百计的研究生，以省区为单位，依据统一的布点原则和野外调查规范，开展了全面的典型土系调查和鉴定。经过 10 多年的努力，参加人员足迹遍布全国各地，克服了种种困难，不畏艰辛，调查了近 7000 个典型土壤单个土体，结合历史土壤数据，建立了近 5000 个我国典型土系；并以省区为单位，完成了我国第一部包含 30 分册、基于定量标准和统一分类原则的土系志，朝着系统建立我国基于定量标准的基层分类体系迈进了重要的一步。这些基础性的数据，无疑是我国自第二次土壤普查以来重要的土壤信息来源，相关成果可望为各行业、部门和相关研究者，特别是土壤质量提升、土地资源评价、水文水资源模拟、生态系统服务评估等工作提供最新的、系统的数据支撑。

我欣喜于并祝贺《中国土系志》的出版，相信其对我国土壤分类研究的深入开展，对促进土壤分类在地球表层系统科学研究中的应用有重要的意义。欣然为序。

傅伯杰

中国科学院院士

2017 年 3 月于北京

丛书前言

土壤分类的实质和理论基础，是区分地球表面三维土壤覆被这一连续体发生重要变化的边界，并试图将这种变化与土壤的功能相联系。区分土壤属性空间或地理空间变化的理论和实践过程在不断进步，这种演变构成土壤分类学的历史沿革。无论是古代朴素分类体系所使用的土壤颜色或土壤质地，还是现代分类采用的多种物理、化学属性乃至光谱（颜色）和数字特征，都携带或者代表了土壤的某种潜在功能信息。土壤分类正是基于这种属性与功能的相互关系，构建特定的分类体系，为使用者提供土壤功能指标，这些功能可以是农林生产能力，也可以是固存土壤有机碳或者无机碳的潜力或者抵御侵蚀的能力，乃至是否适合作为建筑材料。分类体系也构筑了关于土壤的系统知识，在一定程度上厘清了土壤之间在属性和空间上的距离关系，成为传播土壤科学知识的重要工具。

毫无疑问，对土壤变化区分的精细程度决定了对土壤功能理解和合理利用的水平，所采用的属性指标也决定了其与功能的关联程度。在大陆或国家尺度上，土纲或亚纲级别的分布已经可以比较准确地表达大尺度的土壤空间变化规律。在农场或景观水平，土壤的变化通常从诊断层（发生层）的差异变为颗粒组成或层次厚度等属性的差异，表达这种差异正是土族或土系确立的前提。因此，建立一套与土壤综合功能密切相关的土壤基层单元分类标准，并据此构建亚类以下的土壤分类体系（土族和土系），是对土壤变异精细认识的体现。

基于现代分类体系的土系鉴定工作在我国基本处于空白状态。我国早期（1949 年以前）所建立的土系沿用了美国土壤系统分类建立之前的 Marbut 分类原则，基本上都是区域的典型土壤类型，大致可以相当于现代系统分类中的亚类水平，涵盖范围较大。“中国土壤系统分类”研究在完成高级单元之后尝试开展了土系研究，进行了一些局部的探索，建立了一些典型土系，并以海南等地区为例建立了省级尺度的土系概要，但全国范围内的土系鉴定一直未能实现。缺乏土族和土系的分类体系是不完整的，也在一定程度上制约了分类在生产实际中特别是区域土壤资源评价和利用中的应用，因此，建立“中国土壤系统分类”体系下的土族和土系十分必要和紧迫。

所幸，这项工作得到了国家科技基础性工作专项的支持。自 2008 年开始，我们联合国内 20 多所大学和科研机构，先后开展了“我国土系调查与《中国土系志》编制”（项目编号 2008FY110600）和“我国土系调查与《中国土系志（中西部卷）》编制”（项目编号 2014FY110200）两个项目的连续研究，朝着系统建立我国基于定量标准的基层分类体系迈进了重要的一步。经过 10 多年的努力，项目调查了近 7000 个典型土壤单个土体，结合历史土壤数据，建立了近 5000 个我国典型土系，并以省区为单位，完成了我国第一部基于定量标准和统一分类原则的全国土系志。这些基础性的数据，将成为自第二次全国土壤普查以来重要的土壤信息来源，可望为农业、自然资源管理、生态环境建设等部门和相关研究者提供最新的、系统的数据支撑。

项目在执行过程中，得到了两届项目专家小组和项目主管部门、依托单位的长期指导和支持。孙鸿烈院士、赵其国院士、龚子同研究员和其他专家为项目的顺利开展提供了诸多重要的指导。中国科学院前沿科学与教育局、重大科技任务局、科技促进发展局、中国科学院南京土壤研究所以及土壤与农业可持续发展国家重点实验室都持续给予关心和帮助。

值得指出的是，作为研究项目，在有限的资助下只能着眼主要的和典型的土系，难以开展全覆盖式的调查，不可能穷尽亚类单元以下所有的土族和土系，也无法绘制土系分布图。但是，我们有理由相信，随着研究和调查工作的开展，更多的土系会被鉴定，而基于土系的应用将展现巨大的潜力。

由于有关土系的系统工作在国内尚属首次，在国际上可资借鉴的理论和方法也十分有限，因此我们在对于土系划分相关理论的理解和土系划分标准的建立上难免会存在诸多不足；而且，由于本次土系调查工作在人员和经费方面的局限性以及项目执行期限的限制，书中疏误恐在所难免，希望得到各方的批评与指正！

张甘霖

2017 年 4 月于南京

前　言

2014年起，在科技部国家科技基础性工作专项“我国土系调查与《中国土系志（中西部卷）》编制”（2014FY110200）项目支持下，由中国科学院南京土壤研究所牵头，联合全国诸多高等院校和科研单位，开展了我国中西部地区晋、陕、甘、宁、青、内蒙古、新、赣、湘、川、渝、滇、桂、黔、藏15个省（自治区、直辖市）的中国土壤系统分类基层单元土族-土系的系统性调查研究。《中国土系志·江西卷》是该专项的主要成果之一，也是继20世纪80年代我国第二次土壤普查后，有关江西省土壤调查与分类方面的最新成果体现。

江西省土系调查研究覆盖了全省区域，经历了基础资料与图件收集整理、代表性单个土体布点、野外调查与采样、室内测定分析、高级分类单元土纲-亚纲-土类-亚类的确定、基层分类单元土族-土系的划分与建立等过程，历时近6年。共调查了174个典型土壤剖面，测定分析了近600个发生层土样，采集了67个岩石矿物标本，拍摄了近1200张景观、剖面和新生体照片，获取了近15万条成土因素、土壤剖面形态、土壤理化性质方面的信息，最终共划分出113个土族，新建了147个土系。

本书中单个土体布点依据“空间单元（地形、母质、土地利用）+历史图件+专家经验”的方法，土壤剖面调查依据项目组制定的《野外土壤描述与采样手册》，土样测定分析依据《土壤调查实验室分析方法》，土纲-亚纲-土类-亚类高级分类单元的确定依据《中国土壤系统分类检索》（第三版），基层分类单元土族-土系的划分和建立依据项目组制定的《中国土壤系统分类土族和土系划分标准》。

本书是一本区域性土壤专著，全书共两篇分八章。上篇（1～3章）为总论，主要介绍江西省区域概况、成土因素与成土过程特征、土壤诊断层和诊断类型及其特征、土壤分类简史等；下篇（4～8章）重点介绍江西省典型土系，内容包括每个土系的分布与环境条件、土系特征与变幅、对比土系、利用性能综述和可作为近似参比的土种、代表性单个土体形态描述以及相应的理化性质、利用评价等。

江西省土系调查工作的完成与本书的定稿饱含着我国众多老一辈专家、各界同仁和研究生的辛勤劳动。感谢项目组诸位专家和同仁多年来的温馨合作和热情指导！感谢参与江西省土系野外调查、室内测定分析、土系数据库建立的同仁和全体研究生！感谢江西省农业农村厅土壤肥料工作站、各县（市、区）农业局同仁给予的支持与帮助！在土系调查和本书写作过程中，参阅了大量资料，特别是江西省第二次土壤普查资料，包括

《江西土壤》和《江西土种志》以及相关图件，在此一并表示感谢！

受时间和经费的限制，本次土系调查研究不同于全面的土壤普查，而是重点针对江西省的典型土系。虽然建立的典型土系遍及江西全省，但由于自然条件复杂、农业利用多样，相信尚有一些土系还没有被观察和采集。因此本书对江西省土系研究而言，仅是一个开端，新的土系还有待今后的充实。另外，由于作者水平有限，疏漏之处在所难免，希望读者给予指正。

作　者

2019 年 6 月

目　　录

下篇　区域典型土系

上篇　总　　论

第 1 章　区域概况与成土因素

1.1　区 域 概 况

1.1.1　地理位置

江西省简称“赣”，位于长江中下游交接处的南岸。地处北纬 24°29′～30°04′、东经 113°34′～118°28′之间，东邻浙江、福建，南连广东，西接湖南，北毗湖北、安徽。北依长江，上接武汉三镇，下通南京、上海，东南与沿海开放城市相邻。京九铁路和浙赣铁路纵横贯通全境，交通便利，地理位置优越。全省共有南昌、九江、上饶、新余、景德镇、萍乡、吉安、鹰潭、宜春、抚州、赣州 11 个设区市，100 个县（市、区）。南昌市为江西省省会。截至 2017 年，全省人口约 4622.06 万，土地总面积 16.69 万 km^2（图 1-1）。

1.1.2　土地利用

据 2017 年年鉴数据，全省面积 16.69 万 km^2。全境以山地、丘陵为主，山地占全省总面积的 36%，丘陵占 42%，岗地、平原、水面占 22%，大致为“六山一水二分田，一分道路和庄园”。2016 年年末，全省林业用地面积 1072.22 万 hm^2，活木蓄积量 4.45 亿 m^3，森林覆盖率 63.1%。

根据《江西土壤》，全省耕地总面积 270 万 hm^2，占土地总面积的 16.17%，高于全国土地垦殖率。全省林地、草坡地和园地面积 1096.86 万 hm^2，占土地总面积的 65.70%，包括林地 923.49 万 hm^2，草地 162.36 万 hm^2，园地 11.01 万 hm^2。城乡居民点用地、工矿用地和交通用地面积 100.44 万 hm^2，占土地总面积的 6.02%，包括城乡居民用地 53.82 万 hm^2，工矿用地 2.41 万 hm^2，交通用地 44.21 万 hm^2。全省水域面积 125.99 万 hm^2，占土地总面积的 7.55%。未利用土地面积和其他土壤面积 76.17 万 hm^2，占土地总面积的 4.56%，包括未利用土地面积 42.37 万 hm^2，其他土壤面积 33.80 万 hm^2（图 1-2）。

1.1.3　社会经济基本情况

2017 年全省人口变动情况抽样调查是以全省为总体，各设区市为次总体，采用分层、多阶段、整群概率比例抽样方法，在全省 11 个设区市抽取了 100 个县（市、区）1089 个调查小区的约 30 万人，调查样本占全省总人口的 0.60%。经加权后汇总，2017 年全省人口出生率为 13.79‰、死亡率为 6.08‰、自然增长率为 7.71‰。按此推算，2017 年全省总人口为 4622.06 万人，出生人口为 63.53 万人，死亡人口为 28.01 万人，考虑迁移流动情况，全省净增人口 29.80 万人。

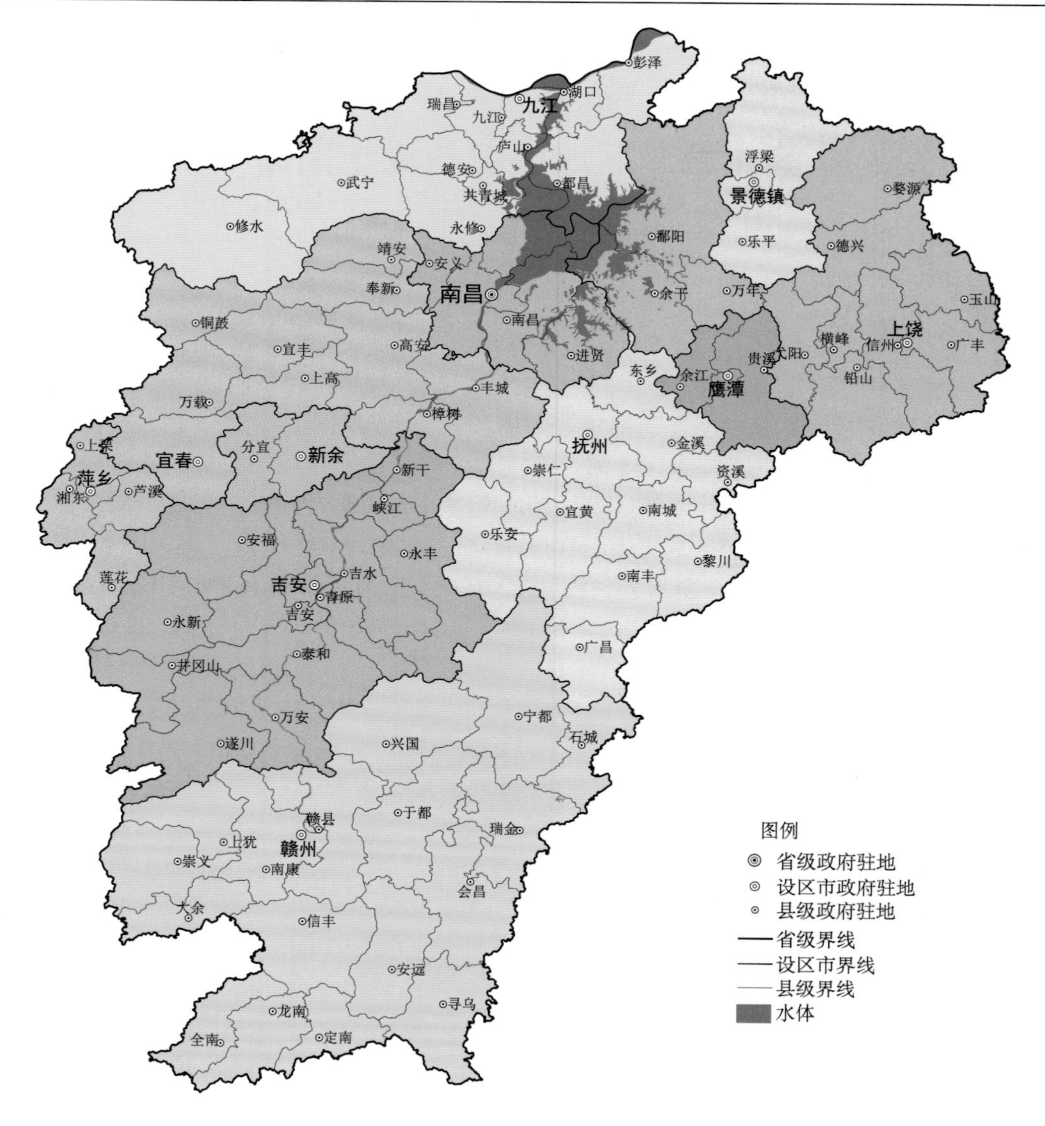

图 1-1　江西省行政区划图

2017 年年末，全省常住人口 4622.06 万人，其中城镇人口 2523.64 万人，占比 54.60%；农村人口 2098.42 万人，占比 45.40%。城镇化率达 54.60%。2010 年第六次人口普查统计，全省共有少数民族人口 15.23 万人，占全省总人口的 3.42‰。

2017 年，全省完成生产总值 20006.31 亿元。其中：第一产业完成增加值 1835.26 亿元；第二产业完成增加值 9627.98 亿元；第三产业完成增加值 8543.07 亿元。财政总收入 3447.72 亿元，财政支出 5111.47 亿元。全省粮食种植面积 378.632 万 hm^2，棉花种植面积 5.055 万 hm^2，油料作物种植面积 67.628 万 hm^2。粮食总产量 2221.73 万 t，棉花总产量 7.77 万 t，油料作物总产量 117.32 万 t。生猪出栏 3180.46 万头，水产品产量达到 250.55 万 t（江西省统计局和国家统计局江西调查总队，2018）。

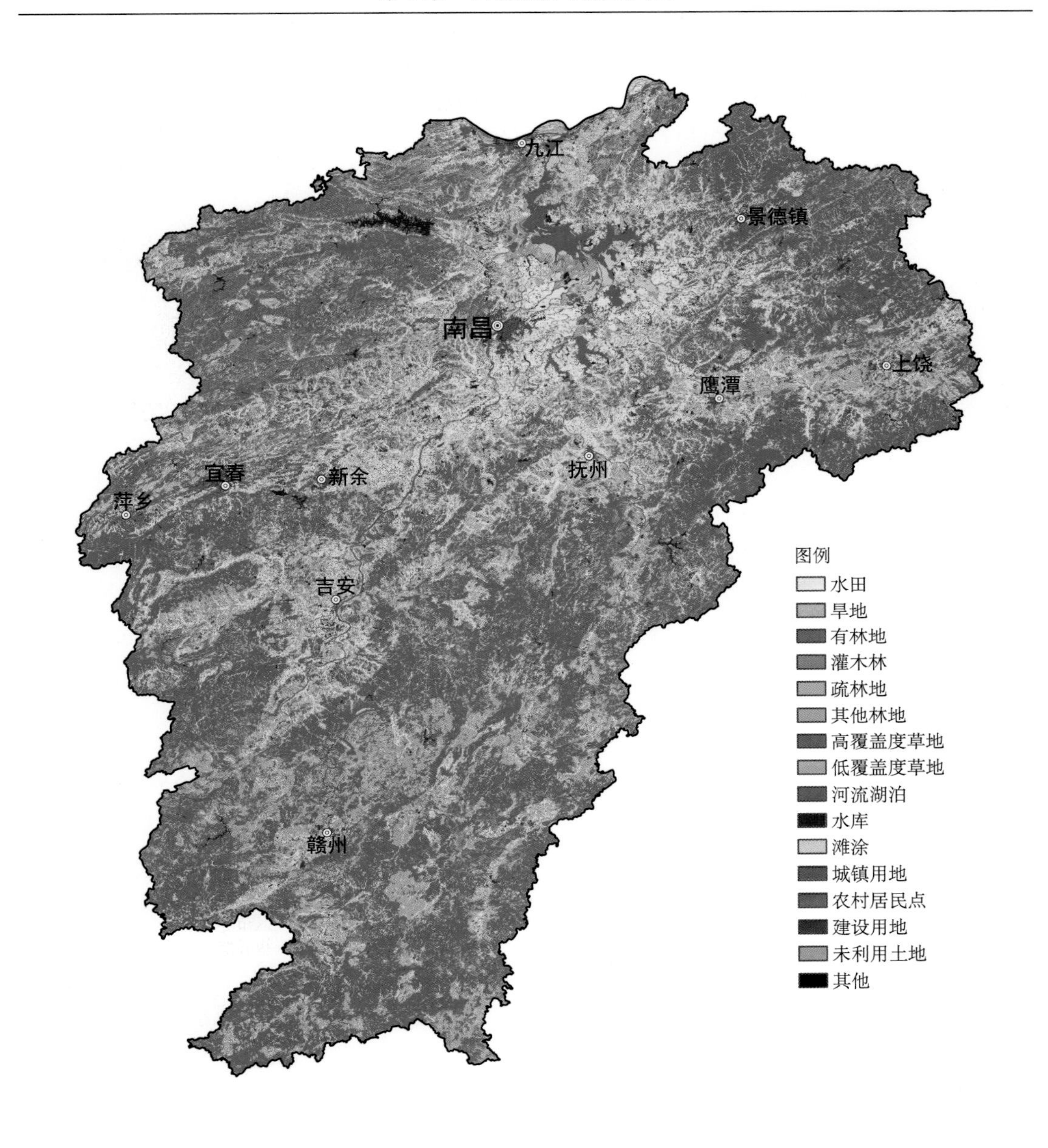

图 1-2　江西省土地利用分布图

1.2 成 土 因 素

1.2.1 气候

气候直接或间接影响母岩（质）的风化，土壤中物质的转化、迁移、聚积及土壤有机质的合成、分解和转化。因此，气候与土壤的形成和属性关系极为密切。

1）气候特点

江西省属亚热带湿润季风气候。江西气候四季变化分明。春季温暖多雨，夏季炎热温润，秋季凉爽少雨，冬季寒冷干燥。全年气候温暖，光照充足，雨量充沛，雨热基本同季，无霜期长，冰冻期较短，具有亚热带湿润气候特色。全省主要气候因素特性如下：

（1）年辐射量：4057～4794 MJ/m^2。

（2）年均日照时数：1473～2078 h。

（3）无霜期：240～304 d。

（4）年均气温：16.2～19.7℃。

（5）年均结冰期：9.4～41.5 d。

（6）≥10℃积温：5044～6339℃。

（7）1 月平均气温：3.7～8.6℃。

（8）7 月平均气温：27.0～29.9℃。

（9）年均降水量：1341～1939 mm。

（10）年均蒸发量：1148.6～1937.3 mm。

全省可划为 4 个气候区：①赣北北部和赣东东部温凉湿润或较湿润区；②赣中北部和赣西西部温和湿润或较湿润区；③吉泰盆地和赣南北部温暖湿润或较湿润区；④赣南盆地和赣南南部暖热湿润或较湿润区。

2）水热状况

就江西全省气温而言，基本上是赣南高于赣北，平原高于丘陵和山地。全省年均气温以铜鼓县最低，于都县最高，南北温差 3.5℃。江西年均最高气温为 20.9～22.0℃，年均最低气温为 12.4～16.0℃（图 1-3）。江西省日均气温≥5℃的积温平均为 5571～7086℃，≥10℃的积温平均为 5044～6339℃（图 1-4），10～20℃的积温平均为 4173～5490℃。江西省的热量资源是很丰富的，全省年均日照时数分布如图 1-5 所示，有利于多种农作物的种植，大部分地区可以实行一年两熟或三熟的种植制度。

在空间分布上，江西地形较复杂，全省年均降水量分布形状呈马鞍形。最大中心出现在赣东地区，最小中心出现在赣北平原和吉泰盆地（图 1-6）。江西年降水变率为 16%～25%，年变率最大中心出现在赣北平原和赣南盆地，最小中心出现在赣东北地区和赣西北地区，说明江西平原和盆地的降水稳定性小，山地的降水稳定性大。江西省降雨充沛，有 3 个多雨区，即武夷山西麓中段、怀玉山区和九岭山南麓，年均降水量达 1700～1900 mm；也有少雨区，在长江南岸至鄱阳湖北岸以及吉泰盆地，年均降水量 1350～1400 mm。

在时间分布上，江西省各地四季降水分配不均，且同一季节各地降水的差异也较悬殊，形成明显的雨季和旱季。每年 10 月至翌年 2 月，5 个月内的总降水量仅占全年降水量的 25%左右。“雨水”“惊蛰”之后，降水量猛增，3～6 月的降水量可占全年降水量的 55%左右，为春雨和梅雨时期。7～9 月的降水量仅占全年降水量的 20%左右，故伏秋干旱严重。

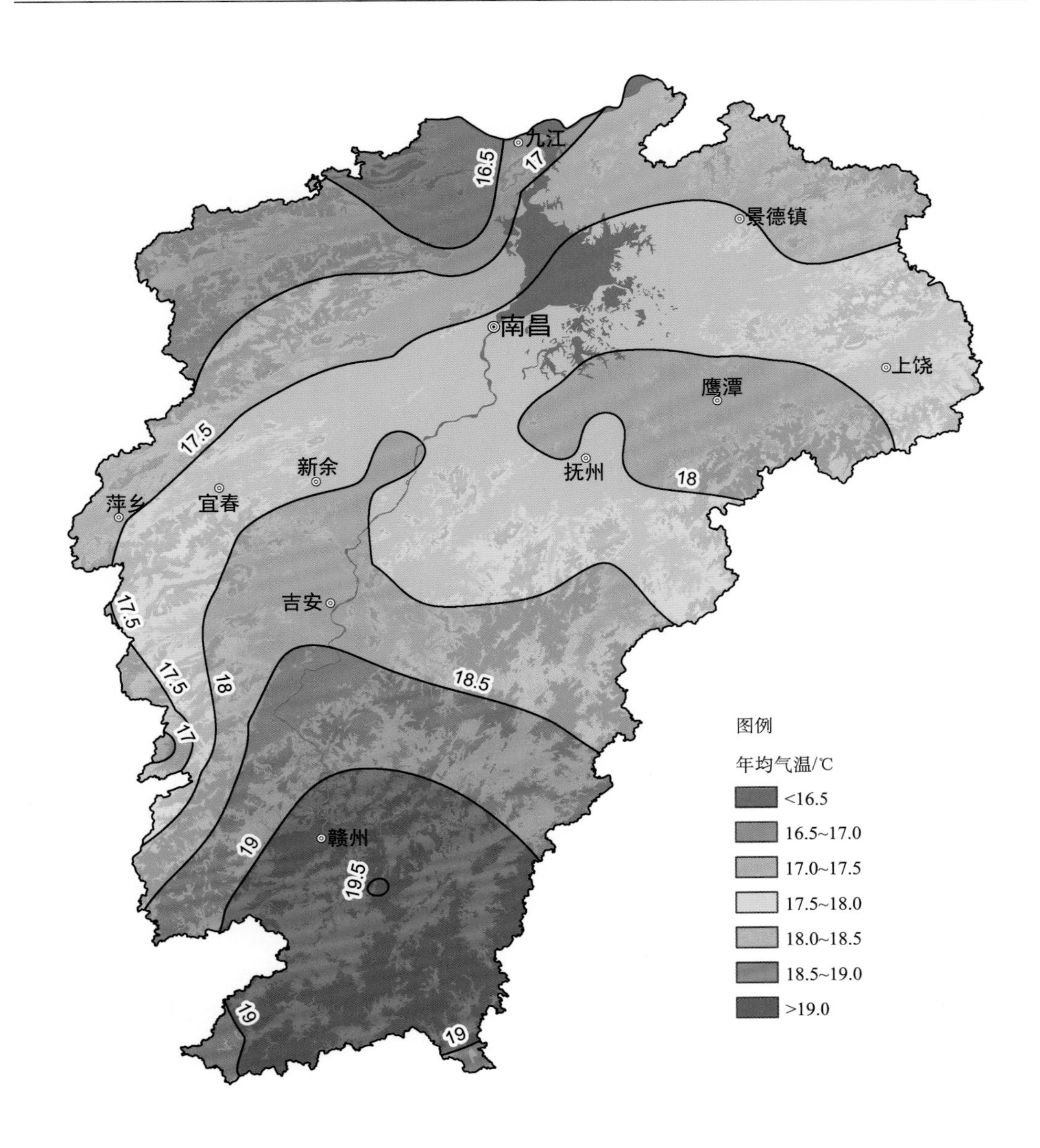

图 1-3　江西省年均气温分布状况

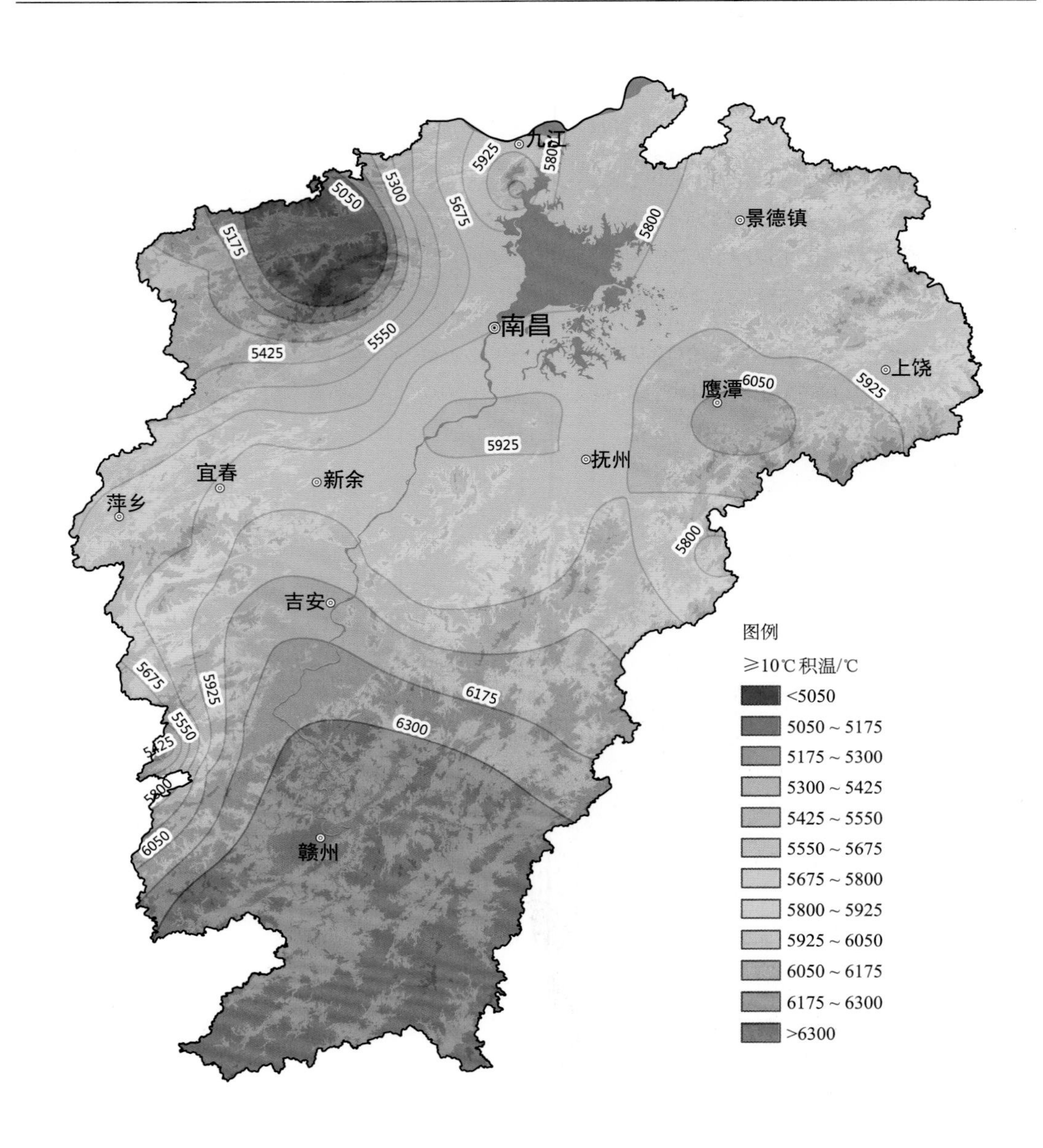

图 1-4　江西省≥10℃积温分布图

图 1-5　江西省年均日照时数分布图

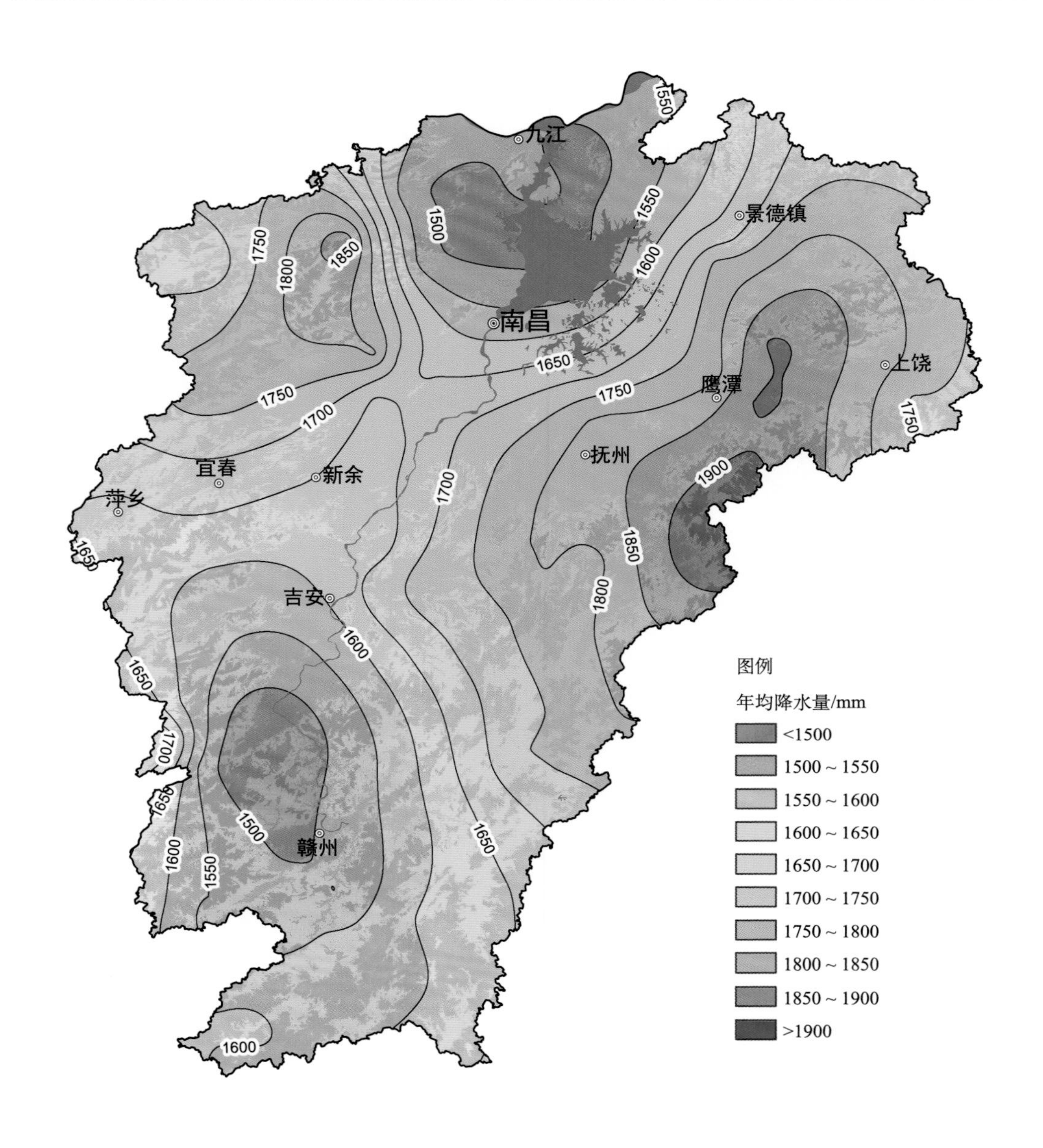

图 1-6　江西省年均降水量分布图

3）土壤水热状况

土壤水热状况会影响植物的生长、死亡和分解，与环境、农事措施和土壤管理紧密相连。国内外资料表明，土壤与大气的温度有密切的联系，一般土壤温度比大气温度高 1℃，但在夏季耕作土壤 50 cm 深度土壤温度较大气温度约低 0.6℃。江西全省的 50 cm 深度土壤温度与年均气温分布相近，也呈现出“南高北低”的态势（图 1-7）。

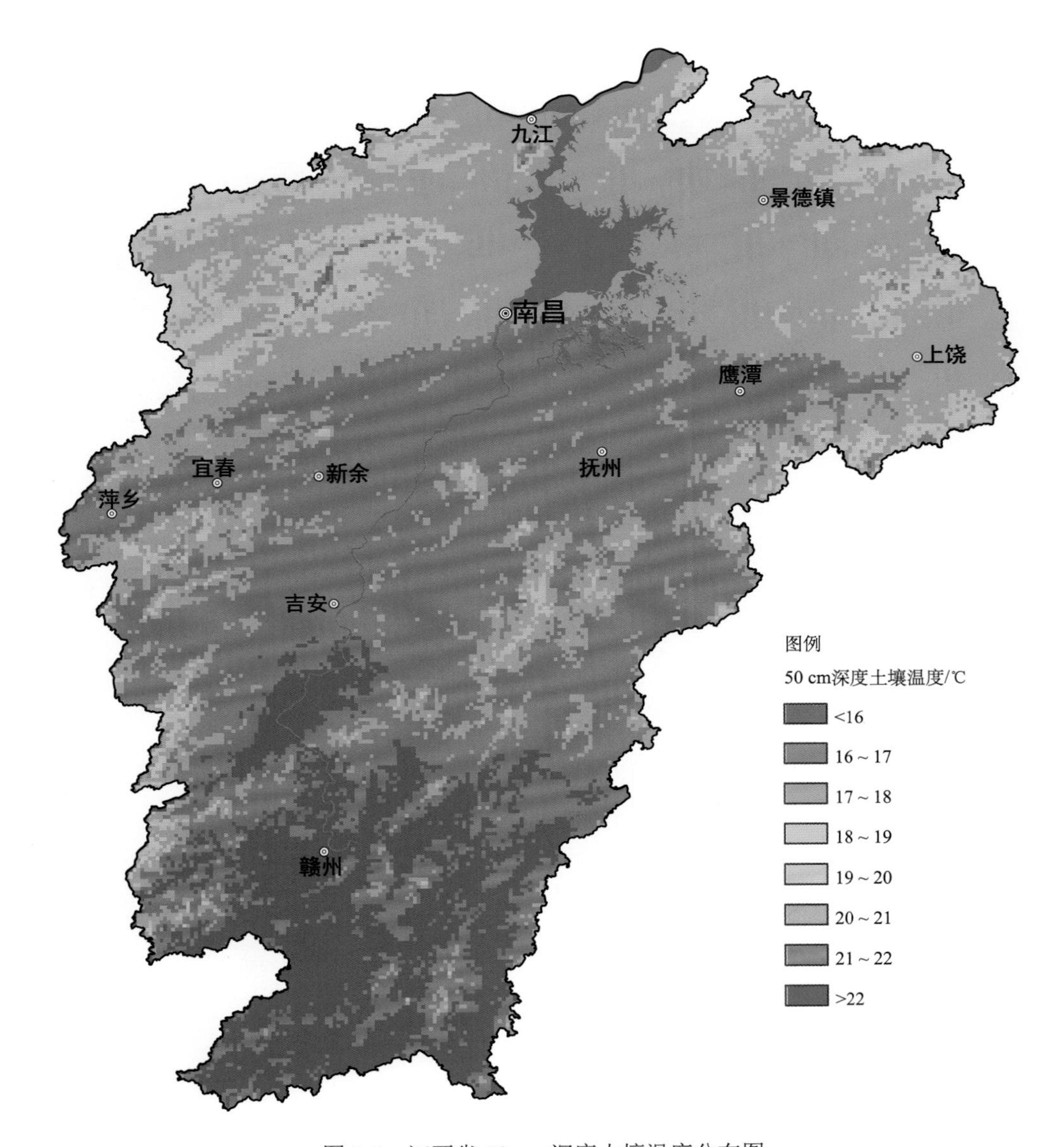

图 1-7　江西省 50 cm 深度土壤温度分布图

土壤水分状况不仅受土壤物理性质的影响，还受降水分布和强度等相关因素的影响。江西省的平均无霜期为 240～304 d，最长出现在崇义，最短出现在武宁，两者相差达 63.7 d（图 1-8）。年均蒸发量为 1148.6～1937.3 mm，略低于年均降水量，分地区来看，赣西北和赣东北等山区由于日照少、风速小、气温低，因而蒸发量小；而鄱阳湖区和信丰及于都一带日照多、风速大、气温高，因而蒸发量大（图 1-9）。年均相对湿度为 75%～83%，抚州、宜春大部分地区、上饶部分地区以及吉安地区西部和赣州地区西部、南部的相对湿度都较大，鄱阳湖区和上饶大部分地区以及吉泰盆地和赣南盆地的相对湿度都较小（图 1-10）（江西省地方志编纂委员会，1997）。

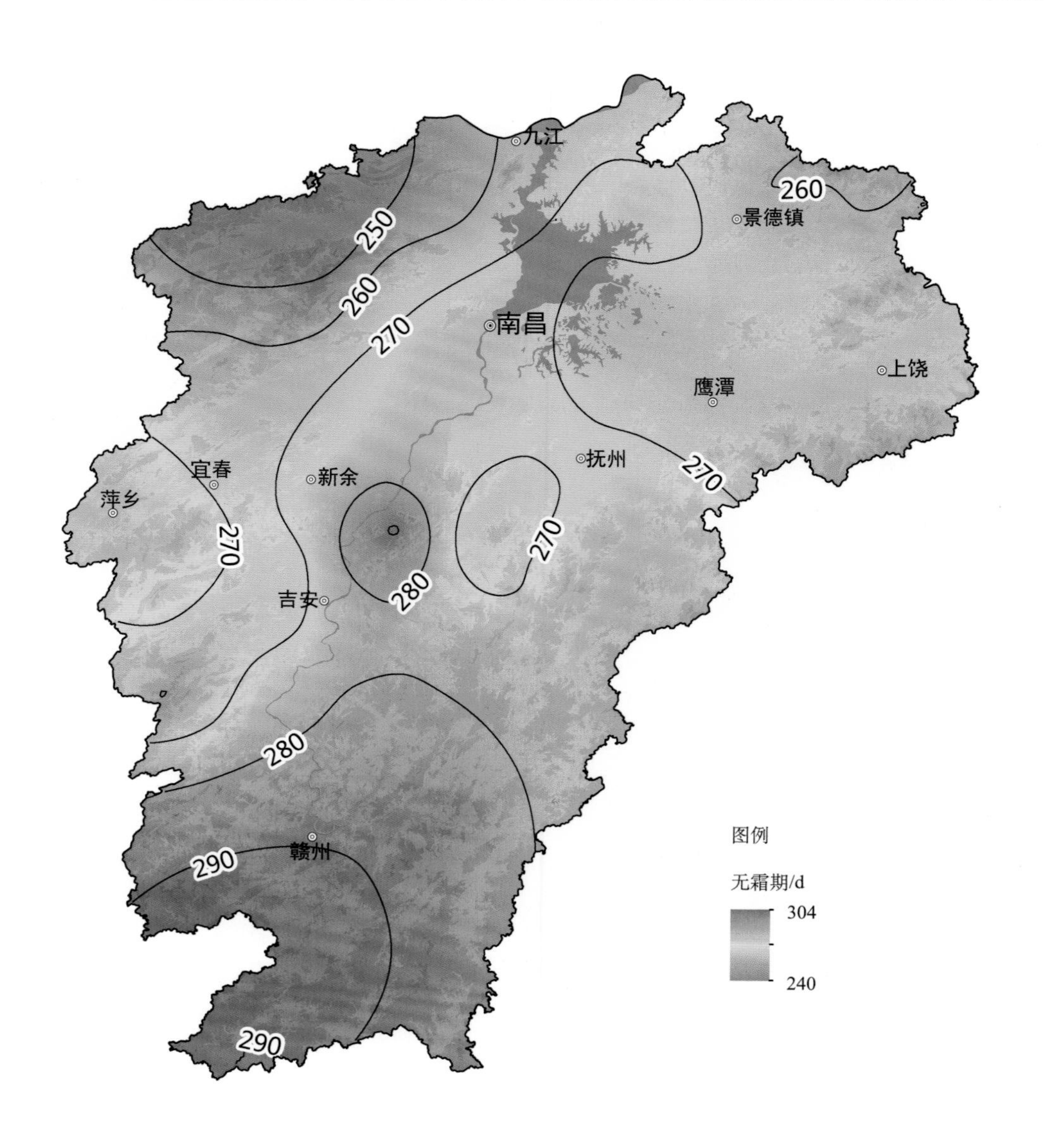

图 1-8　江西省无霜期分布图

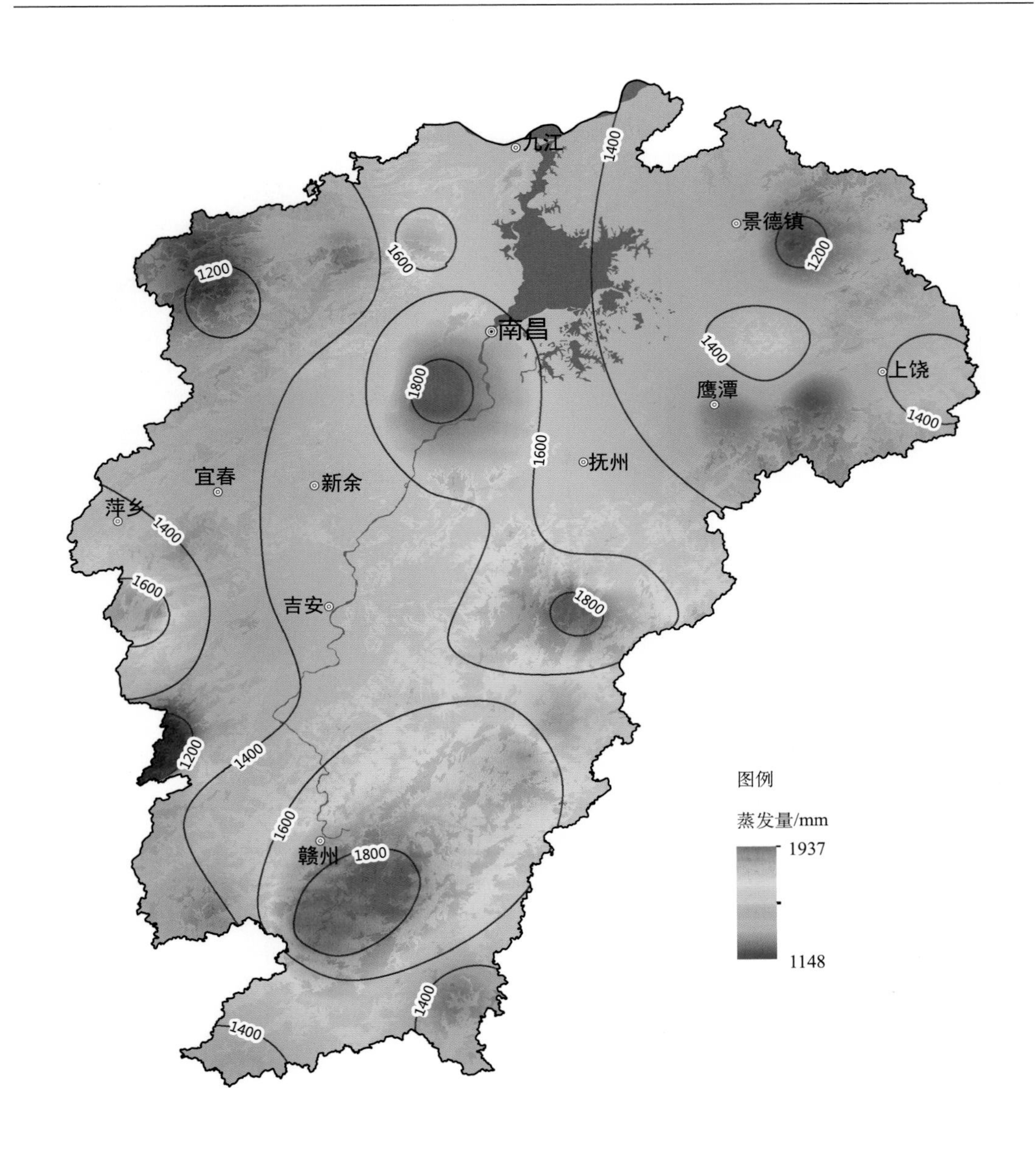

图 1-9　江西省年均蒸发量分布图

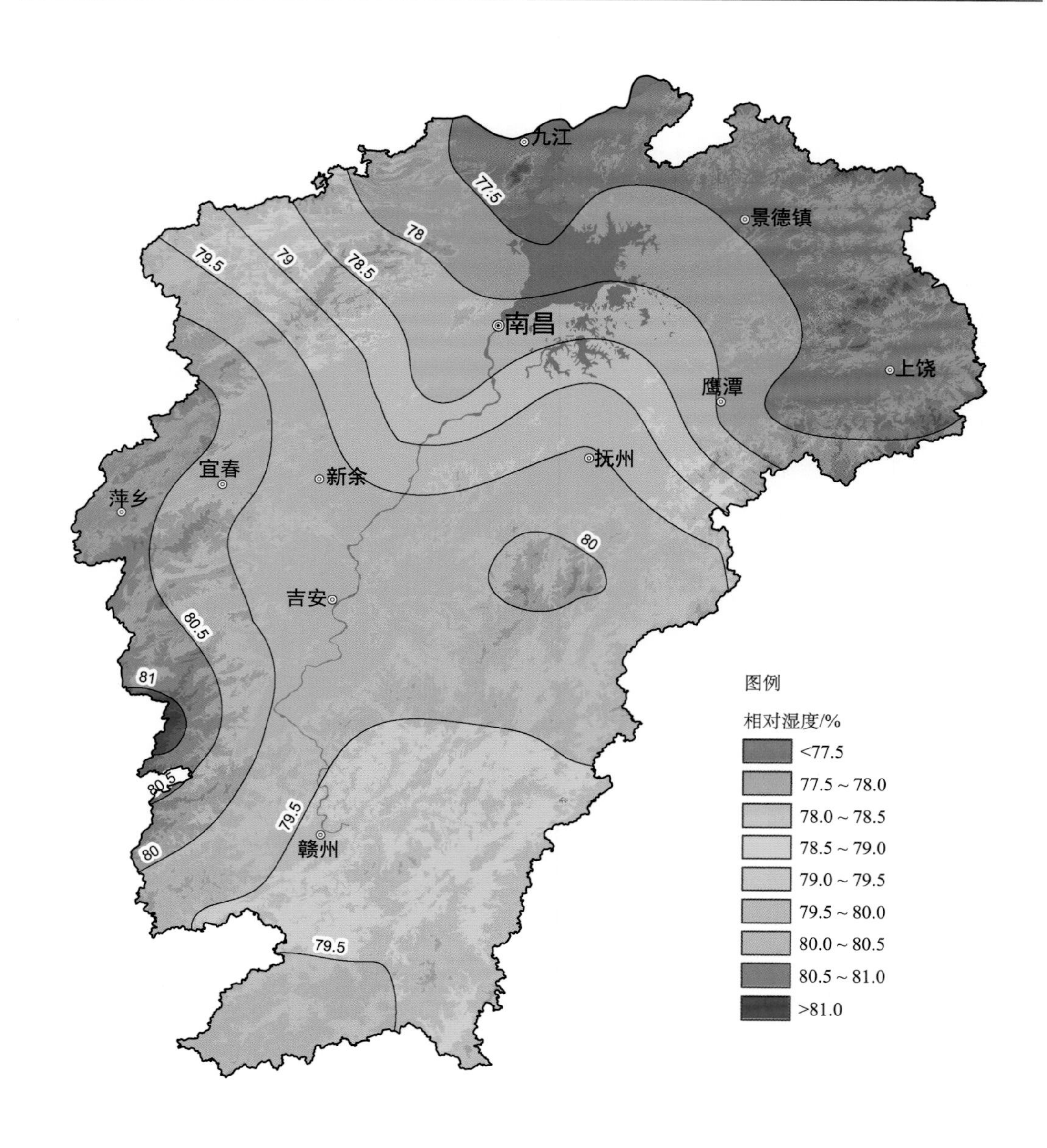

图 1-10　江西省相对湿度分布图

1.2.2　地质运动

江西地跨两大构造单元，大致以沪昆铁路为界：赣北位于扬子准地台东南缘，赣中南属华南褶皱系之东北域。

地质发展史主要包括以下四个时期：①中元古代—新元古代早期发展时期。赣北（大致相当于萍乡—广丰深断裂带以北地区），经中条运动，转化为地槽；赣中南，经晋宁运动继续发展为地槽。②震旦纪—志留纪发展时期。江西中南部地区，晋宁运动后继续地槽沉降。③泥盆纪—中三叠世发展时期。江西省全境已进入地台的发展阶段。④中生代—新生代发展时期。印支运动以来，江西省及其邻区进入大陆边缘强烈活动滨太平洋构造域发展的新阶段。

经历了漫长的地质构造历史，早在震旦纪，江西这块陆台已基本建造完成，后经几次沉降和海侵，在三叠纪晚期，全省大部分地区已稳定形成，从泥盆纪晚期至石炭纪早期的各种石英砂岩，组成了陆地的主要岩层（图 1-11）。境内的山体，不仅有震旦纪前的“吕梁运动”褶皱，而且有古生代加里东运动、海西运动、中生代燕山运动和新生代喜马拉雅运动所形成的大山体。

在地史期，鄱阳湖是燕山运动时断裂而成的地堑型湖盆，后来几经抬升和夷平；至古近纪，夷平面发生解体，湖区周围迅速抬升，而湖区则强烈下陷，又重成湖；至第四纪，冰期与间冰期变动频繁，几经沧桑，至更新世，当湖区萎缩消失时，赣江和其他诸水，曾一度汇合直接流经湖区而注入长江，当时河水挟带的泥沙沉积物，后经构造抬升和流水的切割，即为现在从婴子口至松门山的一系列沙山地貌。

1.2.3　地貌/地形

江西地貌类型较为齐全，分布大致呈不规则环状结构。常态地貌类型则以山地和丘陵为主。其中山地 6.01 万 km^2（包括中山和低山），占全省总面积的 36%；丘陵 7.01 万 km^2（包括高丘和低丘），占 42%；岗地和平原 2.00 万 km^2，占 12%；水面 1.67 万 km^2，占 10%。除常态地貌类型外，还有岩溶、丹霞和冰川等特殊地貌类型。主要山脉分布于省境边陲，山峰一般海拔 1000 m 左右，少数海拔 2000 m 以上。省境东和东北有蜿蜒于赣闽、赣浙之间的武夷山和怀玉山；南有逶迤于赣粤之间的大庾岭和九连山；西有耸峙于赣湘之间的罗霄山脉，雄伟的井冈山就在罗霄山脉的中段；西北有盘亘于赣鄂之间的幕阜山，庐山即是它向东延伸的余脉（图 1-12～图 1-16）。

江西地貌大致可以划分为 6 个地貌区和 9 个地貌副区：

（1）赣西北中低山与丘陵区。面积约为 3.5 万 km^2。山峰海拔多在 1000 m 左右，有的达 1500 m。从中可以划出 2 个副区：幕阜山、九岭山侵蚀中山副区，以开拓水电和林业为主；宜丰、高安侵蚀丘陵副区，以发展粮食和经济作物为主。庐山即拔起于幕阜山东延余脉。

（2）鄱阳湖湖积冲积平原区。面积约为 1.5 万 km^2。区内有广阔的河湖冲积淤积平原，外沿则多为低缓岗地，盛产稻米和鱼虾。

（3）赣东北中低山丘陵区。面积约为 2.52 万 km^2。区内怀玉山脉横贯，地势中高南北低，广布垄状丘陵和盆地，可划分为 3 个副区：浩山、蛟潭侵蚀剥蚀丘陵副区，婺源、怀玉山侵蚀中低山副区和弋阳、玉山侵蚀剥蚀红岩丘陵盆地副区。区内宜发展经济林木，婺源茶蜚声中外，河谷两岸和盆地则适宜耕作业。

（4）赣抚中游河谷阶地与丘陵区。面积约为 2.19 万 km^2。区内河流阶地、丘陵和盆地交错，地势呈波状起伏，坡度较缓，亦有中低山零星分布。

（5）赣西中低山区。面积约为 1.04 万 km^2。区内万洋山、井冈山、武功山连绵逶迤，峰峭谷险、涧深流急，森林和水力资源十分丰富。

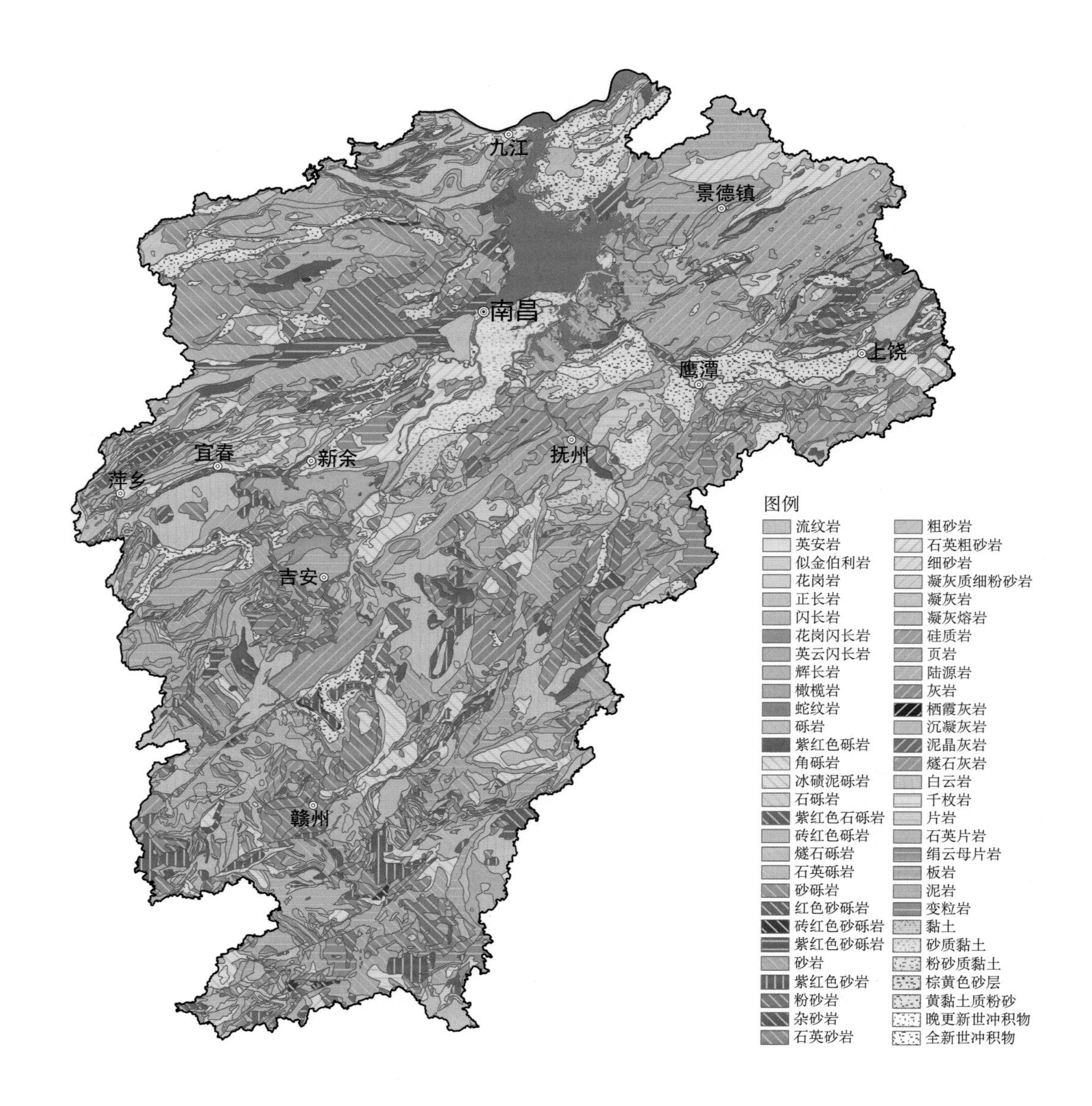

图 1-11　江西省成土母岩分布图

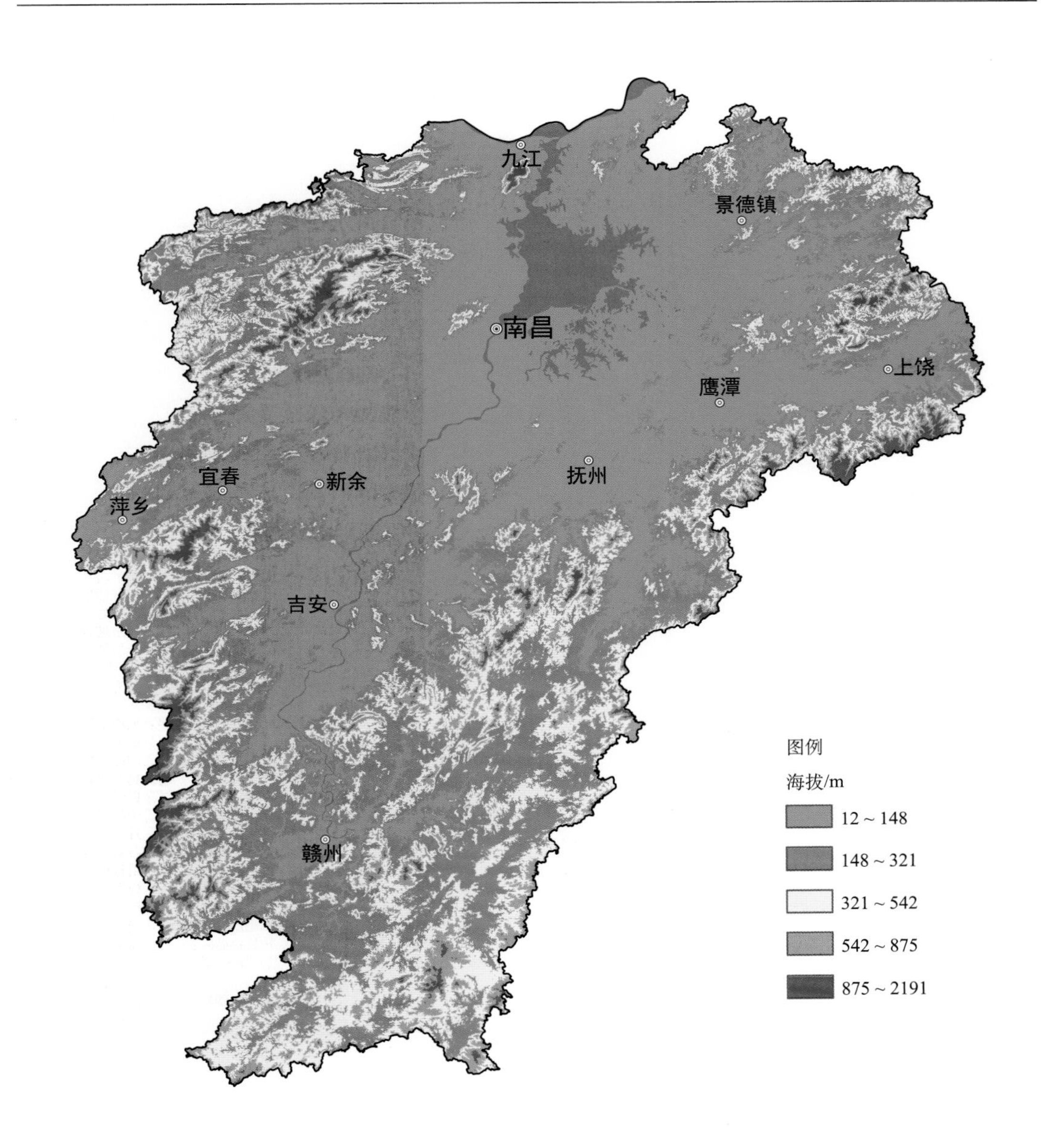

图 1-12　江西省数字高程（DEM）图

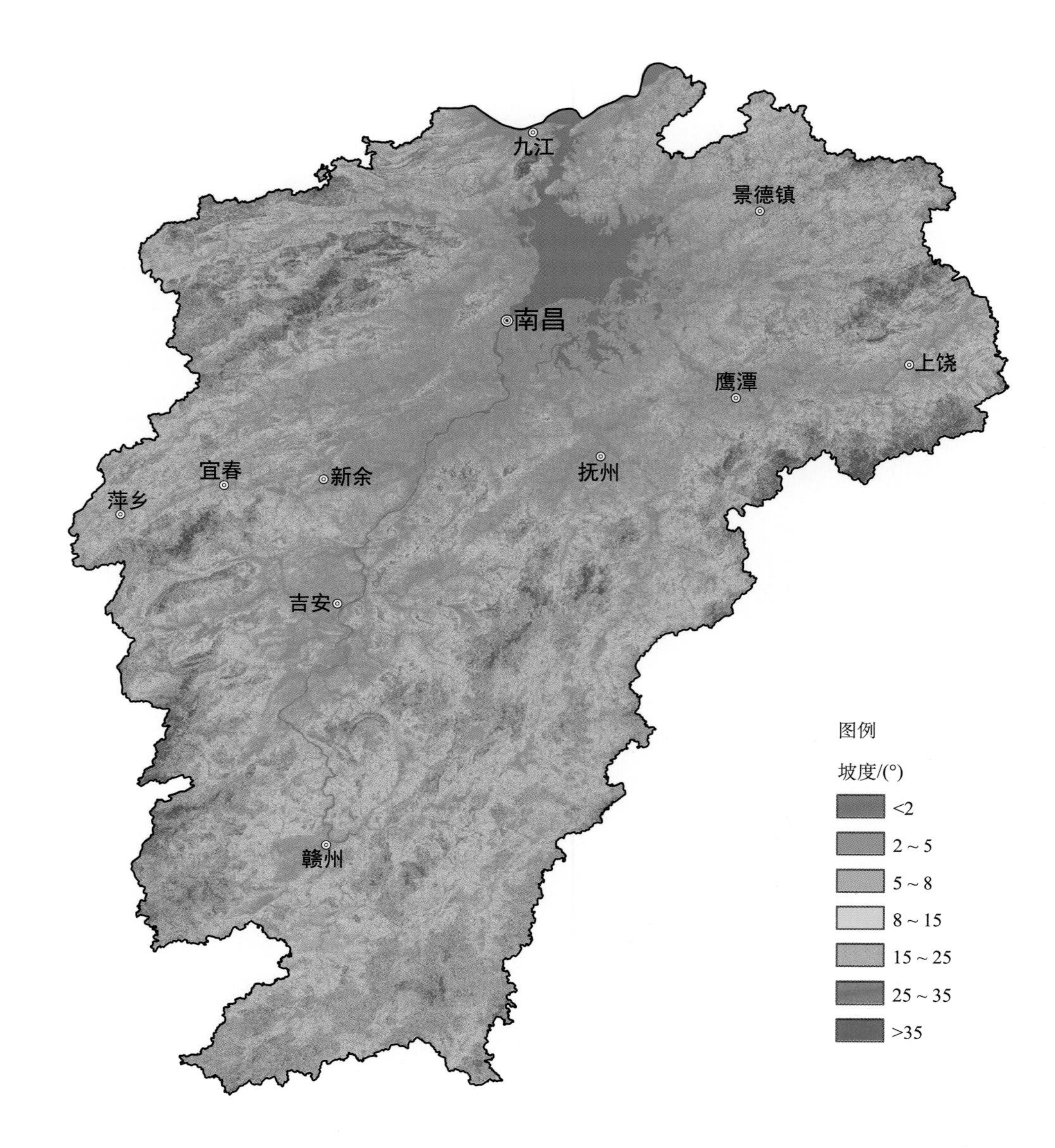

图 1-13　江西省地形坡度图

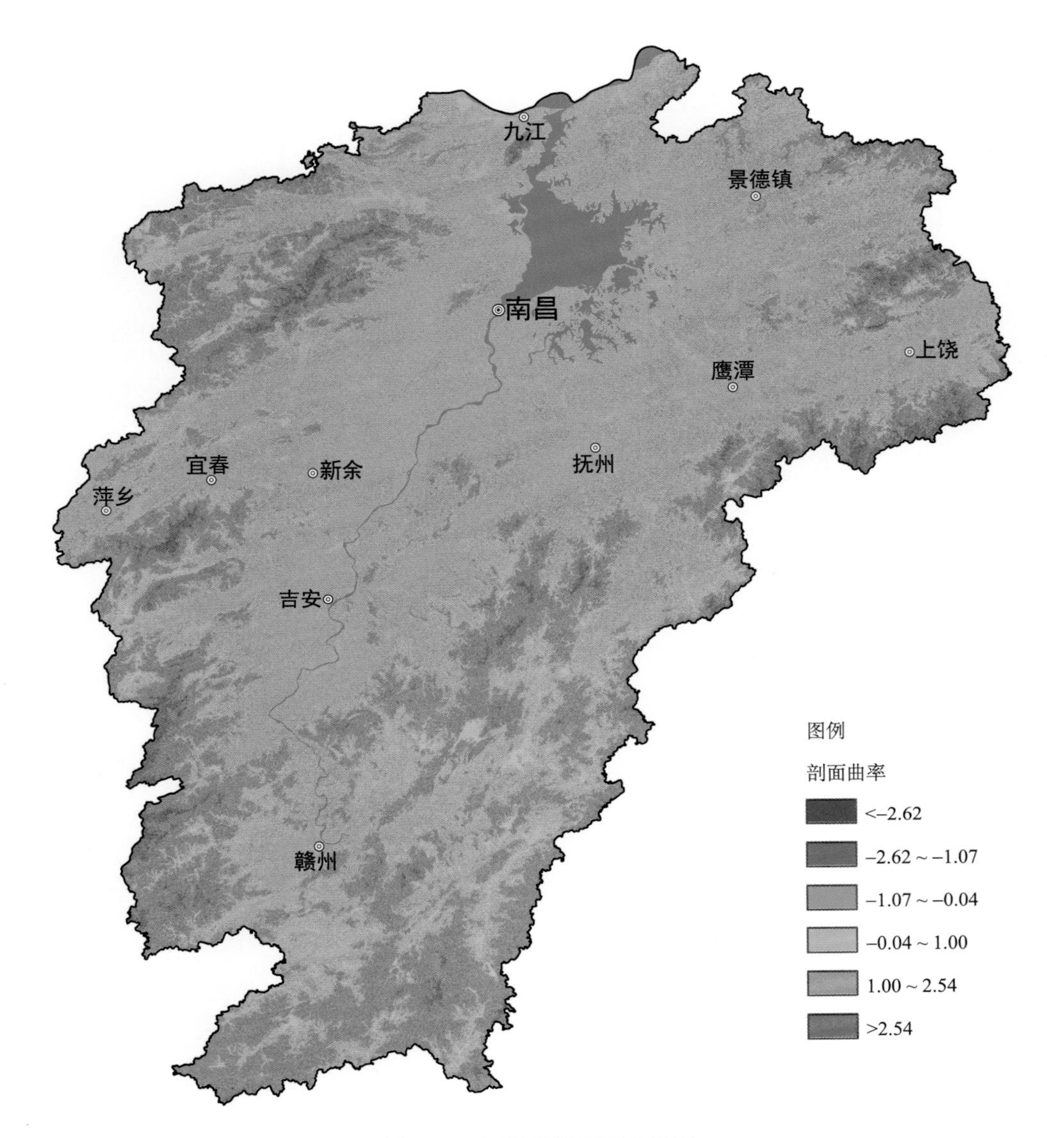

图 1-14　江西省沿剖面曲率图

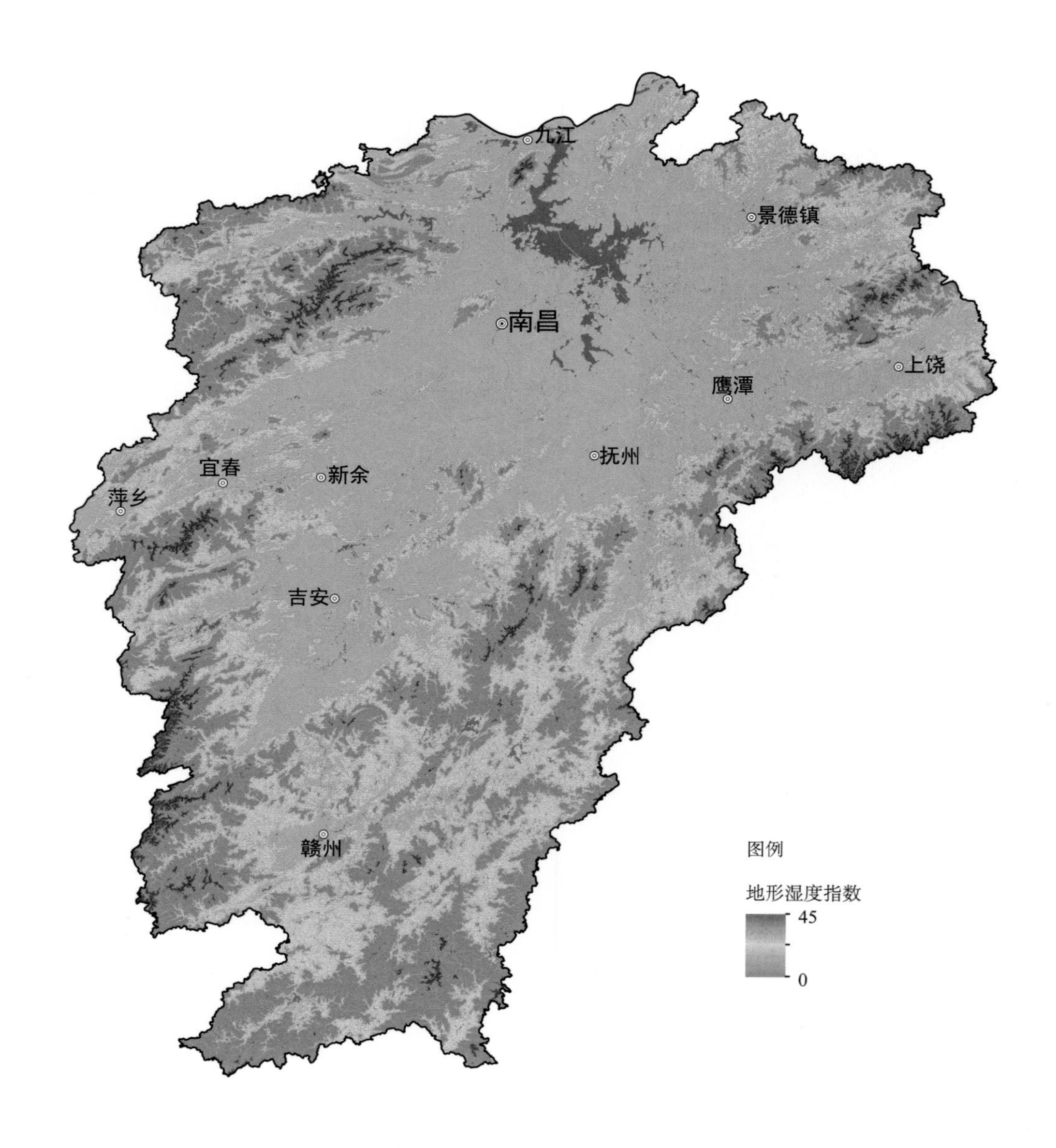

图 1-15　江西省地形湿度指数

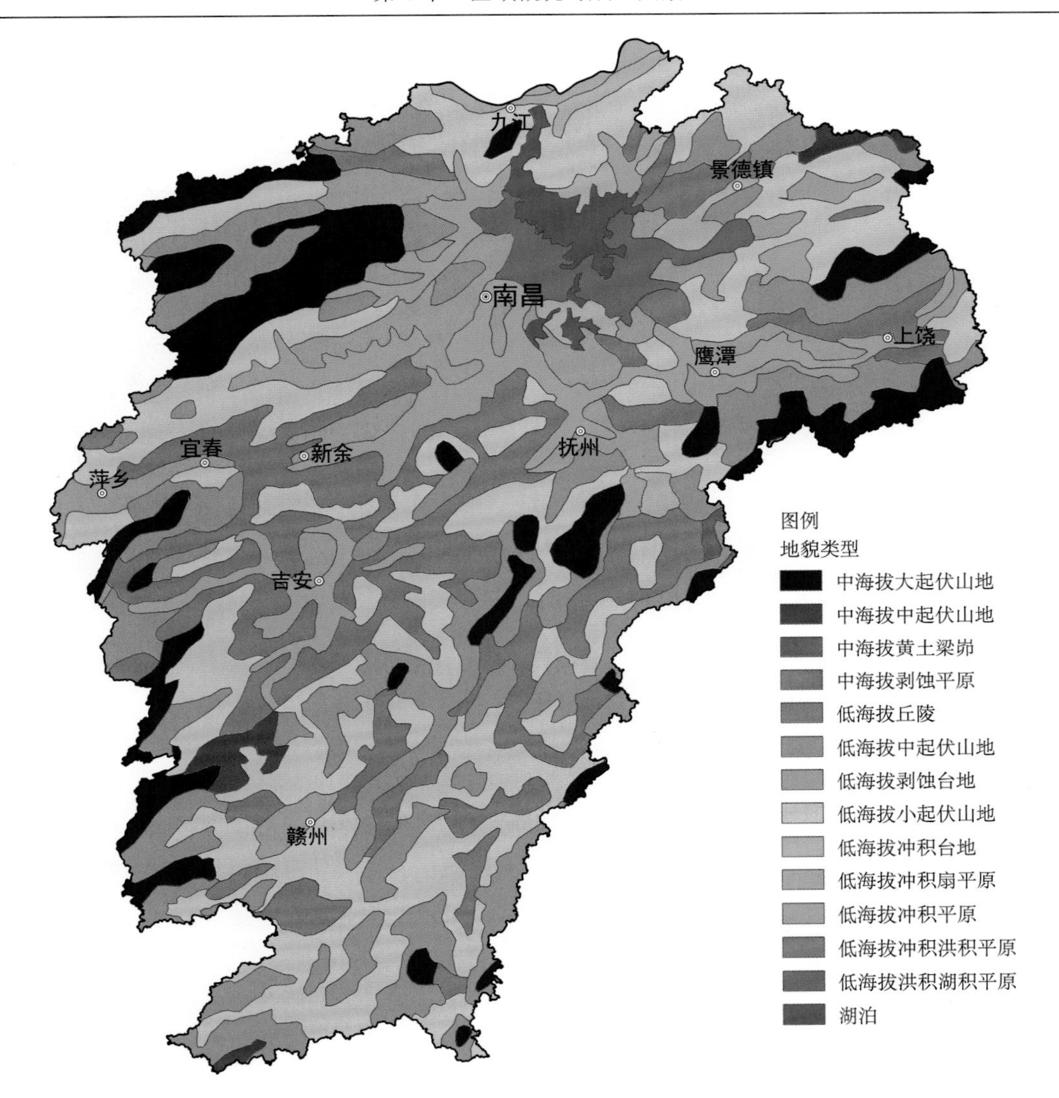

图 1-16　江西省地貌分类图

（6）赣中南中低山与丘陵区。面积约为 5.94 万 km^2。区内东居武夷山脉，南枕九连山、大庾岭和诸广山脉，中部多为红岩层和花岗岩组成的低山、丘陵和盆地，还构成了奇特的丹霞地貌。大致可划分为 4 个副区：北武夷山侵蚀中山副区；南丰、黎川侵蚀丘陵副区；赣南侵蚀中低山与丘陵副区；兴国、信丰侵蚀剥蚀红岩丘陵和盆地副区。全区森林、矿产和水力资源丰富，有利于耕作业发展，若能较好地控制水土流失，各业发展均有相当潜力。

1.2.4　成土母质

母质是地壳表层的岩石矿物经过风化作用形成的风化产物，它是形成土壤的物质基础，是构成土壤的骨架，它既区别于土壤，又对土壤的形成和肥力发展有深刻的影响，母质的很多性状都遗传给土壤，母质理化性质改变，形成结构疏松的风化壳的上部。母质又是地形形成的重要因素，它不仅决定了第四纪沉积物的分布状况，而且控制着河湖水系的发育，直接或间接地影响土壤性质的发展和小气候的变化。江西省成土母质的分布见图 1-17。

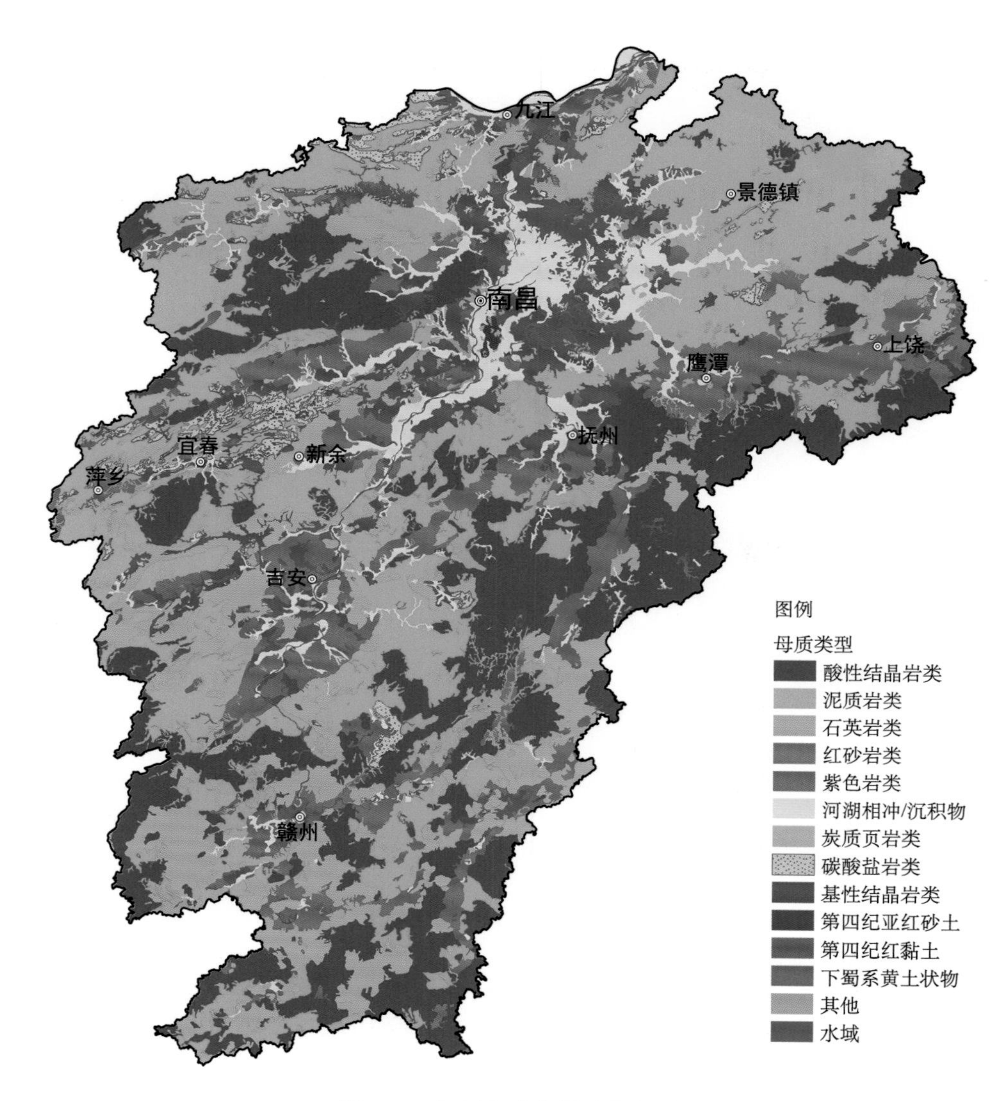

图 1-17　江西省成土母质分布图

1）酸性结晶岩类风化物

这类母质是指花岗岩、花岗斑岩、片麻岩、流纹岩以及英安质凝灰岩等的风化物。从矿物成分看，风化物中的二氧化硅含量最高，达 60%以上，颗粒组成中粗砂粒较多，但在较长的风化成土过程中，次生黏土矿物也大量形成，黏粒含量不少，质地多为黏壤土。矿质养分含量低，特别是速效磷含量很少，呈酸性，黏土矿物以高岭石为主，也有一定量的水化云母和少量蛭石，极少三水铝石。集中分布在各山区和丘陵，面积约为 5467.9 万亩（1 亩≈666.7 m^2）。习惯上叫作“麻砂泥”。

2）基性结晶岩类风化物

这类母质为基性和超基性岩，如玄武岩、辉长岩和蛇纹石化橄榄岩等的风化物。质地偏黏，颗粒组成中黏粒的含量达 15%～30%。矿物质营养元素丰富，特别是全磷含量高，达 0.2%～0.5%，具有其他母质不及的独特性质。此类风化物呈中性至微酸性。黏土矿物组成以结晶差的高岭石、高岭石与蒙脱石混成矿物以及水云母为主，有一定量的蒙脱石和少量石英。主要分布在广丰、德兴、弋阳、吉安、峡江、大余、寻乌等县，面积约为 47.8 万亩。习惯上称为“紫褐泥”。

3）石英岩类风化物

这类母质为石英砂岩、石英岩、硅质页岩等的风化物。颗粒组成中细砂含量很高，达 40%以上，黏粒 20%左右，质地以壤质为主，风化层较薄，且有明显的粗骨性，石砾较多。矿质养分也较缺乏，特别是钾素含量少，酸性反应。黏土矿物组成以结晶好的高岭石为主，有一定量的水云母和蛭石，极少量三水铝石和晶质针铁矿。全省各地都有分布，面积约为 2645.3 万亩。习惯上称为“黄砂泥”。

4）泥质岩类风化物

这类母质为泥岩、泥页岩、页岩、千枚岩、片岩、板岩等岩类的风化物。颗粒组成中粉砂粒和黏粒的含量都多，粉粒与黏粒之比在 1∶1 左右。质地偏黏而有滑感。矿质养分含量也不丰富，酸性至微酸性反应。黏粒矿物组成以高岭石、水云母和水化黑云母为主，有一定量蛭石和少量石英、氧化铁等。全省各地都有分布，面积约为 7681 万亩，是最主要的母质类型之一。习惯上称为“鳝泥”。

5）碳酸盐岩类风化物

这类母质包括石灰岩、白云岩、大理岩和钙质页岩等碳酸盐岩类风化物。质地很黏，颗粒组成中黏粒的含量达 30%～40%，有一定量的细砂和粉砂，且有少量砾质碎块。全磷含量 0.1%左右，全钾较少，钙和镁的含量特别丰富。中性至微碱性反应，盐酸反应明显，游离碳酸钙含量差异甚大，钙质页岩风化物中的碳酸盐含量可高达 10%以上，一般石灰岩风化物也有 2%～3%。黏粒矿物组成中以高岭石和蛭石为主，有较多的蒙脱石、埃洛石和少量水云母及氧化铁等。主要分布在宜春、萍乡一带，其他各县也有小片零散分布。面积约 530 万亩。习惯上称“石灰泥”。

6）红砂岩类风化物

这类母质包括红色和紫红色的砂岩、砾岩和砂砾岩风化物，暗红色或棕红色，风化堆积层较薄。颗粒组成中的细砂含量很高，粉砂和黏粒不多，一般在 20%以下，所以质地较轻，但仍属壤土范围。矿质营养元素贫乏，全磷在 0.02%左右，全钾在 1.0%左右，酸性反应。黏土矿物组成中以高岭石和夹层矿物为主，伴有水云母、蛭石等，有较多结晶粗大的针铁矿，极少三水铝石等。这类母质分布很广，但以浙赣铁路两侧最为集中连片。面积约为 2331.9 万亩。习惯上称为“红砂泥”。

7）紫色岩类风化物

这类母质主要为中生代的砂岩、页岩、砾岩等风化物，呈暗紫或紫棕色，多有石灰反应。矿物质营养元素含量中等，微酸性到微碱性反应。质地为壤土到黏土，由于岩性松脆，极易风化，受地面径流侵蚀，堆积层不厚，常见母质裸露地表。这类母质多与“红砂泥”成复区出现，多镶嵌在成片的红砂泥中，面积约为 487.1 万亩。习惯上称为“紫砂泥”。

8）炭质页岩类风化物

主要指煤系地层中的页岩类风化物，包括煤矸石、石煤、风化煤等，集中分布在煤矿区，实为老矿区和废矿的废弃物经年累月风化而成。一般色泽为黑色或黑灰色，质地细腻，但粗骨性仍很明显，砾石、石块混杂，一般以黏壤土为主。酸性或微碱性反应，宜春、萍乡一带的炭质页岩类风化物多呈微碱性，其他地区的多呈酸性。黏粒矿物以水云母和高岭石为主，也有蛭石和少量蒙脱石、石英、氧化铁等。面积约为 12.6 万亩。习惯上旱地称为“炭质泥”，水田常称“炭浆泥”。

9）第四纪红黏土

这是指新生代第四系沉积层（母质）经湿热化作用形成的红土。一般质地较黏，颗粒组成中的黏粒含量占 30%以上，细砂含量也高。质地为黏壤土到壤黏土。强酸性反应，矿质营养元素缺乏，氮、磷、钾都少，尤其是磷更少。分布范围很广，主要集中在阶地和滨湖残丘上，海拔多在 100 m 以下，面积约为 1533.2 万亩。习惯上称为“黄泥土”。

10）第四纪亚红砂土

即“莲塘层”沉积物。质地均一，沉积厚度大，无明显的网纹层和胶膜斑淀积特征。颗粒组成中细砂最多，粗砂次之，黏粒含量少，手触有砂感。矿质养分含量贫乏，与红黏土相似，酸性或微酸性反应。集中分布在南昌、新建等县（区），面积约为 14.6 万亩。

11）下蜀系黄土状物

它为赣北黄褐土的主要成土母质，面积约为 137 万亩，习惯上称为“马肝泥”。

12）河湖相冲/沉积物

这是近代河流冲积物和湖泊的沉积物，现仍在继续沉积中，集中分布在赣江、抚河、信江、饶河、修水等河流两岸和鄱阳湖周围，是组成河谷平原、河流阶地和三角洲平原以及湖滩草洲的基础物质，分选性明显。河流冲积物的质地较粗，以壤土为主；湖泊沉积物的质地较细，多为黏土。沉积层较厚，有机质含量高，矿质养分含量都比较丰富，加之地形平坦，水利条件好，是潮土和水稻土的主要成土母质，面积约为 1456.6 万亩。习惯上称“潮砂泥”。

母质类型对土壤形成、发育和分布的影响，大体上具有以下特点：

第一，母质类型的复杂性，决定了土壤类型的多样性和土壤分布的地域性。母质种类多，从而形成的母质类型也多，而土壤又在母质基础上形成与发育，这就必然产生多种多样的土壤。江西省地势是阶梯状，母质的出露和母质的分布也是阶梯状的，因而土壤类型的出现与分布也呈阶梯状。例如，以麻砂泥为代表的母质分布位置最高，多在山地和高丘上，而红砂泥、黄泥土等母质分布在低丘和阶地上，河湖相沉积物则位于最低处。

第二，母质的重叠性决定土壤微域分布的复区性。丘陵区的成土母质，由于地史期的断陷与抬升、堆积与侵蚀，不少母质出现重叠，如红砂泥覆盖在黄泥上(即“红帽子”),

马肝泥覆盖在黄泥上，河湖相沉积物又覆盖在马肝泥和黄泥上等。这些母质的局部侵蚀与堆积，就组成了土壤的复区，构成丘陵区特别是低丘陵区土壤分布的复杂性，从而也增加了农业生产利用的复杂性。

第三，母质风化的深刻性，决定着土壤形成和发育的高度富铝化。江西省的成土母质，由于地史期强烈风化和淋溶，多数母质的风化度很深，脱硅富铝化作用明显，从而使全省的大多数土壤都成为脱硅富铝化土壤。

第四，母质特性决定着土壤性质。许多母质特性在土壤中被继承或残留了下来。例如，土壤颜色除腐殖质层外，其余各层与母质色泽基本接近，如紫色岩、炭质页岩母质的颜色决定着土壤颜色；由富铝化红色风化壳形成的土壤，其土体颜色也基本上是继承母质颜色的。母质质地更直接决定土壤质地。再是母质的风化强度不同，对矿质营养元素的释放多少也有不同。如抗风化强的石英岩类，养分释放少，而抗风化弱的石英砂岩类等，钙、镁等养分释放多，以长石、云母组成的花岗岩风化后一般含钾丰富，而玄武岩和紫色岩风化物除钙、镁含量高外，磷素含量也高。此外，母质的黏土矿物组成更直接决定土壤黏粒矿物的组成。因此，有的土壤也可根据处于不同地球化学过程的母质类型，及其黏土矿物组成的异同归类，如铁质富铝化风化壳、铝质富铝化风化壳、硅铁质富铝化风化壳、硅铝质富铝化风化壳、石英质富铝化风化壳等（江西省地质矿产局，1984）。

1.2.5　植被

江西省自然条件优越，植被类型繁多，资源丰富。由于长期的人为干扰，原始植被仅在山区块状残存，植被现状主要是天然次生、半次生和人工林木，及其伴生的下木和地被植物。分布最广泛的是马尾松林，其次是杉木林和毛竹林（表 1-1）。就其分布特征看，有地带性植被和非地带性植被。

表 1-1　江西省植被区划

带	区	亚区
中亚热带常绿阔叶林北部亚地带	浙皖山地丘陵青冈、苦槠林，栽培植被区	赣北丘陵青冈、苦槠林、松杉林亚区
		怀玉山山地丘陵多雨栲楠林、松杉林亚区
	浙闽山地丘陵栲楠林、松杉林区	武夷山西麓山地丘陵多雨栲楠林、松杉林亚区
	湘鄂赣滨湖平湖栽培植被、水生植被区	鄱阳湖平原丘陵栽培植被、水生植被亚区
	湘赣山地丘陵栲楠林、木荷林，栽培植被区	幕阜山山地丘陵栲楠林、木荷林、松杉林亚区
		九岭山山地丘陵栲楠林、木荷林、松杉林亚区
		锦江、袁水上中游丘陵栲楠林、松杉林亚区
		武功山山地丘陵栲楠林、松杉林亚区
		赣江、抚河、信江下游丘陵栲楠林、松杉林亚区
		抚河、信江中游丘陵栲楠林、松杉林亚区
中亚热带常绿阔叶林南部亚地带	南岭山地丘陵栲楠林、蕈树林、松杉林区	井冈山山地丘陵栲楠林、蕈树林、松杉林亚区
		大庾岭、章水山地丘陵栲楠林、蕈树林、松杉林亚区
		吉泰盆地丘陵栲楠林、蕈树林、松杉林亚区
		桃江中游、贡水上游丘陵栲楠林、松杉林亚区
		九连山山地丘陵栲楠林、半枫荷林、松杉林亚区
		雩山山地丘陵栲楠林、松杉林亚区

江西植物区系主要属于泛北极植物区中国—日本植物亚区的中国南部亚热带植物区系。植物区系成分以亚热带植物区系成分为主，并渗入有热带和温带植物区系成分。

据江西省“十一五”期间森林资源二类调查统计，全省土地总面积 1669.5 万 hm^2，其中林业用地面积 1072.0 万 hm^2，占 64.2%；活立木总蓄积 44 530.5 万 m^3；森林覆盖率为 63.1%。植被区划，可分为 5 个区和 16 个亚区（江西省地方志编纂委员会，1993）。

1.2.6 人类活动

人类自从事农业生产以来，对土壤的形成和发育产生了深刻的影响，对自然土壤的影响具有两面性。 中华人民共和国成立以后，江西的生产力得到迅速发展，人口数量也显著增长，“粮食问题”是国家和各个地方面临的最迫切问题，为了增加粮食种植面积，20 世纪 60 年代，江西提出了“向荒山湖畔要良田”的口号，人们将土地利用的矛头指向丘陵山区河湖沿岸，但是在提升粮食产量的同时也带来了一系列环境问题。针对这些问题，20 世纪 80 年代，江西省政府启动了“山江湖开发整治工程”，并提出了“治湖必须治江，治江必须治山，治山必须治穷”的大流域综合治理战略，土地利用格局再次发生了显著的变化；1996 年《江西省基本农田保护办法》的实施进一步加强了对耕地资源的保护；2001 年江西党代会提出“为实现江西在中部地区的崛起而奋斗”的目标，大大地促进了江西城镇化进程；2002 年“退耕还林、湖、草”等政策的实施，推动了耕地、林地、草地和水域等土地利用类型之间的复杂转化。这些政策的实施在宏观上都体现了人类活动对江西省土地状况产生的深远影响。2005 年以来，江西土地利用整体水平普遍提升，从各用地类型变化情况来看，草地、耕地、未利用土地持续减少，建设用地持续增加，水域先增加后减少，林地则先减少后增加。至 2017 年年末，江西省茶园面积为 98 544 hm^2，果园面积为 408 947 hm^2，农作物播种面积为 559.691 万 hm^2，市区面积达 419.59 万 hm^2。

第 2 章　成土过程与主要土层

2.1　成 土 过 程

2.1.1　腐殖化过程

腐殖化过程系指土壤中的粗有机质经过微生物分解转化为腐殖质的过程。

江西省自然条件优越，植被覆盖率高，广泛分布的植被使多数土壤均具有明显的腐殖质表层或均腐殖质特性。南昌、九江、景德镇、抚州、鹰潭等丘陵平原区每年凋落物每亩达 567 kg，大量的有机残体经微生物分解形成腐殖质，使土体层次发生分化，形成腐殖质表层；武功山、万洋山、诸广山等赣西、赣西南的中高山山间洼地气候湿冷，微生物活动微弱，土壤进行草甸腐殖质积累过程，形成均腐殖质特性。

2.1.2　耕种熟化过程

耕种熟化过程系指土壤兼受自然因素和人为因素的综合影响进行的土壤发育过程，其中人为因素起主导作用。耕种熟化过程分为旱作熟化和水耕熟化。前者是指自然土壤经过人为平整土地、耕翻、施肥、灌溉以及其他改良措施向有利于作物生长的方向发育、演化；后者系指旱作土壤或自然土壤在淹水条件下，通过耕作、灌溉、种植水稻等长期生产过程，逐渐改变原有土壤性质与剖面构型，发育为水耕人为土的过程。

江西省粮食作物以水稻为主，水稻播种面积占全省播种面积的 89.5%，经水耕熟化过程形成的水耕人为土是江西省粮食生产最重要的土壤类型，其分布遍及全省各县、乡、村的山地丘陵的梯田和平原。

2.1.3　潜育化过程

潜育化过程系指土壤长期渍水，有机质进行嫌气分解，铁锰氧化物强烈还原，形成灰蓝或灰绿色土体的过程。主要分布在鄱阳湖湖滨洲地，赣江、抚河、信江、饶河等江河两岸的河漫滩阶地上。该区域地势低平，成土母质多为河湖相沉积物，具有明显的沉积层理。

2.1.4　氧化还原过程

江西土壤的氧化还原过程主要分布在鄱阳湖湖滨洲地，抚河、赣江等沿河、湖泊地势较低平的滩地以及种植水稻的梯田或平原。其大多数年份某一时间段由于地下水位升高或人为灌水使土壤处于浸水状态，氧化还原电位降低，土体中高价铁、锰氧化物还原为低价铁、锰氧化物，并随着地下水的移动而迁移；当地下水位降低或人为排水时，原浸水的土体干燥通气，氧化还原电位升高，土壤中低价铁、锰氧化为高价铁、锰氧化物。

如此反复，土体中出现形状各异、大小不同的铁锰质锈纹锈斑，且在土壤孔隙中可见铁锰质软胶膜。

2.1.5 脱硅富铁铝化过程

脱硅富铁铝化过程系指土壤矿物风化，形成弱碱性条件，随着可溶性盐、碱金属和碱土金属及硅酸离子的大量流失，而造成铁铝在土体中相对富集的过程。这一过程受生物、气候条件以及母质类型的影响。水热丰沛、化学风化强烈、生物循环活跃和元素迁移强烈的地区易发生脱硅富铁铝化过程，同时，相似气候条件下，母质类型不同，脱硅富铁铝化也有所差异，如石英岩和砂质岩类风化物形成的土壤脱硅富铁铝化程度低于花岗岩和第四纪红黏土发育的土壤。江西省位于南、北亚热带的过渡地带，南北气候差异明显，脱硅富铁铝化过程主要发生在赣州、吉安、萍乡等赣南、赣中水热条件丰富的丘陵岗地，成土母质主要有泥质页岩、酸性结晶岩及第四纪红黏土等。

2.1.6 黏化过程

黏化过程包括残积黏化过程、淀积黏化过程和残积-淀积黏化过程。残积黏化指原生硅酸盐矿物不断变质形成次生硅酸盐，使土壤颗粒由粗变细，黏土物质不发生移动或淋失；淀积黏化是指在黏粒形成后，随水向下淋溶，在一定深度淀积；残积-淀积黏化系残积和淀积黏化的综合表现。黏化过程遍及江西省，其中，北纬 28°30′以南，气温高、降水量多，土壤风化作用强，在土体中形成以高岭石为主的低活性黏粒，黏粒迁移能力低，因此，土壤形成过程中以残积黏化过程为主；相反，北纬 28°30′以北，温度较低、降水量较少，黏粒中的矿物以水云母、高岭石为主，黏粒活性较高，迁移能力强，土壤形成过程中以淀积黏化或残积-淀积黏化过程为主。

2.1.7 钙积过程

钙积过程系指上部土层中的石灰以及植物残体分解释放出的钙在雨季以重碳酸钙形式向下移动，达到一定深度，以碳酸钙形式积累下来，形成钙积层。

江西土壤的钙积过程主要受母质影响。紫色砂岩、紫色页岩、石灰岩、白云岩和大理岩等母质中碳酸盐含量高，具有石灰反应，其上形成的土壤具有不同程度的钙积过程，具体表现为粉状、假菌丝体状等多种形态。钙积过程明显的土壤主要分布在赣州、抚州、吉安、宜春、上饶和九江等地区的中、低丘陵和岗地。

2.1.8 初育过程

初育过程为初始的风化成土过程，形成剖面发育不明显或较微弱且具有雏形层的雏形土，其特点是母岩风化物以物理崩解作用为主，化学风化弱，黏土矿物以 2∶1 型为主，同时，土体中碳酸盐未完全淋失，淋溶脱钙与复钙作用反复进行。

江西省雏形土占地面积大，主要分布于九江、宜春、上饶、赣州等地区的中、低丘陵和岗地，成土母质主要有紫色砂岩、紫色页岩以及碳酸盐岩母质。

2.1.9　湿润黄化过程

湿润黄化过程主要发生在海拔较高的凉湿地区，系指土体中氧化铁在湿润条件下水化，由无水的红色氧化铁变为带有结晶水的黄色氧化铁，经历湿润黄化过程的土壤，通常伴有脱硅富铁铝化过程，故土体中氧化铝含量相对增高，常形成富铝特性、铝质特性和铝质现象。江西省降水量充足，湿润黄化过程主要分布于萍乡、宜春、赣州等地区的海拔在 800 m 以上的中、高山地区（江西土地资源管理局，1991）。

2.2　土壤诊断层与诊断特性

凡用于鉴别土壤类别的，在性质上有一系列定量规定的特定土层称为诊断层；如果用于分类目的的不是土层，而是具有定量规定的土壤性质（形态的、物理的、化学的），则称为诊断特性。《中国土壤系统分类检索》（第三版）设有 33 个诊断层、20 个诊断现象和 25 个诊断特性（表 2-1），根据采集的样本，江西省土壤系统分类划分为 5 个土纲、8 个亚纲、21 个土类、38 个亚类、147 个土系，涉及 4 个诊断表层：暗沃表层、暗瘠表层、淡薄表层、水耕表层；6 个诊断表下层：雏形层、低活性富铁层、聚铁网纹层、水耕氧化还原层、黏化层、黏磐；11 个诊断特性：岩性特征、石质接触面、准石质接触面、土壤水分状况、潜育特征、氧化还原特征、土壤温度状况、腐殖质特性、铁质特性、铝质现象、石灰性。

表 2-1　中国土壤系统分类诊断层、诊断现象和诊断特性

诊断层			诊断特性
（一）诊断表层	（二）诊断表下层	（三）其他诊断层	
A.有机物质表层类	1.漂白层	1.盐积层	1.有机土壤物质
1.有机表层	2.舌状层	2.含硫层	**2.岩性特征**
有机现象	舌状现象		**3.石质接触面**
2.草毡表层	**3.雏形层**		**4.准石质接触面**
草毡现象	4.铁铝层		5.人为淤积物质
B.腐殖质表层类	**5.低活性富铁层**		6.变性特征
1.暗沃表层	**6.聚铁网纹层**		变性现象
2.暗瘠表层	聚铁网纹现象		7.人为扰动层次
3.淡薄表层	7.灰化淀积层		**8.土壤水分状况**
C.人为表层类	灰化淀积现象		**9.潜育特征**
1.灌淤表层	8.耕作淀积层		潜育现象
灌淤现象	耕作淀积现象		**10.氧化还原特征**
2.堆垫表层	**9.水耕氧化还原层**		**11.土壤温度状况**
堆垫现象	水耕氧化还原现象		12.永冻层次
3.肥熟表层	**10.黏化层**		13.冻融特征
肥熟现象	**11.黏磐**		14.n 值
4.水耕表层	12.碱积层		15.均腐殖质特性
水耕现象	碱积现象		**16.腐殖质特性**

续表

诊断层			诊断特性
（一）诊断表层	（二）诊断表下层	（三）其他诊断层	
D.结皮表层类	13.超盐积层		17.火山灰特性
1.干旱表层	14.盐磐		**18.铁质特性**
2.盐结壳	15.石膏层		19.富铝特性
	石膏现象		20.铝质特性
	16.超石膏层		**铝质现象**
	17.钙积层		21.富磷特性
	钙积现象		富磷现象
	18.超钙积层		22.钠质特性
	19.钙磐		钠质现象
	20.磷磐		**23.石灰性**
			24.盐基饱和度
			25.硫化物物质

注：加粗字体为江西省土系涉及的诊断层和诊断特性。

2.2.1　诊断表层

诊断表层是指位于单个土体最上部的诊断层。

各类诊断表层的分布如图 2-1 所示。

1）暗沃表层

暗沃表层是有机碳含量高或较高、盐基饱和、结构良好的暗色腐殖质表层。在江西土系调查中，3 个土系具有暗沃表层，存在于雏形土、新成土 2 个土纲中。主要分布于九江北部、宜春南部、吉安北部。厚度最小值为 20 cm，最大值为 30 cm，平均值为 25 cm（表 2-2）。

表 2-2　暗沃表层基本理化性质

指标	厚度 /cm	pH (H_2O)	润态明度	干态明度	润态彩度	有机碳(C) /(g/kg)	全氮(N) /(g/kg)	全磷(P) /(g/kg)	全钾(K) /(g/kg)	容重 /(g/cm^3)
最小值	20	4.7	3	3	2	8.3	0.71	0.18	12.5	1.10
平均值	25	6.3	3	4	3	15.7	1.03	0.51	14.5	1.22
最大值	30	7.2	3	5	3	20.9	1.34	0.83	17.3	1.29

2）暗瘠表层

暗瘠表层是有机碳含量高或较高、盐基不饱和的暗色腐殖质表层。在江西土系调查中，8 个土系具有暗瘠表层，存在于淋溶土、富铁土、雏形土 3 个土纲中。主要分布于九江西部、南昌北部、宜春北部和南部、吉安西部、景德镇北部、上饶中部。厚度最小值为 17 cm，最大值为 38 cm，平均值为 26 cm，标准差为 7.0（表 2-3，图 2-2）。

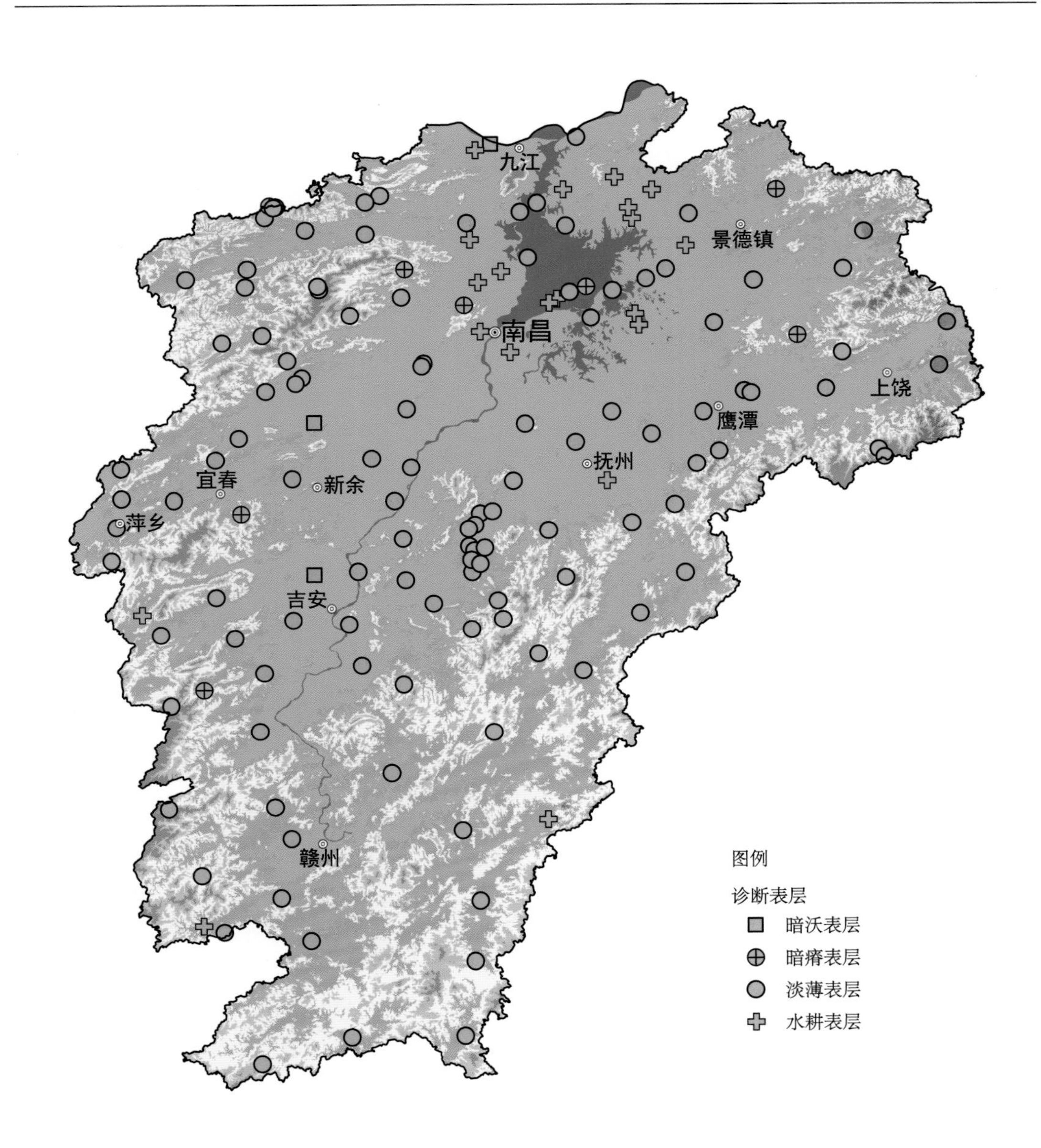

图 2-1　江西诊断表层分布图

表 2-3　暗瘠表层基本理化性质

指标	厚度/cm	pH (H_2O)	润态明度	干态明度	润态彩度	有机碳(C) /(g/kg)	全氮(N) /(g/kg)	全磷(P) /(g/kg)	全钾(K) /(g/kg)	容重 /(g/cm^3)
最小值	17	3.6	3	3	1	11.7	0.91	0.28	11.3	1.22
平均值	26	4.4	3	5	2	22.6	1.05	0.44	16.1	1.27
最大值	38	5.3	3	7	4	47.8	1.23	0.72	20.5	1.30

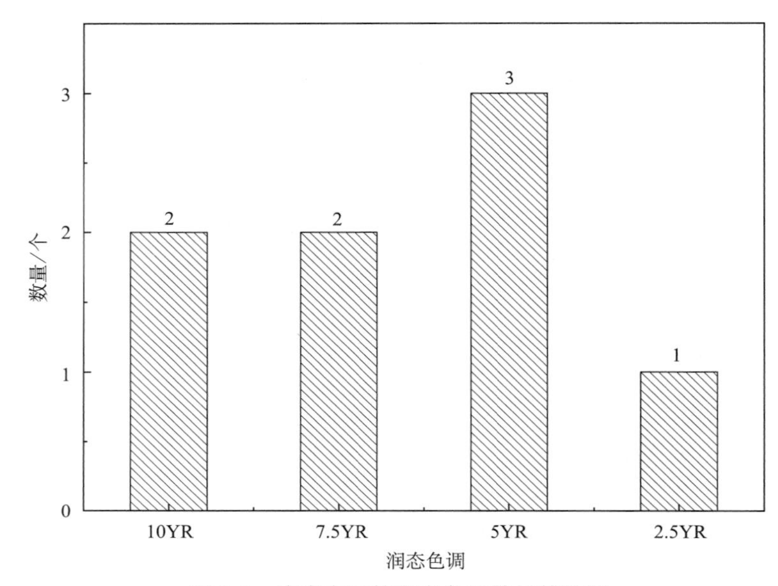

图 2-2　暗瘠表层的润态色调数量统计图

3）淡薄表层

淡薄表层是发育程度较差的淡色或较薄的腐殖质表层。在江西土系调查中，116 个土系具有淡薄表层，存在于富铁土、淋溶土、雏形土、新成土 4 个土纲中。全省均有分布。厚度最小值为 10 cm，最大值为 45 cm，平均值为 21 cm，标准差为 7.2（表 2-4，表 2-5，图 2-3）。

表 2-4　淡薄表层土系数量统计　　（单位：个）

土纲	土系数量
富铁土	20
淋溶土	37
雏形土	49
新成土	10

表 2-5　淡薄表层基本理化性质

指标	厚度/cm	pH (H_2O)	润态明度	干态明度	润态彩度	有机碳(C) /(g/kg)	全氮(N) /(g/kg)	全磷(P) /(g/kg)	全钾(K) /(g/kg)	容重 /(g/cm^3)
最小值	10	3.3	2	1	1	3.4	0.27	0.11	5.3	1.18
平均值	21	4.7	4	5	4	15.3	1.07	0.48	17.1	1.28
最大值	45	7.3	6	8	8	36.3	2.21	0.96	31.8	1.47

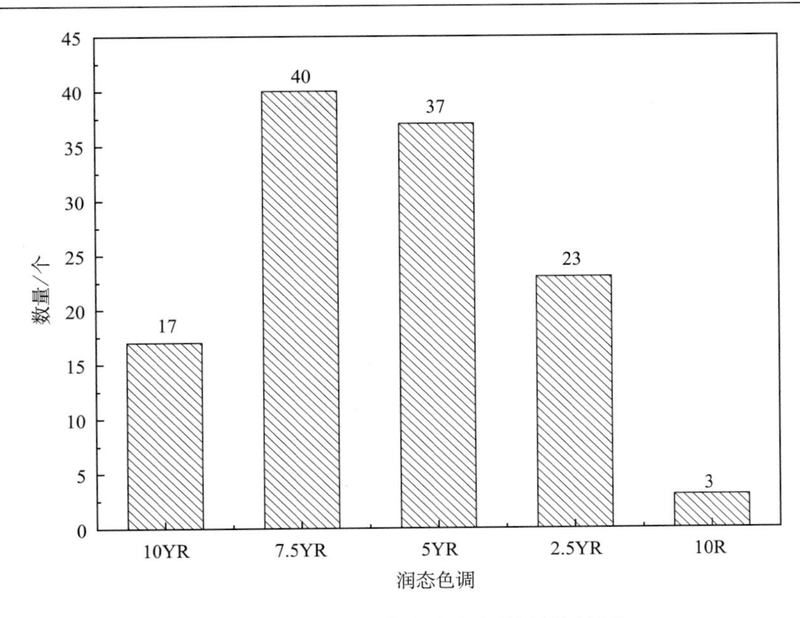

图 2-3　淡薄表层的润态色调数量统计图

4）水耕表层

水耕表层是在淹水耕作条件下形成的人为表层（包括耕作层 Ap1 和犁底层 Ap2）。调查过程中划分为 Ap1 和 Ap2 两层，分类中是划分水耕人为土亚纲的诊断层，Ap1 和 Ap2 两个亚层的区别主要是其容重的差异。建立的 20 个水耕人为土土系的水耕表层中，主要分布在南昌、上饶、九江的河谷和环鄱阳湖区域，常年种植水稻或水旱轮作。Ap1 厚度最小值为 11 cm，最大值为 25 cm，平均值为 18 cm，标准差为 3.2；Ap2 厚度最小值为 4 cm，最大值为 17 cm，平均值为 10 cm，标准差为 3.0。水耕表层满足在排水落干状态下，Ap2 土壤容重对 Ap1 土壤容重的比值≥1.10，调查区域内 Ap2 与 Ap1 的比值最小值约为 1.10，最大值约为 1.17，平均值约为 1.11（表 2-6，图 2-4，图 2-5）。

表 2-6　水耕表层基本理化性质

层次	指标	厚度/cm	pH (H_2O)	润态明度	润态彩度	有机碳(C)/(g/kg)	全氮(N)/(g/kg)	全磷(P)/(g/kg)	全钾(K)/(g/kg)	容重/(g/cm^3)
Ap1	最小值	11	4.0	3	1	6.7	0.77	0.34	11.2	1.20
	平均值	18	5.2	4	3	20.9	1.12	0.60	17.9	1.22
	最大值	25	6.9	6	8	34.2	1.26	0.94	22.8	1.27
Ap2	最小值	4	4.4	3	1	3.7	0.45	0.28	8.8	1.32
	平均值	10	5.6	4	3	11.2	0.97	0.56	16.7	1.36
	最大值	17	7.0	5	6	21.0	1.21	0.82	22.9	1.43

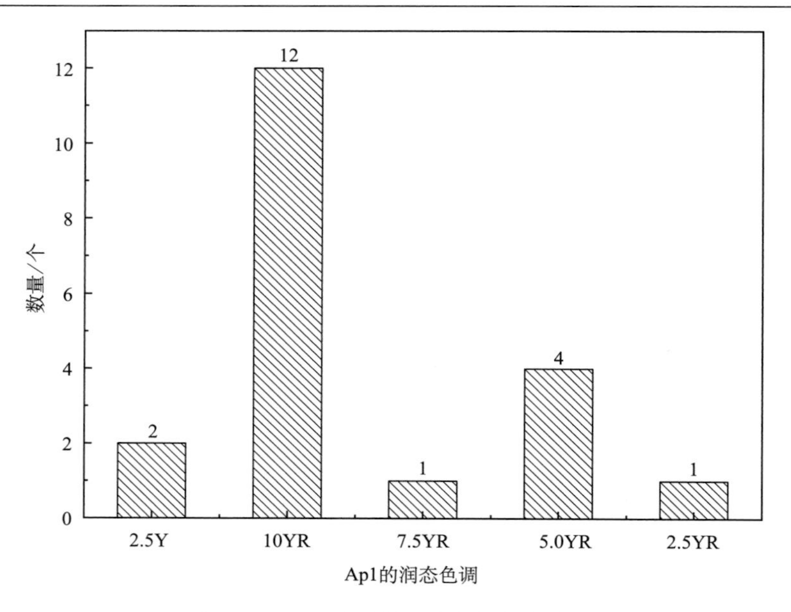

图 2-4　Ap1 层的润态色调数量统计图

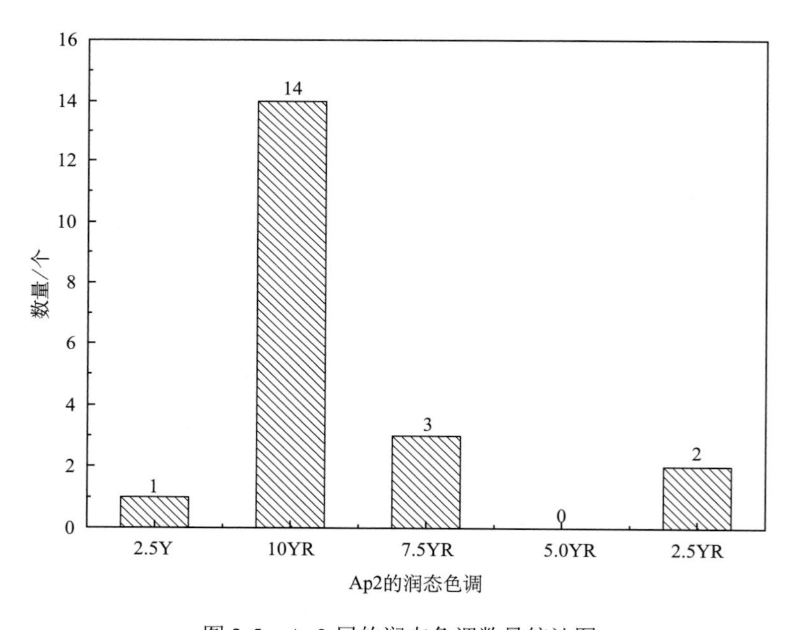

图 2-5　Ap2 层的润态色调数量统计图

2.2.2　诊断表下层

诊断表下层是由物质的淋溶、迁移、淀积或就地富集作用在土壤表层之下所形成的具诊断意义的土层。

各类诊断表下层的分布如图 2-6 所示。

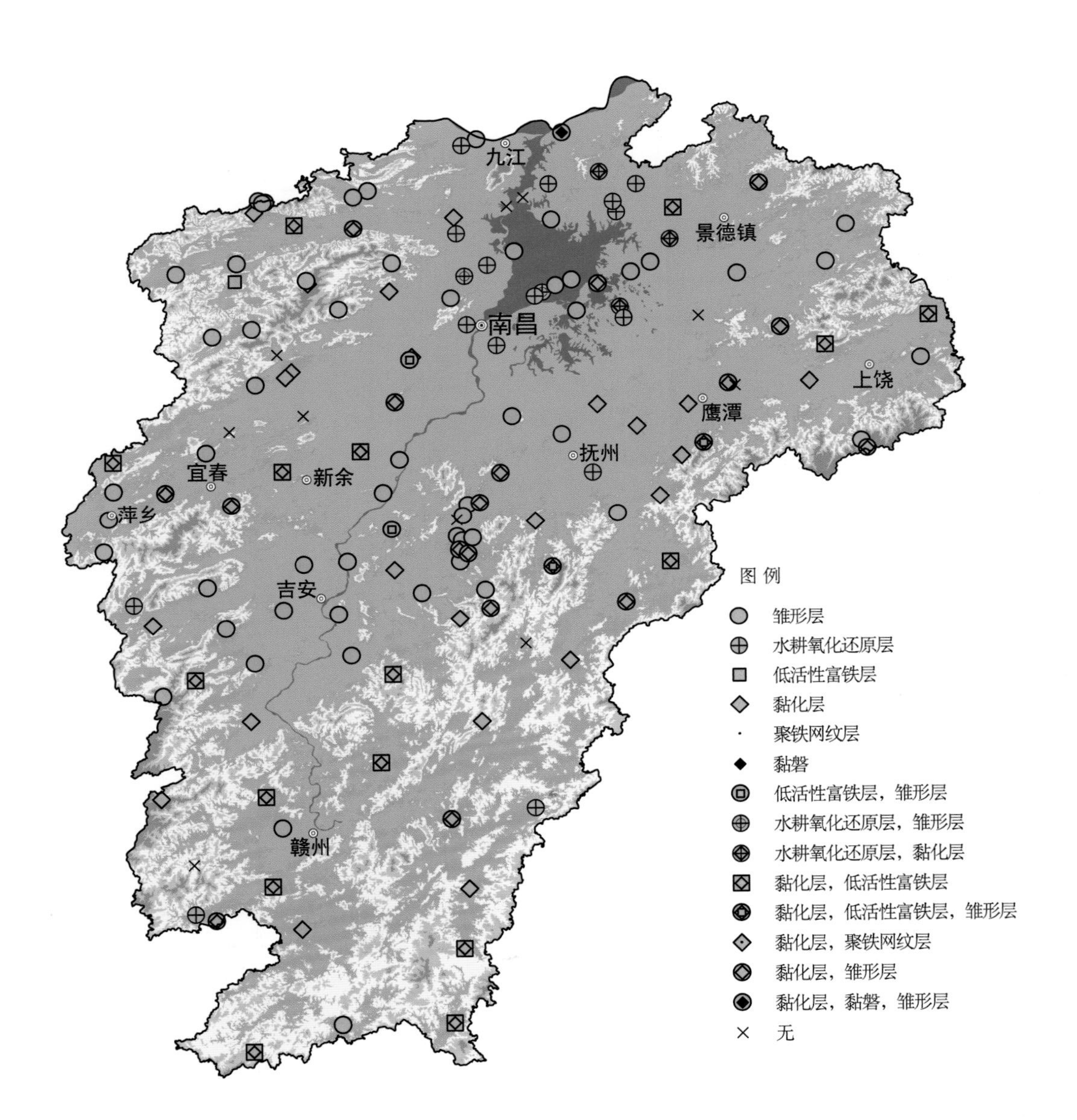

图 2-6　江西诊断表下层分布图

1）雏形层

雏形层是风化-成土过程中形成的无或基本上无物质淀积，未发生明显黏化，带棕、红棕、红、黄或紫等颜色，且有土壤结构发育的 B 层。在江西土系调查中，79 个土系具有雏形层，存在于人为土、富铁土、淋溶土、雏形土 4 个土纲中。全省均有分布。厚度最小值为 13 cm，最大值为 126 cm，平均值为 56 cm，标准差为 32.8（表 2-7）。

表 2-7　雏形层基本理化性质

指标	上界/cm	厚度/cm	润态明度	润态彩度	游离铁/(g/kg)
最小值	10	13	2	1	3.1
平均值	33	56	4	5	18.9
最大值	150	126	7	8	51.9

雏形层多出现在雏形土和淋溶土中，现具体统计雏形层上界出现的位置、厚度和游离铁含量。两个土纲中雏形层的上界位置和厚度差异都较大，雏形土中雏形层上界平均位于 22 cm，厚度平均为 69 cm；淋溶土中雏形层上界平均位于 50 cm，厚度平均为 31 cm（图 2-7，图 2-8）。

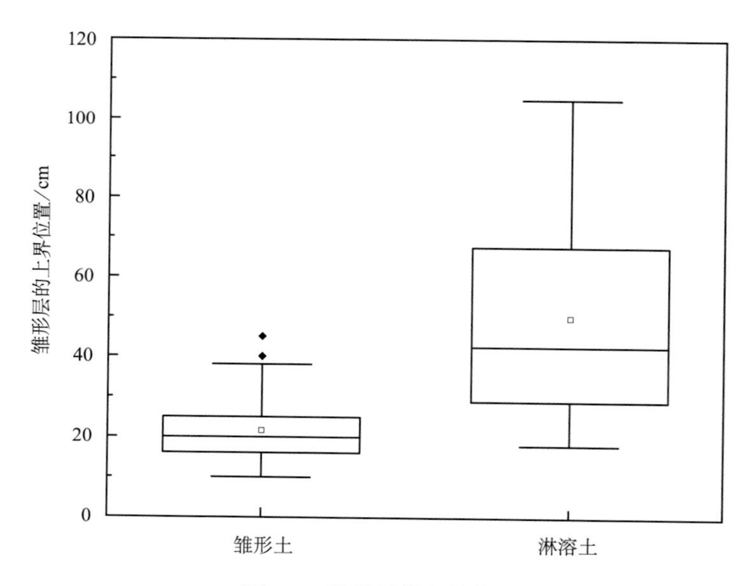

图 2-7　雏形层的上界位置

2）低活性富铁层

低活性富铁层是由中度富铁铝化作用形成的具有低活性黏粒和富含游离铁的土层，是诊断富铁土土纲的主要诊断层，在矿质土表至 125 cm 范围内出现低活性富铁层则为富铁土，全称为低活性黏粒-富铁层。在江西土系调查中，21 个土系具有低活性富铁层，全省均有分布。厚度最小值为 20 cm，最大值为 135 cm，平均值为 57 cm，标准差为 32.0（表 2-8）。

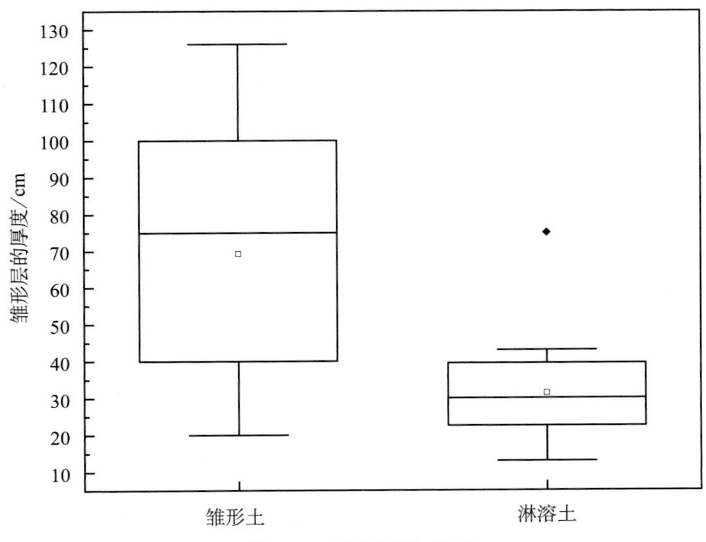

图 2-8　雏形层的厚度

表 2-8　低活性富铁层基本理化性质

指标	上界/cm	厚度/cm	pH(H_2O)
最小值	15	20	3.8
平均值	36	57	4.8
最大值	68	135	5.6

低活性富铁层的色调为 5.0YR 或更红，图 2-9 为调查区域内低活性富铁层的润态色调数量统计图。在调查区域内，低活性富铁层的游离铁含量最小值约为 12 g/kg，最大值约为 56 g/kg，平均值约为 23 g/kg（图 2-10）。

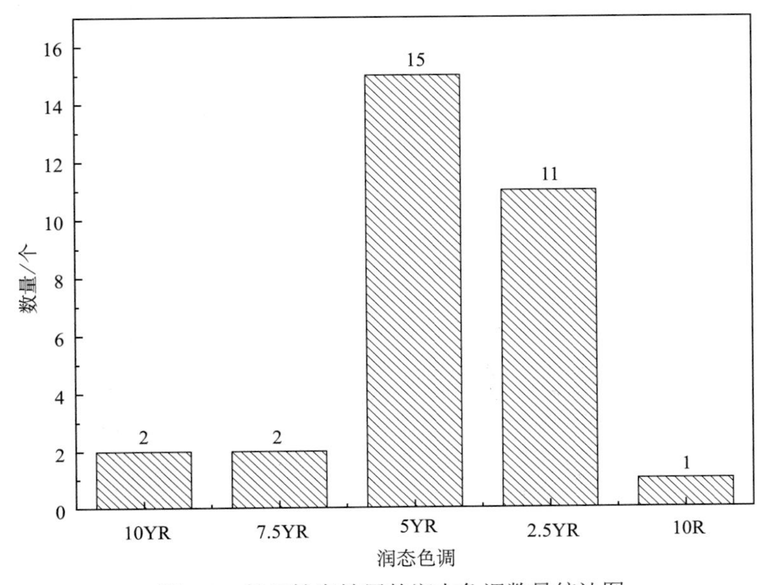

图 2-9　低活性富铁层的润态色调数量统计图

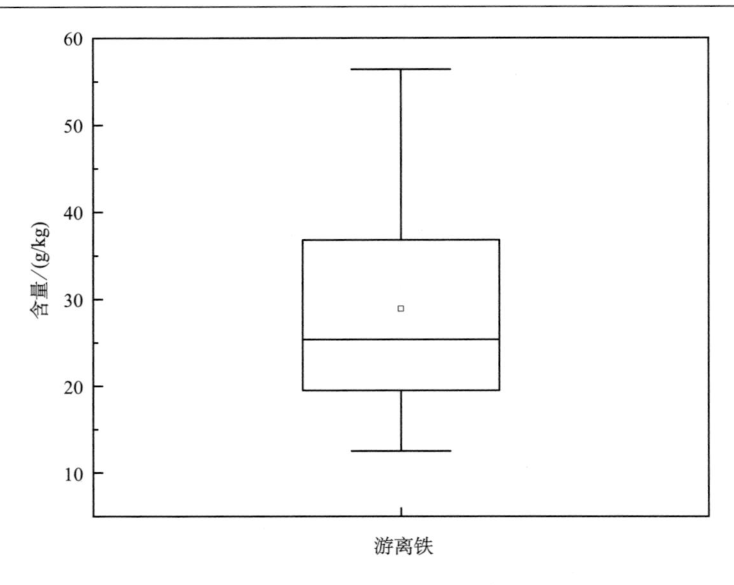

图 2-10　低活性富铁层的游离铁含量

3）聚铁网纹层

聚铁网纹层是由铁、黏粒与石英等混合并分凝成多角状或网状红色或暗红色的富铁、贫腐殖质聚铁网纹体组成的土层。在江西土系调查中，聚铁网纹层存在于红色酸性湿润淋溶土这一个亚类中的后村张家系，上界出现在 40 cm 左右，厚度约 70 cm，润态颜色为暗红棕色（2.5YR 3/6）。

4）水耕氧化还原层

水耕氧化还原层是水耕条件下铁锰自水耕表层或兼自其下垫土层的上部亚层还原淋溶，或兼由下面具潜育特征或潜育现象的土层还原上移，并在一定深度中氧化淀积的土层。在江西土系调查中，20 个土系具有水耕氧化还原层，主要分布于环鄱阳湖区域。厚度最小值为 15 cm，最大值为 110 cm，平均值为 77 cm，标准差为 24.9（表 2-9）。

表 2-9　水耕氧化还原层基本理化性质

指标	上界/cm	厚度/cm	pH(H_2O)
最小值	20	15	4.5
平均值	28	77	5.8
最大值	35	110	7.7

水耕氧化还原层有些会出现锈纹锈斑或者铁锰结核，统计了它们的斑纹和结核丰度情况如图 2-11 所示。在调查区域内，水耕氧化还原层的游离铁含量最小值约为 6.9 g/kg，最大值约为 31.7 g/kg，平均值约为 16.8 g/kg，箱形图如图 2-12 所示。

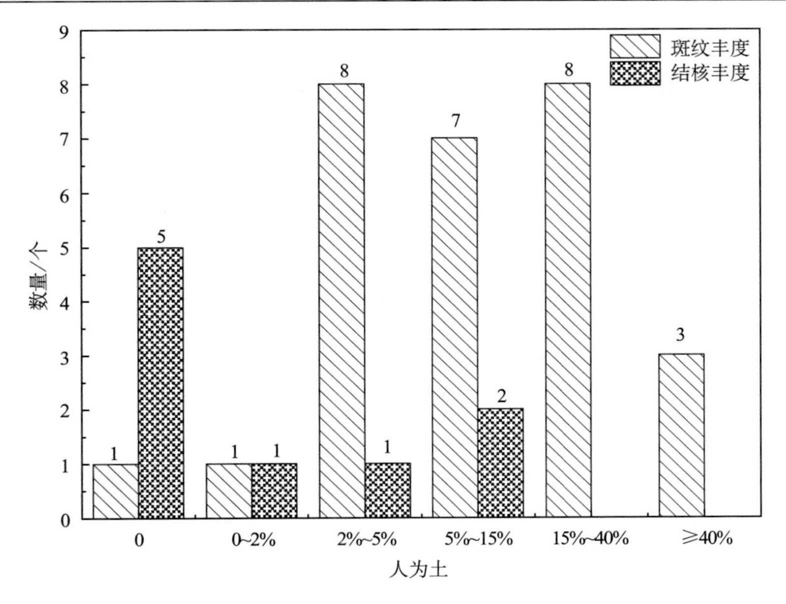

图 2-11　水耕氧化还原层的斑纹丰度和结核丰度数量统计图

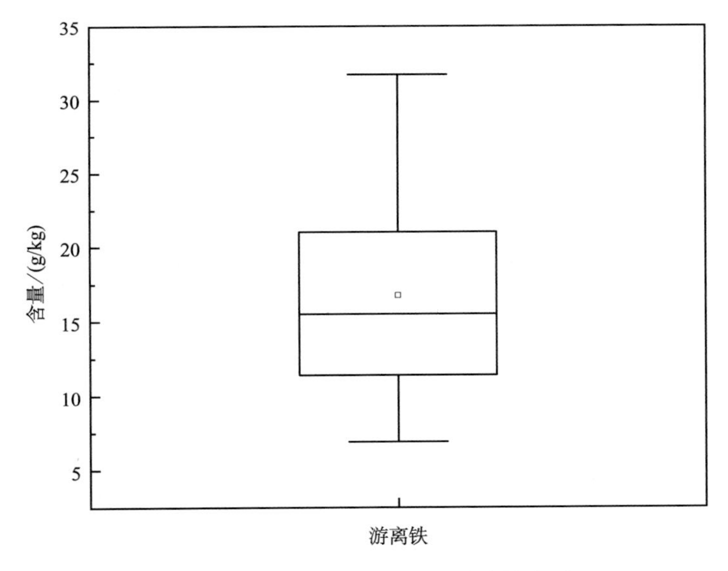

图 2-12　水耕氧化还原层的游离铁含量

5）黏化层

黏化层是黏粒含量明显高于上覆土层的表下层。其质地分异可以由表层黏粒分散后随悬浮液向下迁移并淀积于一定深度而形成的黏粒淀积层，也可以由原土层中原生矿物发生土内风化作用就地形成黏粒并聚集而形成的次生黏化层。若表层遭受侵蚀，此层可位于地表或接近地表。在江西土系调查中，62 个土系具有黏化层，存在于人为土、富铁土、淋溶土、新成土 4 个土纲中。全省均有分布。厚度最小值为 15 cm，最大值为 155 cm，平均值为 64 cm，标准差为 33.7（表 2-10）。

表 2-10　黏化层基本理化性质

指标	上界/cm	厚度/cm	$pH(H_2O)$
最小值	10	15	3.5
平均值	29	64	4.9
最大值	105	155	7.2

其中，在人为土中仅有 3 个土系有黏化层，黏化层上界出现在 22～68 cm 之间，厚度为 42～98 cm，可观察到黏粒胶膜，黏粒含量在 141～330 g/kg 之间，平均为 245 g/kg。在新成土中，只有普通湿润正常新成土这一亚类中的陈坊系有黏化层，位于土体的 12～125 cm 范围内，可观察到黏粒胶膜，黏粒含量在 116～183 g/kg 之间，平均为 151 g/kg。

富铁土和淋溶土中的黏化层数量较多，分别统计它们的黏粒含量，富铁土中黏化层黏粒含量最小值约为 183 g/kg，最大值约为 561 g/kg，平均值约为 362 g/kg；淋溶土中黏化层黏粒含量最小值约为 58 g/kg，最大值约为 654 g/kg，平均值约为 299 g/kg（图 2-13）。

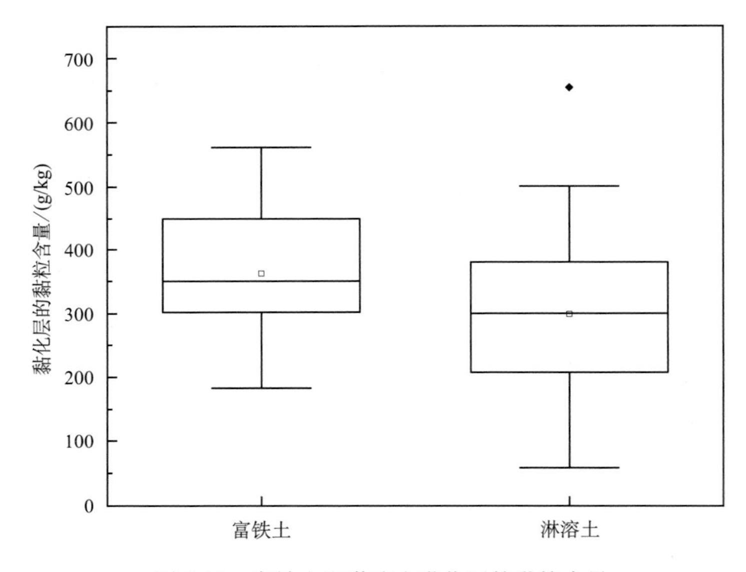

图 2-13　富铁土和淋溶土黏化层的黏粒含量

6）黏磐

黏磐是一种黏粒含量与表层或上覆土层差异悬殊的黏重、紧实土层；其黏粒主要继承母质，但也有一部分是由上层黏粒在此淀积所致。在江西土系调查中，黏磐存在于普通黏磐湿润淋溶土的凰村系中，黏磐上界大约出现在 110 cm，厚度约为 30 cm，黏粒含量约为 247 g/kg。

2.2.3　诊断特性

各类诊断特性的分布如图 2-14 所示。

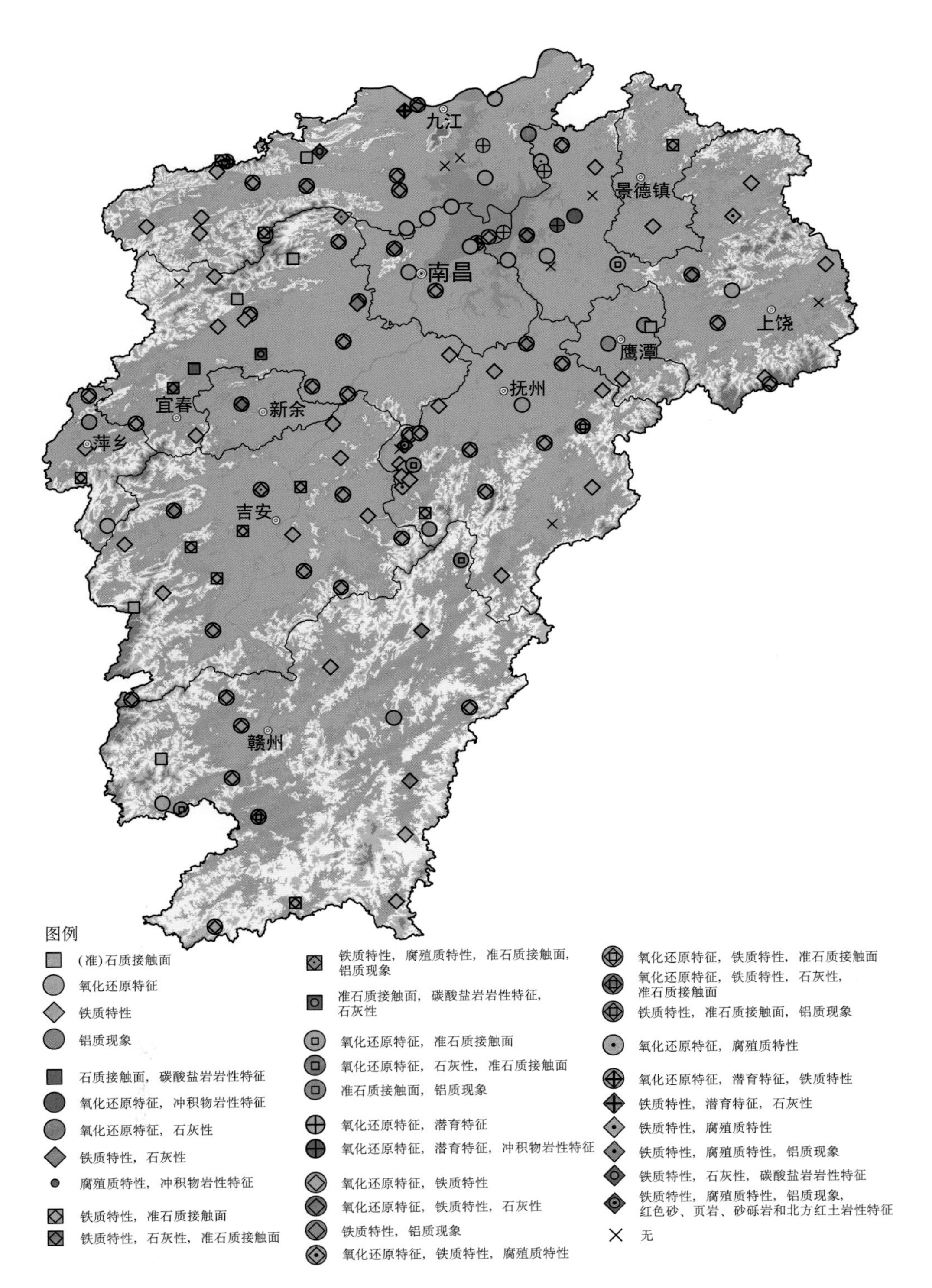

图 2-14 江西诊断特性分布图

1）岩性特征

岩性特征是土表至 125 cm 范围内土壤性状明显或较明显保留母岩或母质的岩石学性质特征。在江西土系调查中，7 个土系具有岩性特征，存在于雏形土、新成土 2 个土纲中（表 2-11）。主要分布于九江北部、宜春南部、抚州西部、上饶西部。

表 2-11　岩性特征

土纲	亚类	土系	岩性特征
雏形土	棕色钙质湿润雏形土	鲁溪洞系	碳酸盐岩岩性特征
	腐殖简育常湿雏形土	洋深系	冲积物岩性特征
	腐殖铝质湿润雏形土	陀上系	红色砂、页岩、砂砾岩和北方红土岩性特征
	酸性淡色潮湿雏形土	鄱邓系	冲积物岩性特征
	普通淡色潮湿雏形土	角山系	冲积物岩性特征
新成土	钙质湿润正常新成土	董丰系	碳酸盐岩岩性特征
	钙质湿润正常新成土	鹅东系	碳酸盐岩岩性特征

2）（准）石质接触面

石质接触面是土壤与紧实黏结的下垫物质（岩石）之间的界面层，不能用铁铲挖开。准石质接触面土壤与连续黏结的下垫物质（一般为部分固结的砂岩、粉砂岩、页岩或泥灰岩等沉积岩）之间的界面层，湿时用铁铲可勉强挖开。在江西土系调查中，27 个土系具有（准）石质接触面，存在于淋溶土、雏形土、新成土 3 个土纲中（表 2-12）。全省均有分布。

表 2-12　石质接触面与准石质接触面

土纲	土类	母岩类型
淋溶土	铝质常湿淋溶土	花岗岩
	酸性湿润淋溶土	千枚岩
	铁质湿润淋溶土	花岗岩、紫色砂岩
	铝质湿润淋溶土	红砂岩
雏形土	简育湿润雏形土	花岗岩
	铁质湿润雏形土	花岗岩、石英岩、泥页岩、石灰岩、红砂岩、砂页岩
	酸性湿润雏形土	泥页岩
	铝质湿润雏形土	花岗岩
	铝质常湿雏形土	云母片岩
	简育常湿雏形土	页岩
新成土	湿润正常新成土	花岗岩、石英岩、泥页岩、石灰岩、红砂岩、紫色砂岩

3）潜育特征

潜育特征是长期被水饱和，导致土壤发生强烈还原的特征。在江西土系调查中，5 个土系具有潜育特征，存在于人为土、雏形土 2 个土纲中（表 2-13）。主要分布于环鄱阳湖区域。

表 2-13　潜育特征

土纲	亚类	土系	色调	润态明度	润态彩度
人为土	底潜简育水耕人为土	家塘系	10YR	5	1
	普通铁聚水耕人为土	南新系	10YR	4	1
	普通潜育水耕人为土	新建系	10YR	5	1
雏形土	普通淡色潮湿雏形土	角山系	10YR	4	1
	酸性暗色潮湿雏形土	矶阳系	7.5YR	7	1

4）氧化还原特征

氧化还原特征是由于潮湿水分状况、滞水水分状况或人为滞水水分状况的影响，大多数年份某一时期土壤受季节性水分饱和，发生氧化还原交替作用而形成的特征。主要表现为：有锈斑纹或兼有由脱潜而残留的不同程度的还原离铁基质；或有硬质或软质铁锰凝团、结核和铁锰斑块或铁磐；或无斑纹，但土壤结构面或土壤基质中占优势的润态彩度≤2；或若其上、下层未受季节性水分饱和影响的土壤的基质颜色本来就较暗，即占优势润态彩度为 2，则该层结构面或土壤基质中占优势的润态彩度应＜1；或还原基质按体积计＜30%。在江西土系调查中，61 个土系具有氧化还原特征，存在于雏形土、富铁土、淋溶土、人为土、新成土 5 个土纲中（图 2-15）。

5）腐殖质特性

腐殖质特性是热带、亚热带地区土壤或黏质开裂土壤中除 A 层或 A+AB 层有腐殖质的生物积累外，B 层并有腐殖质的淋淀积累或重力积累的特性。在江西土系调查中，7 个土系具有腐殖质特性，存在于人为土、雏形土 2 个土纲中（表 2-14）。主要分布于九江北部、宜春北部、上饶北部、吉安东部、抚州西部。

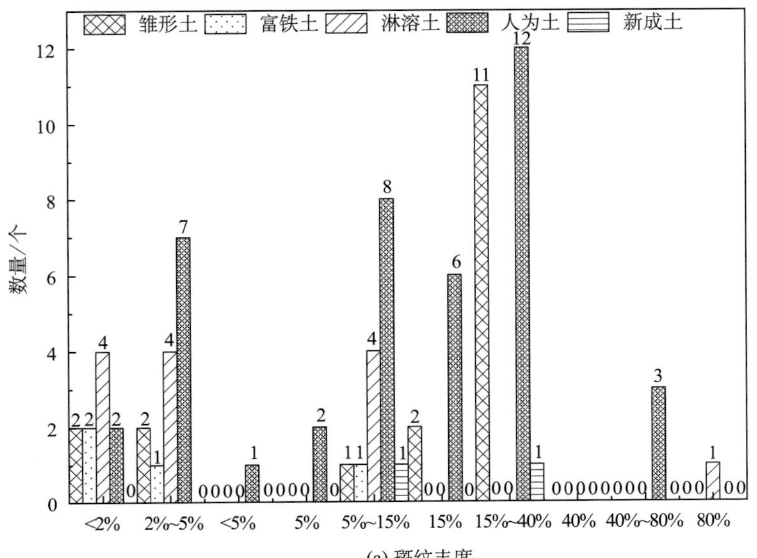

(a) 斑纹丰度

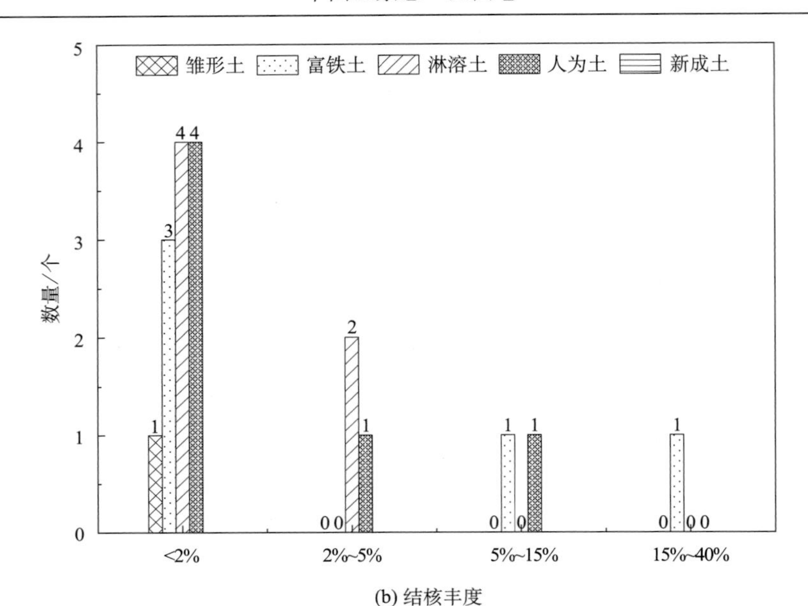

(b) 结核丰度

图 2-15　雏形土、富铁土、淋溶土、人为土和新成土斑纹丰度和结核丰度数量统计图

表 2-14　腐殖质特性

指标	润态明度	润态彩度	pH(H_2O)
最小值	3	1	4.3
平均值	4	4	5.0
最大值	5	8	7.0

在调查区域内，雏形土中有机碳最小值约为 3 g/kg，最大值约为 34 g/kg，平均值约为 12 g/kg；人为土中有机碳最小值约为 4 g/kg，最大值约为 30 g/kg，平均值约为 6 g/kg（图 2-16）。

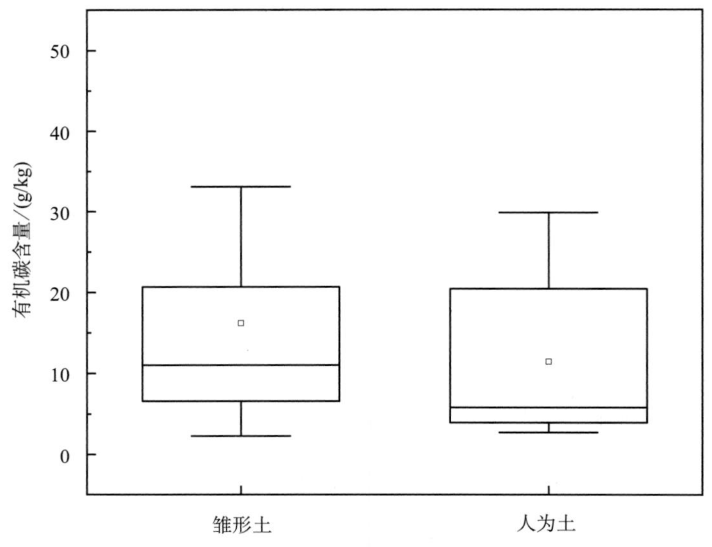

图 2-16　具有腐殖质特性的土壤有机碳含量

6）铁质特性

铁质特性是土壤中游离氧化铁非晶质部分的浸润和赤铁矿、针铁矿微晶的形成，并充分分散于土壤基质内使土壤红化的特性。在江西土系调查中，100 个土系具有铁质特性，存在于人为土、富铁土、淋溶土、雏形土、新成土 5 个土纲中（图 2-17）。全省均有分布。

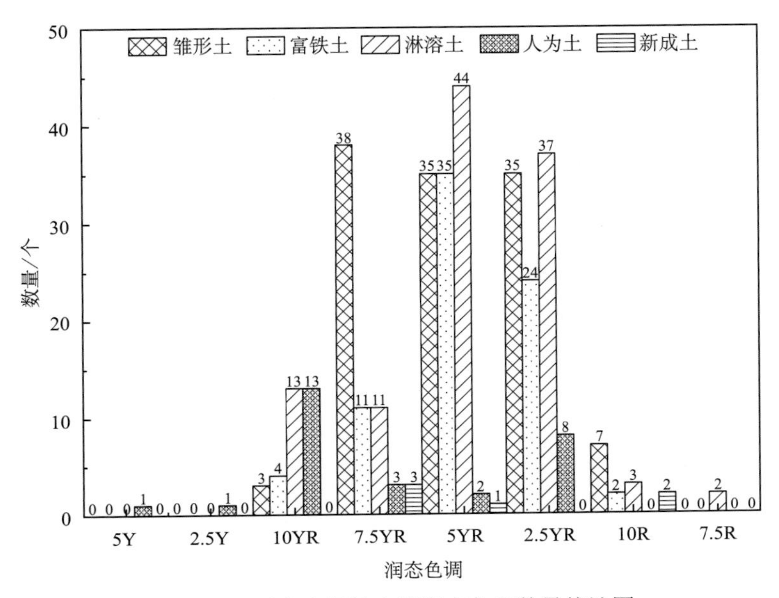

图 2-17　五个土纲的土壤润态色调数量统计图

在调查区域内，具有铁质特性的 5 个土纲的土壤游离铁含量分别统计如图 2-18 所示，平均含量较一致，约为 20 g/kg。

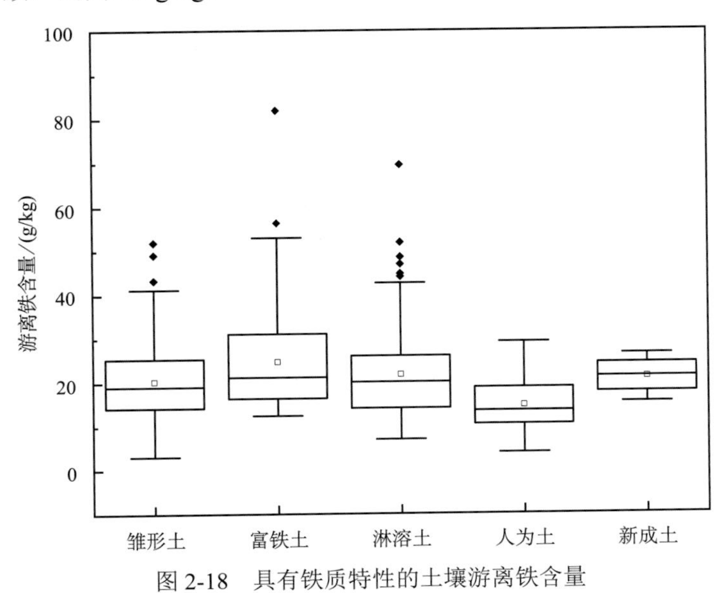

图 2-18　具有铁质特性的土壤游离铁含量

7）铝质现象

铝质现象是在除铁铝土和富铁土外的土壤中富含 KCl 浸提性铝的特性。在江西土系调查中，18 个土系具有铝质现象，存在于淋溶土、雏形土 2 个土纲中。主要分布于鹰潭中部、上饶中部。

图 2-19～图 2-21 为具有铝质现象的土壤 pH（KCl）、交换性铝、铝饱和度的统计图。雏形土和淋溶土中，pH（KCl）较为接近，平均约为 3.8；雏形土的交换性铝含量最小值约为 6 cmol/kg（黏粒），最大值约为 32 cmol/kg（黏粒），平均值约为 14 cmol/kg（黏粒）；

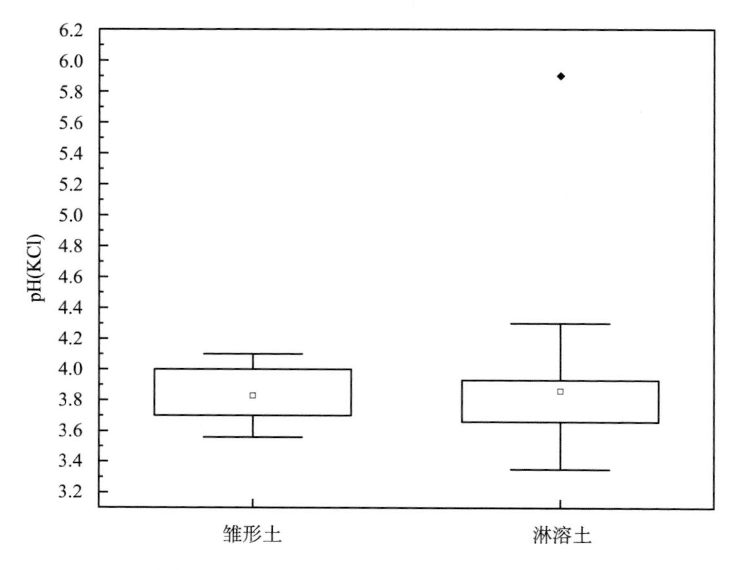

图 2-19　具有铝质现象的土壤 pH（KCl）

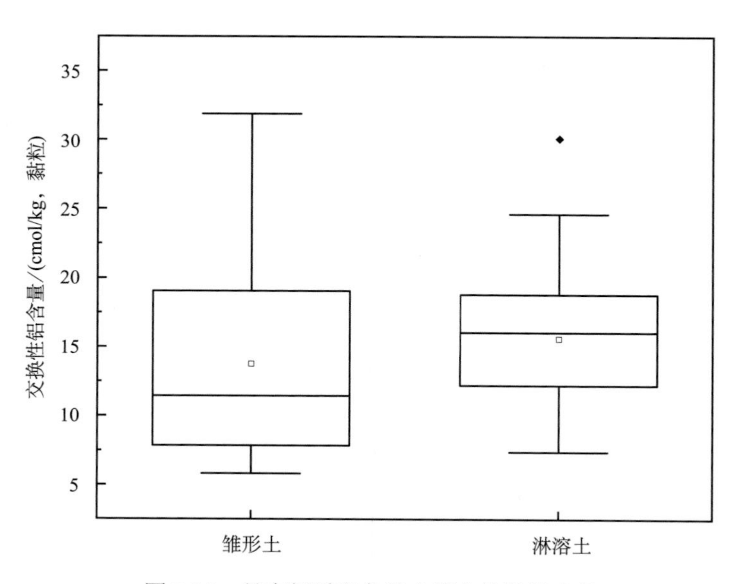

图 2-20　具有铝质现象的土壤交换性铝含量

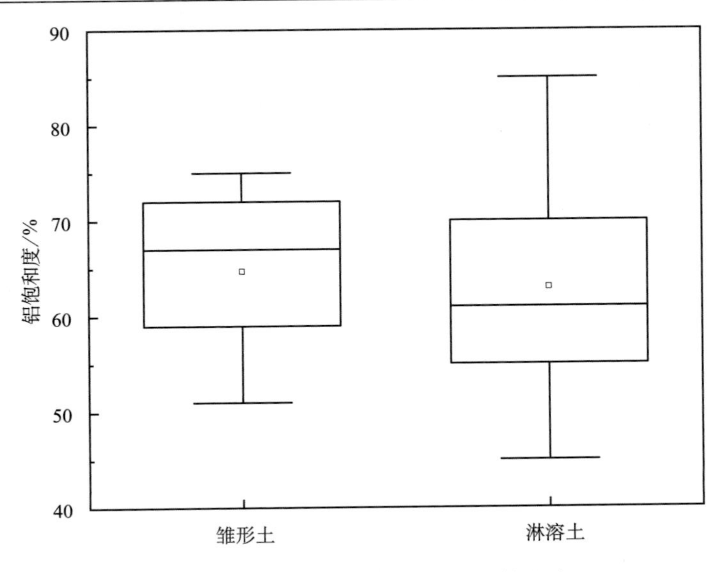

图 2-21　具有铝质现象的土壤铝饱和度

淋溶土的交换性铝含量最小值约为 7 cmol/kg（黏粒），最大值约为 30 cmol/kg（黏粒），平均值约为 16 cmol/kg（黏粒）；雏形土的铝饱和度最小值约为 51%，最大值约为 75%，平均值约为 65%；淋溶土的铝饱和度最小值约为 45%，最大值约为 85%，平均值约为 63%。

第3章 土壤分类

3.1 土壤分类的历史回顾

江西省作为我国重要的农业大省，关于土壤分类的研究开展较早，早在20世纪30年代就进行了江西南昌附近的土壤调查。40年代，熊毅对江西省更新统黏土和红壤的性质及其改良进行了研究。但由于当时各方面条件的限制，不可能开展全省性的土壤资源调查，因而也就无法提出全省性的土壤分类系统。

中华人民共和国成立后，土壤科学得到了较快发展，许多农林部门、科研单位和高校院所均对江西土壤进行了调查研究。20世纪50年代，在老一辈土壤科学工作者的带领下，进行了赣北和赣东的土壤调查，开展了以土壤发生学为理论指导的土壤基层分类研究。李庆逵在江西工作了很长一段时间，对江西红壤区的土壤资源进行了全面深入的调查研究。黄瑞采等（1957）研究了庐山主要土壤的理化性质和其他特征，为山地土壤和长江中游接近湿润副热带地区的土壤分类提供了一些资料。

1958年，全国开展了第一次土壤普查，按照当时的要求，江西省建立了从土类到变种的五级土壤分类系统，即土类、亚类、土组、土种和变种。按照土地利用方式的不同，又在分类中将水田、旱地和草洲、丘陵、山地土壤分开，并在命名中使用了“田”和“土”的字样加以区分水田和旱地土壤。在第一次土壤普查中，江西全省的土壤共分为14个土类，26个亚类，63个土组，98个土种，225个变种。该分类吸收了群众认土、用土和改土方面的诸多经验和认知，并加以总结提高，反映到了土壤分类中。在土壤命名方面，采用了群众惯用的名称，使得命名生动形象，简洁精练。其特色主要有：第一，直观表达出了土壤的生产性，反映了土壤肥力的高低和耕作的难易程度；第二，突出了土壤的主要特征，如质地和耕性等；第三，注重人为作用对土壤发育的影响，具有一定的发生学观点；第四，重视生产环境条件，以地形为依托，说明了旱涝保收情况和改良利用的方向。这些名称都是以生产活动为中心的，通俗易懂，反映了土壤内特性和环境条件的统一，是群众几千年生产实践的概括，具有重要的现实意义。

1978年冬天，根据全国统一部署，江西省制定了第二次土壤普查的第一个调查方案。该方案吸收了第一次土壤普查群众分类和命名的优点，改变了按土地利用方式划分土类的方法，把土壤看作是一个独立的自然体来进行分类。考虑到第一次土壤普查对自然土壤的分类较粗略，该分类方案还加强了对自然土壤类型的划分。根据当时《全国第二次土壤普查工作分类》方案的要求，对分类方案中水稻土亚类划分的依据做了修改，确定以水分作为水稻土亚类的划分依据，把全省的水稻土分为淹育型、潴育型、潜育型和侧渗漂洗型4个亚类，对其他土类也做了少量调整，形成了《土壤普查手册》一书中的土壤分类系统。之后，随着全国土壤分类方案的修改，江西省也相应地对土壤分类做了修改与调整，统一按照《江西省第二次土壤普查技术规程》进行，取消了“草甸土”“泥炭土”等部分土类，并分别做了相应的处理。在此基础上，根据江西全省土壤普查的实际情况，结合全国土壤分类的要求，新增了“火山灰土”“石质土”等部分土类、亚类及土属，取消了“漂洗型水稻土”等部分亚类，并对部分土壤亚类名称进行了修改，最终形成了《江西第二次土壤普查土壤分类系统》。

1979 年春天，江西省开展了第二次土壤普查的试点工作，试点后分 5 批完成了 91 个县级土壤普查及资料汇总任务，1984～1986 年完成了地（市）级土壤普查资料汇总任务，从 1986 年年底开始，历经 5 年时间全面完成了土壤普查资料的省级汇总工作。第二次土壤普查共历经 11 年，基本查清了江西省土壤资源的数量和质量，查清了影响农业生产的土壤障碍因素，明确了土壤的肥力状况，查明了农业后备土壤资源，完善并发展了土壤科学。同时，明确了红壤南北分界线，增划出了棕红壤亚类，确定了黄褐土的南界，发现了山地土壤的硅铝率并非随海拔的上升而提高，阐明了亚热带中山土壤垂直分布的特殊规律等。第二次土壤普查的完成，为江西省土壤研究事业的进一步发展奠定了良好的基础（江西土地资源管理局，1991）。

在江西省第二次土壤普查成果的基础上，陈绍荣（1990）介绍了江西省红砂岩红壤的发生学特征、主要理化性质和养分特点，并对红砂岩分类的位置提出了不同看法。张维理等（2014）完成了“中国农业国土资源数据库”研究，利用地理信息系统（GIS）和数据库技术完成了第二次土壤普查资料的数字化。20 世纪 90 年代末期，随着定量化分类系统的普及和推广，越来越多的学者开始研究发生分类和系统分类之间的参比关系。史学正和龚子同（1996）简要介绍了土壤分类的国际趋势后，分析对比了包括江西省地带性土壤在内的东南地区发生分类与《中国土壤系统分类（修订方案）》中的类别归属（表 3-1）。赵安和赵小敏（1998）把 FAO1990 土壤分类系统的诊断层和诊断特性同《中国 1978 土壤分类系统》的发生学特性进行对比，通过指标对照和转换，选择关键特性作为两种土壤分类系统衔接转换的依据，并对江西省土壤分类系统（1978 暂行草案）进行了衔接转换（表 3-2）。丁瑞兴等（1999）开展了包括江西省在内的亚热带土壤系统分类参比，根据其诊断层和诊断特性，参比了供试土壤在《中国土壤系统分类》与《中国土壤分类系统》、美国《土壤系统分类》和 FAO-UNESCO《世界土壤图图例》的分类位置和依据，划分出了土壤系统分类的高级单元。

21 世纪以来，冯跃华等（2005）对位于湘赣边境的井冈山山地土壤进行研究，了解其在中国土壤系统分类中的位置，发现井冈山土壤的主要发生特性随海拔呈现出规律性变化，并依照《中国土壤系统分类检索》（第三版）对该区土壤垂直带谱进行了划分（表 3-3）。王景明等（2010）研究了庐山土壤，发现庐山的土壤具有明显的垂直地带性，伴随海拔的升高依次为山地红壤、黄壤、黄棕壤、棕壤、山地草甸土。曹庆（2012）以庐山北坡不同海拔的 10 个典型土壤剖面作为研究对象，通过分析土壤颜色、盐基离子、粒度、阳离子交换量、游离铁、络合铁、活性铁、有机碳、全氮等理化指标，以《中国土壤系统分类（修订方案）》为依据，建立了庐山土壤系统分类，并划分出 2 个诊断表层：淡薄表层和暗瘠表层；3 个诊断表下层：雏形层、黏化层和低活性富铁层；4 种诊断特性：土壤温度状况、土壤水分状况、铁质特性和盐基饱和度；检索出 3 个土纲，6 个亚纲，6 个土类，6 个亚类，并参照庐山土壤自然环境垂直变化规律和土壤特性加以划分（表 3-4）。

表 3-1　江西地带性土壤发生分类类型与土壤系统类型的比较（史学正和龚子同，1996）

采样地点	成土母质	发生分类的土壤名称	中国土壤系统分类（修订方案）的土类名称
江西安远	石英砂岩	红壤	强育湿润富铁土
江西婺源	泥页岩	红壤	铝质湿润雏形土
江西东乡	泥岩	红壤	铝质湿润淋溶土
江西弋阳	红砂岩	红壤	铝质湿润淋溶土
江西黎川	花岗岩	红壤	简育湿润富铁土
江西南昌	红砂岩	红壤	铝质湿润雏形土
江西武夷山	红砂岩	红壤	铝质湿润雏形土
江西赣州	第四纪红黏土	红壤	黏化湿润富铁土
江西泰和	第四纪红黏土	红壤	黏化湿润富铁土
江西进贤	第四纪红黏土	红壤	黏化湿润富铁土
江西湾里	花岗岩	红壤	铝质湿润淋溶土
江西井冈山	砂岩	黄壤	铝质常湿淋溶土
江西横峰	泥岩	黄壤	铝质常湿淋溶土
江西武夷山	花岗岩	黄壤	铝质常湿淋溶土
江西崇义	花岗岩	黄棕壤	铁质湿润雏形土
江西井冈山	石英砂岩	黄棕壤	铁质湿润雏形土
江西婺源	泥岩	黄棕壤	铁质湿润雏形土
江西崇仁	页岩	黄红壤	铝质湿润雏形土
江西安福	石英砂岩	黄红壤	铝质湿润雏形土
江西黎川	花岗岩	黄红壤	铝质湿润雏形土
江西德安	泥岩	棕红壤	铝质湿润淋溶土
江西南昌	冲积物	棕红壤	黏化湿润富铁土
江西南昌	冲积物	棕红壤	铝质湿润雏形土
江西都昌	石英砂岩	棕红壤	铝质湿润淋溶土
江西九江	第四纪红黏土	棕红壤	铝质湿润淋溶土

表 3-2　江西省土壤分类系统（1978 暂行草案）与 FAO1990 土壤分类系统对照表（赵安和赵小敏，1998）

中国 1978 土壤分类系统	FAO1990 土壤分类系统	联合国粮农组织土壤分类的中文名
麻砂泥红壤	Ferric Alisols	铁质高活性强酸土
黄砂泥红壤	Alumi-Ferric Acrisols	铝质-铁质低活性强酸土
鳝泥红壤	Ferric Alisols	铁质高活性强酸土
鳝泥土	Aric-Ferric Luvisols	耕作-铁质高活性淋溶土
石灰泥红壤	Alumi-Ferric Luvisols	铝质-铁质高活性淋溶土
红砂泥红壤	Alumi-Ferric Alisols	铝质-铁质高活性强酸土
红砂泥土	Aric-Alumi-Ferric Alisols	耕作-铝质-铁质高活性强酸土
黄泥红壤	Alumi-Plinthic Acrisols	铝质-聚铁网纹低活性强酸土

续表

中国1978土壤分类系统	FAO1990土壤分类系统	联合国粮农组织土壤分类的中文名
黄泥土	Aric-Plinthic Alisols	耕作-聚铁网纹低活性强酸土
麻砂泥棕红壤	Alumi-Haplic Acrisols	铝质-普通低活性强酸土
黄砂泥棕红壤	Alumi-Ferric Acrisols	铝质-铁质低活性强酸土
鳝泥棕红壤	Alumi-Ferric Alisols	铝质-铁质高活性强酸土
鳝泥棕红土	Aric-Alumi-Ferric Alisols	耕作-铝质-铁质高活性强酸土
红砂泥棕红壤	Alumi-Haplic Alisols	铝质-普通高活性强酸土
红砂泥棕红土	Aric-Alumi-Haplic Alisols	耕作-铝质-普通高活性强酸土
黄泥棕红壤	Alumi-Plinthic Acrisols	铝质-聚铁网纹低活性强酸土
黄泥棕红土	Aric-Plinthic Acrisols	耕作-聚铁网纹低活性强酸土
砂黄泥棕红壤	Ferralic Cambisols	铁铝雏形土
砂黄泥棕红土	Aric-Ferralic Cambisols	耕作-铁铝雏形土
麻砂泥黄红壤	Alumi-Ferric Alisols	铝质-铁质高活性强酸土
黄砂泥黄红壤	Alumi-Ferric Alisols	铝质-铁质高活性强酸土
鳝泥黄红壤	Alumi-Ferric Alisols	铝质-铁质高活性强酸土
麻砂泥红壤性土	Alumi-Ferralic Cambisols	铝质-铁铝雏形土
黄砂泥红壤性土	Alumi-Ferralic Cambisols	铝质-铁铝雏形土
红砂泥红壤性土	Alumi-Ferralic Cambisols	铝质-铁铝雏形土
黄泥红壤性土	Alumi-Plinthic Cambisolo	铝质-聚铁网纹雏形土
麻砂泥黄壤	Alumi-Ferric Alisols	铝质-铁质高活性强酸土
黄砂泥黄壤	Alumi-Ferric Alisols	铝质-铁质高活性强酸土
鳝泥黄壤	Alumi-Humic Alisols	铝质-腐殖质高活性强酸土
麻砂泥暗黄棕壤	Haplic Alisols	普通高活性强酸土
黄砂泥暗黄棕壤	Ferric Alisols	铁质高活性强酸土
鳝泥黄棕壤	Haplic Alisols	普通高活性强酸土
麻砂泥山地草甸土	Ferralic Cambisols	铁铝雏形土
黄砂泥山地草甸土	Humic Cambisols	腐殖质雏形土
鳝泥山地草甸土	Dystric Cambisols	不饱和雏形土
酸性紫色土	Dystric Regosols	不饱和疏松岩性土
中性紫色土	Eutric Regosols	饱和疏松岩性土
石灰性紫色土	Calcaric Regosols	石灰性疏松岩性土
黏磐黄褐土	Eutric Planosols	饱和黏磐土
马肝泥土	Aric-Eutric Planosols	耕作-饱和黏磐土
紫泥土	Eutric Cambisols	饱和雏形土
紫褐泥土	Aric-Eutric Cambisols	耕作-饱和雏形土
棕色石灰土	Ferric Luvisols	铁质-高活性淋溶土
幼年棕色石灰土	Haplic Luvisols	普通高活性淋溶土
新积土	Eutric Fluvisols	饱和冲积土
酸性石质土	Lithic Leptosols	石质薄层土
酸性粗骨土	Dystric Regosols	不饱和疏松岩性土
中性粗骨土	Eutric Regosols	饱和疏松岩性土
（酸）灰潮土	Aric-Eutric Fluvisols	耕作-饱和冲积土
灰潮土	Aric-Calcaric Fluvisols	耕作-石灰性冲积土
湿潮土	Aric-Gleyic-Eutric Fluvisols	耕作-潜育饱和冲积土

续表

中国 1978 土壤分类系统	FAO1990 土壤分类系统	联合国粮农组织土壤分类的中文名
淹育型水稻土	Anthraqui-Stagnic Luvisols	人为潮湿-滞水淋溶土
潴育型水稻土	Anthraqui-Dystric/Eutric Gleysols	人为潮湿-不饱和/饱和潜育土
麻砂泥田	Anthraqui-Eutric Gleysols	人为潮湿-饱和潜育土
黄砂泥田	Anthraqui-Eutric Gleysols	人为潮湿-饱和潜育土
鳝泥田	Anthraqui-Eutric Gleysols	人为潮湿-饱和潜育土
石灰泥田	Anthraqui-Calcic Gleysols	人为潮湿-钙积潜育土
红砂泥田	Anthraqui-Eutric Gleysols	人为潮湿-饱和潜育土
黄泥田	Anthraqui-Eutric Gleysols	人为潮湿-饱和潜育土
沙黄泥田	Anthraqui-Eutric Cambisols	人为潮湿-饱和雏形土
马肝泥田	Anthraqui-Stagnic Luvisols	人为潮湿-滞水高活性淋溶土
潮沙泥田	Anthraqui-Eutric Fluvisols	人为潮湿-饱和冲积土
紫泥田	Anthraqui-Eutric Cambisols	人为潮湿-饱和雏形土
紫褐泥田	Anthraqui-Eutric Cambisols	人为潮湿-饱和雏形土
潜育型水稻土	Anthraqui-Umbric Gleysols	人为潮湿-暗色潜育土

表 3-3　庐山北坡不同土壤系统分类（冯跃华等，2005）

海拔/m	中国土壤系统分类（2001）				发生学分类（1998）
	土纲	亚纲	土类	亚类	
260	富铁土	湿润富铁土	简育湿润富铁土	暗红简育湿润富铁土	红壤
745	淋溶土	湿润淋溶土	酸性湿润淋溶土	红色酸性湿润淋溶土	黄红壤
945	雏形土	湿润雏形土	酸性湿润雏形土	普通酸性湿润雏形土	黄壤
975	淋溶土	湿润淋溶土	酸性湿润淋溶土	普通酸性湿润淋溶土	黄壤
1208	雏形土	常湿雏形土	简育常湿雏形土	普通简育常湿雏形土	黄壤
1426	淋溶土	常湿淋溶土	简育常湿淋溶土	普通简育常湿淋溶土	暗黄棕壤
1846	新成土	正常新成土	湿润正常新成土	石质湿润正常新成土	山地灌丛草甸土

表 3-4　庐山北坡不同土壤系统分类（曹庆，2012）

海拔/m	土纲	亚纲	土类	亚类
127	雏形土	干润雏形土	铁质干润雏形土	酸性铁质湿润雏形土
113	淋溶土	干润淋溶土	铁质干润淋溶土	普通铁质干润淋溶土
223	富铁土	干润富铁土	黏化干润富铁土	普通黏化干润富铁土
882	雏形土	湿润雏形土	铁质湿润雏形土	普通铁质湿润雏形土
910	淋溶土	湿润淋溶土	铁质湿润淋溶土	普通铁质湿润淋溶土
988	淋溶土	湿润淋溶土	铁质湿润淋溶土	普通铁质湿润淋溶土
993	淋溶土	湿润淋溶土	铁质湿润淋溶土	普通铁质湿润淋溶土
1056	雏形土	湿润雏形土	铁质湿润雏形土	普通铁质湿润雏形土
1279	雏形土	常湿雏形土	酸性常湿雏形土	铁质酸性常湿雏形土
1331	雏形土	常湿雏形土	酸性常湿雏形土	铁质酸性常湿雏形土

3.2　土 系 调 查

3.2.1　依托项目

本次土系调查工作期限为2014～2018年，主要依托国家科技基础性工作专项“我国土系调查与《中国土系志（中西部卷）》编制”（2014FY110200，2014～2018年）项目中“江西省土系调查与土系志编制”。

3.2.2　调查方法

1）单个土体位置确定与调查方法

单个土体位置确定考虑全省及重点县市两个尺度，采用综合地理单元法，即通过将90 m分辨率的DEM数字高程图、1∶25万地质图（转化为成土母质图）、植被类型图、土地利用类型图（由TM卫星影像提取）等协同环境因子（表3-5）与第二次土壤普查的土壤类型图进行数字化叠加，形成综合地理单元图，再考虑各个综合地理单元类型对应的二普土壤类型及其代表的面积大小，逐个确定单个土体的调查位置（提取出经纬度和海拔信息），共计174个（图3-1）。

表3-5　江西省土系调查单个土体位置确定协同环境因子数据资料

环境因素	协同环境因子	比例尺/分辨率
气候	年均气温	1 km
	年均降水量	1 km
	年均蒸发量	1 km
母质	母岩图	1∶50万
植被	植被归一化指数NDVI（2000～2009年的均值）	1 km
土地利用	土地利用类型（2000）	1∶25万
地形	高程	90 m
	坡度	90 m
	沿剖面曲率	90 m
	沿等高线曲率	90 m
	地形湿度指数	90 m

2）野外单个土体调查和描述、土壤样品测定、系统分类归属的依据

野外单个土体调查和描述依据《野外土壤描述与采样手册》（张甘霖和李德成，2017），土壤颜色比色依据《中国标准土壤色卡》（中国科学院南京土壤研究所和中国科学院西安光学精密机械研究所，1989），土样测定分析依据《土壤调查实验室分析方法》（张甘霖和龚子同，2012），土壤系统分类高级单元确定依据《中国土壤系统分类检索》（第三版）（中国科学院南京土壤研究所土壤系统分类课题组和中国土壤系统分类课题研究协作组，2001），土族和土系建立依据《中国土壤系统分类土族和土系划分标准》（张甘霖等，2013）。

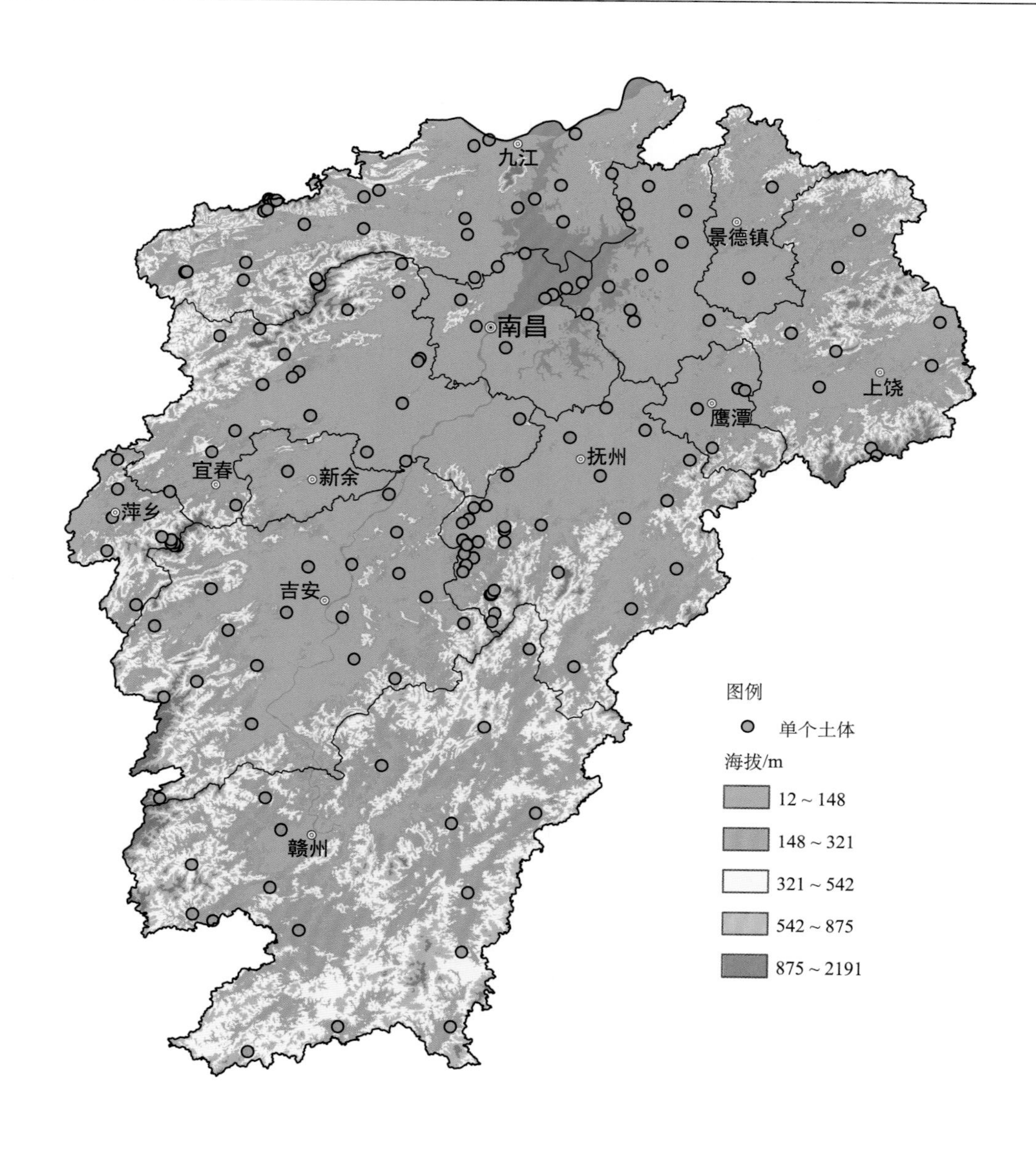

图 3-1　江西单个土体的调查位置

3.2.3　土系建立情况

通过对调查的 174 个单个土体的筛选和归并，合计建立 147 个土系，涉及 5 个土纲，8 个亚纲，21 个土类，38 个亚类，113 个土族（表 3-6），详见“下篇 区域典型土系”。

表 3-6 江西省土系分布统计

土纲	亚纲	土类	亚类	土族	土系
人为土	1	3	4	13	20
富铁土	1	2	5	15	21
淋溶土	2	6	10	33	40
雏形土	3	9	16	44	55
新成土	1	1	3	8	11
合计	8	21	38	113	147

下篇　区域典型土系

第4章　人　为　土

4.1　普通潜育水耕人为土

4.1.1　新建系（Xinjian Series）

土　族：黏壤质混合型非酸性热性-普通潜育水耕人为土

拟定者：王天巍，周泽璠，关熊飞

分布与环境条件　该土系主要分布在南昌中南部、九江南部、上饶西北部一带，处于湖泊和河流沉积平原，多为畈田和圩田。成土母质为河湖相沉积物。主要作物为双季稻、油菜。年均气温17～18℃，年均降水量 1450～1600 mm，无霜期 273 d 左右。

新建系典型景观

土系特征与变幅　诊断层包括水耕表层、水耕氧化还原层；诊断特性包括热性土壤温度、人为滞水土壤水分状况、潜育特征、氧化还原特征。土体厚度在 1 m 以上，层次质地构型为粉质黏壤土-黏壤土-粉质黏壤土，pH 为 4.0～6.8。水耕氧化还原层出现在 30 cm 以下，结构面潜育特征出现在 28～45 cm 左右，有中量铁锰斑纹。

对比土系　位于邻近区域的屯田系，同一亚纲，不同土类，母质类型为泥质页岩洪积物，质地构型为粉壤土-粉质黏壤土-粉壤土；位于邻近区域的街上系，同一亚纲，不同土类，母质相同，质地构型为粉壤土-壤土-黏壤土-粉质黏壤土；位于邻近区域的谢家滩系，同一亚纲，不同土类，母质类型相同，质地构型为粉壤土-壤土-粉壤土-粉质黏壤土，剖面中有轻度亚铁反应；位于邻近区域的韶村系，富铁土纲，成土母质为泥页岩，质地构型为壤土-黏土。

利用性能综述　地势较低，土体深厚，质地适中，养分含量中等偏下，还原层出现位置较浅，水分过多、通气不良。应加强农田建设，开挖深沟，积极排水，降低地下水位，搞好防洪排涝设施，适时深耕翻土，减少次生潜育化，增施农家肥、有机肥和复合肥，实行秸秆还田，培肥土力，保种保收。

参比土种　潴育潮沙泥田。

代表性单个土体　位于江西省上饶市鄱阳县鸦鹊湖乡新建村，29°18′59.4″N，116°36′07.6″E，海拔 12 m，成土母质为河湖相沉积物，种植水稻。50 cm 深度土温 20.7℃。野外调查时间为 2015 年 1 月 21 日，编号 36-060。

新建系代表性单个土体剖面

Ap1：0～18 cm，淡棕灰色（7.5YR 7/1，干），棕灰色（7.5YR 4/1，润），粉质黏壤土，团块状结构，疏松，有中量铁斑纹，中量根系，无亚铁反应，向下层波状突变过渡。

Apg2：18～28 cm，浊黄橙色（10YR 7/2，干），棕灰色（7.5YR 4/1，润），粉质黏壤土，团块状结构，坚实，中量根系，轻度亚铁反应，向下层平滑清晰过渡。

Bg：28～43 cm，浊黄橙色（10YR 7/2，干），棕灰色（10YR 5/1，润），粉质黏壤土，团块状结构，很坚实，有大小为 6～20 mm 的 15%～40%铁斑纹，有轻度亚铁反应，向下层平滑渐变过渡。

Br1：43～70 cm，浊黄橙色（10YR 7/2，干），浊黄棕色（10YR 5/4，润），黏壤土，团块状结构，坚实，中量铁锰斑纹，无亚铁反应，向下层平滑模糊过渡。

Br2：70～120 cm，橙白色（10YR 8/1，干），浊黄棕色（10YR 4/3，润），粉质黏壤土，团块状结构，坚实，中量铁锰斑纹，无亚铁反应。

新建系代表性单个土体物理性质

土层	深度/cm	砾石*(>2 mm，体积分数)/%	细土颗粒组成 (粒径：mm)/(g/kg)			质地	容重/(g/cm³)
			砂粒 2～0.05	粉粒 0.05～0.002	黏粒 <0.002		
Ap1	0～18	0	29	642	329	粉质黏壤土	1.21
Apg2	18～28	0	31	603	366	粉质黏壤土	1.34
Bg	28～43	0	61	568	371	粉质黏壤土	1.36
Br1	43～70	0	334	323	343	黏壤土	1.41
Br2	70～120	0	55	645	300	粉质黏壤土	1.48

*包括>2 mm 的岩石、矿物碎屑及矿质瘤状结核，下同。

新建系代表性单个土体化学性质

深度/cm	pH		有机碳(C) /(g/kg)	全氮(N) /(g/kg)	全磷(P) /(g/kg)	全钾(K) /(g/kg)	CEC* /(cmol/kg)	游离铁(Fe) /(g/kg)
	H_2O	KCl						
0～18	4.0	3.7	6.7	1.09	0.87	21.6	10.5	21.0
18～28	6.8	4.3	11.5	0.45	0.65	10.3	29.9	7.4
28～43	5.8	4.3	5.8	0.42	0.72	10.1	9.9	25.7
43～70	5.4	3.9	7.7	0.39	0.50	8.8	10.6	8.5
70～120	5.0	3.5	5.1	0.36	0.39	8.6	13.5	6.9

* CEC/（cmol/kg），表示细土的阳离子交换量；CEC/（cmol/kg，黏粒），表示黏粒的阳离子交换量，下同。

4.2　普通铁聚水耕人为土

4.2.1　南胜利系（Nanshengli Series）

土　族：壤质混合型非酸性热性-普通铁聚水耕人为土

拟定者：陈家赢，王腊红，牟经瑞

南胜利系典型景观

分布与环境条件　该土系主要分布在南昌北部、上饶西部一带，处于平坦的湖洲滩地、河流三角洲或冲积扇，成土母质为河湖相沉积物。主要作物为双季稻、油菜等。年均气温 17.5～18.0℃，年均降水量 1400～1550 mm，无霜期 270 d 左右。

土系特征与变幅　诊断层包括水耕表层、水耕氧化还原层；诊断特性包括热性土壤温度、人为滞水土壤水分状况、氧化还原特征。土体厚度 1 m 以上，水耕氧化还原层出现在 30 cm 以下，结构面可见中量的铁斑纹。土层质地构型为粉质黏壤土-壤质砂土-粉壤土，pH 为 4.7～7.2。

对比土系　金坂系，同一土族，母质为第四纪红黏土，质地为粉壤土-砂质壤土-粉壤土；屯田系，同一土族，母质为泥质页岩洪积物，质地构型为粉壤土-粉质黏壤土-粉壤土；苏山系，同一土族，母质为第四纪红黏土，质地通体为粉壤土；位于相似地区的墨山系，同一亚类，不同土族，颗粒大小级别为黏壤质，质地构型为粉壤土-黏土-粉质黏壤土-粉壤土，剖面中有石灰反应；位于相似地区的南新系，同一亚类，不同土族，颗粒大小级别为黏壤质，质地构型为粉质黏壤土-壤土；位于相似地区的长胜系，同一亚类，不同土族，颗粒大小级别为壤质，质地通体为粉壤土；位于相似区域的矶阳系，雏形土纲，成土母质为河湖相沉积物，质地构型为粉质黏壤土-粉壤土。

利用性能综述　地势平坦，土体深厚，质地适中，保肥性好，但磷含量偏低，应注意用养结合，适当开沟排水，翻土晒土，改良土壤的质地和结构，增施磷肥，实行秸秆还田，间种或轮种绿肥，保证土壤肥力不下降，以保持地力。

参比土种　潴育乌潮沙泥田。

代表性单个土体　位于江西省南昌市南昌县南新乡胜利村，28°50′44.0″N，116°09′19.1″E，海拔 11 m，成土母质为河湖相沉积物，种植水稻。50 cm 深度土温 21.0℃。野外调查时间为 2015 年 1 月 17 日，编号 36-070。

Ap1：0～20 cm，淡棕灰色（7.5YR 7/2，干），暗棕色（10YR 3/4，润），粉质黏壤土，团粒状结构，疏松，中量根系，无亚铁反应，多量角片状中度风化云母碎屑，向下层平滑突变过渡。

Ap2：20～30 cm，橙白色（7.5YR 8/2，干），暗棕色（7.5YR 3/3，润），中量角片状中度风化云母碎屑，粉质黏壤土，团块状结构，疏松，结构面可见中量的铁斑纹，向下层波状渐变过渡。

Br1：30～70 cm，浊黄橙色（10YR 7/3，干），70%棕色（7.5YR 4/3，润）、30%亮棕色（7.5YR 5/8，润），中量角片状 0.5 mm 云母碎屑，粉质黏壤土，团块状结构，疏松，结构面可见明显中量铁斑纹，向下层波状渐变过渡。

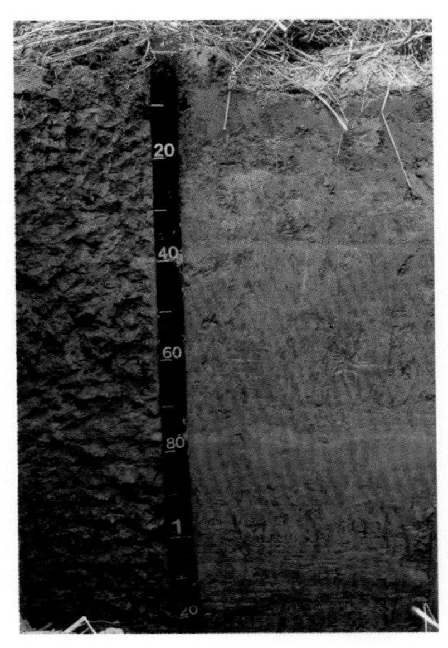
南胜利系代表性单个土体剖面

Br2：70～80 cm，浊黄橙色（10YR 6/3，干），60%亮棕色（7.5YR 5/8，润）、40%灰黄棕色（10YR 4/2，润），多量片状云母碎屑，壤质砂土，团粒状结构，疏松，向下层波状渐变过渡。

Br3：80～125 cm，浊黄橙色（10YR 6/3，干），40%浊黄棕色（10YR 5/4，润）、60%橙色（7.5YR 6/8，润），粉壤土，团块状结构，结构面可见少量铁斑纹，向下层波状渐变过渡。

Br4：125～140 cm，浊橙色（7.5YR 7/4，干），50%灰黄棕色（10YR 4/2，润）、50%橙色（7.5YR 6/8，润），20%片状 0～0.5 mm 中度风化云母碎屑，团块状结构，疏松，结构面可见少量铁斑纹。

南胜利系代表性单个土体物理性质

土层	深度/cm	砾石(>2 mm，体积分数)/%	细土颗粒组成（粒径：mm）/(g/kg)			质地	容重/(g/cm³)
			砂粒 2～0.05	粉粒 0.05～0.002	黏粒 <0.002		
Ap1	0～20	0	91	577	332	粉质黏壤土	1.21
Ap2	20～30	0	79	580	341	粉质黏壤土	1.35
Br1	30～70	0	210	606	184	粉质黏壤土	1.45
Br2	70～80	0	782	203	15	壤质砂土	1.15
Br3	80～125	0	362	516	122	粉壤土	1.31
Br4	125～140	0	—	—	—	—	—

南胜利系代表性单个土体化学性质

深度/cm	pH		有机碳(C) /(g/kg)	全氮(N) /(g/kg)	全磷(P) /(g/kg)	全钾(K) /(g/kg)	CEC /(cmol/kg)	游离铁(Fe) /(g/kg)
	H_2O	KCl						
0～20	4.7	3.9	18.5	1.26	0.84	22.4	26.4	8.9
20～30	5.3	4.4	11.2	1.21	0.72	20.9	13.6	13.1
30～70	7.2	—	8.1	1.03	0.51	17.1	7.5	20.2
70～80	5.6	4.9	5.9	1.01	0.52	20.9	3.2	16.1
80～125	5.8	4.9	4.1	0.93	0.51	15.1	5.7	19.6
125～140	6.0	—	7.2	0.91	0.30	15.2	7.8	7.8

4.2.2　长胜系（Changsheng Series）

土　族：壤质混合型酸性热性-普通铁聚水耕人为土

拟定者：蔡崇法，罗梦雨，杨　松

分布与环境条件　该土系主要分布在南昌、上饶西部、赣州中部偏西一带。处于平坦的湖洲滩地、河流三角洲或冲积扇。成土母质为河湖相沉积物。主要作物为双季稻、油菜等。年均气温17～17.5℃，年均降水量1400～1500 mm，无霜期271 d左右。

长胜系典型景观

土系特征与变幅　诊断层包括水耕表层、水耕氧化还原层；诊断特性包括热性土壤温度、人为滞水土壤水分状况、氧化还原特征。土层厚度为1 m以上，水耕氧化还原层出现在35 cm以下，剖面20～70 cm为铁聚集层次，结构体表面通体可见铁斑纹或胶膜，剖面中存在黏粒胶膜，层次质地构型通体为粉壤土，pH为4.4～5.3。

对比土系　位于相似地区的南胜利系，同一亚类，不同土族，颗粒大小级别为壤质，质地构型为粉质黏壤土-壤质砂土-粉壤土；位于相似地区的墨山系，同一亚类，不同土族，颗粒大小级别为黏壤质，质地构型为粉壤土-黏土-粉质黏壤土-粉壤土；位于相似地区的南新系，同一亚类，不同土族，颗粒大小级别为黏壤质，质地构型为粉质黏壤土-壤土；街上系，同一亚类，不同土族，颗粒大小级别为黏壤质，水耕表层有轻度的亚铁反应，土层质地构型为粉壤土-壤土-黏壤土-粉质黏壤土；位于相似地区的堎前系，同一亚类，质地构型为壤土-砂质壤土-粉壤土-壤土-砂质黏壤土-粉质黏壤土；位于相似地区的矶阳系，雏形土纲，质地构型为粉质黏壤土-粉壤土。

利用性能综述　地势平坦，土体深厚，质地适中，耕性较好，表层土壤熟化程度高，磷含量偏低。应合理轮作，注重用养结合，增施有机肥和磷肥，实行秸秆还田，保证土壤肥力不下降，改善土壤结构，以保持地力。

参比土种　潴育乌潮沙泥田。

代表性单个土体　位于江西省南昌市新建区大塘坪乡长胜村，29°01′20.9″N，115°53′58.6″E，海拔11 m，成土母质为河湖相沉积物，种植水稻。50 cm深度土温20.9℃。

野外调查时间为 2015 年 1 月 18 日，编号 36-046。

长胜系代表性单个土体剖面

Ap1：0～16 cm，淡灰色（10YR 7/1，干），黑棕色（10YR 3/2，润），粉壤土，团粒状结构，疏松，土体内有较多蜂窝状孔隙，中量根系，结构体表面有多量铁斑纹，向下层平滑清晰过渡。

Ap2：16～24 cm，浊黄橙色（10YR 7/2，干），棕色（10YR 4/4，润），粉壤土，团块状结构，疏松，土体内有较多蜂窝状孔隙，少量根系，结构体表面可见较多铁斑纹，很多铁锰胶膜，黏粒胶膜，向下层平滑渐变过渡。

Br1：24～70 cm，灰白色（2.5Y 8/2，干），浊黄棕色（10YR 4/3，润），粉壤土，团块状结构，疏松，土体内有少量蜂窝状孔隙，可见少量的铁斑纹，多量的黏粒胶膜，向下层平滑模糊过渡。

Br2：70～108 cm，浊黄橙色（10YR 7/2，干），浊黄棕色（10YR 4/3，润），粉壤土，团块状结构，疏松，结构体表面可见很少的铁胶膜，多量的黏粒胶膜。

长胜系代表性单个土体物理性质

土层	深度/cm	砾石(>2 mm，体积分数)/%	细土颗粒组成（粒径：mm）/(g/kg)			质地	容重/(g/cm^3)
			砂粒 2～0.05	粉粒 0.05～0.002	黏粒 <0.002		
Ap1	0～16	0	174	665	161	粉壤土	1.23
Ap2	16～24	0	141	683	176	粉壤土	1.36
Br1	24～70	0	133	701	166	粉壤土	1.40
Br2	70～108	0	189	624	187	粉壤土	1.45

长胜系代表性单个土体化学性质

深度/cm	pH		有机碳(C)/(g/kg)	全氮(N)/(g/kg)	全磷(P)/(g/kg)	全钾(K)/(g/kg)	CEC/(cmol/kg)	游离铁(Fe)/(g/kg)
	H_2O	KCl						
0～16	4.4	4.0	17.9	1.19	0.79	17.2	9.3	11.2
16～24	5.3	4.7	4.6	1.02	0.67	16.5	8.1	19.8
24～70	5.0	4.9	4.6	0.33	0.56	17.2	7.6	18.5
70～108	5.2	4.8	6.2	0.32	0.41	17.3	9.9	12.9

4.2.3　乌港系（Wugang Series）

土　族：黏壤质混合型非酸性热性-普通铁聚水耕人为土

拟定者：陈家赢，周泽璠，朱　亮

分布与环境条件　多出现于南昌中部和西北部、上饶西部、九江东南部一带。多分布在平原，成土母质为第四纪红黏土。种植双季稻、油菜等作物。年均气温17.5～18.0 ℃，年均降水量1500～1650 mm，无霜期263 d左右。

乌港系典型景观

土系特征与变幅　诊断层包括水耕表层、水耕氧化还原层、黏化层；诊断特性包括热性土壤温度、人为滞水土壤水分状况、氧化还原特征。土体厚度1 m以上，水耕氧化还原层出现在30 cm以下，厚度约70 cm，结构面可见铁锰胶膜或黏粒-铁锰胶膜，黏化层出现在30 cm以下，50 cm以下有红-黄色网纹，土层质地构型为粉质黏壤土-黏壤土-砂质黏壤土，pH为4.9～5.8。

对比土系　后周系，同一土族，母质类型为河湖相沉积物，质地构型为粉质黏土-壤质黏土-砂质黏壤土-粉质黏土-壤质黏土-黏土-粉质黏壤土；墨山系，同一土族，母质类型为河湖相沉积物，质地构型为粉壤土-黏土-粉质黏壤土-粉壤土，有石灰反应；南新系，同一土族，母质类型为河湖相沉积物，质地构型为粉质黏壤土-壤土；谢家滩系，同一土族，质地为粉壤土-壤土-粉壤土-粉质黏壤土，有轻度亚铁反应，有明显的铁锰胶膜和灰色的腐殖质胶膜；杉树下系，同一亚类，不同土族，母质为泥页岩，颗粒大小级别为壤质，土层质地构型为粉壤土-壤土；位于相似区域的王家系，淋溶土纲，成土母质类型0～15 cm为河湖相沉积物，15～118 cm为第四纪红黏土，质地构型为砂质黏壤土-黏壤土；位于相似区域的小山系，雏形土纲，成土母质0～43 cm为河湖相沉积物，43～141 cm为红砂岩残积物，质地构型为黏壤土-粉壤土-砂土-砂质壤土。

利用性能综述　土体较深厚，耕性一般，肥力水平较高，但磷元素含量较低，有很高的生产潜力。应注意用养结合，适当开沟排水，翻土晒土，改良土壤的质地和结构，增施磷肥，实行秸秆还田，间种或轮种绿肥，保证土壤肥力不下降，以保持地力。

参比土种　潴育乌黄泥田。

代表性单个土体　位于江西省上饶市余干县乌泥镇港背村，28°47′05.7″N，116°37′02.6″E，海拔 23 m，成土母质为第四纪红黏土，种植水稻。50 cm 深度土温 21.0℃。野外调查时间为 2015 年 1 月 22 日，编号 36-055。

乌港系代表性单个土体剖面

Ap1：0～15 cm，橙色（7.5YR 6/8，干），黑棕色（10YR 3/2，润），粉质黏壤土，团块状结构，疏松，结构体表面可见少量铁斑纹，中量根系，轻度石灰反应，向下层平滑清晰过渡。

Ap2：15～27 cm，浊橙色（7.5YR 6/4，干），90%红棕色（5YR 4/6，润）、10%棕色（10YR 4/4，润），黏壤土，团块状结构，疏松，少量根系，结构体表面可见中量铁胶膜，无石灰反应，向下层不规则渐变过渡。

Btr1：27～43 cm，亮黄棕色（10YR 7/6，干），90%棕色（7.5YR 4/6，润）、10%黑色（7.5YR 2/1，润），砂质黏壤土，团块状结构，疏松，很少量根系，结构体表面可见中量的黏粒胶膜，很少量的铁锰胶膜，无石灰反应，向下层不规则渐变过渡。

Btr2：43～58 cm，橙色（7.5YR 7/6，干），90%棕色（7.5YR 4/6，润）、10%黑色（7.5YR 2/1，润），砂质黏壤土，团块状结构，疏松，结构面可见中量黏粒胶膜，少量的铁锰胶膜，少量铁锰结核，轻度石灰反应，向下层平滑渐变过渡。

Btr3：58～93 cm，橙色（7.5YR 7/6，干），90%黄棕色（10YR 5/6，润）、10%亮棕色（7.5YR 5/8，润），砂质黏壤土，团块状结构，疏松，有 70%红～30%黄网纹，结构面可见少量的黏粒胶膜，中量的铁锰胶膜，无石灰反应，向下层不规则渐变过渡。

Btr4：93～100 cm，淡黄橙色（7.5YR 8/6，干），10%亮红棕色（5YR 5/8，润）、90%红棕色（2.5YR 4/6，润），砂质黏壤土，团块状结构，疏松，结构体表面可见中量铁胶膜，向下层不规则渐变过渡。

C：　100～122 cm，第四纪红黏土。

乌港系代表性单个土体物理性质

土层	深度/cm	砾石(>2 mm，体积分数)/%	细土颗粒组成（粒径：mm）/(g/kg)			质地	容重/(g/cm^3)
			砂粒 2～0.05	粉粒 0.05～0.002	黏粒 <0.002		
Ap1	0～15	5	67	601	332	粉质黏壤土	1.24
Ap2	15～27	0	220	471	309	黏壤土	1.37
Btr1	27～43	0	704	77	219	砂质黏壤土	1.39
Btr2	43～58	0	648	76	276	砂质黏壤土	1.39
Btr3	58～93	0	615	55	330	砂质黏壤土	1.40
Btr4	93～100	0	617	66	317	砂质黏壤土	1.41
C	100～122	—	—	—	—	—	—

乌港系代表性单个土体化学性质

深度/cm	pH		有机碳(C)/(g/kg)	全氮(N)/(g/kg)	全磷(P)/(g/kg)	全钾(K)/(g/kg)	CEC/(cmol/kg)	游离铁(Fe)/(g/kg)
	H_2O	KCl						
0～15	5.5	5.1	34.2	1.15	0.47	22.0	11.9	8.1
15～27	4.9	4.1	12.9	1.14	0.44	20.3	9.4	9.7
27～43	5.8	4.9	4.7	1.02	0.41	20.8	8.5	9.8
43～58	5.3	5.0	4.5	0.92	0.42	19.0	12.3	19.3
58～93	5.5	5.2	7.3	0.63	0.47	17.0	11.9	26.3
93～100	5.3	4.8	4.0	0.70	0.44	17.3	13.7	19.7
100～122	—	—	—	—	—	—	—	—

4.2.4　后周系（Houzhou Series）

土　族：黏壤质混合型非酸性热性-普通铁聚水耕人为土
拟定者：陈家赢，刘书羽，曹金洋

后周系典型景观

分布与环境条件　该土系主要分布在南昌北部、上饶西部一带，处于平坦的湖洲滩地、河流三角洲或冲积扇。成土母质为河湖相沉积物。主要作物为双季稻、油菜等。年均气温 17.5～18.0℃，年均降水量 1500～1650 mm，无霜期 263 d 左右。

土系特征与变幅　诊断层包括水耕表层、水耕氧化还原层；诊断特性包括热性土壤温度、人为滞水土壤水分状况。土体厚度在 1 m 以上，水耕氧化还原层出现在 30 cm 以下，结构面有铁锰胶膜。土层质地构型为粉质黏土-壤质黏土-砂质黏壤土-粉质黏土-壤质黏土-黏土-粉质黏壤土，pH 为 4.7～6.6。

对比土系　南新系，同一土族，质地为粉质黏壤土-壤土；谢家滩系，同一土族，质地为粉壤土-壤土-粉壤土-粉质黏壤土，有轻度亚铁反应，灰色的腐殖质胶膜；墨山系，同一土族，质地为粉壤土-黏土-粉质黏壤土-粉壤土，有石灰反应，无铁锰斑纹；乌港系，同一土族，母质类型为第四纪红黏土，质地构型为粉质黏壤土-黏壤土-砂质黏壤土；位于相似区域的王家系，淋溶土纲，成土母质类型 0～15 cm 为河湖相沉积物，15～118 cm 为第四纪红黏土，质地构型为砂质黏壤土-黏壤土；位于相似区域的小山系，雏形土纲，成土母质 0～43 cm 为河湖相沉积物，43～141 cm 为红砂岩残积物，质地构型为黏壤土-粉壤土-砂土-砂质壤土。

利用性能综述　地势平坦，土体深厚，耕性良好，适种性广，保蓄能力较强，但磷含量较低。应重视水旱轮作，用养结合，增施磷肥，实行秸秆还田，间种或轮种绿肥，补充养分，增进地力。

参比土种　潴育乌潮沙泥田。

代表性单个土体　位于江西省上饶市余干县洪家嘴乡后周村，28°43′18.4″N，116°38′13.6″E，海拔 13 m，成土母质为河湖相沉积物，种植水稻。50 cm 深度土温 21.1℃。

野外调查时间为2015年1月23日，编号36-056。

后周系代表性单个土体剖面

Ap1：0～20 cm，淡棕灰色（5YR 7/1，干），暗红棕色（2.5YR 3/4，润），粉质黏土，粒状结构，疏松，中量根系，结构体表面可见很少量的铁斑纹，大小为2～5 mm，无石灰反应，向下层波状突变过渡。

Ap2：20～30 cm，淡棕灰色（7.5YR 7/1，干），80%棕灰色（10YR 5/1，润）、20%黄棕色（10YR 5/8，润），很少量片状1～2 mm云母中等风化岩石碎屑，壤质黏土，团块状结构，坚实，少量根系，结构体表面可见很少量铁锰胶膜，无石灰反应，向下层波状渐变过渡。

Br1：30～57 cm，淡黄橙色（10YR 8/3，干），50%灰黄棕色（10YR 5/2）、50%浊黄棕色（10YR 5/4，润），很少量片状1～2 mm云母中等风化岩石碎屑，砂质黏壤土，团块状结构，疏松，很少量根系，结构体表面可见很少量的铁胶膜和少量的锰胶膜，无石灰反应，向下层平滑渐变过渡。

Br2：57～80 cm，浊黄橙色（10YR 7/4，干），70%浊黄棕色（10YR 5/3）、30%黄棕色（10YR 5/6，润），很少量片状1～2 mm云母中等风化岩石碎屑，粉质黏土，团块状结构，坚实，很少量根系，结构体表面可见很少量的铁胶膜和少量的锰胶膜，很少量黑色结核，无石灰反应，向下层平滑渐变过渡。

Br3：80～102 cm，淡黄橙色（7.5YR 8/3，干），80%浊黄棕色（10YR 5/4）、20%亮红棕色（5YR 5/8，润），少量片状1～2 mm云母中等风化岩石碎屑，壤质黏土，团块状结构，疏松，结构体表面可见很少量的铁胶膜和少量的锰胶膜，很少量黑色结核，轻度石灰反应，向下层平滑渐变过渡。

Br4：102～115 cm，橙色（7.5YR 7/6，干），80%浊黄橙色（10YR 6/4，润）、20%亮黄棕色（10YR 6/8，润），很少量片状1～2 mm云母中等风化岩石碎屑，黏土，团块状结构，疏松，结构体表面可见很少量的铁胶膜和少量的锰胶膜，无石灰反应，向下层不规则渐变过渡。

Br5：115～125 cm，橙白色（10YR 8/2，干），80%浊黄棕色（10YR 5/4，润）、20%黄棕色（10YR 5/6，润），很少量片状1～2 mm云母中等风化岩石碎屑，粉质黏壤土，团块状结构，疏松，结构体表面可见很少量的铁胶膜和少量的锰胶膜，无石灰反应。

C：　125～141 cm，河湖相沉积物。

后周系代表性单个土体物理性质

土层	深度/cm	砾石(>2 mm，体积分数)/%	细土颗粒组成（粒径：mm)/(g/kg)			质地	容重/(g/cm^3)
			砂粒 2～0.05	粉粒 0.05～0.002	黏粒 <0.002		
Ap1	0～20	0	152	587	261	粉质黏土	1.21
Ap2	20～30	1	376	363	261	壤质黏土	1.34
Br1	30～57	1	609	143	248	砂质黏壤土	1.35
Br2	57～80	1	188	482	330	粉质黏土	1.41
Br3	80～102	1	457	157	386	壤质黏土	1.39
Br4	102～115	1	208	341	451	黏土	1.43
Br5	115～125	1	80	704	216	粉质黏壤土	1.40
C	125～141	—	—	—	—	—	—

后周系代表性单个土体化学性质

深度/cm	pH		有机碳(C)/(g/kg)	全氮(N)/(g/kg)	全磷(P)/(g/kg)	全钾(K)/(g/kg)	CEC/(cmol/kg)	游离铁(Fe)/(g/kg)
	H_2O	KCl						
0～20	4.7	4.3	28.9	1.21	0.77	22.7	9.7	7.0
20～30	5.5	4.4	17.6	1.11	0.74	20.1	9.6	10.3
30～57	5.7	5.4	14.2	1.04	0.66	21.2	10.3	28.6
57～80	5.9	4.8	9.5	0.85	0.53	18.4	12.8	14.6
80～102	6.6	4.9	7.1	0.34	0.37	17.7	14.4	16.4
102～115	5.9	4.6	10.7	1.38	0.34	21.1	17.0	21.1
115～125	5.6	4.4	5.9	1.37	0.33	21.9	14.0	12.7
125～141	—	—	—	—	—	—	—	—

4.2.5 金坂系（Jinban Series）

土 族：壤质混合型非酸性热性-普通铁聚水耕人为土
拟定者：王军光，罗梦雨，牟经瑞

分布与环境条件 该土系主要分布在南昌中南部、宜春东部、九江南部一带，多位于低残丘沟谷和岗地的低平部位。成土母质为第四纪红黏土。主要作物为双季稻、油菜等。年均气温16.0～16.5℃，年均降水量1400～1500 mm，无霜期253 d左右。

金坂系典型景观

土系特征与变幅 诊断层包括水耕表层、水耕氧化还原层；诊断特性包括热性土壤温度、人为滞水土壤水分状况、氧化还原特征、铁质特性。土层厚度为1 m以上，水耕氧化还原层出现在35 cm以下，厚度90 cm以下为铁锰聚集层，结构体表面可见很少量锈纹锈斑和铁锰胶膜，层次质地构型为粉壤土-砂质壤土-粉壤土，pH为4.8～7.4。

对比土系 南胜利系，同一土族，母质为河湖相沉积物，结构面可见中量的铁斑纹，质地为粉质黏壤土-壤质砂土-粉壤土；屯田系，同一土族，母质为泥质页岩洪积物，剖面中可见中量的铁锰斑纹，质地构型为粉壤土-粉质黏壤土-粉壤土；苏山系，同一土族，母质相同，质地通体为粉壤土；位于相似区域的马口系，同一亚类，不同土族，成土母质为河湖相沉积物，颗粒大小级别为砂质；位于相似区域的家塘系，同一亚纲，不同土类，成土母质为河湖相沉积物，颗粒大小级别为黏壤质。

利用性能综述 土体深厚，质地适中，保蓄能力强，供肥平缓，但氮、磷含量较低，地下水位较高。应注意开沟排水，深耕翻土晒土，改良土壤的物理性状，科学增施复合肥，实行秸秆还田，协调养分比例，注重用地与养地相结合，建设河网化基本农田。

参比土种 潴育灰黄泥田。

代表性单个土体 位于江西省九江市永修县燕坊镇金坂村，29°12′01.9″N，115°43′53.8″E，海拔19 m，成土母质为第四纪红黏土，种植水稻。50 cm深度土温20.7℃。野外调查时间为2015年1月18日，编号36-044。

金坂系代表性单个土体剖面

Ap1：0～25 cm，浊黄橙色（10YR 7/4，干），10%浊黄棕色（10YR 4/3，润）、90%黄棕色（10R 5/8，润），粉壤土，团粒状结构，疏松，土体内存在多量蜂窝状孔隙，少量根系，结构体表面可见少量的铁斑纹，很少的铁锰胶膜，向下层平滑渐变过渡。

Ap2：25～35 cm，浊黄橙色（10YR 7/3，干），棕色（10YR 4/6，润），粉壤土，团块状结构，疏松，土体内有多量蜂窝状孔隙，少量瓦片，很少的石英碎屑，结构体表面有很少的铁锰胶膜，向下层平滑渐变过渡。

Br1：35～90 cm，浊黄橙色（10YR 7/4，干），红灰色（2.5YR 6/1，润），棕色（10YR 4/6，润），砂质壤土，团粒状结构，疏松，土体内有多量蜂窝状孔隙，结构体表面有很少的铁锰胶膜，向下层不规则突变过渡。

Br2：90～100 cm，浊黄橙色（10YR 7/2，干），红棕色（5YR 4/6，润），浊红棕色（5YR 4/4，润），粉壤土，团粒状结构，疏松，土体内有多量蜂窝状孔隙，结构体表面有很少的铁锰胶膜，少量瓦片。

金坂系代表性单个土体物理性质

土层	深度/cm	砾石(>2 mm，体积分数)/%	细土颗粒组成（粒径：mm）/(g/kg)			质地	容重/(g/cm^3)
			砂粒 2～0.05	粉粒 0.05～0.002	黏粒 <0.002		
Ap1	0～25	0	239	581	180	粉壤土	1.20
Ap2	25～35	0	296	520	184	粉壤土	1.32
Br1	35～90	0	713	116	172	砂质壤土	1.43
Br2	90～100	0	179	636	185	粉壤土	1.40

金坂系代表性单个土体化学性质

深度/cm	pH		有机碳(C)/(g/kg)	全氮(N)/(g/kg)	全磷(P)/(g/kg)	全钾(K)/(g/kg)	CEC/(cmol/kg)	游离铁(Fe)/(g/kg)
	H_2O	KCl						
0～25	4.8	4.1	17.3	0.91	0.73	22.4	6.3	10.4
25～35	5.0	5.1	6.9	0.68	0.63	18.2	5.9	11.5
35～90	5.8	5.2	4.7	0.40	0.67	18.2	8.2	15.5
90～100	7.4	—	3.2	0.38	0.55	18.0	15.1	18.8

4.2.6　街上系（Jieshang Series）

土　族：黏壤质混合型酸性热性-普通铁聚水耕人为土
拟定者：王天巍，邓　楠，杨　松

分布与环境条件　该土系主要分布在南昌中南部、九江南部、上饶西北部一带，处于平坦的湖洲滩地、河流三角洲或冲积扇。成土母质为河湖相沉积物。主要作物为双季稻、油菜等。年均气温 17～18℃，年均降水量 1450～1600 mm，无霜期 273 d 左右。

街上系典型景观

土系特征与变幅　诊断层包括水耕表层、水耕氧化还原层；诊断特性包括热性土壤温度、人为滞水土壤水分状况、腐殖质特性、氧化还原特征。土体厚度在 1 m 以上，层次质地构型为粉壤土-壤土-黏壤土-粉质黏壤土，pH 为 5.2～6.9。20 cm 以下为铁聚集层次，结构面可见铁斑纹，部分土层有黏粒胶膜。

对比土系　马口系，同一亚类，不同土族，母质为河湖相沉积物，颗粒大小级别为砂质，土层质地构型为砂质壤土-砂土-壤土；长胜系，同一亚类，不同土族，母质为河湖相沉积物，土层质地构型通体为粉壤土；位于相似区域的新建系，同一亚纲，不同土类，母质类型为河湖相沉积物，质地构型为粉质黏壤土-黏壤土-粉质黏壤土；位于相似区域的屯田系，同一亚类，不同土族，母质类型为泥质页岩洪积物，质地构型为粉壤土-粉质黏壤土-粉壤土；位于相似区域的谢家滩系，同一亚类，不同土族，母质类型为河湖相沉积物，质地为粉壤土-壤土-粉壤土-粉质黏壤土，有轻度亚铁反应，有明显的铁锰胶膜和灰色的腐殖质胶膜；位于相似区域的韶村系，富铁土纲，母质类型为泥页岩，质地构型为壤土-黏土；位于相似区域的鄱邓系，雏形土纲，母质类型为河湖相沉积物，质地构型为壤土-砂质壤土-粉壤土-砂质黏壤土-粉壤土。

利用性能综述　地势平坦，土体深厚，质地适中，养分情况较好，耕性好，适耕性强，保水保肥能力好。应注重用养结合，水旱轮作，保持现有肥力不下降，科学配方施肥，秸秆还田，轮种或套种绿肥，协调各养分间的比例关系，进一步改良土壤物理性状，增强土壤的透气性，实现作物的持续增产。

参比土种　潴育乌潮沙泥田。

代表性单个土体 位于江西省上饶市鄱阳县油墩街镇街上村，29°22′ 28.0″N，116°35′03.8″E，海拔 25 m，成土母质为河湖相沉积物，种植水稻。50 cm 深度土温 20.6℃。野外调查时间为 2015 年 1 月 21 日，编号 36-061。

街上系代表性单个土体剖面

Ap1：0～11 cm，淡灰色（2.5Y 7/1，干），黑棕色（10YR 3/2，润），粉壤土，粒状结构，极疏松，少量根系，多量铁斑纹，轻度亚铁反应，向下层平滑清晰过渡。

Ap2：11～20 cm，淡灰色（2.5Y 7/1，干），灰黄棕色（10YR 4/2，润），粉壤土，团块状结构，疏松，结构体表面有中量铁斑纹，无亚铁反应，向下层平滑清晰过渡。

Btr1：20～30 cm，灰白色（2.5Y 8/1，干），浊黄棕色（10YR 5/4，润），粉壤土，团块状结构，坚实，结构体表面有少量铁斑纹，结构体表面可见模糊的黏粒胶膜，无亚铁反应，向下层波状清晰过渡。

Btr2：30～68 cm，淡灰色（2.5Y 7/1，干），浊黄棕色（10YR 5/3，润），壤土，团块状结构，坚实，结构体表面中量锰斑纹，结构体表面可见明显的黏粒胶膜，无亚铁反应，向下层平滑渐变过渡。

Btr3：68～90 cm，橙白色（10YR 8/1，干），浊黄棕色（10YR 5/4，润），黏壤土，团块状结构，坚实，结构体表面有中量铁斑纹，无亚铁反应，向下层平滑渐变过渡。

Btr4：90～120 cm，浅淡黄色（2.5YR 8/4，干），浊黄棕色（10YR 5/4，润），粉质黏壤土，团块状结构，疏松，结构体表面有少量锰斑纹，无亚铁反应。

街上系代表性单个土体物理性质

土层	深度 /cm	砾石 (>2 mm，体积分数)/%	细土颗粒组成 (粒径：mm)/(g/kg)			质地	容重 /(g/cm³)
			砂粒 2～0.05	粉粒 0.05～0.002	黏粒 <0.002		
Ap1	0～11	0	158	592	250	粉壤土	1.26
Ap2	11～20	0	46	695	259	粉壤土	1.40
Btr1	20～30	0	77	662	261	粉壤土	1.47
Btr2	30～68	0	273	484	243	壤土	1.42
Btr3	68～90	0	402	262	336	黏壤土	1.43
Btr4	90～120	0	198	456	346	粉质黏壤土	1.45

街上系代表性单个土体化学性质

深度/cm	pH		有机碳(C)/(g/kg)	全氮(N)/(g/kg)	全磷(P)/(g/kg)	全钾(K)/(g/kg)	CEC/(cmol/kg)	游离铁(Fe)/(g/kg)
	H_2O	KCl						
0～11	6.1	5.4	29.8	1.14	0.94	15.8	13.1	5.5
11～20	6.9	—	20.4	1.10	0.82	16.5	9.8	3.4
20～30	5.6	5.2	6.7	0.68	0.78	17.0	24.3	9.7
30～68	5.2	4.7	4.9	0.67	0.66	12.9	8.1	12.2
68～90	5.3	3.8	3.9	0.60	0.35	10.2	8.3	15.5
90～120	5.4	3.7	2.7	0.58	0.34	10.9	11.1	7.9

4.2.7　马口系（Makou Series）

土　族：砂质硅质混合型酸性热性-普通铁聚水耕人为土

拟定者：蔡崇法，邓　楠，关熊飞

马口系典型景观

分布与环境条件　该土系主要分布在九江西北部和东南部、宜春南部、赣州西部一带，处于平坦的湖滨滩地，河流三角洲或冲积扇。成土母质为河湖相沉积物。主要作物为双季稻、油菜等。年均气温 18.0～18.5℃，年均降水量 1700～1800 mm，无霜期 267 d 左右。

土系特征与变幅　诊断层包括水耕表层、水耕氧化还原层、雏形层；诊断特性包括热性土壤温度、人为滞水土壤水分状况、氧化还原特征。土层厚度为 1 m 以上，水耕氧化还原层出现在 30 cm 以下，30～90 cm 为铁聚集层次，结构体表面有清晰的铁斑纹，雏形层位于 90 cm 以下。层次质地构型为砂质壤土-砂土-壤土，pH 为 4.4～5.1。

对比土系　位于相似区域的金坂系，同一亚类，不同土族，成土母质为第四纪红黏土，颗粒大小级别为壤质；杉树下系，同一亚类，不同土族，母质为泥页岩，颗粒大小级别为壤质，土层质地构型为粉壤土-壤土；街上系，同一亚类，不同土族，颗粒大小级别为黏壤质，水耕表层有轻度的亚铁反应，土层质地构型为粉壤土-壤土-黏壤土-粉质黏壤土；位于相似地区的澧溪系，富铁土纲，成土母质为红砂岩坡积物，质地构型为壤土-粉质黏壤土；位于相似地区的茶子岗系，富铁土纲，成土母质为红砂岩坡积物，层次质地构型通体为黏壤土；位于相似地区的田铺系，淋溶土纲，成土母质为花岗岩坡积物，质地构型为砂质壤土-粉壤土；位于相似地区的关山系，淋溶土纲，成土母质为红砂岩坡积物，层次质地构型为黏土-粉质黏土-黏土。

利用性能综述　地势较低，土体深厚，有机质和氮的含量较高，但磷、钾含量偏低。应加强基本农田建设，充分利用地势平坦、土壤肥沃的优势，挖深沟大渠，建设河网化基本农田，保证灌排，水旱轮作，增施磷钾肥，提高养分供应强度。

参比土种　潴育乌潮沙泥田。

代表性单个土体　位于江西省九江市永修县马口镇马口村，28°57′36.0″N，115°46′26.8″E，海拔 24 m，成土母质为河湖相沉积物。50 cm 深度土温 18.1℃。野外调查时间为 2015 年 1 月 17 日，编号 36-045。

马口系代表性单个土体剖面

Ap1：0～18 cm，棕灰色（10YR 6/1，干），黑棕色（2.5Y 3/1，润），砂质壤土，团粒状结构，松散，很少量根系，土体内有多量气孔状孔隙，中量铁斑纹，向下层平滑渐变过渡。

Ap2：18～30 cm，淡灰色（10YR 7/1，干），暗红棕色（2.5Y 3/2，润），砂质壤土，团粒状结构，极松散，土体有较多气孔状孔隙，多量铁斑纹，向下层平滑渐变过渡。

Br1：30～60 cm，棕灰色（10YR 6/1，干），暗红棕色（2.5Y 3/2，润），砂质壤土，团块状结构，松散，土体有多量蜂窝状孔隙，少量铁斑纹，中量黏粒胶膜，中量铁锰结核，向下层波状突变过渡。

Br2：60～90 cm，浊黄橙色（10YR 7/4，干），亮黄棕色（10YR 6/6，润），砂土，团粒状结构，稍坚实，土体有较多气孔状孔隙，pH 为 4.5，少量铁锰结核，向下层平滑渐变过渡。

Bw：90～105 cm，灰黄棕色（10YR 6/2，干），黑棕色（10YR 3/2，润），壤土，团粒状结构，稍坚实，土体有少量气孔状孔隙，pH 为 5.1。

马口系代表性单个土体物理性质

土层	深度/cm	砾石(>2 mm，体积分数)/%	细土颗粒组成 (粒径：mm) /(g/kg)			质地	容重/(g/cm^3)
			砂粒 2～0.05	粉粒 0.05～0.002	黏粒 <0.002		
Ap1	0～18	0	753	180	66	砂质壤土	1.27
Ap2	18～30	0	676	230	94	砂质壤土	1.43
Br1	30～60	0	709	259	32	砂质壤土	1.38
Br2	60～90	0	986	7	6	砂土	1.32
Bw	90～105	0	431	460	110	壤土	1.40

马口系代表性单个土体化学性质

深度/cm	pH		有机碳(C)/(g/kg)	全氮(N)/(g/kg)	全磷(P)/(g/kg)	全钾(K)/(g/kg)	CEC/(cmol/kg)	游离铁(Fe)/(g/kg)
	H_2O	KCl						
0～18	4.5	4.0	24.2	1.23	0.54	12.5	8.4	5.2
18～30	4.4	3.7	17.4	1.16	0.64	12.0	9.6	9.6
30～60	4.5	4.0	10.6	0.34	0.44	12.5	5.3	11.4
60～90	4.5	4.1	11.1	0.34	0.38	12.0	0.5	12.3
90～105	5.1	4.2	12.1	0.36	0.35	11.8	7.99	6.4

4.2.8　墨山系（Moshan Series）

土　族：黏壤质混合型非酸性热性-普通铁聚水耕人为土

拟定者：王天巍，罗梦雨，朱　亮

墨山系典型景观

分布与环境条件　该土系主要分布在南昌中西部和东南部、上饶西部、赣州中部偏西一带，处于平坦的湖洲滩地、河流三角洲或冲积扇。成土母质为河湖相沉积物。主要作物为双季稻、油菜等。年均气温 17.5～18℃，年均降水量 1600～1800 mm，无霜期 269 d 左右。

土系特征与变幅　诊断层包括水耕表层、水耕氧化还原层；诊断特性包括热性土壤温度、湿润土壤水分状况、铁质特性、氧化还原特征。土层厚度为 1 m 以上，水耕氧化还原层出现在 30 cm 以下。结构体表面可见较多的铁锰胶膜。土层质地构型为粉壤土-黏土-粉质黏壤土-粉壤土，pH 为 6.2～6.7。

对比土系　南新系，同一土族，质地为粉质黏壤土-壤土，无石灰反应；谢家滩系，同一土族，质地为粉壤土-壤土-粉壤土-粉质黏壤土，有轻度亚铁反应，有明显的铁锰胶膜和灰色的腐殖质胶膜；后周系，同一土族，质地为粉质黏土-壤质黏土-砂质黏壤土-粉质黏土-壤质黏土-黏土-粉质黏壤土，少量的铁锰斑纹、铁锰胶膜；乌港系，同一土族，母质类型为第四纪红黏土，质地构型为粉质黏壤土-黏壤土-砂质黏壤土；位于相似地区的南胜利系，同一亚类，不同土族，颗粒大小级别为壤质，质地构型为粉质黏壤土-壤质砂土-粉壤土；位于相似地区的长胜系，同一亚类，不同土族，颗粒大小级别为壤质，质地通体为粉壤土。

利用性能综述　地势较低，土体深厚，质地适中，耕性较好，磷含量较低。应实行科学配方施肥，秸秆还田，增施磷肥，提高地力水平，积极搞好防洪排涝设施，防止洪涝灾害，保种保收。

参比土种　潴育灰潮沙泥田。

代表性单个土体　位于江西省南昌市南昌县莲塘镇墨山村，28°34′14.3″N，115°56′47.0″E，海拔 5 m，成土母质为河湖相沉积物，种植水稻。50 cm 深度土温 21.1℃。野外调查时间为2015年1月16日，编号36-052。

Ap1：0～20 cm，黄灰色（2.5Y 6/1，干），暗红棕色（2.5Y 3/2，润），粉壤土，团粒状结构，疏松，土体内存在少量蜂窝状孔隙，中量根系，很少量的石英碎屑，无石灰反应，向下层平滑突变过渡。

墨山系代表性单个土体剖面

Ap2：20～30 cm，淡灰色（2.5Y 7/1，干），55%红灰色（2.5YR 4/1，润）、45%亮棕色（7.5YR 5/8，润），粉壤土，团块状结构，稍坚实，很少量根系，土体内存在很少量的蜂窝状孔隙，很少量的石英碎屑，很少量的瓦片，轻度石灰反应，向下层平滑清晰过渡。

Br1：30～45 cm，灰黄棕色（10YR 6/2，干），70%红灰色（2.5YR 4/1，润）、30%棕色（10YR 4/6，润），黏土，团块状结构，稍坚实，土体内有很少量的蜂窝状孔隙，结构体表面可见少量铁锰胶膜，轻度石灰反应，向下层波状渐变过渡。

Br2：45～70 cm，淡黄色（2.5Y 7/3，干），60%红灰色（2.5YR 4/1，润）、40%灰黄棕色（10YR 5/2，润），粉质黏壤土，团块状结构，坚实，土体内有很少量的蜂窝状孔隙，结构体表面可见较多的铁锰胶膜和黏粒胶膜，无石灰反应，向下层波状渐变过渡。

Br3：70～100 cm，灰黄色（2.5Y 7/2，干），50%红灰色（2.5YR 4/1，润）、50%灰黄棕色（10YR 5/2，润），粉质黏壤土，团块状结构，稍坚实，土体内有很少量的蜂窝状孔隙，结构体表面可见少量铁锰胶膜，轻度石灰反应，向下层波状模糊过渡。

Br4：100～120 cm，浊黄橙色（10YR 7/4，干），60%红灰色（2.5YR 5/1，润）、40%亮黄棕色（10YR 6/8，润） 粉壤土，团块状结构，坚实，土体内有很少量的蜂窝状孔隙，结构体表面可见较多的铁锰胶膜，无石灰反应。

墨山系代表性单个土体物理性质

土层	深度/cm	砾石(>2 mm，体积分数)/%	细土颗粒组成（粒径：mm）/(g/kg)			质地	容重/(g/cm^3)
			砂粒 2～0.05	粉粒 0.05～0.002	黏粒 <0.002		
Ap1	0～20	1	246	529	225	粉壤土	1.21
Ap2	20～30	2	260	564	176	粉壤土	1.34
Br1	30～45	0	272	301	427	黏土	1.35
Br2	45～70	0	89	635	276	粉质黏壤土	1.42
Br3	70～100	0	60	635	305	粉质黏壤土	1.44
Br4	100～120	0	167	637	196	粉壤土	1.38

墨山系代表性单个土体化学性质

深度/cm	pH		有机碳(C) /(g/kg)	全氮(N) /(g/kg)	全磷(P) /(g/kg)	全钾(K) /(g/kg)	CEC /(cmol/kg)	游离铁(Fe) /(g/kg)
	H_2O	KCl						
0～20	6.4	6.1	30.4	1.18	0.49	22.6	13.4	3.9
20～30	6.7	—	6.4	1.11	0.49	20.6	7.2	10.9
30～45	6.4	5.7	6.0	0.67	0.49	17.6	8.5	24.4
45～70	6.5	5.9	4.7	0.67	0.49	20.6	14.0	29.2
70～100	6.6	—	4.9	0.60	0.40	20.0	10.6	15.2
100～120	6.2	5.6	3.9	0.58	0.40	20.1	18.4	18.9

4.2.9　南新系（Nanxin Series）

土　族：黏壤质混合型非酸性热性-普通铁聚水耕人为土

拟定者：刘窑军，杨家伟，聂坤照

分布与环境条件　该土系主要分布在南昌北部、上饶西部一带，处于平坦的湖洲滩地、河流三角洲或冲积扇。成土母质为河湖相沉积物。主要作物为双季稻、油菜。年均气温 17～18℃，年均降水量 1500～1600 mm，无霜期 272 d 左右。

南新系典型景观

土系特征与变幅　诊断层包括水耕表层、水耕氧化还原层、雏形层；诊断特性包括热性土壤温度、人为滞水土壤水分状况、铁质特性、氧化还原特征、潜育特征。土层厚度为 1 m 以上，水耕氧化还原层出现在 35 cm 以下，65 cm 以下出现铁锰聚集层次，100 cm 以下有潜育特征，结构面可见少量铁锰胶膜，层次质地构型为粉质黏壤土-壤土，pH 为 5.0～6.6。

对比土系　墨山系，同一土族，质地为粉壤土-黏土-粉质黏壤土-粉壤土，有石灰反应；谢家滩系，同一土族，质地为粉壤土-壤土-粉壤土-粉质黏壤土，有轻度亚铁反应，有明显的铁锰胶膜和灰色的腐殖质胶膜；后周系，同一土族，质地为粉质黏土-壤质黏土-砂质黏壤土-粉质黏土-壤质黏土-黏土-粉质黏壤土，少量的铁锰斑纹、铁锰胶膜；乌港系，同一土族，母质类型为第四纪红黏土，质地构型为粉质黏壤土-黏壤土-砂质黏壤土；位于相似地区的南胜利系，同一亚类，不同土族，颗粒大小级别为壤质，质地构型为粉质黏壤土-壤质砂土-粉壤土；位于相似地区的长胜系，同一亚类，不同土族，颗粒大小级别为壤质，质地通体为粉壤土；位于相似区域的凰村系，淋溶土纲，成土母质为黄土状物质，质地构型通体为粉壤土。

利用性能综述　土体深厚，保肥蓄水性较好，磷含量较低，应注意用养结合，合理轮作，增施磷肥，实行秸秆还田，间种或轮种绿肥，以保持地力，获得更好的经济收益。

参比土种　潴育乌潮沙泥田。

代表性单个土体　位于江西省南昌市南昌县南新乡国旺农场，28°52′03.6″N，116°11′50.3″E，海拔 14 m，成土母质为河湖相沉积物，种植水稻。50 cm 深度土温 21℃。

野外调查时间为 2015 年 1 月 16 日，编号 36-049。

南新系代表性单个土体剖面

Ap1：0～18 cm，浊黄棕色（10YR 5/3，干），灰黄棕色（10YR 4/2，润），粉质黏壤土，团块状结构，疏松，土体内有很少量的蜂窝状孔隙，无亚铁反应，向下层波状突变过渡。

Ap2：18～35 cm，浊黄棕色（10YR 5/3，干），暗棕色（10YR 3/3，润），粉质黏壤土，团块状结构，稍坚实，土体内有很少量的蜂窝状孔隙，结构面可见中量的铁锰氧化物胶膜，无亚铁反应，向下层波状渐变过渡。

Br：35～100 cm，亮棕色（7.5YR 5/6，干），棕色（7.5YR 4/4，润），粉质黏壤土，团块状结构，疏松，土体内有很少量的蜂窝状孔隙，结构面可见少量的铁锰氧化物胶膜，铁斑纹，无亚铁反应，向下层波状渐变过渡。

Bg：100～120 cm，浊黄棕色（10YR 5/3，干），棕灰色（10YR 4/1，润），壤土，团块状结构，疏松，土体内有很少量的蜂窝状孔隙，有轻度亚铁反应。

南新系代表性单个土体物理性质

土层	深度/cm	砾石(>2 mm，体积分数)/%	细土颗粒组成（粒径：mm）/(g/kg)			质地	容重/(g/cm³)
			砂粒 2～0.05	粉粒 0.05～0.002	黏粒 <0.002		
Ap1	0～18	0	42	620	338	粉质黏壤土	1.22
Ap2	18～35	0	45	573	382	粉质黏壤土	1.35
Br	35～100	0	38	607	355	粉质黏壤土	1.43
Bg	100～120	0	320	437	243	壤土	1.48

南新系代表性单个土体化学性质

深度/cm	pH		有机碳(C)/(g/kg)	全氮(N)/(g/kg)	全磷(P)/(g/kg)	全钾(K)/(g/kg)	CEC/(cmol/kg)	游离铁(Fe)/(g/kg)
	H_2O	KCl						
0～18	5.0	4.3	19.6	1.19	0.52	22.8	11.1	7.1
18～35	5.2	4.3	13.8	1.11	0.52	21.8	13.1	9.7
35～100	6.0	4.9	7.3	0.35	0.32	22.8	11.3	18.8
100～120	6.6	5.1	4.4	0.35	0.37	21.8	32.6	24.5

4.2.10 杉树下系（Shanshuxia Series）

土 族：壤质硅质混合型酸性热性-普通铁聚水耕人为土

拟定者：陈家赢，王腊红，李婷婷

分布与环境条件 该土系主要分布在九江中南部、宜春中西部、赣州中西部一带，多分布于低山、丘陵沟谷中部。成土母质为泥页岩。种植双季稻、油菜等。年均气温 18.5～19.0℃，年均降水量 1500～1650 mm，无霜期 290 d 左右。

杉树下系典型景观

土系特征与变幅 诊断层包括水耕表层、水耕氧化还原层；诊断特性包括热性土壤温度、人为滞水土壤水分状况、氧化还原特征。土体厚度在 1 m 以上，结构面上可见很多铁锰斑纹，层次质地构型为粉壤土-壤土，土体 70 cm 以下有较多的砾石。水耕氧化还原层出现在 30 cm 以下，pH 为 4.7～5.5。

对比土系 马口系，同一亚类，不同土族，母质为河湖相沉积物，颗粒大小级别为砂质，土层质地构型为砂质壤土-砂土-壤土；乌港系，同一亚类，不同土族，母质为第四纪红黏土，颗粒大小级别为黏壤质，土层质地构型为粉质黏壤土-黏壤土-砂质黏壤土；位于相似地区的安梅系，淋溶土纲，成土母质为红砂岩坡积物，质地构型为砂质壤土-砂质黏壤土；位于相似地区的增坑系，富铁土纲，质地构型为壤土-黏壤土；位于相似地区的赣桥系，富铁土纲，质地构型为壤土-黏壤土-砂质壤土；位于相似地区的凤岗镇系，雏形土，成土母质为紫色砂岩坡积物，质地通体为砂质壤土；位于相似地区的左溪系，新成土纲，成土母质为石英岩坡积物，质地构型为砂质黏壤土。

利用性能综述 土体深厚，质地适中，土壤中水分过多，不利于植被根系的透气，磷含量偏低。应注重用养结合，开挖深沟排水，翻土晒土，减少土壤中的水分，改良土壤的透气性，实行秸秆还田，增施磷肥，间种或轮种绿肥，提高土壤肥力。

参比土种 潴育乌鳝泥田。

代表性单个土体 位于江西省赣州市大余县浮江乡杉树下村，25°23′08.6″N，114°17′10.3″E，海拔 192 m，成土母质为泥页岩，种植水稻。50 cm 深度土温 21.2℃。野外调查时间为 2016 年 1 月 6 日，编号 36-144。

杉树下系代表性单个土体剖面

Ap1：0～18 cm，灰黄色（2.5Y 7/2，干），黑棕色（10YR 3/1，润），粉壤土，团块状结构，稍坚实，中量水稻根系，有少量的蜂窝状孔隙，无石灰反应，向下层平滑突变过渡。

Ap2：18～26 cm，淡黄色（2.5Y 7/3，干），浊黄棕色（10YR 5/3，润），粉壤土，团块状结构，很坚实，有少量水稻根，很少量的蜂窝状孔隙，很少量<5 mm 的次棱状泥页岩碎屑，可见中量的铁斑纹，无石灰反应，向下层平滑模糊过渡。

Br1：26～43 cm，浅淡黄色（2.5Y 8/3，干），浊黄棕色（10YR 5/3，润），壤土，团块状结构，稍坚硬，有很少量的蜂窝状孔隙，有很少量<5 mm 的次棱状泥页岩碎屑，可见显著很多的铁斑纹，轻度石灰反应，向下层平滑清晰过渡。

Br2：43～70 cm，淡黄色（2.5Y 7/3，干），浊黄橙色（10YR 6/4，润），壤土，团块状结构，稍坚硬，有很少量的蜂窝状孔隙，有少量<5 mm 的次棱状泥页岩碎屑，可见很多的铁锰斑纹，轻度石灰反应，向下层平滑清晰过渡。

Br3：70～110 cm，亮黄棕色（10YR 7/6，干），浊黄橙色（10YR 6/4，润），壤土，团块状结构，稍坚硬，有很少量的蜂窝状孔隙，有中量<5 mm 的次棱状泥页岩碎屑，可见很多铁锰斑纹，轻度石灰反应，向下层平滑清晰过渡。

杉树下系代表性单个土体物理性质

土层	深度/cm	砾石(>2 mm，体积分数)/%	细土颗粒组成 (粒径：mm)/(g/kg)			质地	容重/(g/cm^3)
			砂粒 2～0.05	粉粒 0.05～0.002	黏粒 <0.002		
Ap1	0～18	0	305	557	138	粉壤土	1.21
Ap2	18～26	1	286	562	152	粉壤土	1.41
Br1	26～43	3	310	491	199	壤土	1.32
Br2	43～70	3	366	410	224	壤土	1.35
Br3	70～110	10	416	428	155	壤土	1.39

杉树下系代表性单个土体化学性质

深度/cm	pH		有机碳(C)/(g/kg)	全氮(N)/(g/kg)	全磷(P)/(g/kg)	全钾(K)/(g/kg)	CEC/(cmol/kg)	游离铁(Fe)/(g/kg)
	H_2O	KCl						
0～18	4.7	3.9	17.8	1.17	0.54	17.9	11.0	11.3
18～26	4.9	4.2	7.8	1.04	0.50	16.6	13.4	20.8
26～43	5.3	4.3	7.4	1.06	0.81	8.0	19.7	28.2
43～70	5.4	4.4	6.6	0.93	0.53	16.7	22.5	24.6
70～110	5.5	4.8	6.1	0.86	0.81	8.0	11.5	26.9

4.2.11 屯田系（Tuntian Series）

土　族：壤质混合型非酸性热性-普通铁聚水耕人为土

拟定者：刘窑军，王腊红，杨　松

分布与环境条件 土系主要分布在九江中部、宜春东部、上饶西北部和中部一带，多分布于平原的畈田和垄田的中上部。成土母质为泥质页岩洪积物。种植双季稻、油菜等。年均气温 17.5～18.0℃，年均降水量 1500～1650 mm，无霜期 271 d 左右。

屯田系典型景观

土系特征与变幅 诊断层包括水耕表层、水耕氧化还原层、黏化层；诊断特性包括热性土壤温度、人为滞水土壤水分状况。土体厚度在 1 m 以上，剖面中可见铁锰斑纹，水耕氧化还原层出现在 20 cm 以下。黏化层大约出现在 20 cm 之下，黏粒含量为 220～300 g/kg。土层质地构型为粉壤土-粉质黏壤土-粉壤土，pH 为 4.8～5.8。

对比土系 南胜利系，同一土族，母质为河湖相沉积物，质地为粉质黏壤土-壤质砂土-粉壤土；金坂系，同一土族，母质为第四纪红黏土，质地为粉壤土-砂质壤土-粉壤土；苏山系，同一土族，母质为第四纪红黏土，质地通体为粉壤土；位于相似区域的新建系，同一亚纲，不同土类，母质类型为河湖相沉积物，质地构型为粉质黏壤土-黏壤土-粉质黏壤土；位于相似区域的街上系，同一亚类，不同土族，母质类型为河湖相沉积物，质地构型为粉壤土-壤土-黏壤土-粉质黏壤土；位于邻近区域的鄱邓系，雏形土纲，成土母质类型为河湖相沉积物，质地构型为壤土-砂质壤土-粉壤土-砂质黏壤土-粉壤土。

利用性能综述 土体深厚，质地适中，表层土壤有机质含量丰富，氮、磷、钾较缺乏，养分不平衡，地下水位较高。应加强农田建设，充分利用地势平坦的优势，挖深沟大渠，建设河网化基本农田，降低地下水位，改善土壤透气性，增施氮磷钾复合肥，实行秸秆还田，提高养分供应强度，保土增肥。

参比土种 潴育乌鳝泥田。

代表性单个土体 位于江西省上饶市鄱阳县游城乡屯田村，29°09′47.1″N，116°53′24.4″E，海拔 41 m，成土母质为泥质页岩洪积物，种植水稻。50 cm 深度土温 20.8℃。野外调查时间为 2015 年 1 月 22 日，编号 36-057。

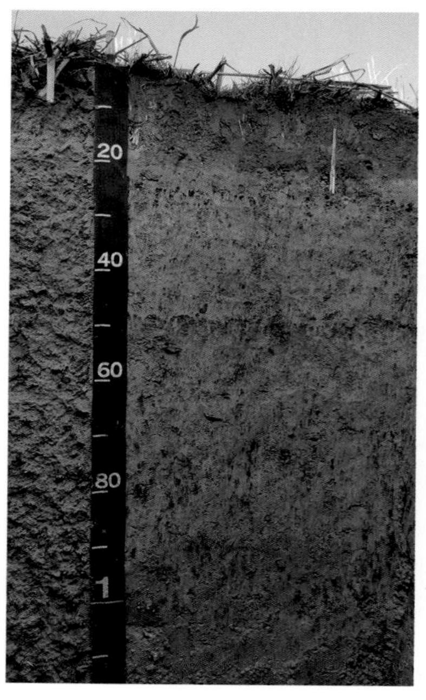

屯田系代表性单个土体剖面

Ap1：0～18 cm，淡灰色（10YR 7/1，干），灰黄棕色（10YR 4/2，润），少量次圆状 5～20 mm 泥质页岩风化碎屑，多量植物根系，粉壤土，团块状结构，极疏松，可见中量铁斑纹，向下层平滑突变过渡。

Ap2：18～22 cm，橙色（7.5YR 6/8，干），黄棕色（10YR 5/6，润），粉壤土，团块状结构，坚实，中量植物根系，向下层平滑突变过渡。

Btr1：22～48 cm，淡黄橙色（10YR 8/4，干），亮黄棕色（10YR 6/8，润），少量次圆状 5～20 mm 泥质页岩风化碎屑，粉壤土，棱块状结构，坚实，结构面可见多量锰斑纹和软质铁锰结核，有明显灰色胶膜，向下层平滑清晰过渡。

Btr2：48～70 cm，黄色（2.5Y 8/6，干），黄橙色（10YR 7/8，润），粉质黏壤土，棱块状结构，坚实，结构面可见明显多量软质铁锰结核，有明显灰色胶膜，向下层平滑模糊过渡。

Btr3：70～120 cm，亮黄棕色（10YR 7/6，干），亮黄棕色（10YR 6/8，润），粉壤土，棱块状结构，稍坚实，结构面可见多量锰斑纹，可见模糊的灰色胶膜。

屯田系代表性单个土体物理性质

土层	深度/cm	砾石(>2 mm，体积分数)/%	细土颗粒组成 (粒径：mm) /(g/kg)			质地	容重/(g/cm^3)
			砂粒 2～0.05	粉粒 0.05～0.002	黏粒 <0.002		
Ap1	0～18	3	112	708	180	粉壤土	1.20
Ap2	18～22	0	170	621	209	粉壤土	1.33
Btr1	22～48	3	108	668	224	粉壤土	1.45
Btr2	48～70	0	70	637	293	粉质黏壤土	1.46
Btr3	70～120	0	114	628	258	粉壤土	1.44

屯田系代表性单个土体化学性质

深度/cm	pH		有机碳(C)/(g/kg)	全氮(N)/(g/kg)	全磷(P)/(g/kg)	全钾(K)/(g/kg)	CEC/(cmol/kg)	游离铁(Fe)/(g/kg)
	H_2O	KCl						
0～18	4.8	3.9	28.5	0.89	0.34	14.0	7.4	1.7
18～22	4.9	4.2	7.9	0.81	0.32	13.0	5.1	29.6
22～48	4.6	4.3	3.9	0.77	0.51	9.3	6.7	30.9
48～70	5.8	5.5	3.6	0.75	0.54	9.7	8.0	9.7
70～120	5.8	5.9	5.2	0.65	0.30	15.7	5.8	13.3

4.2.12　谢家滩系（Xiejiatan Series）

土　族：黏壤质混合型非酸性热性-普通铁聚水耕人为土
拟定者：王军光，邓　楠，曹金洋

分布与环境条件　该土系主要分布在南昌中南部、九江南部、上饶西北部一带，处于平坦的湖洲滩地、河流三角洲或冲积扇。成土母质为河湖相沉积物。主要作物为双季稻、油菜等。年均气温 17.0～17.5℃，年均降水量 1400～1550 mm，无霜期 273 d 左右。

谢家滩系典型景观

土系特征与变幅　诊断层包括水耕表层、水耕氧化还原层；诊断特性包括热性土壤温度、人为滞水土壤水分状况、氧化还原特征、铁质特性。土体厚度 1 m 以上，水耕氧化还原层出现在 35 cm 以下，结构面有铁锰胶膜和灰色的腐殖质胶膜，层次质地构型为粉壤土-壤土-粉壤土-粉质黏壤土，pH 为 4.8～5.9。

对比土系　墨山系，同一土族，质地为粉壤土-黏土-粉质黏壤土-粉壤土，有石灰反应；南新系，同一土族，质地为粉质黏壤土-壤土；后周系，同一土族，质地为粉质黏土-壤质黏土-砂质黏壤土-粉质黏土-壤质黏土-黏土-粉质黏壤土，少量的铁锰斑纹、铁锰胶膜；乌港系，同一土族，母质类型为第四纪红黏土，质地构型为粉质黏壤土-黏壤土-砂质黏壤土；位于相似区域的新建系，同一亚纲，不同土类，母质类型为河湖相沉积物，质地构型为粉质黏壤土-黏壤土-粉质黏壤土；位于相似区域的街上系，同一亚类，不同土族，母质类型为河湖相沉积物，质地构型为粉壤土-壤土-黏壤土-粉质黏壤土。

利用性能综述　地势平坦，土体深厚，质地适中，有机质含量较高，磷含量较低，部分农田地下水位偏高。应注重农田建设，适当翻土晒土，搞好排灌设施，建设河网化基本农田，增施磷肥，种植绿肥，实行秸秆还田，培肥土壤。

参比土种　潴育乌潮沙泥田。

代表性单个土体　位于江西省上饶市鄱阳县谢家滩镇，29°28′24.8″N，116°42′40.3″E，海拔 18 m，成土母质为河湖相沉积物，水田，种植水稻。50 cm 深度土温 19.7℃。野外调查时间为 2015 年 1 月 20 日，编号 36-062。

谢家滩系代表性单个土体剖面

Ap1：0～17 cm，淡灰色（10YR 7/1，干），灰黄棕色（10YR 4/2，润），粉壤土，粒状结构，疏松，少量植物根系，有多量明显铁斑纹，轻度亚铁反应，向下层平滑清晰过渡。

Ap2：17～24 cm，淡灰色（2.5Y 7/1，干），灰黄棕色（10YR 4/2，润），粉壤土，粒状结构，疏松，有少量植物根系，有 5%～15%明显铁斑纹，中量的灰色腐殖质胶膜，无亚铁反应，向下层平滑突变过渡。

Br1：24～38 cm，浅淡黄色（2.5Y 8/3，干），浊黄棕色（10YR 5/4，润），壤土，粒状结构，疏松，有少量植物根系，中量的灰色腐殖质胶膜，无亚铁反应，向下层平滑清晰过渡。

Br2：38～78 cm，浅淡黄色（2.5Y 8/3，干），浊黄棕色（10YR 4/3，润），粉壤土，粒状结构，疏松，有少量植物根系，结构体表面可见中量的铁胶膜，无亚铁反应，向下层平滑渐变过渡。

Br3：78～125 cm，灰白色（2.5Y 8/2，干），浊黄棕色（10YR 5/4，润），粉质黏壤土，粒状结构，疏松，结构体表面可见中量的铁胶膜，无亚铁反应。

谢家滩系代表性单个土体物理性质

土层	深度/cm	砾石(>2 mm，体积分数)/%	细土颗粒组成（粒径：mm）/(g/kg)			质地	容重/(g/cm³)
			砂粒 2～0.05	粉粒 0.05～0.002	黏粒 <0.002		
Ap1	0～17	0	74	698	228	粉壤土	1.23
Ap2	17～24	0	125	637	238	粉壤土	1.36
Br1	24～38	0	333	416	251	壤土	1.38
Br2	38～78	0	97	691	212	粉壤土	1.39
Br3	78～125	0	150	577	273	粉质黏壤土	1.45

谢家滩系代表性单个土体化学性质

深度/cm	pH		有机碳(C)/(g/kg)	全氮(N)/(g/kg)	全磷(P)/(g/kg)	全钾(K)/(g/kg)	CEC/(cmol/kg)	游离铁(Fe)/(g/kg)
	H_2O	KCl						
0～17	4.8	4.0	29.1	1.16	0.43	21.5	8.4	9.5
17～24	5.1	3.9	21.0	1.21	0.43	20.6	7.8	12.9
24～38	5.3	5.1	4.7	0.30	0.43	21.5	14.4	22.4
38～78	4.9	4.3	3.7	0.30	0.36	20.6	7.6	22.4
78～125	5.9	4.6	4.5	0.32	0.33	20.0	13.3	19.3

4.2.13　苏山系（Sushan Series）

土　族：壤质混合型非酸性热性-普通铁聚水耕人为土

拟定者：王天巍，罗梦雨，曹金洋

分布与环境条件　该土系主要分布在南昌中南部、宜春中东部、九江东南部一带的低残丘沟谷和岗地的低平部位。成土母质为第四纪红黏土。主要作物为双季稻、油菜等。年均气温 17.0～17.5℃，年均降水量 1400～1550 mm，无霜期 268 d 左右。

苏山系典型景观

土系特征与变幅　诊断层包括水耕表层、水耕氧化还原层；诊断特性包括热性土壤温度、人为滞水土壤水分状况、氧化还原特征。土体厚度 1 m 以上，质地通体为粉壤土，水耕氧化还原层出现在 30 cm 以下，pH 为 5.3～6.6，结构面上可见少量铁锰胶膜和铁锰结核。

对比土系　南胜利系，同一土族，母质为河湖相沉积物，结构面可见中量的铁斑纹，质地为粉质黏壤土-壤质砂土-粉壤土；金坂系，同一土族，母质相同，质地为粉壤土-砂质壤土-粉壤土；屯田系，同一土族，母质为泥质页岩洪积物，结构面可见中量的铁锰斑纹，质地构型为粉壤土-粉质黏壤土-粉壤土；新建系，同一亚纲，不同土类，母质类型为河湖相沉积物，质地构型为粉质黏壤土-黏壤土-粉质黏壤土；位于相似区域的曹塘系，同一亚纲，不同土类，母质类型 0～68 cm 为石英岩类洪积物，68～110 cm 为石英岩类残积物，土层质地通体为粉壤土；位于相似区域的岭上系，雏形土纲，成土母质为第四纪黄土状沉积物，质地通体为粉壤土，有少量结核。

利用性能综述　土体深厚，质地适中，耕性良好，磷、钾养分不足，土体常处在闭气还原状态，排水困难，有毒物质多，水稻根系易中毒。应开挖深沟，降低地下水位，适时炕土晒田，增加土壤回旱时间，增施磷钾肥，培肥地力。

参比土种　表潜灰黄泥田。

代表性单个土体　位于江西省九江市都昌县苏山乡苏山村，29°28′35.2″N，116°14′07.8″E，海拔 32 m，成土母质为第四纪红黏土，种植水稻，50 cm 深度土温 20.5℃。野外调查时间为 2015 年 1 月 20 日，编号 36-065。

苏山系代表性单个土体剖面

Ap1：0～17 cm，浊黄橙色（10YR 7/2，干），90%红棕色（5YR 4/6，润）、10%黑棕色（10YR 3/2，润），粉壤土，团块状结构，疏松，土体内有较多蜂窝状孔隙，结构体表面有很少量铁斑纹，少量根系，向下层不规则渐变过渡。

Ap2：17～28 cm，浊黄橙色（10YR 6/3，干），90%灰黄棕色（10YR 4/2，润）、10%暗红棕色（5YR 3/4，润），粉壤土，团块状结构，疏松，结构体表面有很少的铁胶膜，少量根系，向下层波状模糊过渡。

Br1：28～63 cm，浊黄橙色（10YR 6/4，干），95%棕灰色（10YR 4/1，润）、5%暗红棕色（5YR 3/4，润），粉壤土，团块状结构，疏松，土体内有中等蜂窝状孔隙，结构体表面有少量的铁锰胶膜，直径为 2～6 mm 铁锰结核，向下层不规则模糊过渡。

Br2：63～120 cm，浊黄橙色（10YR 6/3，干），95%暗棕色（10YR 3/3 润）、5%暗红棕色（5YR 3/4，润），粉壤土，团块状结构，疏松，土体内有中等蜂窝状孔隙，结构体表面有少量的铁锰胶膜，直径为 2～6 mm 铁锰结核。

苏山系代表性单个土体物理性质

土层	深度/cm	砾石(>2 mm，体积分数)/%	细土颗粒组成（粒径：mm）/(g/kg)			质地	容重/(g/cm³)
			砂粒 2～0.05	粉粒 0.05～0.002	黏粒 <0.002		
Ap1	0～17	0	108	713	179	粉壤土	1.20
Ap2	17～28	0	207	642	151	粉壤土	1.32
Br1	28～63	0	179	624	197	粉壤土	1.35
Br2	63～120	0	117	713	170	粉壤土	1.34

苏山系代表性单个土体化学性质

深度/cm	pH		有机碳(C)/(g/kg)	全氮(N)/(g/kg)	全磷(P)/(g/kg)	全钾(K)/(g/kg)	CEC/(cmol/kg)	游离铁(Fe)/(g/kg)
	H_2O	KCl						
0～17	5.3	4.6	14.0	1.13	0.39	11.2	7.8	11.8
17～28	5.6	4.4	11.6	1.14	0.39	11.2	8.3	6.7
28～63	6.6	5.1	5.1	1.09	0.39	12.5	12.2	12.6
63～120	6.3	5.3	4.9	1.08	0.33	12.6	7.5	21.0

4.2.14 堎前系（Lengqian Series）

土 族：黏壤质混合型非酸性热性-普通铁聚水耕人为土
拟定者：刘窑军，周泽璠，曹金洋

分布与环境条件 多出现于南昌东南部和中西部、上饶西部、赣州中部偏西一带的河漫滩及阶地。成土母质为河湖相沉积物。作物为甘薯、油菜、蚕豆、豌豆等。年均气温 17.0～18.0℃，年均降水量 1500～1600 mm，无霜期 274 d 左右。

堎前系典型景观

土系特征与变幅 诊断层包括水耕表层、水耕氧化还原层；诊断特性包括热性土壤温度、湿润土壤水分状况、氧化还原特征。土体厚度在 1 m 以上，水耕氧化还原层出现在 30 cm 以下，结构面上可见铁锰斑纹和铁锰胶膜，层次质地构型为壤土-砂质壤土-粉壤土-壤土-砂质黏壤土-粉质黏壤土，pH 为 5.9～6.7。

对比土系 曹塘系，同一亚纲，不同土类，母质为石英岩类洪积物盖石英岩类残积物，土层质地通体为粉壤土；杨枧系，同一亚纲，不同土类，母质为河湖相沉积物，土体中无石灰反应，土层质地通体为壤土；位于相似地区的长胜系，同一亚类，颗粒大小级别为壤质，质地通体为粉壤土。

利用性能综述 土体深厚，质地适中，养分含量不高，耕性较弱。应增施农家肥、有机肥和化肥，实行秸秆还田，种养结合，培肥土壤，有条件的地方可以深耕翻土，改善土壤的物理性状和透气性。

参比土种 灰潮沙泥土。

代表性单个土体 位于江西省南昌市新建区长堎镇前进村，28°41′17.2″N，115°47′10.7″E，海拔 23 m，成土母质为河湖相沉积物，菜地，曾有水稻种植历史。50 cm 深度土温 21℃。野外调查时间为 2015 年 1 月 17 日，编号 36-051。

埃前系代表性单个土体剖面

Ap1：0～18 cm，灰白色（2.5Y 8/2，干），浊黄棕色（10YR 4/3，润），壤土，粒状结构，极疏松，中等的管道状根孔，少量蚯蚓粪便，向下层平滑突变过渡。

Ap2：18～32 cm，浅淡黄色（2.5Y 8/3，干），浊黄棕色（10YR 4/3，润），砂质壤土，棱块状结构，疏松，中等的管道状根孔，向下层平滑清晰过渡。

Br：32～60 cm，淡黄色（2.5Y 7/3，干），浊黄棕色（10YR 5/4，润），粉壤土，棱块状结构，疏松，中等的管道状气孔，结构面可见较多的铁胶膜，很少的铁锰结核，向下层平滑渐变过渡。

Btr1：60～73 cm，灰黄色（2.5Y 7/2，干），暗棕色（10YR 3/4，润），壤土，棱块状结构，疏松，中等管道状气孔，结构面可见较多的铁胶膜，向下层平滑渐变过渡。

Btr2：73～85 cm，灰白色（2.5Y 8/2，干），黄棕色（10YR 5/6，润），砂质黏壤土，棱块状结构，疏松，中等的管道状气孔，结构面可见较多的铁斑纹，向下层平滑清晰过渡。

Btr3：85～111 cm，淡灰色（2.5Y 7/1，干），浊黄棕色（10YR 5/3，润），粉质黏壤土，棱块状结构，疏松，结构面可见中等的铁斑纹。

埃前系代表性单个土体物理性质

土层	深度/cm	砾石(>2 mm，体积分数)/%	细土颗粒组成（粒径：mm)/(g/kg)			质地	容重/(g/cm^3)
			砂粒 2～0.05	粉粒 0.05～0.002	黏粒 <0.002		
Ap1	0～18	0	510	336	154	壤土	1.20
Ap2	18～32	0	625	235	140	砂质壤土	1.33
Br	32～60	0	255	588	157	粉壤土	1.33
Btr1	60～73	0	351	463	186	壤土	1.35
Btr2	73～85	0	536	199	265	砂质黏壤土	1.38
Btr3	85～111	0	122	577	301	粉质黏壤土	1.39

埃前系代表性单个土体化学性质

深度/cm	pH		有机碳(C)/(g/kg)	全氮(N)/(g/kg)	全磷(P)/(g/kg)	全钾(K)/(g/kg)	CEC/(cmol/kg)	游离铁(Fe)/(g/kg)
	H_2O	KCl						
0～18	6.3	6.0	11.7	1.01	0.34	12.4	7.4	13.7
18～32	6.1	5.5	7.0	0.60	0.28	19.6	6.2	9.2
32～60	6.2	5.2	4.3	0.37	0.25	14.4	7.4	12.1
60～73	6.7	—	1.8	0.16	0.22	14.2	7.4	17.6
73～85	5.9	4.9	2.3	0.20	0.23	14.1	8.9	31.7
85～111	6.0	4.9	1.2	0.11	0.21	13.0	17.4	13.4

4.3 底潜简育水耕人为土

4.3.1 家塘系（Jiatang Series）

土 族：黏壤质混合型非酸性热性-底潜简育水耕人为土

拟定者：王军光，杨家伟，关熊飞

分布与环境条件 该土系主要分布在九江西北部、宜春南部、赣州西部一带，多处于河流冲积平原的洼地和湖滨滩地的低洼处。成土母质为河湖相沉积物。主要作物为晚稻、双季稻等。年均气温 16.0～16.5℃，年均降水量 1400～1550 mm，无霜期 257 d 左右。

家塘系典型景观

土系特征与变幅 诊断层包括水耕表层、水耕氧化还原层；诊断特性包括热性土壤温度、人为滞水土壤水分状况、潜育特征、石灰性、铁质特性。土体厚度在 1 m 以内，水耕氧化还原层出现在 25 cm 以下，剖面中可见铁锰胶膜，土体有石灰反应、亚铁反应，质地为粉壤土-粉质黏壤土，pH 为 6.7～7.7。

对比土系 位于相似区域的苏山系，同一亚纲，不同亚类，成土母质为第四纪红黏土，质地通体为粉壤土；位于相似区域的金坂系，同一亚纲，不同亚类，成土母质为第四纪红黏土，颗粒大小级别为壤质；位于相似区域的茶子岗系，富铁土纲，成土母质为红砂岩坡积物，质地构型通体为黏壤土；位于相似区域的田铺系，淋溶土纲，成土母质为花岗岩坡积物，质地构型为砂质壤土-粉壤土；位于邻近区域的安永系，雏形土纲，成土母质为河湖相沉积物，质地构型为粉壤土-粉质黏土。

利用性能综述 土体深厚，质地适中，还原层出现位置较浅，地下水位较高，长期处于浸水状态，水稻根系易中毒，磷、钾含量偏低。应注重水旱轮作，用养结合，深耕翻土晒土，开挖深沟，排出多余水分，降低地下水位，配合使用磷钾复合肥，秸秆还田，增加豆科植物的种植，提升土壤肥力。

参比土种 全潜灰潮沙泥田。

代表性单个土体 位于江西省九江市瑞昌市赛湖农场东方家塘，29°41′40.3″N，

115°45′50.4″E，海拔 25 m，成土母质为河湖相沉积物，种植水稻。50 cm 深度土温 20.4℃。野外调查时间为 2015 年 1 月 19 日，编号 36-042。

家塘系代表性单个土体剖面

Ap1：0～15 cm，浊黄橙色（10YR 6/3，干），浊黄棕色（10YR 4/3，润），粉壤土，团块状结构，疏松，土体中有较多蜂窝状粒间孔隙，少量植物根系，少量的贝壳侵入体，无亚铁反应，向下层波状渐变过渡。

Ap2：15～25 cm，浊黄橙色（10YR 6/3，干），浊黄棕色（10YR 5/3，润），粉壤土，团块状结构，疏松，土体内有较多蜂窝状粒间孔隙，少量的贝壳侵入体，很少量铁锰胶膜，有石灰反应，无亚铁反应，向下层不规则渐变过渡。

Br：25～52 cm，灰黄棕色（10YR 6/2，干），灰色（5Y 4/1，润），粉壤土，团块状结构，疏松，土体内有较多蜂窝状粒间孔隙，少量的贝壳侵入体，很少量铁锰胶膜，有石灰反应，轻度亚铁反应，向下层不规则渐变。

Bg：52～76 cm，浊黄橙色（10YR 6/3，干），棕灰色（10YR 5/1，润），粉质黏壤土，团块状结构，疏松，土体内有较多蜂窝状粒间孔隙，少量的贝壳侵入体，很少量铁胶膜，结构体表面可见清晰胶膜，轻度亚铁反应。

家塘系代表性单个土体物理性质

土层	深度/cm	砾石(>2 mm，体积分数)/%	细土颗粒组成（粒径：mm)/(g/kg)			质地	容重/(g/cm^3)
			砂粒 2～0.05	粉粒 0.05～0.002	黏粒 <0.002		
Ap1	0～15	0	95	660	245	粉壤土	1.21
Ap2	15～25	0	74	671	255	粉壤土	1.34
Br	25～52	0	128	639	233	粉壤土	1.35
Bg	52～76	0	90	620	290	粉质黏壤土	1.42

家塘系代表性单个土体化学性质

深度/cm	pH		有机碳(C)/(g/kg)	全氮(N)/(g/kg)	全磷(P)/(g/kg)	全钾(K)/(g/kg)	CEC/(cmol/kg)	游离铁(Fe)/(g/kg)
	H_2O	KCl						
0～15	6.9	6.7	26.4	1.16	0.79	13.2	18.4	10.9
15～25	6.7	—	14.5	1.15	0.69	8.8	14.4	14.6
25～52	6.7	—	8.2	0.73	0.42	8.8	42.3	14.2
52～76	7.7	—	6.0	0.60	0.38	8.9	22.7	15.1

4.4 普通简育水耕人为土

4.4.1 杨枧系（Yangjian Series）

土 族：壤质混合型非酸性热性-普通简育水耕人为土

拟定者：刘窑军，邓 楠，牟经瑞

分布与环境条件 该土系主要分布在吉安中部、宜春南部、萍乡南部一带，多处于河流两岸阶地、距村庄较近的地方。成土母质为河湖相沉积物。作物为双季稻和油菜等。年均气温 17.5～18.0℃，年均降水量 1500～1600 mm，无霜期 271 d 左右。

杨枧系典型景观

土系特征与变幅 诊断层包括水耕表层、水耕氧化还原层；诊断特性包括热性土壤温度、湿润土壤水分状况、氧化还原特征。土体厚度在 1 m 以上，土层质地通体为壤土，结构面有铁锰斑纹，40 cm 以下有灰色胶膜，pH 为 4.8～6.7。

对比土系 曹塘系，同一亚类，不同土族，母质为石英岩类洪积物盖石英岩类残积物，土层质地通体为粉壤土；馆玉系，同一亚类，不同土族，颗粒大小级别为砂质，土层质地构型为壤土-砂土-壤质砂土-砂土；壬田系，同一亚类，不同土族，颗粒大小级别为黏壤质，土层质地构型为粉壤土-粉质黏壤土；埈前系，同一亚纲，不同土类，颗粒大小级别为黏壤质，质地构型为壤土-砂质壤土-粉壤土-壤土-砂质黏壤土-粉质黏壤土；位于相似区域的三房系，淋溶土纲，成土母质为紫色砂岩风化物，质地构型为粉壤土-黏壤土-壤土。

利用性能综述 土体深厚，耕性好，适耕期长，质地适中，应注意用养结合，增施磷肥，实行秸秆还田，间种或轮种绿肥，保证土壤肥力不下降，以保持地力。

参比土种 乌潮沙泥土。

代表性单个土体 位于江西省萍乡市莲花县琴亭镇杨枧村，27°07′09.0″N，113°57′53.3″E，海拔 164 m，成土母质为河湖相沉积物，种植水稻。50 cm 深度土温 21.6℃，热性。野外调查时间为 2015 年 8 月 21 日，编号 36-099。

杨枧系代表性单个土体剖面

Ap1：0～20 cm，棕灰色（5YR 6/1，干），浊黄棕色（10YR 4/3，润），壤土，团块状结构，疏松，有很多 0.5～2 mm 的植物根系，有少量 2～5 mm 的管道状孔隙，向下层平滑清晰过渡。

Ap2：20～29 cm，浊橙色（7.5YR 7/4，干），棕色（10YR 4/4，润），壤土，团块状结构，坚实，有中量 0.5～2 mm 的植物根系，有很少量 0.5～2 mm 的管道状孔隙，有少量的砖、草木灰，向下层平滑清晰过渡。

Br1：29～75 cm，淡灰色（10YR 7/1，干），棕色（10YR 4/4，润），壤土，团块状结构，坚实，有少量 0.5～2 mm 的植物根系，少量 0.5～2 mm 的管道状孔隙，可见明显多量铁锰斑纹和灰色胶膜，向下层平滑模糊过渡。

Br2：75～110 cm，淡灰色（10YR 7/1，干），壤土，团块状结构，坚实，少量 0.5～2 mm 的管道状孔隙，可见中量模糊的铁锰斑纹和明显的灰色胶膜。

杨枧系代表性单个土体物理性质

土层	深度/cm	砾石 (>2 mm，体积分数)/%	细土颗粒组成（粒径：mm)/(g/kg)			质地	容重 /(g/cm^3)
			砂粒 2～0.05	粉粒 0.05～0.002	黏粒 <0.002		
Ap1	0～20	0	317	460	223	壤土	1.22
Ap2	20～29	0	299	479	222	壤土	1.36
Br1	29～75	0	403	429	168	壤土	1.40
Br2	75～110	0	359	442	199	壤土	1.42

杨枧系代表性单个土体化学性质

深度/cm	pH		有机碳(C) /(g/kg)	全氮(N) /(g/kg)	全磷(P) /(g/kg)	全钾(K) /(g/kg)	CEC /(cmol/kg)	游离铁(Fe) /(g/kg)
	H_2O	KCl						
0～20	4.8	5.0	22.2	1.19	0.73	22.0	16.0	9.7
20～29	5.6	5.7	5.9	1.03	0.68	22.9	13.2	19.6
29～75	5.8	6.0	2.7	0.34	0.48	19.7	9.5	13.2
75～110	6.7	—	2.6	0.35	0.38	19.7	13.4	11.3

4.4.2　曹塘系（Caotang Series）

土　族：壤质混合型石灰性热性-普通简育水耕人为土

拟定者：陈家赢，王腊红，聂坤照

分布与环境条件　土系主要分布在南昌中南部、九江东南部、宜春中东部一带，处于平坦的湖滨洲地，河流三角洲或冲积扇。成土母质为石英岩类洪积物盖石英岩类残积物。主要作物为双季稻、油菜等。年均气温 17.5～18.0℃，年均降水量 1500～1650 mm，无霜期 270 d 左右。

曹塘系典型景观

土系特征与变幅　诊断层包括水耕表层、水耕氧化还原层、黏化层；诊断特性包括热性土壤温度、人为滞水土壤水分状况、氧化还原特征。土体厚度在 1 m 以上，水耕氧化还原层出现在 30 cm 以下，68～110 cm 的结构面有黏粒胶膜，质地通体为粉壤土，pH 为 5.1～6.6。

对比土系　杨枧系，同一亚类，不同土族，母质为河湖相沉积物，土体中无石灰反应，土层质地通体为壤土；馆玉系，同一亚类，不同土族，母质为河湖相沉积物，颗粒大小级别为砂质，土层质地构型为壤土-砂土-壤质砂土-砂土；壬田系，同一亚类，不同土族，母质均为河湖相沉积物，颗粒大小级别为黏壤质，土层质地构型为粉壤土-粉质黏壤土；堎前系，同一亚纲，不同土类，颗粒大小级别为黏壤质，质地构型为壤土-砂质壤土-粉壤土-壤土-砂质黏壤土-粉质黏壤土；位于相似区域的苏山系，同一亚纲，不同土类，母质类型为第四纪红黏土，质地构型通体为粉壤土；位于相似区域的岭上系，雏形土纲，成土母质为第四纪黄土状沉积物，质地通体为粉壤土，有少量结核。

利用性能综述　地势平坦，土体较深，质地适中，表层有机质含量较高，但氮、磷、钾较缺乏，中间层夹有较多砾石。应实行水旱轮作制，平衡各养分之间的关系，重视氮磷钾复合肥的施用，实行秸秆还田，种植绿肥，培肥土力，结合深耕翻土，逐步使上下土层混合，提高土壤保水蓄肥的能力，获得更好的经济效益。

参比土种　潴育乌潮沙泥田。

代表性单个土体　位于江西省九江市都昌县大港镇曹塘村，29°32′39.4″N，116°30′34.2″E，海拔 51 m，成土母质 0～68 cm 为石英岩类洪积物，68～110 cm 为石英岩类残积物，种植水稻。50 cm 深度土温 20.5℃。野外调查时间为 2015 年 1 月 21 日，编号 36-066。

曹塘系代表性单个土体剖面

Ap1：0～20 cm，浊黄橙色（10YR 7/4，干），90%红棕色（5YR 4/6，润）、10%黑棕色（10YR 3/2，润），少量 2～5 mm 角块状风化碎屑，粉壤土，多量植物根系，团块状结构，稍坚实，结构体表面可见少量铁胶膜，向下层平滑突变过渡。

Ap2：20～30 cm，淡黄橙色（10YR 8/4，干），90%浊黄棕色（10YR 4/3，润）、10%红棕色（5YR 4/6，润），粉壤土，少量植物根系，团块状结构，稍坚实，结构体表面可见少量铁锰胶膜，向下层平滑渐变过渡。

Br：30～45 cm，浊黄橙色（10YR 7/3，干），棕色（7.5YR 4/3，润），少量 10～15 mm 半磨圆砾石，粉壤土，团块状结构，稍坚实，结构体表面可见少量铁锰斑纹，向下层平滑突变过渡。

C：45～68 cm，浊黄橙色（10YR 6/3，干），灰棕色（7.5YR 4/2，润），洪积物，极多 10～20 mm 半磨圆砾石，结构体表面可见少量铁锰胶膜，向下层平滑渐变过渡。

2Bt1：68～80 cm，浊黄橙色（10YR 7/4，干），棕色（7.5YR 4/4，润），少量 2～5 mm 角块状石英类风化碎屑，粉壤土，团粒状结构，疏松，结构体表面可见少量黏粒胶膜，向下层不规则模糊过渡。

2Bt2：80～110 cm，淡灰色（10YR 7/1，干），15%棕色（7.5YR 4/6，润）、85%棕色（10YR 4/4，润），少量 2～5 mm 角块状石英碎屑，粉壤土，团粒状，疏松，结构体表面可见少量黏粒胶膜。

曹塘系代表性单个土体物理性质

土层	深度/cm	砾石(>2 mm，体积分数)/%	细土颗粒组成 (粒径：mm)/(g/kg)			质地	容重/(g/cm³)
			砂粒 2～0.05	粉粒 0.05～0.002	黏粒 <0.002		
Ap1	0～20	1	178	693	129	粉壤土	1.22
Ap2	20～30	0	262	628	110	粉壤土	1.39
Br	30～45	1	287	569	144	粉壤土	1.43
C	45～68	80	—	—	—	—	—
2Bt1	68～80	3	290	567	143	粉壤土	1.41
2Bt2	80～110	3	220	639	141	粉壤土	1.40

曹塘系代表性单个土体化学性质

深度/cm	pH		有机碳(C)/(g/kg)	全氮(N)/(g/kg)	全磷(P)/(g/kg)	全钾(K)/(g/kg)	CEC/(cmol/kg)	游离铁(Fe)/(g/kg)
	H_2O	KCl						
0～20	5.1	4.5	20.0	0.77	0.37	12.9	10.9	6.4
20～30	6.0	5.0	14.7	0.70	0.34	12.0	7.3	28.8
30～45	6.1	5.6	3.4	0.66	0.56	5.8	8.5	7.8
45～68	—	—	—	—	—	—	—	—
68～80	6.6	5.8	2.6	0.66	0.56	11.8	6.7	13.0
80～110	6.6	5.7	1.6	0.67	0.57	10.9	8.7	16.5

4.4.3　壬田系（Rentian Series）

土　族：黏壤质高岭石混合型非酸性热性-普通简育水耕人为土

拟定者：王军光，杨家伟，朱　亮

壬田系典型景观

分布与环境条件　土系主要分布在吉安中部、宜春南部、赣州西北部和东部一带，多处在山麓旁的河漫滩及一级阶地。成土母质为河湖相沉积物。作物为双季水稻、油菜、蚕豆、豌豆等。年均气温 18.5～20.0℃，年均降水量 1550～1700 mm，无霜期 285 d 左右。

土系特征与变幅　诊断层包括水耕表层、水耕氧化还原层；诊断特性包括热性土壤温度、人为滞水土壤水分状况、氧化还原特征、铁质特性。土体厚度在 1 m 以上，水耕氧化还原层出现在 30 cm 以下，结构面可见铁锰胶膜、少量的铁锰斑纹和灰色胶膜。层次质地构型为粉壤土-粉质黏壤土，pH 为 6.2～6.7。

对比土系　馆玉系，同一亚类，不同土族，母质为河湖相沉积物，颗粒大小级别为砂质，土层质地构型为壤土-砂土-壤质砂土-砂土；曹塘系，同一亚类，不同土族，母质为石英岩类洪积物盖石英岩类残积物，土层质地通体为粉壤土；杨枧系，同一亚类，不同土族，土层质地通体为壤土；位于相似地区的井塘系，淋溶土纲，成土母质为泥页岩坡积物，质地构型通体为壤土。

利用性能综述　土体深厚，质地适中，养分含量属中等水平，但磷含量低，土壤中水分较多，不利于植物根系的透气。应注意深耕翻土炕土，开挖深沟大渠，降低土壤中的水分含量，改善土壤物理性状，增施磷肥，促进作物的良好生长。

参比土种　灰潮沙泥土。

代表性单个土体　位于江西省赣州市瑞金市壬田镇长胜村，25°57′53.4″N，116°08′14.6″E，海拔 213 m，成土母质为河湖相沉积物，种植水稻。50 cm 深度土温 22.7℃。野外调查时间为 2016 年 1 月 9 日，编号 36-156。

Ap1：0～20 cm，浊橙色（5YR 6/3，干），浊红棕色（5YR 4/4，润），粉壤土，团粒状结构，稍坚实，少量根系，向下层平滑渐变过渡。

Ap2：20～32 cm，浊橙色（5YR 6/3，干），浊红棕色（2.5YR 4/4，润），粉壤土，团粒状结构，极坚实，少量根系，结构体表面可见很少明显的灰色胶膜，向下层平滑模糊过渡。

Br1：32～70 cm，浊橙色（5YR 7/3，干），红棕色（2.5YR 4/6，润），粉壤土，棱块状结构，极坚实，结构体表面可见少量明显的灰色胶膜，很少量铁斑纹，向下层平滑清晰过渡。

壬田系代表性单个土体剖面

Br2：70～96 cm，浅淡橙色（5YR 8/3，干），黑棕色（7.5YR 3/2，润），粉壤土，棱块状结构，很坚实，结构体表面可见多量的明显铁锰胶膜，中量的铁锰斑纹，向下层平滑渐变过渡。

Br3：96～120 cm，浊橙色（5YR 7/3，干），棕色（7.5YR 4/4，润），粉质黏壤土，棱块状结构，很坚实，结构体表面可见中量的明显铁锰胶膜，少量的铁锰斑纹。

壬田系代表性单个土体物理性质

土层	深度/cm	砾石(>2 mm，体积分数)/%	细土颗粒组成 (粒径：mm)/(g/kg)			质地	容重/(g/cm³)
			砂粒 2～0.05	粉粒 0.05～0.002	黏粒 <0.002		
Ap1	0～20	0	191	598	219	粉壤土	1.23
Ap2	20～32	0	165	632	204	粉壤土	1.36
Br1	32～70	0	40	737	223	粉壤土	1.39
Br2	70～96	0	59	693	248	粉壤土	1.42
Br3	96～120	0	89	628	283	粉质黏壤土	1.45

壬田系代表性单个土体化学性质

深度/cm	pH		有机碳(C)/(g/kg)	全氮(N)/(g/kg)	全磷(P)/(g/kg)	全钾(K)/(g/kg)	CEC/(cmol/kg)	游离铁(Fe)/(g/kg)
	H_2O	KCl						
0～20	6.3	4.7	14.0	1.15	0.62	19.5	12.7	9.2
20～32	6.7	5.4	7.7	1.06	0.55	17.9	11.5	11.1
32～70	6.6	5.1	2.7	0.83	0.45	11.1	13.4	10.6
70～96	6.2	5.7	4.2	0.47	0.48	8.6	12.4	10.3
96～120	6.3	5.8	3.5	0.22	0.39	9.9	10.0	11.3

4.4.4 馆玉系（Guanyu Series）

土　族：砂质硅质型酸性热性-普通简育水耕人为土
拟定者：蔡崇法，周泽璠，关熊飞

馆玉系典型景观

分布与环境条件　土系主要分布在南昌中部、东南部和西部，上饶西部、抚州北部一带，多处在河漫滩及一级阶地。成土母质为河湖相沉积物。作物为双季水稻、油菜等。年均气温 17.5～18.0℃，年均降水量 1700～1850 mm，无霜期 272 d 左右。

土系特征与变幅　诊断层包括水耕表层、水耕氧化还原层；诊断特性包括热性土壤温度、湿润土壤水分状况、氧化还原特征。土体厚度小于 1 m，水耕氧化还原层出现在 30 cm 以下，结构面可见多量铁斑纹，剖面中存在少量石英岩碎屑，层次质地为壤土-砂土-壤质砂土-砂土，pH 为 4.5～6.6。

对比土系　壬田系，同一亚类，不同土族，母质均为河湖相沉积物，颗粒大小级别为黏壤质，土层质地构型为粉壤土-粉质黏壤土；杨枧系，同一亚类，不同土族，母质为河湖相沉积物，土体中无石灰反应，土层质地通体为壤土；曹塘系，同一亚类，不同土族，母质为石英岩类洪积物盖石英岩类残积物，土层质地通体为粉壤土；位于邻近区域的南塘系，雏形土纲，成土母质为河湖相沉积物，质地通体为砂土。

利用性能综述　土体较浅，质地偏砂，易受洪涝的威胁，地下水位较高，长期处于浸水状态，养分含量较低，不利于作物的生长。应兴修水利，开挖深沟大渠，及时排水，降低地下水位，增施农家肥、有机肥和复合肥，实行秸秆还田，种植绿肥，培肥土力，适当翻耕，逐年加厚耕层，改善土壤的物理性状，促进大团聚体的形成，增加粮食产量。

参比土种　潴育灰潮沙泥田。

代表性单个土体　位于江西省抚州市临川区东馆镇玉湖村，27°51′19.0″N，116°27′53.3″E，海拔 41 m，成土母质为河湖相沉积物，种植水稻。50 cm 深度土温 21.5℃，热性。野外调查时间为 2015 年 8 月 27 日，编号 36-120。

Ap1：0～16 cm，淡棕灰色（7.5YR 7/2，干），橙色（5YR 6/8，润），壤土，粒状结构，疏松，有中量 0.5～2 mm 的植物根系，有中量 2～5 mm 的管道状根孔和 <5 mm 的次圆状石英岩碎屑，无石灰反应，向下层平滑渐变过渡。

Ap2：16～21 cm，浊棕色（7.5YR 6/3，干），棕色（7.5YR 4/4，润），砂土，团块状结构，稍坚实，有少量 0.5～2 mm 的植物根系，少量 2～5 mm 的管道状根孔和<5 mm 的次圆状石英岩碎屑，可见模糊中量 2～6 mm 的铁斑纹，轻度石灰反应，向下层平滑渐变过渡。

Br：21～45 cm，浊橙色（7.5YR 7/3，干），橙色（5YR 6/8，润），壤质砂土，粒状结构，疏松，有很少量 0.5～2 mm 的植物根系，有中量 2～5 mm 的管道状根孔，有少量 <5 mm 的次圆状石英岩碎屑，可见模糊多量<2 mm 的铁斑纹，无石灰反应，向下层平滑清晰过渡。

馆玉系代表性单个土体剖面

Cr：45～100 cm，浊橙色（7.5R 6/4，干），亮棕色（7.5YR 5/8，润），砂土，粒状结构，疏松，有中量 2～5 mm 的气泡状气孔，很多量 5～20 mm 的次圆状石英岩碎屑，可见模糊多量<2 mm 的铁斑纹，无石灰反应，向下层平滑清晰过渡。

馆玉系代表性单个土体物理性质

土层	深度/cm	砾石 (>2 mm，体积分数)/%	细土颗粒组成 (粒径：mm)/(g/kg)			质地	容重 /(g/cm³)
			砂粒 2～0.05	粉粒 0.05～0.002	黏粒 <0.002		
Ap1	0～16	3	407	410	183	壤土	1.20
Ap2	16～21	3	903	95	2	砂土	1.33
Br	21～45	3	769	143	88	壤质砂土	1.30
Cr	45～100	60	993	4	3	砂土	—

馆玉系代表性单个土体化学性质

深度/cm	pH		有机碳(C) /(g/kg)	全氮(N) /(g/kg)	全磷(P) /(g/kg)	全钾(K) /(g/kg)	CEC /(cmol/kg)	游离铁(Fe) /(g/kg)
	H_2O	KCl						
0～16	4.5	4.2	6.9	1.13	0.55	12.2	4.2	7.8
16～21	5.0	4.3	3.7	0.59	0.60	14.7	3.1	9.2
21～45	5.2	4.6	2.8	0.34	0.43	16.0	3.2	8.5
45～100	6.6	5.8	0.9	0.25	0.33	11.1	1.9	7.8

第5章 富 铁 土

5.1 黄色黏化湿润富铁土

5.1.1 韶村系（Shaocun Series）

土 族：黏质混合型酸性热性-黄色黏化湿润富铁土
拟定者：王天巍，罗梦雨，曹金洋

韶村系典型景观

分布与环境条件 该土系主要分布在九江中部、宜春东部、上饶西北部一带，多处于低丘中缓坡地段。成土母质为泥页岩。植被为稀疏马尾松，间有大面积禾本科草被。年均气温 17.0～17.5℃，年均降水量 1600～1750 mm，无霜期 271 d 左右。

土系特征与变幅 诊断层包括淡薄表层、黏化层、低活性富铁层；诊断特性包括热性土壤温度、湿润土壤水分状况、铁质特性。该土系起源于泥页岩风化物，低活性富铁层在 20 cm 以下，剖面中可见明显的黏粒胶膜，质地为壤土-黏土，pH 为 4.7～5.6。

对比土系 瑞包系，同一土类，质地为粉质黏壤土-粉质黏土-黏土，表层有机质含量 11.4 g/kg；五包系，同一土族，母质为花岗岩坡积物，质地为壤土-砂质黏壤土-黏土-砂质壤土，表层有机质含量为 19.0 g/kg；横湖系，同一亚类，不同土族，颗粒大小级别为黏壤质，成土母质为花岗岩，层次质地构型通体为粉壤土；位于相似区域的新建系，人为土纲，母质类型为河湖相沉积物，质地构型为粉质黏壤土-黏壤土-粉质黏壤土；位于相似区域的街上系，人为土纲，母质类型为河湖相沉积物，质地构型为粉壤土-壤土-黏壤土-粉质黏壤土；位于邻近区域的角山系，雏形土纲，母质类型为河湖相沉积物，质地构型通体为粉壤土。

利用性能综述 土体质地适中，通透性较好，但氮、磷、钾含量偏低。应保护现有植被，适度施用氮磷钾复合肥，种植绿肥，增强土壤肥力，促进植被生长，提高植被覆盖度，保持水土。

参比土种　薄层灰鳝泥红壤。

代表性单个土体　位于江西省上饶市鄱阳县田畈街镇韶田村，29°20′25.5″N，116°54′24.1″E，海拔 88 m，成土母质为泥页岩，林地。50 cm 深度土温 20.6℃。野外调查时间为 2015 年 5 月 15 日，编号 36-074。

Ah：　0～18 cm，浊橙色（7.5YR 6/4，干），棕色（7.5YR 4/4，润），壤土，粒状结构，疏松，少量的草根和蜂窝状孔隙，向下层平滑清晰过渡。

Bt：　18～66 cm，橙白色（7.5YR 8/2，干），暗棕色（7.5YR 3/4，润），黏土，团块状结构，稍坚实，少量的蜂窝状孔隙和泥页岩碎屑，结构体表面可见明显的少量黏粒胶膜，向下层平滑渐变过渡。

BtrC：66～105 cm，浊橙色（5YR 7/3，干），90%橙色（5YR 6/8，润）、10%橙白色（10YR 8/2，润），团块状结构，稍坚实，有少量的蜂窝状孔隙，很多角状 5～20 mm 泥页岩碎屑，结构体表面可见明显的少量黏粒胶膜，很少量铁锰斑纹，向下层平滑渐变过渡。

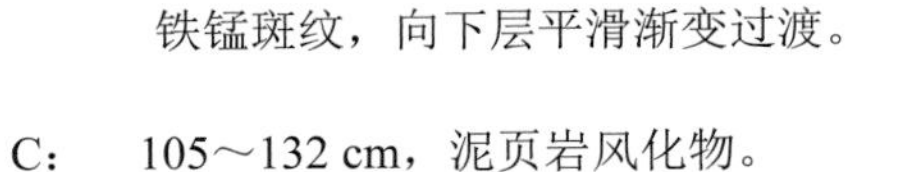

C：　105～132 cm，泥页岩风化物。

韶村系代表性单个土体剖面

韶村系代表性单个土体物理性质

土层	深度/cm	砾石(>2 mm，体积分数)/%	细土颗粒组成 (粒径：mm)/(g/kg)			质地	容重/(g/cm³)
			砂粒 2～0.05	粉粒 0.05～0.002	黏粒 <0.002		
Ah	0～18	0	365	466	169	壤土	1.30
Bt	18～66	1	160	390	450	黏土	1.33
BtrC	66～105	50	—	—	—	—	—
C	105～132	—	—	—	—	—	—

韶村系代表性单个土体化学性质

深度/cm	pH		有机碳(C)/(g/kg)	全氮(N)/(g/kg)	全磷(P)/(g/kg)	全钾(K)/(g/kg)	CEC/(cmol/kg，黏粒)	游离铁(Fe)/(g/kg)
	H_2O	KCl						
0～18	4.7	3.7	13.5	0.87	0.36	15.1	33.7	14.1
18～66	4.8	3.9	3.1	0.56	0.24	13.5	13.9[a]	14.9
66～105	5.6	—	—	—	—	—	—	—
105～132	—	—	—	—	—	—	—	—

a 表示黏粒 CEC 的实测数据。

5.1.2　小通系（Xiaotong Series）

土　族：黏壤质混合型酸性热性-黄色黏化湿润富铁土

拟定者：王天巍，周泽璠，聂坤照

小通系典型景观

分布与环境条件　该土系主要分布在九江中南部、宜春中西部、吉安东部和西南部一带，多见于高丘的中缓坡地段。成土母质为泥页岩残积物，现多种植马尾松、杉、竹等乔灌木。年均气温 17.5～18.5℃，年均降水量 1500～1650 mm，无霜期 260 d 左右。

土系特征与变幅　诊断层包括暗瘠表层、黏化层、低活性富铁层；诊断特性包括热性土壤温度、湿润土壤水分状况、铁质特性。土体厚度约 70 cm，层次质地构型为壤土-砂质壤土，低活性富铁层出现在 40 cm 以下，厚度 30 cm 左右，pH 为 3.6～3.8。

对比土系　位于相似地区的增坑系，同一土类，不同亚类，质地构型为壤土-黏壤土；位于相似地区的赣桥系，同一土类，不同亚类，质地构型为壤土-黏壤土-砂质壤土；位于相似区域的中高坪系，淋溶土纲，成土母质为花岗岩，质地构型为壤土-砂质黏壤土；位于相似区域的珊田系，淋溶土纲，成土母质为紫色砾岩坡积物，质地构型通体为砂质壤土；位于邻近区域的笔架山系，雏形土纲，成土母质为页岩残积物，质地通体为砂质壤土。

利用性能综述　土体厚度有限，多居坡地，易受旱，下层含有较多砾石，磷、钾含量偏低，植被覆盖较差，有中度水土流失现象。应保护现有植被，严禁乱砍滥伐，积极植树造林，增施磷钾肥，水土流失较严重的地区实行封山育林，促进植被生长。

参比土种　厚层乌鳝泥红壤。

代表性单个土体　位于江西省吉安市井冈山市拿山乡小通村，26°41′34.8″N，114°17′46.0″E，海拔 422 m，成土母质为泥页岩残积物，林地。50 cm 深度土温 21.2℃，热性。野外调查时间为 2015 年 8 月 22 日，编号 36-107。

Ah：0～38 cm，黑棕色（7.5YR 3/2，干），黑棕色（10YR 3/2，润），壤土，团块状结构，疏松，有多量 2～5 mm 的草根，有中量 0.5～2 mm 的管道状根孔，少量<5 mm 的次圆状碎屑，向下层波状渐变过渡。

Bt：38～70 cm，浊黄棕色（10YR 5/4，干），黄棕色（10YR 5/8，润），砂质壤土，团块状结构，疏松，有中量 2～5 mm 的草根，有中量 0.5～2 mm 的管道状根孔，有少量 5～20 mm 的次圆状碎屑，向下层平滑清晰过渡。

C：70～100 cm，淡黄橙色（7.5YR 8/6，干），黄棕色（10YR 5/8，润），有少量 2～5 mm 的草根，有多量 20～75 mm 的次圆状碎屑，泥页岩残积物。

小通系代表性单个土体剖面

小通系代表性单个土体物理性质

土层	深度/cm	砾石 (>2 mm，体积分数)/%	细土颗粒组成 (粒径：mm)/(g/kg)			质地	容重 /(g/cm³)
			砂粒 2～0.05	粉粒 0.05～0.002	黏粒 <0.002		
Ah	0～38	1	469	313	218	壤土	1.29
Bt	38～70	3	390	276	334	砂质壤土	1.31
C	70～100	30	—	—	—	—	—

小通系代表性单个土体化学性质

深度/cm	pH		有机碳(C) /(g/kg)	全氮(N) /(g/kg)	全磷(P) /(g/kg)	全钾(K) /(g/kg)	CEC /(cmol/kg，黏粒)	游离铁(Fe) /(g/kg)
	H_2O	KCl						
0～38	3.6	3.0	25.8	1.23	0.72	15.3	22.6	21.8
38～70	3.8	3.2	11.9	0.83	0.34	17.4	19.1	22.0
70～100	—	—	—	—	—	—	—	—

5.1.3 横湖系（Henghu Series）

土　族：黏壤质硅质混合型酸性热性-黄色黏化湿润富铁土

拟定者：蔡崇法，王腊红，关熊飞

横湖系典型景观

分布与环境条件　该土系主要分布在九江西南部、宜春中部偏北和南部、上饶中南部一带，多分布于低丘的中缓坡处。成土母质为花岗岩。现多种植松、杉、竹、油茶等次生林。年均气温 17.5～18.0 ℃，年均降水量 1800～1950 mm，无霜期 266 d 左右。

土系特征与变幅　诊断层包括淡薄表层、低活性富铁层、黏化层；诊断特性包括热性土壤温度、湿润土壤水分状况、氧化还原特征。土体厚度 1 m 以上，黏化层厚度为 40 cm 左右，土体结构可见铁锰胶膜。通体为粉壤土，pH 为 4.7～5.1。

对比土系　位于相似地区的五包系，同一亚类，不同土族，成土母质为花岗岩坡积物，颗粒大小级别为黏质，质地构型为壤土-砂质黏壤土-黏土-砂质壤土；位于相似地区的增坑系，同一土类，不同亚类，质地构型为壤土-黏壤土；瑞包系，同一土类，不同亚类，母质为泥质页岩，颗粒大小级别为黏质，质地为粉质黏壤土-粉质黏土-黏土；韶村系，同一亚类，不同土族，颗粒大小级别为黏质，母质为泥页岩，质地为壤土-黏土；位于相似地区的茶子岗系，同一亚纲，不同土类，成土母质为红砂岩坡积物，质地构型通体为黏壤土；位于相似地区的上涂家系，同一亚纲，不同亚类，成土母质为红砂岩坡积物，层次质地构型通体为砂质黏壤土；位于相似地区的安梅系，淋溶土纲，成土母质为红砂岩坡积物，质地构型为砂质壤土-砂质黏壤土；位于相似地区的莲杨系，淋溶土纲，成土母质为红砂岩，质地构型为砂质壤土-黏壤土-粉壤土。

利用性能综述　土体深厚，质地适中，含有较多砾石，土壤中磷含量较低。应保护现有植被，植树造林，增施磷肥，提高土壤肥力，促进植被生长，提高植被覆盖度，防止水土流失。

参比土种　厚层灰麻砂泥红壤。

代表性单个土体　位于江西省上饶市横峰县岑阳镇朝堂村井湖，28°33′47.5″N，

117°43′57.0″E，海拔 144 m，成土母质为花岗岩，常绿针阔叶林。50 cm 深度土温 19.6℃，热性。野外调查时间为 2015 年 5 月 17 日，编号 36-083。

Ah：0～25 cm，淡灰色（10YR 7/1，干），灰黄棕色（10YR 4/2，润），粉壤土，粒状结构，疏松，有中量 5～20 mm 的角状石英、长石碎屑，有少量 0.5～2 mm 的草根，向下层不规则渐变过渡。

Bt：25～65 cm，淡黄橙色（10YR 8/4，干），浊黄橙色（10YR 6/4，润），粉壤土，棱块状结构，疏松，有多量 5～20 mm 的角状石英、长石碎屑，少量 0.5～2 mm 的草根，向下层不规则清晰过渡。

Br：65～120 cm，黄橙色（10YR 8/6，干），亮黄棕色（10YR 6/8，润），粉壤土，棱块状结构，疏松，有中量 5～20 mm 的角状石英、长石碎屑，少量 0.5～2 mm 的草根，可见少量的铁锰胶膜。

横湖系代表性单个土体剖面

横湖系代表性单个土体物理性质

土层	深度/cm	砾石 (>2 mm，体积分数)/%	细土颗粒组成 (粒径：mm)/(g/kg)			质地	容重 /(g/cm^3)
			砂粒 2～0.05	粉粒 0.05～0.002	黏粒 <0.002		
Ah	0～25	10	290	535	175	粉壤土	1.28
Bt	25～65	30	216	483	301	粉壤土	1.32
Br	65～120	10	194	641	165	粉壤土	1.33

横湖系代表性单个土体化学性质

深度/cm	pH		有机碳(C) /(g/kg)	全氮(N) /(g/kg)	全磷(P) /(g/kg)	全钾(K) /(g/kg)	CEC /(cmol/kg，黏粒)	游离铁(Fe) /(g/kg)
	H_2O	KCl						
0～25	4.7	4.0	12.8	1.10	0.35	21.8	25.2	10.2
25～65	5.0	4.1	8.3	0.72	0.30	19.3	15.7	13.3
65～120	5.1	4.2	3.9	0.34	0.25	22.7	20.4	37.3

5.1.4　五包系（Wubao Series）

土　族：黏质混合型酸性热性-黄色黏化湿润富铁土

拟定者：王军光，邓　楠，李婷婷

五包系典型景观

分布与环境条件　该土系主要分布在宜春西北部、萍乡东部、鹰潭东南部和西南部、上饶南部、中部和东北部一带，多分布于高丘陵中部的中缓坡地段。成土母质为花岗岩坡积物。现多种植毛竹、杉木等。年均气温 18.0～18.5 ℃，年均降水量 1800～1950 mm，无霜期 267 d 左右。

土系特征与变幅　诊断层包括淡薄表层、黏化层、低活性富铁层、雏形层；诊断特性包括热性土壤温度、湿润土壤水分状况、铁质特性。土层厚度不足 1 m，30 cm 以下为低活性富铁层，黏化层厚度为 40 cm 左右，土层质地构型为壤土-砂质黏壤土-黏土-砂质壤土，pH 为 4.1～4.9。

对比土系　瑞包系，同一土族，母质为泥质页岩，质地为粉质黏壤土-粉质黏土-黏土，表层有机质含量 11.4 g/kg；韶村系，同一土族，母质为泥页岩，质地为壤土-黏土，表层有机质含量为 13.5 g/kg；横湖系，同一亚类，不同土族，成土母质为花岗岩，颗粒大小级别为黏壤质，质地构型通体为粉壤土；位于相似地区的鲤塘系，淋溶土纲，成土母质为红砂岩坡积物，质地构型为砂质壤土-砂质黏壤土；位于相似地区的增坑系，同一土类，不同亚类，质地构型为壤土-黏壤土。

利用性能综述　土壤中有效土体厚度一般，结构疏松，氮和磷含量偏低，通透性较好。应保护现有植被，严禁乱砍滥伐，植树造林，适度施用氮肥和磷肥，提高植被覆盖度，防止水土流失。

参比土种　厚层乌红砂泥红壤。

代表性单个土体　位于江西省鹰潭市贵溪市龙虎山五包山，28°00′59.6″N，117°04′03.7″E，海拔 140 m，成土母质为花岗岩坡积物，林地，有绿叶灌木。50 cm 深度土温 21.2℃，热性。野外调查时间为 2015 年 5 月 19 日，编号 36-090。

五包系代表性单个土体剖面

Ah：0～30 cm，淡黄橙色（7.5YR 8/3，干），棕色（7.5YR 4/4，润），粒状结构，壤土，疏松，多量 0.5～2 mm 的根系，少量 5～20 mm 的次圆状石英、长石碎屑，有较多的蜂窝状孔隙，向下层波状渐变过渡。

Bw：30～45 cm，淡黄橙色（7.5YR 8/4，干），亮棕色（7.5YR 5/6，润），粒状结构，砂质黏壤土，疏松，中量 0.5～2 mm 的根系，中量 5～20 mm 的次圆状石英、长石碎屑，有较多的蜂窝状孔隙，向下层波状模糊过渡。

Bt：45～85 cm，淡黄橙色（10YR 8/4，干），灰棕色（5YR 4/2，润），粒状结构，黏土，疏松，很少量 0.5～2 mm 的根系，中量 5～20 mm 的次圆状石英、长石碎屑，有较多的蜂窝状孔隙，向下层不规则清晰过渡。

C：85～140 cm，淡黄橙色（10YR 8/4，干），黄棕色（10YR 5/6，润），粒状结构，砂质壤土，疏松，少量 20～70 mm 的次圆状石英、长石碎屑，有较多的蜂窝状孔隙。

五包系代表性单个土体物理性质

土层	深度/cm	砾石(>2 mm，体积分数)/%	细土颗粒组成（粒径：mm)/(g/kg)			质地	容重/(g/cm^3)
			砂粒 2～0.05	粉粒 0.05～0.002	黏粒 <0.002		
Ah	0～30	1	429	329	242	壤土	1.24
Bw	30～45	10	571	227	202	砂质黏壤土	1.31
Bt	45～85	10	325	225	450	黏土	1.34
C	85～140	3	522	309	169	砂质壤土	1.30

五包系代表性单个土体化学性质

深度/cm	pH		有机碳(C)/(g/kg)	全氮(N)/(g/kg)	全磷(P)/(g/kg)	全钾(K)/(g/kg)	CEC/(cmol/kg，黏粒)	游离铁(Fe)/(g/kg)
	H_2O	KCl						
0～30	4.6	3.8	19.0	0.79	0.79	22.5	32.6	14.6
30～45	4.1	3.9	11.5	0.43	0.55	20.4	16.6	16.4
45～85	4.5	3.9	6.3	0.29	0.38	19.1	14.7	16.7
85～140	4.9	4.0	2.1	0.14	0.26	16.9	19.8	14.2

5.2　斑纹黏化湿润富铁土

5.2.1　闹州系（Naozhou Series）

土　族：黏质混合型非酸性热性-斑纹黏化湿润富铁土

拟定者：陈家赢，周泽璠，关熊飞

闹州系典型景观

分布与环境条件　该土系主要分布在九江中部、宜春南部、新余西北部一带，多位于低丘中下部中缓坡地段。成土母质为石灰岩坡积物。植被多为小山竹、灌木林等。年均气温 17.5～18.5℃，年均降水量 1600～1750 mm，无霜期 269 d 左右。

土系特征与变幅　诊断层包括淡薄表层、低活性富铁层、黏化层；诊断特性包括热性土壤温度、湿润土壤水分状况、氧化还原特征、铁质特性、石灰性。土体厚度在 1 m 以上，黏粒含量为 260～560 g/kg；低活性富铁层出现在 25 cm 以下，土体有石灰反应，结构面可见铁锰胶膜；层次质地构型为壤土-黏土，pH 为 5.0～6.1。

对比土系　澧溪系，同一亚类，不同土族，成土母质为红砂岩坡积物，颗粒大小级别为黏壤质，层次质地构型为壤土-粉质黏壤土；南华系，同一亚类，不同土族，成土母质为泥页岩坡积物，颗粒大小级别为黏壤质，层次质地构型为粉壤土-粉质黏壤土-粉质黏土-黏土-粉质黏壤土；位于相似区域的殷富系，同一亚类，不同土族，颗粒大小级别为黏质，成土母质为花岗岩残积物，层次质地构型为壤土-黏土-黏壤土；位于相似区域的九沅系，同一土类，不同亚类，成土母质为花岗岩坡积物，质地构型为砂质壤土-砂质黏壤土-砂质壤土；位于相似区域的龙芦系，同一土类，不同亚类，成土母质为花岗岩，质地构型为壤土-黏土-黏壤土；位于相似区域的芦溪系，同一亚纲，不同土类，成土母质为红砾岩坡积物，质地构型为黏壤土-粉质黏壤土；位于相似地区的上涂家系，同一亚纲，不同土类，成土母质为红砂岩坡积物，层次质地构型通体为砂质黏壤土。

利用性能综述　土层深厚，质地偏黏，养分含量中等偏下，磷和钾较缺乏。应保护林业资源，严禁乱砍滥伐，加强现有林木的抚育工作，有计划地更新林种，增施磷钾肥，提高土壤肥力，防止水土流失。

参比土种　厚层灰石灰泥红壤。

代表性单个土体　位于江西省新余市分宜县湖泽镇闹州村，27°52′07.9″N，114°46′35.0″E，海拔 146 m，成土母质为石灰岩坡积物，灌木林地，绿叶灌木。50 cm 深度土温 21.2℃，热性。野外调查时间为 2015 年 8 月 19 日，编号 36-097。

Ah：0～25 cm，浊红棕色（5YR 4/4，干），棕色（7.5YR 4/4，润），壤土，粒状结构，松散，有少量 2～5 mm 根系，有较多的蜂窝状孔隙，少量 5～20 mm 的角状石灰岩碎屑，中度石灰反应，向下层不规则渐变过渡。

Btr1：25～40 cm，暗红棕色（2.5YR 3/6，干），浊红棕色（2.5YR 5/4，润），黏土，粒状结构，松散，结构体表面可见少量模糊的铁锰胶膜，有少量根系和 5～20 mm 的角状碎屑，有较多的蜂窝状孔隙，轻度石灰反应，向下层波状渐变过渡。

Btr2：40～70 cm，红棕色（2.5YR 4/6，干），浊红棕色（2.5YR 5/4，润），黏土，粒状结构，松散，少量根系，中量 5～20 mm 的角状碎屑，有较多的蜂窝状孔隙，结构体表面可见少量铁锰胶膜，轻度石灰反应，向下层波状渐变过渡。

Btr3：70～120 cm，红棕色（2.5YR 4/8，干），浊红棕色（2.5YR 5/4，润），黏土，粒状结构，松散，中量 5～20 mm 的角状碎屑，有较多的蜂窝状孔隙，结构体表面可见少量铁锰胶膜，无石灰反应。

闹州系代表性单个土体剖面

闹州系代表性单个土体物理性质

土层	深度/cm	砾石 (>2 mm，体积分数)/%	细土颗粒组成 (粒径：mm)/(g/kg) 砂粒 2～0.05	粉粒 0.05～0.002	黏粒 <0.002	质地	容重 /(g/cm³)
Ah	0～25	1	427	313	259	壤土	1.23
Btr1	25～40	3	134	373	492	黏土	1.40
Btr2	40～70	10	158	281	560	黏土	1.45
Btr3	70～120	30	203	290	506	黏土	1.40

闹州系代表性单个土体化学性质

深度/cm	pH H₂O	pH KCl	有机碳(C) /(g/kg)	全氮(N) /(g/kg)	全磷(P) /(g/kg)	全钾(K) /(g/kg)	CEC /(cmol/kg，黏粒)	游离铁(Fe) /(g/kg)
0～25	6.1	5.8	9.7	1.15	0.47	15.2	17.5	82.0
25～40	5.6	5.3	9.3	1.00	0.57	13.7	13.3[a]	53.0
40～70	5.3	4.3	5.6	0.66	0.46	12.3	14.5[a]	56.4
70～120	5.0	4.0	4.1	0.26	0.27	10.3	19.6[a]	52.0

a 表示黏粒 CEC 的实测数据。

5.2.2　澧溪系（Lixi Series）

土　族：黏壤质混合型非酸性热性-斑纹黏化湿润富铁土

拟定者：王军光，王腊红，杨　松

澧溪系典型景观

分布与环境条件　该土系主要分布在宜春中部、九江西部、吉安东南部一带。多处在低丘或高阶地上的中坡地段，成土母质为红砂岩坡积物。植被以草、灌木林等为主。年均气温 16.5～17.0℃，年均降水量 1800～1950 mm，无霜期 243 d 左右。

土系特征与变幅　诊断层包括淡薄表层、黏化层、低活性富铁层；诊断特性包括热性土壤温度、湿润土壤水分状况、氧化还原特征、铁质特性。土体厚度在 1 m 以上，黏粒含量 160～320 g/kg。20 cm 以下可见黏化层和低活性富铁层，土体质地构型为壤土-粉质黏壤土，pH 为 5.6～5.7。

对比土系　闹州系，同一亚类，不同土族，成土母质为石灰岩坡积物，颗粒大小级别为黏质，层次质地构型为壤土-黏土；东港系，同一亚类，不同土族，成土母质为泥页岩类坡积物盖泥页岩类残积物，颗粒大小级别为黏质，层次质地构型为壤土-黏壤土-砂质壤土-壤土-砂质壤土；殷富系，同一亚类，不同土族，成土母质为花岗岩残积物，颗粒大小级别为黏质，质地构型为壤土-黏土-黏壤土；义成系，同一亚类，不同土族，成土母质为红砂岩坡积物，颗粒大小级别为黏壤质，层次质地构型为壤土-黏壤土-黏土；位于相似地区的马口系，人为土纲，母质为河湖相沉积物，颗粒大小级别为砂质，土层质地构型为砂质壤土-砂土-壤土；位于相似区域的茶子岗系，同一亚纲，不同土类，成土母质为红砂岩坡积物，质地构型通体为黏壤土；位于相似区域的黄坳系，雏形土纲，成土母质为花岗岩坡积物，层次质地构型为黏壤土-砂质黏壤土；位于相似区域的修水系，雏形土纲，成土母质为泥质页岩残积物，层次质地构型通体为壤土；位于邻近区域的田铺系，淋溶土纲，成土母质为花岗岩坡积物，质地构型为砂质壤土-粉壤土。

利用性能综述　土体深厚，质地适中，养分含量较低，植被覆盖以草、灌丛为主，土壤侵蚀轻微。应保护好现有植被，合理施肥，种植绿肥或豆类植物，培肥土壤，促进植被的生长，保持水土，在缓坡处可种植经济作物，提高土地的经济效益。

参比土种 厚层灰红砂泥棕红壤。

代表性单个土体 位于江西省九江市武宁县澧溪镇澧溪村，29°15′09.1″N，114°51′05.8″E，海拔 82 m，成土母质为红砂岩坡积物，林地，种植常绿灌木。50 cm 深度土温 20.5℃。野外调查时间为 2014 年 8 月 5 日，编号 36-003。

Ah：0～20 cm，浊棕色（7.5YR 5/3，干），暗红棕色（5YR 3/4，润），壤土，粒状结构，松散，有少量 0.5～2 mm 的根系，向下层平滑模糊过渡。

Btr1：20～60 cm，浊棕色（7.5YR 5/4，干），亮红棕色（5YR 5/6，润），壤土，团块状结构，极疏松，有少量 0.5～2 mm的根系，结构面可见少量的铁锰氧化物胶膜和20～75 mm 的石英岩石碎屑，向下层平滑渐变过渡。

Btr2：60～125 cm，浊棕色（7.5YR 5/4，干），浊红棕色（5YR 5/4，润），粉质黏壤土，团块状结构，松散，结构面可见很少的铁锰氧化物胶膜和 20～75 mm 的石英岩石碎屑。

澧溪系代表性单个土体剖面

澧溪系代表性单个土体物理性质

土层	深度/cm	砾石(>2 mm，体积分数)/%	细土颗粒组成 (粒径：mm)/(g/kg)			质地	容重/(g/cm³)
			砂粒 2～0.05	粉粒 0.05～0.002	黏粒 <0.002		
Ah	0～20	0	455	382	163	壤土	1.21
Btr1	20～60	1	318	440	242	壤土	1.35
Btr2	60～125	1	120	564	316	粉质黏壤土	1.40

澧溪系代表性单个土体化学性质

深度/cm	pH		有机碳(C)/(g/kg)	全氮(N)/(g/kg)	全磷(P)/(g/kg)	全钾(K)/(g/kg)	CEC/(cmol/kg，黏粒)	游离铁(Fe)/(g/kg)
	H_2O	KCl						
0～20	5.7	4.3	10.5	0.83	0.28	14.5	27.8	14.4
20～60	5.6	4.1	4.8	0.69	0.24	12.1	21.0[a]	12.5
60～125	5.6	4.0	4.4	0.70	0.23	12.1	20.9[a]	13.2

a 表示黏粒 CEC 的实测数据。

5.2.3　南华系（Nanhua Series）

土　族：黏壤质混合型酸性热性-斑纹黏化湿润富铁土

拟定者：王天巍，杨家伟，聂坤照

南华系典型景观

分布与环境条件　该土系主要分布在九江中部、宜春东部、萍乡北部一带的低丘坡度平缓地段，成土母质为泥页岩坡积物。现多种植马尾松或野生杜鹃、铁芒萁灌草丛。年均气温 17.5～18.0℃，年均降水量 1600～1750 mm，无霜期 274 d 左右。

土系特征与变幅　诊断层包括淡薄表层、黏化层、低活性富铁层；诊断特性包括热性土壤温度、湿润土壤水分状况、氧化还原特征、铁质特性。土体厚度 1 m 以上，15 cm 以下出现低活性富铁层和黏化层，黏粒含量为 300～550 g/kg，结构面可见黏粒胶膜和铁锰胶膜。土层质地构型为粉壤土-粉质黏壤土-粉质黏土-黏土-粉质黏壤土，pH 为 4.0～6.7。

对比土系　蕉陂系，同一土族，质地构型为砂质壤土-砂质黏壤土-黏土；赣桥系，同一土族，层次质地构型为壤土-黏壤土-砂质壤土；增坑系，同一土族，表层有少量黏粒胶膜，质地构型为壤土-黏壤土；闹州系，同一亚类，不同土族，成土母质为石灰岩坡积物，颗粒大小级别为黏质，层次质地构型为壤土-黏土；位于相似地区的左溪系，成土母质为石英岩坡积物，质地构型为砂质黏壤土；位于相似地区的白竺系，成土母质为泥页岩坡积物，层次质地构型通体为壤土。

利用性能综述　土体深厚，质地适中，但养分含量偏低，不利于植被的生长。应定期封山育林，合理安排树种结构，积极更新林种，采取等高种植的方式，在植物根部增施有机肥和化肥，提高植被覆盖度，防止水土流失。

参比土种　厚层灰鳝泥红壤。

代表性单个土体　位于江西省萍乡市上栗县金山镇南华村，27°55′40.8″N，113°51′25.6″E，海拔 127 m，成土母质为泥页岩坡积物，次生马尾松林。50 cm 深度土温 21.3℃，热性。野外调查时间为 2015 年 8 月 20 日，编号 36-094。

Ah：0～12 cm，灰棕色（7.5YR 6/2，干），暗棕色（7.5YR 3/3，润），粉壤土，团块状结构，极疏松，有少量 0.5～2 mm 的草根根系，有较多的蜂窝状孔隙，可见明显中量黏粒-铁锰氧化物胶膜，轻度石灰反应，向下层波状渐变过渡。

Btr1：12～48 cm，橙色（5YR 6/6，干），红棕色（5YR 4/6，润），粉质黏壤土，团块状结构，疏松，中量根系，有较多 0.5～2 mm 的蜂窝状孔隙，可见明显中量黏粒-铁锰氧化物胶膜，少量的根孔，少量土壤动物，无石灰反应，向下层平滑清晰过渡。

Btr2：48～68 cm，橙色（5YR 7/8，干），亮红棕色（5YR 5/8，润），粉质黏土，团块状结构，疏松，少量草根根系，有较多的蜂窝状孔隙，可见明显中量黏粒胶膜，无石灰反应，向下层平滑清晰过渡。

南华系代表性单个土体剖面

Bt1：68～90 cm，橙色（5YR 6/8，干），红棕色（5YR 4/6，润），黏土，团块状结构，疏松，很少量草根根系，有较多的蜂窝状孔隙，可见明显中量黏粒胶膜，无石灰反应，向下层平滑清晰过渡。

Bt2：90～120 cm，橙色（5YR 6/6，干），红棕色（5YR 4/6，润），粉质黏壤土，团块状结构，疏松，很少量草根根系，有较多的蜂窝状孔隙，可见明显中量黏粒胶膜，无石灰反应。

南华系代表性单个土体物理性质

土层	深度/cm	砾石 (>2 mm，体积分数)/%	细土颗粒组成 (粒径：mm)/(g/kg)			质地	容重 $/(g/cm^3)$
			砂粒 2～0.05	粉粒 0.05～0.002	黏粒 <0.002		
Ah	0～12	0	168	571	261	粉壤土	1.22
Btr1	12～48	0	80	616	304	粉质黏壤土	1.28
Btr2	48～68	0	89	469	442	粉质黏土	1.30
Bt1	68～90	0	60	397	543	黏土	1.40
Bt2	90～120	0	120	492	388	粉质黏壤土	1.42

南华系代表性单个土体化学性质

深度/cm	pH		有机碳(C) /(g/kg)	全氮(N) /(g/kg)	全磷(P) /(g/kg)	全钾(K) /(g/kg)	CEC /(cmol/kg，黏粒)	游离铁(Fe) /(g/kg)
	H_2O	KCl						
0～12	6.7	6.8	10.2	0.99	0.69	12.6	44.4	17.8
12～48	4.9	4.1	4.4	0.69	0.69	13.8	23.5[a]	21.4
48～68	4.7	3.9	5.2	0.49	0.69	13.8	19.9[a]	21.2
68～90	4.6	3.8	3.9	0.34	0.61	13.3	17.9[a]	23.0
90～120	4.0	3.7	4.1	0.38	0.67	13.4	21.7[a]	22.7

a 表示黏粒 CEC 的实测数据。

5.2.4　东港系（Dongggang Series）

土　族：黏质高岭石型酸性热性-斑纹黏化湿润富铁土

拟定者：刘窑军，罗梦雨，关熊飞

东港系典型景观

分布与环境条件　该土系主要分布在九江西南部、宜春西北部、抚州中部一带，多见于高丘间的低坡地段。成土母质为泥页岩类坡积物盖泥页岩类残积物。现多种植马尾松、杉、竹、木荷、樟、茶等乔灌木。年均气温 17.3～18.5℃，年均降水量 1700～1850 mm，无霜期 273 d 左右。

土系特征与变幅　诊断层包括淡薄表层、黏化层、低活性富铁层、雏形层；诊断特性包括热性土壤温度、湿润土壤水分状况、氧化还原特征、铁质特性。土体厚度在 1 m 以上，15～110 cm 为黏化层，黏粒含量为 350～378 g/kg。低活性富铁层出现在 15～45 cm。层次质地构型为壤土-黏壤土-砂质壤土-壤土-砂质壤土，100 cm 以下出现铁锰胶膜和铁锰结核，pH 为 4.8～5.1。

对比土系　澧溪系，同一亚类，不同土族，成土母质为红砂岩坡积物，颗粒大小级别为黏壤质，层次质地构型为壤土-粉质黏壤土；殷富系，同一亚类，不同土族，成土母质为花岗岩残积物，颗粒大小级别为黏质，质地构型为壤土-黏土-黏壤土；义成系，同一亚类，不同土族，成土母质为红砂岩坡积物，颗粒大小级别为黏壤质，层次质地构型为壤土-黏壤土-黏土；位于邻近区域的陈坊系，新成土纲，成土母质 0～68 cm 为泥页岩坡积物，68～125 cm 为泥页岩残积物，质地为粉壤土-壤土；位于相似区域的午田系，淋溶土纲，成土母质为花岗岩风化物，层次质地构型为黏壤土-砂质黏土-黏壤土；位于相似区域的口前系，淋溶土纲，成土母质为花岗岩坡积物，质地构型为黏壤土-砂质壤土；位于相似区域的林头系，淋溶土纲，成土母质为泥质岩坡积物，质地构型通体为粉质黏壤土；位于相似区域的石塘系，淋溶土纲，成土母质为红砂岩坡积物，质地构型为粉壤土-壤土-砂质壤土-砂质黏壤土。

利用性能综述　土体深厚，质地上黏下砂，含有较多砾石，磷含量偏低，易发生水土流失。应保护现有植被，通过增施磷肥，促进地表植被的生长，适度翻土，使上层和下层土壤混合，改善整体的物理性状，防止水土流失，保护生态环境。

参比土种 厚层乌鳝泥红壤。

代表性单个土体 位于江西省抚州市宜黄县中港镇东港村，27°19′02.7″N，116°14′30.5″E，海拔 255 m，成土母质 0～110 cm 为泥页岩类坡积物，110～165 cm 为泥页岩类残积物，灌木林地，主要类型为杉树、竹子。50 cm 深度土温 21.0℃，热性。野外调查时间为 2015 年 8 月 27 日，编号 36-128。

东港系代表性单个土体剖面

Ah：0～15 cm，浊红棕色（5YR 4/3，干），浊红棕色（5YR 4/4，润），壤土，团块状结构，疏松，少量的泥页岩风化物，中量草根根系，少量气泡状气孔，结构面有少量的黏粒胶膜，向下层平滑渐变过渡。

Bt1：15～45 cm，橙色（2.5YR 6/6，干），亮红棕色（2.5YR 5/8，潮），黏壤土，团块状结构，稍坚实，多量泥页岩风化物，少量草根和气泡状气孔，结构面有中量的黏粒胶膜，向下层平滑模糊过渡。

Bt2：45～110 cm，红棕色（2.5YR 4/6，干），红棕色（2.5YR 4/6，潮），黏壤土，团块状结构，稍坚实，多量泥页岩风化物，少量的气泡状气孔，结构面有中量的黏粒胶膜，向下层平滑清晰过渡。

2Br1：110～132 cm，橙色（2.5YR 6/6，干），亮红棕色（5YR 5/8，潮），砂质壤土，团块状结构，稍坚实，土体有多量泥页岩风化物，少量气泡状气孔，结构面有中量锰胶膜，向下层平滑清晰过渡。

2Br2：132～150 cm，红棕色（2.5YR 4/8，干），红棕色（2.5YR 4/6，潮），壤土，团块状结构，稍坚实，多量泥页岩风化物，结构面有中量锰胶膜，直径 6～20 mm 的铁锰结核，向下层平滑清晰过渡。

2Br3：150～165 cm，浊橙色（2.5YR 6/4，干），暗红棕色（2.5YR 3/6，潮），砂质壤土，团块状结构，稍坚实，有较多的泥页岩风化物，结构面有中量锰胶膜，直径 6～20 mm 的铁锰结核。

东港系代表性单个土体物理性质

土层	深度/cm	砾石 (>2 mm，体积分数)/%	细土颗粒组成 (粒径：mm)/(g/kg)			质地	容重 /(g/cm^3)
			砂粒 2～0.05	粉粒 0.05～0.002	黏粒 <0.002		
Ah	0～15	3	360	397	243	壤土	1.24
Bt1	15～45	23	298	324	378	黏壤土	1.30
Bt2	45～110	26	439	211	350	黏壤土	1.32
2Br1	110～132	20	525	297	178	砂质壤土	1.34
2Br2	132～150	18	483	337	180	壤土	1.33
2Br3	150～165	20	523	293	184	砂质壤土	1.29

东港系代表性单个土体化学性质

深度/cm	pH		有机碳(C) /(g/kg)	全氮(N) /(g/kg)	全磷(P) /(g/kg)	全钾(K) /(g/kg)	CEC /(cmol/kg，黏粒)	游离铁(Fe) /(g/kg)
	H_2O	KCl						
0～15	4.8	4.2	36.3	1.14	0.67	18.6	15.9	25.4
15～45	4.9	3.9	6.1	1.03	0.67	36.4	15.9[a]	31.2
45～110	5.1	4.0	5.9	0.52	0.89	38.1	17.2[a]	36.8
110～132	4.8	3.8	3.1	0.56	0.73	21.5	22.5[a]	34.5
132～150	4.8	3.8	2.1	0.25	0.71	22.3	21.4[a]	32.6
150～165	4.8	4.1	2.1	0.26	0.80	18.6	25.3	36.7

a 表示黏粒 CEC 的实测数据。

5.2.5 殷富系（Yinfu Series）

土 族：黏质混合型酸性热性-斑纹黏化湿润富铁土
拟定者：刘窑军，王腊红，杨 松

分布与环境条件 该土系主要分布在九江西南部、宜春中部偏北和南部、吉安西北部和东部一带，多分布于高丘陵中部的中缓坡地段。成土母质为花岗岩残积物。现多种植毛竹、杉木等。年均气温 18.0～18.5℃，年均降水量 1500～1650 mm，无霜期为 267 d 左右。

殷富系典型景观

土系特征与变幅 诊断层包括淡薄表层、黏化层、低活性富铁层；诊断特性包括热性土壤温度、湿润土壤水分状况、氧化还原特征、铁质特性。土体厚度超过 1 m，黏粒含量为 240～480 g/kg，低活性富铁层、黏化层出现在 25 cm 以下，结构面可见黏粒胶膜和铁斑纹，层次质地构型为壤土-黏土-黏壤土，pH 为 4.2～4.4。

对比土系 澧溪系，同一亚类，不同土族，颗粒大小级别为黏壤质，成土母质为红砂岩坡积物，质地构型为壤土-粉质黏壤土；位于相似区域的闹州系，同一亚类，不同土族，颗粒大小级别为黏质，成土母质为石灰岩坡积物，层次质地构型为壤土-黏土；东港系，同一亚类，不同土族，成土母质为泥页岩类坡积物盖泥页岩类残积物，颗粒大小级别为黏质，层次质地构型为壤土-黏壤土-砂质壤土-壤土-砂质壤土；义成系，同一亚类，不同土族，成土母质为红砂岩类坡积物，颗粒大小级别为黏壤质，层次质地构型为壤土-黏壤土-黏土；位于邻近区域的芦溪系，同一亚纲，不同亚类，成土母质为红砾岩坡积物，层次质地构型为黏壤土-粉质黏壤土；位于邻近区域的湛口系，雏形土纲，成土母质为砂页岩坡积物，质地构型为砂质壤土-砂质黏壤土-砂质壤土；位于邻近区域的绅溪系，雏形土纲，成土母质为泥质岩坡积物，层次质地构型为壤土-黏壤土；位于邻近区域的新元系，雏形土纲，成土母质为泥页岩坡积物，质地构型为砂质黏壤土-壤土-粉壤土。

利用性能综述 土体深厚，质地稍偏黏，氮、磷、钾含量偏低，不利于植被的生长，局部地区有水土流失现象。应重视抚育工作，增施氮磷钾复合肥，定期封山育林，保持植被郁闭度，适当翻土，涵养水源，培肥地力，减少水土流失。

参比土种 厚层乌麻砂泥红壤。

代表性单个土体　位于江西省吉安市青原区东固畲族乡殷富村，26°43′06.5″N，115°22′08.8″E，海拔 263 m，成土母质为花岗岩残积物，林地，主要类型为常绿针阔叶林。50 cm 深度土温 21.9℃，热性。野外调查时间为 2015 年 8 月 25 日，编号 36-136。

殷富系代表性单个土体剖面

Ah：0～25 cm，红棕色（10R 4/4，干），暗红棕色（5YR 3/4，润），壤土，团块状结构，中量 0.5～2 mm 的草根和蕨根，少量蜂窝状孔隙，结构面有模糊的铁斑纹，无石灰反应，向下层平滑渐变过渡。

Btr：25～45 cm，红色（10R 5/6，干），亮红棕色（5YR 5/8，稍润），黏土，团块状结构，少量 0.5～2 mm 的草根和蕨根，少量气泡状气孔，结构面有明显的铁斑纹，多量黏粒胶膜，无石灰反应，向下层不规则清晰过渡。

BrC：45～110 cm，红色（10R 4/6，干），红棕色（5YR 4/6，润），黏壤土，团块状结构，有极少量草根和蕨根，少量气泡状气孔，结构面有模糊的铁斑纹，轻度石灰反应。

殷富系代表性单个土体物理性质

土层	深度/cm	砾石 (>2 mm，体积分数)/%	细土颗粒组成 (粒径：mm)/(g/kg)			质地	容重 /(g/cm³)
			砂粒 2～0.05	粉粒 0.05～0.002	黏粒 <0.002		
Ah	0～25	0	408	349	242	壤土	1.25
Btr	25～45	0	393	132	475	黏土	1.35
BrC	45～110	0	438	173	389	黏壤土	1.36

殷富系代表性单个土体化学性质

深度/cm	pH		有机碳(C) /(g/kg)	全氮(N) /(g/kg)	全磷(P) /(g/kg)	全钾(K) /(g/kg)	CEC /(cmol/kg，黏粒)	游离铁(Fe) /(g/kg)
	H_2O	KCl						
0～25	4.3	3.9	25.7	0.98	0.28	17.1	36.0	16.1
25～45	4.4	3.7	10.0	0.40	0.34	15.3	15.3[a]	25.0
45～110	4.2	4.0	8.6	0.17	0.25	14.2	20.2[a]	25.0

a 表示黏粒 CEC 的实测数据。

5.2.6 蕉陂系（Jiaobei Series）

土 族：黏壤质混合型酸性热性-斑纹黏化湿润富铁土

拟定者：王天巍，邓 楠，牟经瑞

分布与环境条件 该土系主要分布在赣州西北部和西南部、吉安南部一带的高丘的中缓坡地段。成土母质为花岗岩坡积物，崩岗发育广泛。现多种植松、杉、竹、油茶等次生林。年均气温 18.5～19.5 ℃，年均降水量 1500～1650 mm，无霜期 291 d 左右。

蕉陂系典型景观

土系特征与变幅 诊断层包括淡薄表层、黏化层、低活性富铁层；诊断特性包括热性土壤温度、湿润土壤水分状况、铁质特性、氧化还原特征。土体厚度在 1 m 以上，15 cm 以下存在低活性富铁层和黏化层，黏粒含量 150～430 g/kg，层次质地构型为砂质壤土-砂质黏壤土-黏土，pH 为 4.4～4.7。

对比土系 南华系，同一土族，表层可见黏粒-氧化物胶膜，轻度石灰反应，质地构型为粉壤土-粉质黏壤土-粉质黏土-黏土-粉质黏壤土；增坑系，同一土族，表层有少量黏粒胶膜，质地构型为壤土-黏壤土；赣桥系，同一土族，层次质地构型为壤土-黏壤土-砂质壤土；位于相似区域的凤岗镇系，雏形土纲，成土母质为紫色砂岩坡积物，质地构型通体为砂质黏土；位于相似区域的小河系，淋溶土纲，成土母质为紫色砂岩坡积物，质地构型为壤土-砂质壤土。

利用性能综述 土体深厚，养分含量偏低，保水蓄肥能力较差，植被覆盖较差，水土流失严重。应重视抚育工作，减少人为扰动，实行封山育林，因地适宜地植树造林，合理施肥，提升植被覆盖度，减少裸地，涵养水源，培肥地力，在陡坡处应设置水平拦截沟等，防止水土流失加剧。

参比土种 厚层灰麻砂泥红壤。

代表性单个土体 位于江西省赣州市龙南县杨村镇蕉陂村，24°37′19.4″N，114°35′42.0″E，海拔 328 m，成土母质为花岗岩坡积物，林地，常绿针叶林。50 cm 深度土温 22.8℃。野外调查时间为 2016 年 1 月 7 日，编号 36-151。

蕉陂系代表性单个土体剖面

Ah：0～15 cm，橙色（2.5YR 7/6，干），红棕色（2.5YR 4/6，润），砂质壤土，团块状结构，疏松，少量草根根系，较多的蜂窝状孔隙，少量 2～5 mm 的角状石英碎屑，向下层平滑渐变过渡。

Bt1：15～65 cm，橙色（2.5YR 7/6，干），红棕色（2.5YR 4/8，润），砂质黏壤土，团块状结构，疏松，很少量草根根系，有较多的蜂窝状孔隙，少量 2～5 mm 的角状石英碎屑，结构体表面可见模糊中量的黏粒胶膜，向下层波状清晰过渡。

Btr1：65～100 cm，淡黄橙色（7.5YR 8/4，干），亮红棕色（2.5YR 5/6，润），砂质黏壤土，团块状结构，疏松，很少量草根根系，有较多的蜂窝状孔隙，少量 2～5 mm 的角状石英碎屑，可见少量铁锰斑纹，结构体表面可见多量的黏粒胶膜，向下层波状清晰过渡。

Btr2：100～130 cm，橙色（5YR 7/8，干），亮红棕色（2.5YR 5/8，润），黏土，团块状结构，疏松，很少量草根根系，有较多的蜂窝状孔隙，少量 2～5 mm 的角状石英碎屑，结构体表面可见中量的铁锰斑纹和黏粒胶膜。

蕉陂系代表性单个土体物理性质

土层	深度/cm	砾石 (>2 mm，体积分数)/%	细土颗粒组成 (粒径：mm)/(g/kg)			质地	容重 /(g/cm^3)
			砂粒 2～0.05	粉粒 0.05～0.002	黏粒 <0.002		
Ah	0～15	2	611	231	158	砂质壤土	1.20
Bt1	15～65	2	461	219	320	砂质黏壤土	1.30
Btr1	65～100	2	510	175	315	砂质黏壤土	1.38
Btr2	100～130	5	317	261	422	黏土	1.44

蕉陂系代表性单个土体化学性质

深度/cm	pH		有机碳(C) /(g/kg)	全氮(N) /(g/kg)	全磷(P) /(g/kg)	全钾(K) /(g/kg)	CEC /(cmol/kg，黏粒)	游离铁(Fe) /(g/kg)
	H_2O	KCl						
0～15	4.4	3.8	11.0	1.06	0.89	15.9	15.7	24.3
15～65	4.6	3.9	3.6	0.49	0.42	17.4	13.1[a]	30.6
65～100	4.7	3.9	2.6	0.44	0.38	17.1	53.0	26.5
100～130	4.7	3.9	1.9	—	—	—	—	—

a 表示黏粒 CEC 的实测数据。

5.2.7　增坑系（Zengkeng Series）

土　族：黏壤质混合型酸性热性-斑纹黏化湿润富铁土

拟定者：蔡崇法，杨家伟，曹金洋

分布与环境条件　该土系主要分布在上饶北部、吉安南部、赣州西南部一带，多处于高丘低缓坡地段。成土母质为泥质岩坡积物。现多种植马尾松、杜鹃等。年均气温 19～20℃，年均降水量 1500～1650 mm，无霜期 294 d 左右。

增坑系典型景观

土系特征与变幅　诊断层包括淡薄表层、黏化层、低活性富铁层；诊断特性包括热性土壤温度、湿润土壤水分状况、氧化还原特征、铁质特性。土体厚度在 1 m 以上，低活性富铁层和黏化层出现在 20 cm 以下，黏粒含量为 230～350 g/kg，结构面可见黏粒胶膜和锰胶膜，层次质地构型为壤土-黏壤土，pH 为 4.1～4.3。

对比土系　南华系，同一土族，表层可见黏粒-氧化物胶膜，轻度石灰反应，质地构型为粉壤土-粉质黏壤土-粉质黏土-黏土-粉质黏壤土；蕉陂系，同一土族，质地构型为砂质壤土-砂质黏壤土-黏土；赣桥系，同一土族，层次质地构型为壤土-黏壤土-砂质壤土；位于相似地区的五包系，同一土类，不同亚类，成土母质为花岗岩坡积物，质地构型为壤土-砂质黏壤土-黏土-砂质壤土；位于相似地区的小通系，同一土类，不同亚类，质地构型为壤土-砂质壤土。

利用性能综述　土体质地偏黏，养分含量偏低，土壤结构疏松，易引起水土流失。应实行封山育林，合理施肥，促进植被生长，提高植被覆盖度，保持水土，涵养水源，提高土壤肥力，有条件的地区可以客土掺砂，改良土壤通透性。

参比土种　厚层灰鳝泥红壤。

代表性单个土体　位于江西省赣州市南康区横市镇增坑村，25°17′48.7″N，114°40′32.2″E，海拔 249 m，成土母质为泥质岩坡积物，林地，常绿针阔叶林。50 cm 深度土温 22.7℃，热性。野外调查时间为 2016 年 1 月 5 日，编号 36-148。

增坑系代表性单个土体剖面

Ah：0～20 cm，浊橙色（5YR 6/4，干），亮红棕色（2.5YR 5/6，润），壤土，团块状结构，疏松，极少量植物根系，有少量的蜂窝状孔隙和5～20 mm的角状碎屑，结构体表面有少量黏粒胶膜，向下层波状渐变过渡。

Bt：20～35 cm，橙色（2.5YR 6/6，干），亮红棕色（2.5YR 5/8，润），黏壤土，团块状结构，疏松，有少量草根根系，很少量的乔木根根系和蜂窝状孔隙，有中量5～20 mm的角状碎屑，结构体表面有少量黏粒胶膜，向下层平滑模糊过渡。

Btr：35～70 cm，橙色（2.5YR 6/8，干），红棕色（2.5YR 4/6，润），黏壤土，团块状结构，疏松，有少量的草根根系，很少量0.5～2 mm的乔木根根系，少量的蜂窝状孔隙，中量20～75 mm的角状碎屑，结构体表面有少量的锰胶膜，向下层不规则渐变过渡。

BrC：70～120 cm，橙色（2.5YR 6/6，干），红棕色（2.5YR 4/6，润），团块状结构，疏松，极少量草根根系、5～10 mm的乔木根和蜂窝状孔隙，中量75～250 mm的角状碎屑，结构体表面有少量的锰胶膜。

增坑系代表性单个土体物理性质

土层	深度/cm	砾石(>2 mm，体积分数)/%	细土颗粒组成 (粒径：mm)/(g/kg)			质地	容重/(g/cm^3)
			砂粒 2～0.05	粉粒 0.05～0.002	黏粒 <0.002		
Ah	0～20	2	417	350	233	壤土	1.26
Bt	20～35	10	455	243	302	黏壤土	1.28
Btr	35～70	10	433	217	350	黏壤土	1.32
BrC	70～120	30	—	—	—	—	—

增坑系代表性单个土体化学性质

深度/cm	pH		有机碳(C)/(g/kg)	全氮(N)/(g/kg)	全磷(P)/(g/kg)	全钾(K)/(g/kg)	CEC/(cmol/kg，黏粒)	游离铁(Fe)/(g/kg)
	H_2O	KCl						
0～20	4.1	3.7	10.8	0.93	0.33	12.1	25.4	16.1
20～35	4.3	3.7	3.7	0.31	0.24	15.7	14.2[a]	19.1
35～70	4.3	3.7	7.3	0.63	0.29	15.5	43.8	21.4
70～120	—	—	—	—	—	—	—	—

a 表示黏粒CEC的实测数据。

5.2.8　义成系（Yicheng Series）

土　族：黏壤质高岭混合型酸性热性-斑纹黏化湿润富铁土

拟定者：王军光，刘书羽，朱　亮

分布与环境条件　该土系主要分布在宜春中东部、新余东北部、萍乡西部一带，多分布于低残丘和岗地的缓坡地段。成土母质为红砂岩坡积物。植被为杉树、铁芒萁等。年均气温 17.5～18.0 ℃，年均降水量 1600～1750 mm，无霜期 282 d 左右。

义成系典型景观

土系特征与变幅　诊断层包括淡薄表层、低活性富铁层、黏化层；诊断特性包括热性土壤温度、湿润土壤水分状况、氧化还原特征、铁质特性。土体厚度为 1 m 以上，20 cm 以下存在黏化层和低活性富铁层，黏粒含量为 190～480 g/kg，结构体表面有明显铁锰胶膜，剖面中存在铁子，质地构型为壤土-黏壤土-黏土，pH 为 4.4～5.6。

对比土系　澧溪系，同一亚类，不同土族，成土母质为红砂岩坡积物，颗粒大小级别为黏壤质，层次质地构型为壤土-粉质黏壤土；东港系，同一亚类，不同土族，成土母质为泥页岩类坡积物盖泥页岩类残积物，颗粒大小级别为黏质，层次质地构型为壤土-黏壤土-砂质壤土-壤土-砂质壤土；殷富系，同一亚类，不同土族，成土母质为花岗岩残积物，颗粒大小级别为黏质，质地构型为壤土-黏土-黏壤土；位于相似区域的上涂家系，同一亚纲，不同土类，成土母质为红砂岩坡积物，层次质地构型通体为砂质黏壤土；位于相似区域的三阳系，雏形土纲，成土母质为石灰岩坡积物，质地构型为粉质黏壤土-粉质黏土；位于相似区域的鹅东系，新成土纲，成土母质为石灰岩残积物，质地构型为黏土；位于相似区域的任头系，雏形土纲，成土母质为泥页岩风化物，质地通体为壤土；位于相似区域的富田系，雏形土纲，成土母质为花岗岩，质地构型为壤土-粉壤土-壤土。

利用性能综述　土体深厚，下层质地偏黏，养分含量偏低，植被以灌木及草本为主，存在不同程度的土壤侵蚀现象。应保护好现有植被，适当翻土，因地制宜地种植树木，合理施肥，协调好各养分间的关系，增加地表覆盖度，促进土壤团聚体的形成，加强水土保持，减少土壤侵蚀。

参比土种　厚层灰红砂泥红壤。

代表性单个土体 位于江西省宜春市樟树市义成镇义成社区，27°58′46.9″N，115°12′11.5″E，海拔 81 m，成土母质为红砂岩坡积物，荒草地。50 cm 深度土温 21.4℃，热性。野外调查时间为 2015 年 8 月 19 日，编号 36-110。

义成系代表性单个土体剖面

Ah：0～18 cm，橙色（2.5YR 6/8，干），暗红棕色（2.5YR 3/6，润），壤土，团块状结构，稍坚实，中量 0.5～2 mm 的草根根系，有很少量的蜂窝状孔隙，少量 2～5 mm 的角状石英碎屑，向下层平滑渐变过渡。

Btr1：18～60 cm，红棕色（2.5YR 4/8，干），红棕色（2.5YR 4/8，润），黏壤土，团块状结构，坚实，中量的草根根系，有很少量的蜂窝状孔隙，少量 2～5 mm 的角状石英碎屑，结构体表面有少量明显的铁锰胶膜，有黏粒胶膜，少量角块状铁子结核，向下层平滑渐变过渡。

Btr2：60～100 cm，红棕色（5YR 4/6，干），红棕色（2.5YR 4/8，润），黏土，团块状结构，坚实，中量草根根系，有很少量的蜂窝状孔隙，少量 2～5 mm 的角状石英碎屑，结构体表面有少量明显的铁锰胶膜，有少量角块状铁子结核，向下层平滑渐变过渡。

Btr3：100～120 cm，红色（10R 4/6，干），红棕色（2.5YR 4/8，润），黏土，团块状结构，稍坚实，中量草根根系，有很少量的蜂窝状孔隙，少量 2～5 mm 的角状石英碎屑，结构体表面有少量明显的铁锰胶膜，少量角块状铁子结核。

义成系代表性单个土体物理性质

土层	深度/cm	砾石 (>2 mm，体积分数)/%	细土颗粒组成 (粒径：mm)/(g/kg)			质地	容重 /(g/cm³)
			砂粒 2～0.05	粉粒 0.05～0.002	黏粒 <0.002		
Ah	0～18	1	487	320	193	壤土	1.23
Btr1	18～60	1	210	496	294	黏壤土	1.29
Btr2	60～100	1	207	322	471	黏土	1.35
Btr3	100～120	1	186	394	420	黏土	1.38

义成系代表性单个土体化学性质

深度/cm	pH		有机碳(C) /(g/kg)	全氮(N) /(g/kg)	全磷(P) /(g/kg)	全钾(K) /(g/kg)	CEC /(cmol/kg，黏粒)	游离铁(Fe) /(g/kg)
	H_2O	KCl						
0～18	4.5	4.0	9.2	0.88	0.96	10.1	50.2	13.6
18～60	4.4	4.0	3.7	0.35	0.59	14.7	23.1	15.0
60～100	4.8	4.0	3.3	0.29	0.54	13.1	19.6	16.0
100～120	5.6	3.7	3.1	0.22	0.32	17.9	22.7	15.1

5.2.9 赣桥系（Ganqiao Series）

土　族：黏壤质混合型酸性热性-斑纹黏化湿润富铁土

拟定者：陈家赢，王腊红，李婷婷

分布与环境条件 多出现于吉安、赣州、上饶一带的低丘间的中缓坡地段。成土母质为泥质页岩坡积物。现多种植马尾松、杉、竹、木荷、樟、枫等乔灌木。年均气温 19.5～20.0℃，年均降水量 1400～1550 mm，无霜期 288 d 左右。

赣桥系典型景观

土系特征与变幅 诊断层包括淡薄表层、黏化层、低活性富铁层；诊断特性包括热性土壤温度、湿润土壤水分状况、氧化还原特征、铁质特性。土体厚度小于 1 m，20 cm 以下存在黏化层和低活性富铁层，黏粒含量为 180～350 g/kg，剖面中可见铁锰胶膜，层次质地构型为壤土-黏壤土-砂质壤土，pH 为 4.0～4.6。

对比土系 南华系，同一土族，表层可见黏粒-氧化物胶膜，轻度石灰反应，质地构型为粉壤土-粉质黏壤土-粉质黏土-黏土-粉质黏壤土；蕉陂系，同一土族，质地构型为砂质壤土-砂质黏壤土-黏土；增坑系，同一土族，表层有少量黏粒胶膜，质地构型为壤土-黏壤土；位于相似地区的左溪系，成土母质为石英岩坡积物，质地构型为砂质黏壤土；位于相似地区的小通系，同一土类，不同亚类，质地构型为壤土-砂质壤土；位于相似区域的凤岗镇系，雏形土纲，成土母质为紫色砂岩坡积物，质地通体为砂质壤土。

利用性能综述 土体厚度中等，有机质、氮含量较高，但磷、钾含量偏低，土壤物理性状较好，质地适中，耐渍耐旱，立地条件较好，植被覆盖度较高。应合理保护现有植被，防止水土流失，增施磷肥、钾肥，提高土壤肥力。

参比土种 厚层乌鳝泥红壤。

代表性单个土体 位于江西省赣州市南康区浮石乡赣桥村桥头，25°32′10.1″N，114°42′19.1″E，海拔 145 m，成土母质为泥质页岩坡积物，林地。50 cm 深度土温 22.5℃，热性。野外调查时间为 2016 年 11 月 16 日，编号 36-146。

赣桥系代表性单个土体剖面

Ah：0～18 cm，棕色（7.5YR 4/4，干），暗红棕色（5YR 3/4，润），壤土，团粒状结构，松软，中量 5～20 mm 的角状碎屑，中量 2～5 mm 的草根，向下层波状渐变过渡。

Br：18～40 cm，红棕色（5YR 4/6，干），红棕色（5YR 4/6，润），黏壤土，团块状结构，疏松， 中量<5 mm 的角状碎屑，少量 2～5 mm 的草根，可见少量的模糊铁锰斑纹，向下层波状渐变过渡。

Btr：40～60 cm，红棕色（5YR 4/6，干），红棕色（5YR 4/6，润），黏壤土，团块状结构，疏松，多量<5 mm 的角状碎屑，很少量 0.5～2 mm 的草根，可见少量的模糊铁锰斑纹，向下层不规则模糊过渡。

BrC：60～90 cm，橙色（2.5YR 6/6，干），红棕色（5YR 4/6，润），砂质壤土，团块状结构，疏松，很多量<5 mm 的角状碎屑，很少量草根根系，可见少量模糊铁锰斑纹，向下层不规则模糊过渡。

C：90～120 cm，橙色（2.5YR 6/8，干），泥质页岩坡积物。

赣桥系代表性单个土体物理性质

土层	深度/cm	砾石 (>2 mm，体积分数)/%	细土颗粒组成 (粒径：mm)/(g/kg)			质地	容重 /(g/cm^3)
			砂粒 2～0.05	粉粒 0.05～0.002	黏粒 <0.002		
Ah	0～18	10	460	341	199	壤土	1.27
Br	18～40	10	423	367	210	黏壤土	1.31
Btr	40～60	30	386	264	350	黏壤土	1.37
BrC	60～90	60	502	314	184	砂质壤土	1.34
C	90～120	—	—	—	—	—	—

赣桥系代表性单个土体化学性质

深度/cm	pH		有机碳(C) /(g/kg)	全氮(N) /(g/kg)	全磷(P) /(g/kg)	全钾(K) /(g/kg)	CEC /(cmol/kg，黏粒)	游离铁(Fe) /(g/kg)
	H_2O	KCl						
0～18	4.0	3.4	16.2	0.93	0.39	22.8	24.2	16.5
18～40	4.2	3.5	9.2	0.79	0.31	16.9	20.3	21.5
40～60	4.3	3.5	5.9	0.51	0.27	18.5	16.9	20.3
60～90	4.6	3.7	5.7	0.50	0.27	20.8	21.1	19.7
90～120	—	—	—	—	—	—	—	—

5.3　普通黏化湿润富铁土

5.3.1　团红系（Tuanhong Series）

土　族：黏壤质混合型酸性热性-普通黏化湿润富铁土

拟定者：刘窑军，刘书羽，聂坤照

分布与环境条件　该土系主要分布在九江西南部、赣州中部和东南部、抚州中部一带，多分布于高丘的中缓坡地段。成土母质为红砂岩。植被为杉树、铁芒萁等。年均气温 18.5～19.5℃，年均降水量 1450～1600 mm，无霜期 296 d 左右。

团红系典型景观

土系特征与变幅　诊断层包括淡薄表层、低活性富铁层、黏化层；诊断特性包括热性土壤温度、湿润土壤水分状况、铁质特性。土体厚度小于 1 m，黏化层和低活性富铁层出现在 20 cm 以下，黏粒含量为 100～338 g/kg，层次质地构型为砂质壤土-黏壤土，pH 为 4.4～5.0。

对比土系　�门岭系，同一土族，质地构型为壤土-黏壤土，表层有机质含量为 33.4 g/kg；龙芦系，同一亚类，不同土族，母质类型为花岗岩，层次质地构型为壤土-黏土-黏壤土，颗粒大小级别为黏质；九沅系，同一亚类，不同土族，母质类型为花岗岩坡积物，层次质地构型为砂质壤土-砂质黏壤土-砂质壤土，颗粒大小级别为砂质；位于相似区域的富田系，雏形土纲，成土母质为花岗岩，质地构型为壤土-粉壤土-壤土；位于相似区域的麻州系，淋溶土纲，成土母质为紫色页岩坡积物，质地构型为壤土-黏壤土-砂质壤土-粉壤土；位于相似区域的小河系，淋溶土纲，成土母质为紫色砂岩坡积物，质地构型为壤土-砂质壤土；位于相似区域的安梅系，淋溶土纲，成土母质为红砂岩坡积物，质地构型为砂质壤土-砂质黏壤土。

利用性能综述　土体较厚，磷含量偏低，植被以草本为主，易发生水土流失。应积极植树造林，适当翻土，增施磷肥，进一步加大植被覆盖度，营造良好的生态环境，防止水土流失。

参比土种　厚层灰红砂泥红壤。

代表性单个土体　位于江西省赣州市寻乌县南桥镇团红村，24°46′13.8″N，115°41′24.0″E，海拔 272 m，成土母质为红砂岩，草地。50 cm 深度土温 22.0℃，热性。野外调查时间为 2016 年 1 月 8 日，编号 36-153。

团红系代表性单个土体剖面

Ah：0～18 cm，橙白色（7.5YR 8/2，干），暗棕色（7.5YR 3/4，润），砂质壤土，粒状结构，疏松，中量 0.5～2 mm 的草根根系，有少量 0.5～2 mm 的蜂窝状孔隙，极少量 <5 mm 的次棱状石英碎屑，向下层平滑清晰过渡。

Bt1：18～47 cm，淡黄橙色（7.5YR 8/3，干），红棕色（5YR 4/6，润），砂质壤土，团粒状结构，稍坚实，中量 0.5～2 mm 的草根根系，有少量 0.5～2 mm 的蜂窝状孔隙，少量 5～20 mm 的次棱状石英碎屑，向下层平滑清晰过渡。

Bt2：47～82 cm，橙白色（7.5YR 8/2，干），亮红棕色（5YR 5/8，润），黏壤土，团粒状结构，稍坚实，少量草根根系，有少量 2～5 mm 的蜂窝状孔隙，中量 20～75 mm 的次棱状石英砾石，向下层波状清晰过渡。

C：82～90 cm，红砂岩风化物。

团红系代表性单个土体物理性质

土层	深度/cm	砾石 (>2 mm，体积分数)/%	细土颗粒组成 (粒径：mm)/(g/kg)			质地	容重 /(g/cm³)
			砂粒 2～0.05	粉粒 0.05～0.002	黏粒 <0.002		
Ah	0～18	2	657	241	102	砂质壤土	1.23
Bt1	18～47	5	597	209	194	砂质壤土	1.30
Bt2	47～82	10	247	415	338	黏壤土	1.35
C	82～90	—	—	—	—	—	—

团红系代表性单个土体化学性质

深度/cm	pH		有机碳(C) /(g/kg)	全氮(N) /(g/kg)	全磷(P) /(g/kg)	全钾(K) /(g/kg)	CEC /(cmol/kg，黏粒)	游离铁(Fe) /(g/kg)
	H_2O	KCl						
0～18	4.4	4.0	7.9	1.21	0.78	23.5	32.9	19.3
18～47	4.6	4.0	2.6	0.80	0.44	13.4	19.1[a]	19.5
47～82	5.0	4.0	1.4	0.21	0.12	13.5	22.4[a]	20.0
82～90	—	—	—	—	—	—	—	—

a 表示黏粒 CEC 的实测数据。

5.3.2 筠门岭系（Junmenling Series）

土 族：黏壤质混合型酸性热性-普通黏化湿润富铁土

拟定者：刘窑军，罗梦雨，朱 亮

分布与环境条件 该土系主要分布在九江西南部、赣州中部偏南、抚州中部一带。地处高丘岗地缓坡地段，成土母质为红砂岩。植被为马尾松、杉、小水竹、油菜、铁芒萁等。年均气温 17.5～18.0 ℃，年均降水量 1500～1650 mm，无霜期 281 d 左右。

筠门岭系典型景观

土系特征与变幅 诊断层包括淡薄表层、黏化层、低活性富铁层；诊断特性包括热性土壤温度、湿润土壤水分状况、铁质特性。土体厚度为 1 m 以上，淡薄表层厚约 20 cm，黏粒含量约 200 g/kg。20 cm 以下存在黏化层和低活性富铁层，黏粒含量为 190～400 g/kg。结构面可见明显的黏粒胶膜，质地构型为壤土-黏壤土，pH 为 4.3～5.6。

对比土系 团红系，同一土族，母质类型相同，质地构型为砂质壤土-黏壤土，表层有机质含量为 7.9 g/kg；龙芦系，同一亚类，不同土族，母质类型为花岗岩，层次质地构型为壤土-黏土-黏壤土，颗粒大小级别为黏质；九沅系，同一亚类，不同土族，母质类型为花岗岩坡积物，层次质地构型为砂质壤土-砂质黏壤土-砂质壤土，颗粒大小级别为砂质；位于相似区域的麻州系，淋溶土纲，成土母质为紫色页岩坡积物，质地构型为壤土-黏壤土-砂质壤土-粉壤土；位于相似区域的白田系，淋溶土纲，成土母质为紫色砂岩坡积物，质地构型为砂质壤土-粉壤土；位于相似区域的井塘系，淋溶土纲，成土母质为泥页岩坡积物，质地构型通体为壤土。

利用性能综述 土体深厚，质地适中，磷含量偏低。应做好植被保护工作，适度施用磷肥，促进植被生长，提高植被覆盖度，防止水土流失，在坡度较大的地区可设置水平拦截沟。

参比土种 厚层乌红砂泥红壤。

代表性单个土体 位于江西省赣州市会昌县筠门岭镇竹村，25°10′59.3″N，115°44′47.8″E，海拔 330 m，成土母质为红砂岩，林地。50 cm 深度土温 20.7℃，热性。野外调查时间为 2016 年 1 月 8 日，编号 36-142。

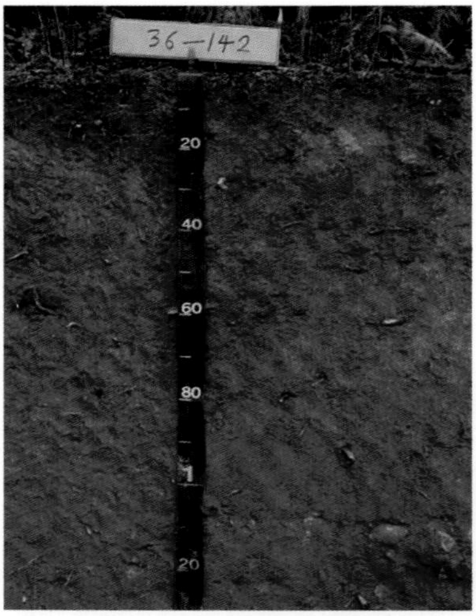

�门岭系代表性单个土体剖面

Ah：0～22 cm，棕灰色（5YR 6/1，干），黑棕色（7.5YR 3/2，润），壤土，团粒状结构，疏松，中量 2～5 mm 的草根根系和少量的蕨根根系，有较多的蜂窝状孔隙，向下层平滑清晰过渡。

Bt1：22～45 cm，橙色（2.5YR 6/6，干），红棕色（5YR 4/6，润），壤土，团粒状结构，疏松，中量 5～10 mm 的根系，有较多的蜂窝状孔隙，结构面有少量黏粒胶膜，向下层平滑渐变过渡。

Bt2：45～78 cm，橙色（2.5YR 7/6，干），亮红棕色（5YR 5/8，润），黏壤土，团粒状结构，稍坚硬，中量 2～5 mm 的根系，有少量的蜂窝状孔隙，少量<5 mm 的次圆状石英碎屑，结构面有中量的黏粒胶膜，向下层波状模糊过渡。

Bt3：78～108 cm，橙色（2.5YR 7/8，干），亮红棕色（5YR 5/8，润），黏壤土，团粒状结构，稍坚硬，中量 2～5 mm 的根系，有少量蜂窝状孔隙，少量次圆状石英碎屑，结构面有多量的黏粒胶膜，向下层波状渐变过渡。

BC：108～130 cm，橙色（2.5YR 7/8，干），亮红棕色（5YR 5/8，润），中量 0.5～2 mm 的根系，有很少量的蜂窝状孔隙，很多量 75～250 mm 红砂岩碎屑，结构面有很少量的黏粒胶膜。

筲门岭系代表性单个土体物理性质

土层	深度/cm	砾石 (>2 mm，体积分数)/%	细土颗粒组成 (粒径：mm)/(g/kg)			质地	容重 /(g/cm^3)
			砂粒 2～0.05	粉粒 0.05～0.002	黏粒 <0.002		
Ah	0～22	0	513	291	196	壤土	1.23
Bt1	22～45	0	493	248	259	壤土	1.34
Bt2	45～78	1	428	180	392	黏壤土	1.36
Bt3	78～108	3	382	314	304	黏壤土	1.30
BC	108～130	60	—	—	—	—	—

筲门岭系代表性单个土体化学性质

深度/cm	pH		有机碳(C) /(g/kg)	全氮(N) /(g/kg)	全磷(P) /(g/kg)	全钾(K) /(g/kg)	CEC /(cmol/kg，黏粒)	游离铁(Fe) /(g/kg)
	H_2O	KCl						
0～22	4.4	3.9	33.4	1.14	0.49	21.0	29.8	15.6
22～45	4.3	3.8	14.5	0.58	0.37	28.1	19.8	18.1
45～78	4.5	3.8	12.0	0.56	0.39	27.7	19.3	22.8
78～108	4.7	3.9	8.0	0.59	0.33	28.1	22.5	20.5
108～130	5.6	—	—	0.58	0.35	19.8	—	—

5.3.3　九沅系（Jiuyuan Series）

土　族：砂质混合型酸性热性-普通黏化湿润富铁土

拟定者：王天巍，杨家伟，牟经瑞

分布与环境条件　该土系主要分布在抚州北部和东西部、吉安西部、赣州西北部一带，多分布于丘陵中部的中缓坡地段。成土母质为花岗岩坡积物。现多种植毛竹、杉木等。年均气温 17.3～18.5℃，年均降水量 1850～2000 mm，无霜期 275 d 左右。

九沅系典型景观

土系特征与变幅　诊断层包括淡薄表层、黏化层、低活性富铁层、雏形层；诊断特性包括热性土壤温度、湿润土壤水分状况、铁质特性。该土系起源于花岗岩风化物。土体厚度在 1 m 以上，黏化层上界出现在 20 cm 左右，黏粒含量为 220 g/kg 左右。低活性富铁层出现在 55～150 cm。层次质地构型为砂质壤土-砂质黏壤土-砂质壤土，土体通体可见花岗岩碎屑，pH 为 4.5～5.2。

对比土系　龙芦系，同一亚类，不同土族，成土母质相同，层次质地构型为壤土-黏土-黏壤土，颗粒大小级别为黏质；�门岭系，同一亚类，不同土族，质地构型为壤土-黏壤土，颗粒大小级别为黏壤质；团红系，同一亚类，不同土族，母质类型为红砂岩，质地构型为砂质壤土-黏壤土，颗粒大小级别黏壤质；位于相似区域的闹州系，同一土类，不同亚类，成土母质为石灰岩坡积物，层次质地构型为壤土-黏土；位于相似区域的李保山系，雏形土纲，成土母质为紫砂岩残积物，质地构型为壤土-砂质壤土；位于相似区域的沙曾系，淋溶土纲，成土母质为花岗岩，质地构型为砂质壤土-壤土-砂质壤土；位于相似区域的白田系，淋溶土纲，成土母质为紫色砂岩坡积物，质地构型为砂质壤土-粉壤土；位于相似区域的井塘系，淋溶土纲，成土母质为泥页岩坡积物，质地构型通体为壤土。

利用性能综述　土体深厚，质地偏砂，含有少量砾石，磷元素较缺乏，植被覆盖较好。应做好植物保护工作，重视抚育，有计划地更新现有林种，增施磷肥，涵养水源，培肥地力，做好水土保持，维护良好的生态环境。

参比土种　厚层乌麻砂泥红壤。

代表性单个土体　位于江西省抚州市黎川县日峰镇十里村九沅，27°20′31.3″N，

116°52′56.6″E，海拔 132 m，成土母质为花岗岩坡积物，灌木林地。50 cm 深度土温 21.6℃，热性。野外调查时间为 2015 年 8 月 26 日，编号 36-129。

九沅系代表性单个土体剖面

Ah：0～20 cm，浊红棕色（5YR 4/3，干），浊红棕色（5YR 4/4，润），砂质壤土，团粒状结构，疏松，少量花岗岩碎屑，多量草根根系，中量气泡状气孔，向下层平滑清晰过渡。

Bt1：20～55 cm，橙色（5YR 6/6，干），红棕色（2.5YR 4/6，润），砂质黏壤土，团粒状结构，疏松，少量花岗岩碎屑，中量 0.5～2 mm 的草根根系，少量气泡状气孔，向下层平滑渐变过渡。

Bw：55～105 cm，亮红棕色（2.5YR 5/6，干），亮红棕色（5YR 5/8，润），砂质壤土，团块状结构，稍坚实，中量花岗岩碎屑，中量灌木根系，很少量气泡状气孔，向下层平滑渐变过渡。

Bt2：105～150 cm，浊红棕色（5YR 4/4，干），红棕色（2.5YR 4/8，润），砂质壤土，团块状结构，稍坚实，中量花岗岩碎屑，少量草根根系，向下层平滑清晰过渡。

C：　150～155 cm，花岗岩风化物。

九沅系代表性单个土体物理性质

土层	深度/cm	砾石 (>2 mm，体积分数)/%	细土颗粒组成 (粒径：mm)/(g/kg)			质地	容重 /(g/cm^3)
			砂粒 2～0.05	粉粒 0.05～0.002	黏粒 <0.002		
Ah	0～20	3	574	245	181	砂质壤土	1.23
Bt1	20～55	2	563	218	219	砂质黏壤土	1.35
Bw	55～105	10	773	85	142	砂质壤土	1.32
Bt2	105～150	7	606	212	183	砂质壤土	1.34
C	150～155	—	—	—	—	—	—

九沅系代表性单个土体化学性质

深度/cm	pH		有机碳(C) /(g/kg)	全氮(N) /(g/kg)	全磷(P) /(g/kg)	全钾(K) /(g/kg)	CEC /(cmol/kg，黏粒)	游离铁(Fe) /(g/kg)
	H_2O	KCl						
0～20	4.7	3.9	20.0	1.13	0.28	16.9	55.6	27.1
20～55	4.5	4.1	8.8	0.71	0.34	20.3	30.1	33.3
55～105	4.8	4.0	6.9	0.41	0.37	22.1	12.8	35.0
105～150	5.2	4.0	6.3	0.3	0.25	15.4	18.7	37.9
150～155	—	—	—	—	—	—	—	—

5.3.4 龙芦系（Longlu Series）

土　族：黏质混合型酸性热性-普通黏化湿润富铁土

拟定者：王军光，罗梦雨，曹金洋

分布与环境条件　该土系主要分布在抚州北部和东西部、吉安西部、赣州西北部一带，多分布于低丘陵地区缓坡处。成土母质为花岗岩。现多种植松、杉、竹、油茶等次生林。年均气温 18.3～19.5 ℃，年均降水量 1700～1850 mm，无霜期 280 d 左右。

龙芦系典型景观

土系特征与变幅　诊断层包括淡薄表层、黏化层、低活性富铁层；诊断特性包括热性土壤温度、湿润土壤水分状况、铁质特性。该土系起源于花岗岩风化物。土体厚度在 1 m 以上，黏化层出现在 70 cm 之下，黏粒含量约为 470 g/kg。低活性富铁层出现在 20～70 cm 左右。层次质地构型为壤土-黏土-黏壤土，土体 70 cm 以下开始出现少量的黏粒胶膜，pH 为 3.3～4.8。

对比土系　�门岭系，同一亚类，不同土族，质地构型为壤土-黏壤土，颗粒大小级别为黏壤质；团红系，同一亚类，不同土族，母质类型为红砂岩，质地构型为-砂质壤土-黏壤土，颗粒大小级别为黏壤质；位于相似区域的闹州系，同一土类，不同亚类，成土母质为石灰岩坡积物，质地构型为壤土-黏土；位于相似区域的新山系，淋溶土纲，成土母质为石灰岩坡积物，质地构型为壤土-黏壤土-黏土；位于相似区域的井塘系，淋溶土纲，成土母质为泥页岩坡积物，质地构型通体为壤土；位于相似区域的绅溪系，雏形土纲，成土母质为泥质岩坡积物，质地构型为壤土-黏壤土；位于相似区域的湛口系，雏形土纲，成土母质为砂页岩坡积物，质地构型为砂质壤土-砂质黏壤土-砂质壤土。

利用性能综述　土体较深厚，质地偏黏，有部分砾石，除磷元素外，其余养分含量较高，局部地区有水土流失现象。应保护好现有林木，增施磷肥，有计划地营造松、杉等用材林，对发生水土流失的地段，要坚持封山育林，使之尽快恢复植被，在坡度平缓处可因地制宜地发展茶叶及果树等经济林木。

参比土种　厚层灰麻砂泥红壤。

代表性单个土体　位于江西省赣州市兴国县龙口镇芦溪村，26°13′24.3″N，115°18′08.6″E，海拔 148 m，成土母质为花岗岩，灌木林地。50 cm 深度土温为 21.9℃，热性。野外调查时间为 2016 年 1 月 9 日，编号 36-159。

龙芦系代表性单个土体剖面

Ah：0～22 cm，浊橙色（7.5YR 7/4，干），浊红棕色（5YR 4/4，润），壤土，团粒状结构，疏松，少量花岗岩风化物，中量草根根系，少量的蜂窝状孔隙，向下层平滑清晰过渡。

Bw：22～70 cm，浅淡橙色（5YR 8/4，干），亮红棕色（5YR 5/8，润），黏土，团粒状结构，稍坚实，中量花岗岩风化物，中量草根根系，少量的蜂窝状孔隙，向下层平滑模糊过渡。

Bt：70～102 cm，橙色（5YR 7/6，干），红棕色（2.5YR 4/8，润），黏壤土，团粒状结构，很坚实，多量花岗岩风化物，少量草根根系，很少量的蜂窝状孔隙，可见模糊少量的黏粒胶膜，向下层平滑清晰过渡。

C：102～115 cm，花岗岩风化物，很多量石英风化物，很少量的蜂窝状孔隙。

龙芦系代表性单个土体物理性质

土层	深度/cm	砾石(>2 mm，体积分数)/%	细土颗粒组成 (粒径：mm)/(g/kg)			质地	容重/(g/cm³)
			砂粒 2～0.05	粉粒 0.05～0.002	黏粒 <0.002		
Ah	0～22	3	459	283	258	壤土	1.24
Bw	22～70	13	357	177	466	黏土	1.27
Bt	70～102	25	245	411	344	黏壤土	1.29
C	102～115	—	—	—	—	—	—

龙芦系代表性单个土体化学性质

深度/cm	pH		有机碳(C)/(g/kg)	全氮(N)/(g/kg)	全磷(P)/(g/kg)	全钾(K)/(g/kg)	CEC/(cmol/kg，黏粒)	游离铁(Fe)/(g/kg)
	H_2O	KCl						
0～22	3.3	3.6	14.0	1.14	0.52	21.6	38.3	15.3
20～70	4.6	3.8	2.7	0.88	0.3	12.3	17.0[a]	20.5
70～102	4.8	3.8	1.9	0.23	0.08	13.2	15.9[a]	21.4
102～115	—	—	—	—	—	—	—	—

a 表示黏粒 CEC 的实测数据。

5.3.5　瑞包系（Ruibao Series）

土　族：黏质混合型酸性热性-普通黏化湿润富铁土

拟定者：陈家赢，周泽璠，朱　亮

分布与环境条件　该土系主要分布在九江西北部、西南部，萍乡东南部、上饶中南部和东北部一带，多处于低丘坡度平缓地段。成土母质为泥质页岩。现多种植马尾松、杜鹃等。年均气温17.5～18.0℃，年均降水量1650～1800 mm，无霜期265 d左右。

瑞包系典型景观

土系特征与变幅　诊断层包括淡薄表层、黏化层、低活性富铁层；诊断特性包括热性土壤温度、湿润土壤水分状况、铁质特性。黏粒含量304～520 g/kg，25 cm之下为低活性富铁层和黏化层，结构面可见明显的黏粒胶膜，层次质地构型为粉质黏壤土-粉质黏土-黏土，pH为5.0～5.7。

对比土系　韶村系，同一土类，质地为壤土-黏土；横湖系，同一土类，不同亚类，颗粒大小级别为黏壤质，成土母质为花岗岩，层次质地构型通体为粉壤土；位于相似地区的茶子岗系，同一亚纲，不同土类，成土母质为红砂岩坡积物，质地构型通体为黏壤土；位于相似地区的上涂家系，同一亚纲，不同亚类，成土母质为红砂岩坡积物，层次质地构型通体为砂质黏壤土。

利用性能综述　土体深厚，质地稍偏黏，含有较多砾石，磷、钾含量偏低，不便耕作，易发生水土流失。应实行封山育林，人工造林和选种豆科草灌，加强林木草灌的管理，增施磷钾肥，提高植被覆盖度，防止水土流失，逐步发展油茶、绿茶、油桐、柑橘等经济林木。

参比土种　厚层灰鳝泥红壤。

代表性单个土体　位于江西省上饶市玉山县岩瑞镇包溪村，28°43′45.0″N，118°17′30.0″E，海拔129 m，成土母质为泥质页岩，灌木林地。50 cm深度土温20.9℃，热性。野外调查时间为2015年5月18日，编号36-081。

瑞包系代表性单个土体剖面

Ah：0～25 cm，浊棕色（7.5YR 5/3，干），暗棕色（7.5YR 3/3，润），粉质黏壤土，团块状结构，松散，有少量 2～5 mm 的角状碎屑， 有少量 2～5 mm 的根系，向下层平滑渐变过渡。

Bt1：25～60 cm，橙色（7.5YR 7/6，干），棕色（7.5YR 4/6，润），粉质黏土，团块状结构，稍坚实，有中量 5～20 mm 的角状碎屑，有少量 5～10 mm 的根系，结构体表面可见中量的黏粒胶膜，向下层平滑渐变过渡。

Bt2：60～120 cm，橙色（5YR 7/6，干），亮红棕色（5YR 5/8，润），黏土，团块状结构，松散，有多量 5～20 mm 的角状碎屑，有少量 5～10 mm 的根系，可见明显的黏粒胶膜。

瑞包系代表性单个土体物理性质

土层	深度/cm	砾石 (>2 mm，体积分数)/%	细土颗粒组成 (粒径：mm)/(g/kg)			质地	容重 /(g/cm^3)
			砂粒 2～0.05	粉粒 0.05～0.002	黏粒 <0.002		
Ah	0～25	1	37	659	304	粉质黏壤土	1.20
Bt1	25～60	8	78	402	520	粉质黏土	1.35
Bt2	60～120	30	402	148	450	黏土	1.36

瑞包系代表性单个土体化学性质

深度/cm	pH		有机碳(C) /(g/kg)	全氮(N) /(g/kg)	全磷(P) /(g/kg)	全钾(K) /(g/kg)	CEC /(cmol/kg，黏粒)	游离铁(Fe) /(g/kg)
	H_2O	KCl						
0～25	5.7	5.2	11.4	1.20	0.34	17.3	46.4	17.0
25～60	5.0	4.0	5.3	1.07	0.31	15.8	19.3[a]	19.2
60～120	5.2	4.2	5.6	1.08	0.33	14.9	22.5[a]	18.6

a 表示黏粒 CEC 的实测数据。

5.4　暗红简育湿润富铁土

5.4.1　芦溪系（Luxi Series）

土　族：黏质高岭石混合型酸性热性-暗红简育湿润富铁土

拟定者：蔡崇法，邓　楠，杨　松

分布与环境条件　多出现于宜春南部、吉安中部偏南和东北部、赣州一带的低残丘和岗地的缓坡地段。成土母质为红砾岩坡积物。植被为杉树、铁芒萁等。年均气温 17.5～18.5℃，年均降水量 1600～1750 mm，无霜期 291 d 左右。

芦溪系典型景观

土系特征与变幅　诊断层包括淡薄表层、低活性富铁层、雏形层；诊断特性包括热性土壤温度、湿润土壤水分状况、铁质特性。该土系起源于红砾岩风化物。土体厚度在 1 m 以上，低活性富铁层上界出现在 30 cm 左右，厚约 40 cm。土层质地构型为黏壤土-粉质黏壤土，土体 30 cm 以下开始出现黏粒胶膜，pH 为 3.9～4.8。

对比土系　位于相似区域的闹州系，同一亚纲，不同土类，成土母质为石灰岩坡积物，质地构型为壤土-黏土；位于相似区域的午田系，淋溶土纲，成土母质为花岗岩风化物，质地构型为黏壤土-砂质黏土-黏壤土；位于相似区域的口前系，淋溶土纲，成土母质为花岗岩坡积物，质地构型为黏壤土-砂质壤土；位于相似区域的港田系，雏形土纲，成土母质为石英岩坡积物，质地构型通体为黏土；位于相似区域的上林系，雏形土纲，成土母质为千枚岩坡积物，质地构型为粉质黏壤土-黏土-黏壤土。

利用性能综述　土体质地偏黏，除磷元素外，其余养分含量充足，有利于植物生长。应定期封山育林，适当翻土，增施磷肥，提升植被覆盖度，达到保持水土、涵养水源的作用，在陡坡处可设置水平拦截沟来控制水土流失。

参比土种　厚层灰红砂泥红壤。

代表性单个土体　位于江西省吉安市峡江县马埠镇芦溪村，27°32′04.4″N，115°22′09.5″E，海拔 80 m，成土母质为红砾岩坡积物，灌木林地，半落叶林。50 cm 深度土温 21.7℃，热性。野外调查时间为 2015 年 8 月 19 日，编号 36-124。

芦溪系代表性单个土体剖面

Ah：0～30 cm，红棕色（2.5YR 4/6，干），暗红棕色（2.5YR 3/6，稍润），黏壤土，团块状结构，疏松，很少量红砾岩碎屑，中量草根、竹根根系，中量气泡状气孔，向下层波状模糊过渡。

Bw：30～70 cm，红棕色（2.5YR 4/8，干），红色（10R 4/6，润），粉质黏壤土，团块状结构，疏松，少量红砾岩碎屑，少量草根、竹根根系，中量气泡状气孔，向下层波状渐变过渡。

BC：70～120 cm，红棕色（2.5YR 4/8 ，干），暗红色（10R 3/6，润），团块状结构，疏松，多量红砾岩碎屑，少量气泡状气孔。

芦溪系代表性单个土体物理性质

土层	深度/cm	砾石 (>2 mm，体积分数)/%	细土颗粒组成 (粒径：mm)/(g/kg)			质地	容重 /(g/cm^3)
			砂粒 2～0.05	粉粒 0.05～0.002	黏粒 <0.002		
Ah	0～30	1	282	366	352	黏壤土	1.20
Bw	30～70	4	196	419	385	粉质黏壤土	1.35
BC	70～120	35	—	—	—	—	—

芦溪系代表性单个土体化学性质

深度/cm	pH		有机碳(C) /(g/kg)	全氮(N) /(g/kg)	全磷(P) /(g/kg)	全钾(K) /(g/kg)	CEC /(cmol/kg，黏粒)	游离铁(Fe) /(g/kg)
	H_2O	KCl						
0～30	3.9	3.6	23.9	1.18	0.35	21.3	42.9	18.6
30～70	4.3	3.8	4.0	0.64	0.18	16.6	12.5[a]	32.3
70～120	4.8	—	—	—	—	—	—	—

a 表示黏粒 CEC 的实测数据。

5.5　普通简育湿润富铁土

5.5.1　茶子岗系（Chazigang Series）

土　族：黏壤质硅质混合型酸性热性-普通简育湿润富铁土

拟定者：刘窑军，刘书羽，李婷婷

分布与环境条件　多出现于九江的德安、彭泽、修水、武宁县和上饶地区的鄱阳、婺源县，处于丘陵低丘下部的中缓坡地带。成土母质为红砂岩坡积物。植被为小叶栎、青岗栎、楮树、白茅等。年均气温 16.9℃，年均降水量 1700～1850 mm，无霜期 250 d 左右。

茶子岗系典型景观

土系特征与变幅　诊断层包括淡薄表层、低活性富铁层；诊断特性包括热性土壤温度、湿润土壤水分状况、铁质特性。土体厚度在 1 m 以上，低活性富铁层出现在约 30 cm 以下，土体质地构型通体为黏壤土，pH 为 4.6～5.4。

对比土系　上涂家系，同一亚类，不同土族，成土母质相同，层次质地构型通体为砂质黏壤土；芦溪系，同一土类，不同亚类，成土母质为红砾岩坡积物，层次质地构型为黏壤土-粉质黏壤土；位于相似地区的马口系，人为土纲，母质为河湖相沉积物，颗粒大小级别为砂质，土层质地构型为砂质壤土-砂土-壤土；位于相似区域的家塘系，人为土纲，成土母质为河湖相沉积物，质地构型为粉壤土-粉质黏壤土；位于相似地区的瑞包系，同一亚纲，不同土类，成土母质为泥质页岩，质地构型为粉质黏壤土-粉质黏土-黏土；位于相似区域的闹州系，同一亚纲，不同土类，成土母质为石灰岩坡积物，层次质地构型为壤土-黏土；位于相似区域的澧溪系，同一亚纲，不同土类，成土母质为红砂岩坡积物，质地构型为壤土-粉质黏壤土；位于相似区域的齐家岸系，雏形土纲，成土母质为千枚岩，质地构型通体为砂质壤土。

利用性能综述　土体深厚，但人为活动影响剧烈，部分地区已出现较为严重的侵蚀现象。应加强植树造林，种植适宜当地生长的树木，有计划地进行林种更新，保护生态环境。

参比土种　厚层灰鳝泥棕红壤。

代表性单个土体　位于江西省九江市修水县征村乡茶子岗村，28°56′16.5″N，114°31′31.1″E，海拔 121 m，成土母质为红砂岩坡积物，灌木林地。50 cm 深度土温 20.3℃。野外调查时间为 2014 年 8 月 6 日，编号 36-008。

茶子岗系代表性单个土体剖面

Ah：0～30 cm，亮红棕色（2.5YR 5/8，干），棕色（7.5YR 4/6，润），黏壤土，棱块状结构，松散，中量 2～5 mm 的根系，很少量 20～75 mm 的扁平状石英碎屑，向下层平滑清晰过渡。

Bw1：30～70 cm，亮红棕色（5YR 5/8，干），红棕色（5YR 4/6，润），黏壤土，棱块状结构，疏松，少量 0.5～2 mm 的根系，很少量 20～75 mm 的扁平状石英碎屑，向下层平滑清晰过渡。

Bw2：70～130 cm，亮红棕色（5YR 5/8，干），亮红棕色（5YR 5/6，润），黏壤土，棱块状结构，疏松，很少量 0.5～2 mm 的根系，很少量 20～75 mm 的扁平状石英碎屑，向下层平滑清晰过渡。

茶子岗系代表性单个土体物理性质

土层	深度/cm	砾石(>2 mm，体积分数)/%	细土颗粒组成 (粒径：mm)/(g/kg)			质地	容重/(g/cm³)
			砂粒 2～0.05	粉粒 0.05～0.002	黏粒 <0.002		
Ah	0～30	1	413	271	316	黏壤土	1.20
Bw1	30～70	2	379	296	325	黏壤土	1.33
Bw2	70～130	1	404	281	315	黏壤土	1.36

茶子岗系代表性单个土体化学性质

深度/cm	pH		有机碳(C)/(g/kg)	全氮(N)/(g/kg)	全磷(P)/(g/kg)	全钾(K)/(g/kg)	CEC/(cmol/kg，黏粒)	游离铁(Fe)/(g/kg)
	H_2O	KCl						
0～30	4.6	4.0	11.1	1.15	0.52	21.3	57.9	45.4
30～70	4.6	3.9	4.1	0.57	0.52	22.5	16.9[a]	39.5
70～130	5.4	4.4	2.6	0.58	0.53	23.3	15.3[a]	43.6

a 表示黏粒 CEC 的实测数据。

5.5.2 上涂家系（Shangtujia Series）

土　族：粗骨砂质混合型非酸性热性-普通简育湿润富铁土

拟定者：陈家赢，周泽璠，牟经瑞

分布与环境条件 多出现于上饶、吉安、宜春一带的丘陵低丘上部的平缓地带。成土母质为红砂岩坡积物。植被稀疏，为马尾松等常绿阔叶林。年均气温 17.5～18℃，年均降水量 1600～1750 mm，无霜期 274 d 左右。

上涂家系典型景观

土系特征与变幅 诊断层包括淡薄表层、雏形层、低活性富铁层；诊断特性包括湿润土壤水分状况、热性土壤温度、铁质特性、石灰性。土体厚度在 1 m 以上，低活性富铁层在 30 cm 以下，剖面中存在石灰反应，有很多的岩石碎屑，层次质地构型通体为砂质黏壤土，pH 为 4.4～6.8。

对比土系 位于相似地区的瑞包系，同一亚纲，不同土类，成土母质为泥质页岩，质地构型为粉质黏壤土-粉质黏土-黏土；位于相似区域的董丰系，新成土纲，成土母质为石灰岩残积物，质地构型为粉壤土；位于邻近区域的后村张家系，淋溶土纲，成土母质为第四纪红黏土，质地构型为粉质黏壤土-粉质黏土，有聚铁网纹层；位于邻近区域的建牌系，淋溶土纲，成土母质为红砂岩坡积物，质地构型为砂质黏壤土-黏土；位于相似区域的上聂系，雏形土纲，成土母质为河湖相沉积物，质地构型为壤土-粉壤土-砂质壤土。

利用性能综述 土体深厚，但养分含量低，保水保肥能力较差，不利于植被的生长。应增施肥料，加强封山育林，种植适宜当地生长的树木，注重水分涵养，防止水土流失；种植作物时可合理增施有机肥和化肥，间种绿肥，提升土壤肥力。

参比土种 厚层红砂泥红壤。

代表性单个土体 位于江西省宜春市高安市大城镇涂家村，28°29′28.2″N，115°28′18.5″E，海拔 68 m，成土母质为红砂岩坡积物，林地。50 cm 深度土温 21.1℃。野外调查时间为 2014 年 8 月 9 日，编号 36-020。

上涂家系代表性单个土体剖面

Ah：0～30 cm，红色（10R 4/6，干），橙色（5YR 6/8，润），砂质黏壤土，粒状结构，疏松，很少量草根根系，多量20～75 mm 的棱角状石英、长石碎屑，中度石灰反应，向下层波状渐变过渡。

Bw1：30～55 cm，红色（10R 5/6，干），橙色（5YR 6/6，润），砂质黏壤土，粒状结构，疏松，很少量草根根系，多量20～75 mm 的棱角状石英、长石碎屑，轻度石灰反应，向下层间断模糊过渡。

Bw2：55～95 cm，红色（10R 4/6，干），亮红棕色（5YR 5/6，润），砂质黏壤土，粒状结构，疏松，很少量草根根系，多量 20～75 mm 的棱角状石英、长石碎屑，无石灰反应，向下层间断模糊过渡。

Bw3：95～130 cm，红色（10R 4/6，干），浊红棕色（5YR 4/4，润），砂质黏壤土，粒状结构，疏松，很少量草根根系，很多量 20～75 mm 的棱角状石英、长石碎屑，无石灰反应，向下层平滑清晰过渡。

C：　130～160 cm，红砂岩风化物。

上涂家系代表性单个土体物理性质

土层	深度/cm	砾石(>2 mm，体积分数)/%	细土颗粒组成 (粒径：mm)/(g/kg)			质地	容重/(g/cm³)
			砂粒 2～0.05	粉粒 0.05～0.002	黏粒 <0.002		
Ah	0～30	20	614	131	255	砂质黏壤土	1.28
Bw1	30～55	25	502	210	288	砂质黏壤土	1.34
Bw2	55～95	30	593	147	260	砂质黏壤土	1.30
Bw3	95～130	60	450	285	265	砂质黏壤土	—
C	130～160	—	—	—	—	—	—

上涂家系代表性单个土体化学性质

深度/cm	pH		有机碳(C)/(g/kg)	全氮(N)/(g/kg)	全磷(P)/(g/kg)	全钾(K)/(g/kg)	CEC/(cmol/kg，黏粒)	游离铁(Fe)/(g/kg)
	H_2O	KCl						
0～30	6.8	6.2	3.6	1.12	0.31	17.9	26.1	18.5
30～55	6.5	6.0	2.2	0.26	0.38	17.8	22.1	13.4
55～95	4.4	3.9	2.8	0.23	0.40	18.3	24.2	32.4
95～130	5.1	3.8	3.4	0.22	0.41	17.9	14.1	25.4
130～160	—	—	—	—	—	—	—	—

第 6 章　淋　溶　土

6.1　普通铝质常湿淋溶土

6.1.1　田铺系（Tianpu Series）

土　族：粗骨壤质硅质混合型酸性热性-普通铝质常湿淋溶土

拟定者：陈家赢，邓　楠，曹金洋

分布与环境条件　多出现于赣州、九江一带的高山下坡的陡坡地段。成土母质为花岗岩坡积物。植被主要为灌木林。年均气温 17.0～17.5℃，年均降水量 1750～1900 mm，无霜期 251 d 左右。

田铺系典型景观

土系特征与变幅　诊断层包括淡薄表层、黏化层；诊断特性包括热性土壤温度、常湿润土壤水分状况、准石质接触面、铝质现象。淡薄表层厚约 20 cm，黏粒含量约 150 g/kg，黏化层上界出现在 20 cm 左右，厚度约 30 cm，黏粒含量约 240 g/kg，准石质接触面出现在 50 cm 左右。土体质地构型为砂质壤土-粉壤土，pH 约 4.6。

对比土系　位于邻近区域的关山系，同一土纲，不同亚纲，成土母质为红砂岩坡积物，质地构型为黏土-粉质黏土-黏土；位于邻近地区的澧溪系，富铁土纲，成土母质为红砂岩坡积物，层次质地构型为壤土-粉质黏壤土；位于相似地区的马口系，人为土纲，母质为河湖相沉积物，颗粒大小级别为砂质，土层质地构型为砂质壤土-砂土-壤土；位于相似区域的家塘系，人为土纲，成土母质为河湖相沉积物，质地构型为粉壤土-粉质黏壤土；位于邻近区域的店前系，淋溶土纲，成土母质为花岗岩残积物，质地构型通体为砂质壤土。

利用性能综述　地势较高，土体较薄，质地偏砂，难以涵养水分，植被在遭到破坏后不易恢复，且会造成较严重的侵蚀现象。应加强封山育林，种植速生树木，提高植被覆盖度，设置水平拦截沟等，防止水土流失。

参比土种　厚层灰麻砂泥红壤。

代表性单个土体　位于江西省九江市武宁县石门楼镇田铺村，28°55′12.5″N，114°55′21.4″E，海拔 890 m，成土母质为花岗岩坡积物，林地，半绿叶灌木。50 cm 深度土温 18.6℃。野外调查时间为 2014 年 8 月 7 日，编号 36-005。

田铺系代表性单个土体剖面

Ah：0～20 cm，浊黄棕色（10YR 5/4，干），棕色（7.5YR 4/6，润），砂质壤土，团块状结构，松散，少量 2～5 mm 的根系，中量 5～20 mm 的角状花岗岩碎屑，向下层平滑清晰过渡。

Bt：20～50 cm，浊黄橙色（10YR 6/4，干），棕色（7.5YR 4/6，润），粉壤土，团块状结构，松散，有较多 5～20 mm 的角状花岗岩碎屑，结构面可见少量模糊的黏粒胶膜，向下层平滑清晰过渡。

C：50～130 cm，花岗岩风化物。

田铺系代表性单个土体物理性质

土层	深度/cm	砾石(>2 mm，体积分数)/%	细土颗粒组成 (粒径：mm)/(g/kg)			质地	容重/(g/cm^3)
			砂粒 2～0.05	粉粒 0.05～0.002	黏粒 <0.002		
Ah	0～20	10	656	195	149	砂质壤土	1.22
Bt	20～50	30	250	512	238	粉壤土	1.30
C	50～130	—	—	—	—	—	—

田铺系代表性单个土体化学性质

深度/cm	pH		有机碳(C)/(g/kg)	全氮(N)/(g/kg)	全磷(P)/(g/kg)	全钾(K)/(g/kg)	CEC/(cmol/kg)	游离铁(Fe)/(g/kg)	交换性铝/(cmol/kg，黏粒)
	H_2O	KCl							
0～20	4.6	3.9	10.4	0.99	0.68	16.3	26.0	7.0	16.8
20～50	4.6	3.7	6.1	0.61	0.43	18.8	26.4	8.2	15.1
50～130	—	—	—	—	—	—	—	—	—

6.2　普通黏磐湿润淋溶土

6.2.1　凰村系（Huangcun Series）

土　族：壤质混合型酸性热性-普通黏磐湿润淋溶土

拟定者：王天巍，王腊红，牟经瑞

分布与环境条件　多出现于九江、赣州、吉安一带，地处冲积平原河滩地带。成土母质为黄土状物质。植被主要为草本灌木。年均气温 17.5～18.0℃，年均降水量 1400～1550 mm，无霜期 266 d 左右。

凰村系典型景观

土系特征与变幅　诊断层包括淡薄表层、黏化层、黏磐、雏形层；诊断特性包括热性土壤温度、湿润土壤水分状况、氧化还原特征。土体厚度 1 m 以上，淡薄表层厚为 20～30 cm，黏粒含量约 120 g/kg。雏形层范围为 30～50 cm。黏化层上界出现在 50 cm 左右，黏粒含量为 140～170 g/kg，黏磐出现在土体 1 m 以下。质地通体为粉壤土，pH 为 5.3～5.7。

对比土系　位于邻近区域的安永系，雏形土纲，成土母质为河湖相沉积物，质地构型为粉壤土-粉质黏土；位于相似区域的郭家新系，淋溶土纲，成土母质为第四纪红黏土，质地构型为粉壤土-粉质黏壤土；位于相似区域的昌邑系，雏形土纲，成土母质为第四纪黄土状沉积物，质地构型为粉质黏壤土-粉壤土；位于相似区域的南新系，人为土纲，成土母质为河湖相沉积物，质地构型为粉质黏壤土-壤土。

利用性能综述　地形部位平缓，土体深厚，质地适中，土壤通气性良好，但养分含量偏低。应种植速生树木，提升植被覆盖度，保持现有肥力不流失，再增施肥料，逐步培肥地力；在种植作物时，应种养结合，轮种或间种绿肥和豆科植物，增施有机肥和化肥，合理保持土壤的肥力。

参比土种　厚层灰黄砂泥红壤。

代表性单个土体　位于江西省九江市湖口县凰村乡向阳村，29°45′53.0″N，116°18′28.8″E，海拔 27 m，成土母质为黄土状物质，草地。50 cm 深度土温 20.6℃。野外调查时间为 2015

年 1 月 19 日，编号 36-069。

凰村系代表性单个土体剖面

Ah：0～28 cm，浊黄橙色（10YR 6/3，干），暗棕色（7.5YR 3/3，润），粉壤土，团粒状结构，极疏松，向下层平滑渐变过渡。

Br：28～50 cm，亮黄棕色（10YR 6/6，干），暗棕色（7.5YR 3/3，润），粉壤土，团粒状结构，疏松，结构体表面可见模糊的很少的铁锰胶膜，向下层波状模糊过渡。

Bt：50～92 cm，亮黄棕色（10YR 7/6，干），棕色（7.5YR 4/3，润），粉壤土，团粒状结构，疏松，结构体表面可见较多的黏粒胶膜，向下层波状渐变过渡。

Btr：92～110 cm，浊黄橙色（10YR 6/3，干），棕色（7.5YR 4/4，润），粉壤土，团粒状结构，稍坚实，结构体表面可见较多的锰胶膜和黏粒胶膜，向下层波状明显过渡。

Btm：110～140 cm，棕色（7.5YR 4/6，干），棕色（7.5YR 4/4，润），粉壤土，棱块状结构，坚实，黏磐层。

凰村系代表性单个土体物理性质

土层	深度/cm	砾石(>2 mm，体积分数)/%	细土颗粒组成（粒径：mm)/(g/kg)			质地	容重/(g/cm^3)
			砂粒 2～0.05	粉粒 0.05～0.002	黏粒 <0.002		
Ah	0～28	0	108	772	120	粉壤土	1.22
Br	28～50	0	168	702	130	粉壤土	1.35
Bt	50～92	0	79	757	164	粉壤土	1.39
Btr	92～110	0	106	751	143	粉壤土	1.42
Btm	110～140	0	128	625	247	粉壤土	1.55

凰村系代表性单个土体化学性质

深度/cm	pH		有机碳(C)/(g/kg)	全氮(N)/(g/kg)	全磷(P)/(g/kg)	全钾(K)/(g/kg)	CEC/(cmol/kg)	游离铁(Fe)/(g/kg)
	H_2O	KCl						
0～28	5.6	5.7	8.9	0.89	0.41	18.3	9.5	11.3
28～50	5.3	4.1	5.9	0.37	0.49	20.0	9.3	7.8
50～92	5.4	4.2	3.6	0.36	0.54	22.0	8.6	26.5
92～110	5.7	4.6	3.4	0.35	0.57	22.6	8.6	17.5
110～140	5.7	4.8	1.5	0.34	0.55	22.3	16.7	38.6

6.3　黄色铝质湿润淋溶土

6.3.1　鲤塘系（Litang Series）

土　族：黏壤质硅质混合型酸性热性-黄色铝质湿润淋溶土

拟定者：刘窑军，周泽璠，杨　松

分布与环境条件　多出现于上饶、鹰潭、吉安一带的低丘岗地。成土母质为红砂岩坡积物。植被主要为针叶林。年均气温 18.0～18.5℃，年均降水量 1800～1950 mm，无霜期 266 d 左右。

鲤塘系典型景观

土系特征与变幅　诊断层包括淡薄表层、黏化层、雏形层；诊断特性包括热性土壤温度、湿润土壤水分状况、铝质现象。土体厚度在 90 cm 左右，层次质地构型为砂质壤土-砂质黏壤土，pH 为 4.3～4.4。淡薄表层厚约 15 cm，黏粒含量约为 140 g/kg，黏化层厚约 50 cm，黏粒含量为 245～285 g/kg。

对比土系　中高坪系，同一土族，成土母质为花岗岩，质地构型为壤土-砂质黏壤土；安梅系，同一亚类，不同土族，成土母质和层次质地构型相同，颗粒大小级别为粗骨壤质；井塘系，同一亚类，不同土族，成土母质为泥页岩坡积物，颗粒大小级别为粗骨壤质，层次质地构型通体为壤土；位于相似区域的官坊系，同一亚类，不同土族，颗粒大小级别为黏壤质，成土母质相同，质地构型为砂质壤土-砂质黏土；位于邻近区域的其桥江家系，新成土纲，成土母质为红砂岩，质地构型为壤土-壤质砂土；位于相似区域的王毛系，同一亚纲，不同土类，成土母质为石英砂岩，质地构型为砂质黏壤土-黏土；位于相似区域的潭江系，同一亚纲，不同土类，成土母质为花岗岩坡积物，质地构型为砂质壤土-黏壤土。

利用性能综述　土壤发育程度一般，质地偏砂，水肥流失严重，导致土壤贫瘠，植被稀疏，极易造成水土流失，导致生态环境日趋恶化。应增加种植刺槐、荆条等耐盐碱树种，同时严禁对现有林地进行砍伐，保护植被，提升地表植被覆盖度，逐步改善生态条件。

参比土种　厚层红砂泥红壤。

代表性单个土体　位于江西省鹰潭市贵溪市滨江镇鲤塘村，28°20′57.3″N，117°12′16.9″E，海拔 61 m，成土母质为红砂岩坡积物，针叶林地。50 cm 深度土温 21.2℃。野外调查时间为 2015 年 5 月 17 日，编号 36-085。

鲤塘系代表性单个土体剖面

Ah：0～10 cm，灰棕色（5YR 4/2，干），亮棕色（7.5YR 5/8，润），砂质壤土，粒状结构，疏松，少量 0.5～2 mm 的根系，中量蜂窝状孔隙，向下层平滑渐变过渡。

Bt：10～58 cm，橙色（5YR 7/6，干），橙色（7.5YR 6/8，润），砂质黏壤土，团块状结构，稍坚实，很少量<0.5 mm 的根系，少量蜂窝状孔隙，结构面可见少量模糊的黏粒胶膜，向下层平滑渐变过渡。

Bw：58～90 cm，淡黄橙色（10YR 8/4，干），黄棕色（10YR 5/8，润），红砂岩碎屑为橙色（5YR 6/8，润），砂质黏壤土，团块状结构，稍坚实，中量的 5～20 mm 的角状红砂岩碎屑，少量蜂窝状孔隙，向下层平滑渐变过渡。

C：90～125 cm，红砂岩坡积物。

鲤塘系代表性单个土体物理性质

土层	深度/cm	砾石 (>2 mm，体积分数)/%	细土颗粒组成（粒径：mm)/(g/kg)			质地	容重 /(g/cm^3)
			砂粒 2～0.05	粉粒 0.05～0.002	黏粒 <0.002		
Ah	0～10	0	701	159	140	砂质壤土	1.23
Bt	10～58	0	537	180	283	砂质黏壤土	1.32
Bw	58～90	10	570	181	249	砂质黏壤土	1.30
C	90～125	—	—	—	—	—	—

鲤塘系代表性单个土体化学性质

深度/cm	pH		有机碳(C) /(g/kg)	全氮(N) /(g/kg)	全磷(P) /(g/kg)	全钾(K) /(g/kg)	CEC /(cmol/kg)	游离铁(Fe) /(g/kg)	铝饱和度 /%
	H_2O	KCl							
0～10	4.4	3.8	3.4	0.80	0.59	15.0	12.1	5.2	61
10～58	4.3	3.6	2.6	0.71	0.47	15.1	14.2	10.0	82
58～90	4.3	3.8	2.1	0.55	0.36	13.1	9.0	12.0	70
90～125	—	—	—	—	—	—	—	—	—

6.3.2 安梅系（Anmei Series）

土 族：粗骨壤质硅质混合型酸性热性-黄色铝质湿润淋溶土

拟定者：陈家赢，邓 楠，关熊飞

分布与环境条件 多出现于赣州、上饶、宜春一带的丘陵岗地下部的缓坡地段。成土母质为红砂岩坡积物。植被为灌木、常绿针阔叶林等，部分地区开辟为果园。年均气温 18.5～19.0℃，年均降水量 1650～1800 mm，无霜期 278 d 左右。

安梅系典型景观

土系特征与变幅 诊断层包括淡薄表层、黏化层、雏形层；诊断特性包括热性土壤温度、湿润土壤水分状况、准石质接触面、铝质现象。土体厚度约 70 cm，淡薄表层厚约 20 cm，黏粒含量约为 185 g/kg，黏化层出现在 35 cm 以下，厚度约 35 cm，有较多的岩石碎屑，黏粒含量约为 225 g/kg，结构面可见较多的黏粒胶膜，质地构型为砂质壤土-砂质黏壤土，pH 为 4.0～4.2。

对比土系 井塘系，同一土族，成土母质为泥页岩坡积物，层次质地构型通体为壤土；官坊系，同一亚类，不同土族，颗粒大小级别为黏壤质，成土母质相同，质地构型为砂质壤土-砂质黏土；中高坪系，同一亚类，不同土族，成土母质为花岗岩，颗粒大小级别为黏壤质，质地构型为壤土-砂质黏壤土；鲤塘系，同一亚类，不同土族，成土母质和层次质地构型相同，颗粒大小级别为黏壤质；位于相似地区的杉树下系，人为土纲，成土母质为泥页岩，质地构型为粉壤土-壤土；位于相似区域的团红系，富铁土纲，成土母质为红砂岩，质地构型为砂质壤土-黏壤土；位于相似区域的关山系，同一土类，不同亚类，成土母质相同，质地构型为黏土-粉质黏土-黏土；位于相似区域的富田系，雏形土纲，成土母质为花岗岩，质地构型为壤土-粉壤土-壤土。

利用性能综述 土壤发育程度一般，有效土体较薄，养分含量适中，但质地偏砂，难以涵养水分，使得植被根系不易下扎，易造成水土流失，已呈现片状侵蚀现象。应合理增施有机肥和化肥，实行秸秆还田，间种绿肥和豆科植物，培肥土壤，加强地表植被覆盖度，减缓水土流失。

参比土种　厚层乌红砂泥红壤。

代表性单个土体　位于江西省赣州市大余县南安镇梅山村，25°20′50.7″N，114°24′01.4″E，海拔 222 m，成土母质为红砂岩坡积物，果园。50 cm 深度土温 22.3℃，热性。野外调查时间为 2016 年 1 月 7 日，编号 36-154。

安梅系代表性单个土体剖面

O：+2～0 cm，大量<0.5 mm 的草根，中量蜂窝状孔隙，向下层波状渐变过渡。

Ap：0～18 cm，浊黄橙色（10YR 7/2，干），棕色（7.5YR 4/3，润），砂质壤土，团块状结构，疏松，很少量<0.5 mm 的草根，向下层平滑模糊过渡。

Bw：18～35 cm，浊黄橙色（10YR 7/3，干），棕色（7.5YR 4/6，润），砂质壤土，团块状结构，疏松，很少量<0.5 mm 的草根，中量蜂窝状孔隙，向下层波状渐变过渡。

Bt：35～70 cm，浊黄橙色（10YR 7/3，干），亮棕色（7.5YR 5/8，润），砂质黏壤土，团块状结构，疏松，很少量<0.5 mm 的草根，中量蜂窝状孔隙，较多量<5 mm 的红砂岩碎屑，结构体表面可见模糊的较多的黏粒胶膜，向下层波状清晰过渡。

C：70～125 cm，浅淡橙色（5YR 8/4，干），亮棕色（7.5YR 5/8，润），红砂岩风化物。

安梅系代表性单个土体物理性质

土层	深度/cm	砾石(>2 mm，体积分数)/%	细土颗粒组成（粒径：mm)/(g/kg)			质地	容重/(g/cm^3)
			砂粒 2～0.05	粉粒 0.05～0.002	黏粒 <0.002		
Ap	0～18	0	617	197	186	砂质壤土	1.21
Bw	18～35	0	617	248	135	砂质壤土	1.30
Bt	35～70	25	518	257	225	砂质黏壤土	1.33
C	70～125	—	—	—	—	—	—

安梅系代表性单个土体化学性质

深度/cm	pH		有机碳(C)/(g/kg)	全氮(N)/(g/kg)	全磷(P)/(g/kg)	全钾(K)/(g/kg)	CEC/(cmol/kg)	游离铁(Fe)/(g/kg)	铝饱和度/%
	H_2O	KCl							
0～18	4.2	3.8	12.4	0.92	0.62	16.3	8.8	12.6	49
18～35	4.0	3.8	7.0	0.72	0.49	14.9	6.6	7.6	62
35～70	4.0	3.7	3.0	0.46	0.45	14.0	8.1	9.9	69
70～125	—	—	—	—	—	—	—	—	—

6.3.3 井塘系（Jingtang Series）

土 族：粗骨壤质硅质混合型酸性热性-黄色铝质湿润淋溶土

拟定者：王天巍，杨家伟，杨 松

分布与环境条件 多出现于九江、吉安、赣州一带的丘陵下部的缓坡地段。成土母质为泥页岩坡积物。植被为常绿阔叶林。年均气温 17.0～18.5℃，年均降水量 1450～1600 mm，无霜期 260 d 左右。

井塘系典型景观

土系特征与变幅 诊断层包括淡薄表层、黏化层、雏形层；诊断特性包括热性土壤温度、湿润土壤水分状况、铝质现象。土体厚度不足 1 m，由泥页岩坡积物多次堆叠形成，淡薄表层厚约 20 cm，黏化层出现在 50 cm 以下，可见较多的黏粒胶膜，质地构型通体为壤土，含有大量的泥页岩碎屑，pH 为 4.2～4.3。

对比土系 安梅系，同一土族，成土母质为红砂岩坡积物，层次质地构型为砂质壤土-砂质黏壤土；官坊系，同一亚类，不同土族，颗粒大小级别为黏壤质，成土母质为红砂岩坡积物，质地构型为砂质壤土-砂质黏土；中高坪系，同一亚类，不同土族，成土母质为花岗岩，颗粒大小级别为黏壤质，质地构型为壤土-砂质黏壤土；鲤塘系，同一亚类，不同土族，成土母质为红砂岩坡积物，颗粒大小级别为黏壤质，层次质地构型为砂质壤土-砂质黏壤土；位于相似区域的九沅系，富铁土纲，成土母质为花岗岩坡积物，质地构型为砂质壤土-砂质黏壤土-砂质壤土；位于相似区域的龙芦系，富铁土纲，成土母质为花岗岩，质地构型为壤土-黏土-黏壤土；位于相似区域的关山系，淋溶土纲，成土母质为红砂岩坡积物，质地构型为黏土-粉质黏土-黏土；位于相似区域的新山系，淋溶土纲，成土母质为石灰岩坡积物，质地构型为壤土-黏壤土-黏土；位于相似地区的壬田系，人为土纲，母质为河湖相沉积物，土层质地构型为粉壤土-粉质黏壤土。

利用性能综述 土壤发育程度一般，有效土体较薄，质地适中，除表层土壤肥力较高外，其余部分养分较差。应加强对现有植被的保护，避免砍伐树木，适当翻耕土地，增施复合肥，挑挖沟泥、塘泥以加厚有效土层。

参比土种 厚层鳝泥棕红壤。

代表性单个土体　位于江西省赣州市于都县黄麟乡井塘村，25°54′11.0″N，115°40′56.6″E，海拔 134 m，成土母质为泥页岩坡积物，常绿阔叶林地。50 cm 深度土温 16.7℃，热性。野外调查时间为 2016 年 1 月 9 日，编号 36-160。

井塘系代表性单个土体剖面

Ah：0～18 cm，淡棕灰色（5YR 7/1，干），棕色（7.5YR 4/3，润），壤土，团块状结构，疏松，中量 0.5～2 mm 的草根，大量 2～5 mm 的蜂窝状孔隙，很多的次圆状泥页岩碎屑，向下层波状清晰过渡。

Bw：18～50 cm，橙白色（7.5YR 8/2，干），亮棕色（7.5YR 5/6，润），壤土，团块状结构，松散，中量<0.5 mm 的草根，大量 2～5 mm 的蜂窝状孔隙，很多 10～20 mm 的次圆状泥页岩碎屑，向下层波状渐变过渡。

Bt：50～70 cm，淡黄橙色（7.5YR 8/4，干），浅淡橙色（5YR 8/3，润），壤土，团块状结构，松散，少量<0.5 mm 的草根，大量 2～5 mm 的蜂窝状孔隙，很多 5～10 mm 的次圆状泥页岩碎屑，结构体表面可见较多的黏粒胶膜。

C：70～120 cm，泥页岩坡积物。

井塘系代表性单个土体物理性质

土层	深度/cm	砾石(>2 mm，体积分数)/%	细土颗粒组成 (粒径：mm)/(g/kg)			质地	容重/(g/cm³)
			砂粒 2～0.05	粉粒 0.05～0.002	黏粒 <0.002		
Ah	0～18	50	287	448	265	壤土	1.23
Bw	18～50	70	447	350	203	壤土	—
Bt	50～70	70	436	310	254	壤土	—
C	70～120	—	—	—	—	—	—

井塘系代表性单个土体化学性质

深度/cm	pH		有机碳(C)/(g/kg)	全氮(N)/(g/kg)	全磷(P)/(g/kg)	全钾(K)/(g/kg)	CEC/(cmol/kg)	游离铁(Fe)/(g/kg)	铝饱和度/%
	H_2O	KCl							
0～18	4.2	3.4	27.5	0.93	0.78	17.6	17.8	12.0	60
18～50	4.3	3.5	4.9	0.79	0.68	15.7	11.4	13.0	85
50～70	4.2	3.5	4.5	0.67	0.67	16.7	15.3	13.1	73
70～120	—	—	—	—	—	—	—	—	—

6.3.4　中高坪系（Zhonggaoping Series）

土　族：黏壤质硅质混合型酸性热性-黄色铝质湿润淋溶土

拟定者：刘窑军，王腊红，关熊飞

分布与环境条件　多出现于抚州、赣州、吉安一带的山地中部。成土母质为花岗岩。植被主要为灌木林。年均气温 18.5～19.0℃，年均降水量 1450～1600 mm，无霜期 296 d 左右。

中高坪系典型景观

土系特征与变幅　诊断层包括淡薄表层、黏化层；诊断特性包括热性土壤温度、湿润土壤水分状况、铁质特性、铝质现象。土体厚度约 85 cm，淡薄表层厚度约 20 cm，黏化层出现在 45 cm 以下，层次质地构型为壤土-砂质黏壤土，pH 为 4.4～4.5。

对比土系　鲤塘系，同一土族，成土母质为红砂岩坡积物，层次质地构型为砂质壤土-砂质黏壤土；安梅系，同一亚类，不同土族，成土母质为红砂岩坡积物，颗粒大小级别为粗骨壤质，层次质地构型为砂质壤土-砂质黏壤土；井塘系，同一亚类，不同土族，成土母质为泥页岩坡积物，颗粒大小级别为粗骨壤质，层次质地构型通体为壤土；官坊系，同一亚类，不同土族，颗粒大小级别为黏壤质，成土母质为红砂岩坡积物，质地构型为砂质壤土-砂质黏土；位于邻近区域的珊田系，同一亚纲，不同土类，成土母质为紫色砾岩坡积物，质地构型通体为砂质壤土；位于相似区域的中板系，雏形土纲，成土母质为红砂岩坡积物，质地构型为壤质砂土；位于相似区域的任头系，雏形土纲，成土母质为泥页岩风化物，质地构型通体为壤土；位于相似区域的湛口系，雏形土纲，成土母质为砂页岩坡积物，质地构型为砂质壤土-砂质黏壤土-砂质壤土。

利用性能综述　地势较高，土体厚度一般，质地适中，养分情况良好，但所处地形部位易造成水肥流失，不利于植被生长，因此以低矮灌木为主。在日常管理过程中，应加强封山育林，减少人为扰动。

参比土种　厚层乌麻砂泥红壤。

代表性单个土体　位于江西省吉安市遂川县高坪镇高坪村，26°01′46.0″N，114°06′15.1″E，海拔 720 m，成土母质为花岗岩，灌木林地。50 cm 深度土温 22.6℃，热性。野外调查时间为 2016 年 1 月 5 日，编号 36-143。

中高坪系代表性单个土体剖面

Ah：0～18 cm，灰棕色（5YR 4/1，干），黑棕色（5YR 2/1，润），壤土，团块状结构，疏松，中量 2～5 mm 的草根，少量的粒状孔隙，向下层直线清晰过渡。

AB：18～45 cm，淡黄橙色（10YR 8/3，干），棕色（7.5YR 4/4，润），壤土，团状结构，疏松，中量 0.5～2 mm 的草根，少量的粒状孔隙，向下层直线渐变过渡。

Bt：45～85 cm，淡黄橙色（10YR 8/3，干），棕色（7.5YR 4/4，润），砂质黏壤土，团块状结构，稍坚实，中量 2～5 mm 的根系，很少的蜂窝状孔隙，少量 5～20 mm 的团块状花岗岩碎屑，可见少量的黏粒胶膜，向下层波状清晰过渡。

C：　85～92 cm，淡黄橙色（10YR 8/4，干），浊橙色（7.5YR 7/4，润），母质为花岗岩。

中高坪系代表性单个土体物理性质

土层	深度/cm	砾石 (>2 mm，体积分数)/%	细土颗粒组成 (粒径：mm)/(g/kg)			质地	容重 /(g/cm^3)
			砂粒 2～0.05	粉粒 0.05～0.002	黏粒 <0.002		
Ah	0～18	0	486	316	198	壤土	1.28
AB	18～45	0	478	335	187	壤土	1.32
Bt	45～85	3	506	217	277	砂质黏壤土	1.38
C	85～92	—	—	—	—	—	—

中高坪系代表性单个土体化学性质

深度/cm	pH		有机碳(C) /(g/kg)	全氮(N) /(g/kg)	全磷(P) /(g/kg)	全钾(K) /(g/kg)	CEC /(cmol/kg)	游离铁(Fe) /(g/kg)	铝饱和度 /%
	H_2O	KCl							
0～18	4.5	3.9	31.5	1.01	0.78	18.7	17.2	17.5	54
18～45	4.5	4.0	22.0	0.83	0.54	17.0	22.7	18.9	62
45～85	4.4	4.1	11.2	0.47	0.22	15.9	20.1	20.0	60
85～92	—	—	—	—	—	—	—	—	—

6.3.5 官坊系（Guanfang Series）

土 族：黏壤质混合型酸性热性-黄色铝质湿润淋溶土

拟定者：陈家赢，周泽璠，牟经瑞

分布与环境条件 多出现于宜春中东部、新余东北部、鹰潭中北部一带的低残丘和岗地缓坡地段。成土母质为红砂岩坡积物。植被以草本灌木为主。年均气温 18.0～18.5℃，年均降水量 1750～1900 mm，无霜期 266 d 左右。

官坊系典型景观

土系特征与变幅 诊断层包括淡薄表层、黏化层；诊断特性包括热性土壤温度、湿润土壤水分状况、铝质现象。土体厚度在 45～50 cm，土壤质地为砂质壤土-砂质黏土，pH 为 4.4～4.7。淡薄表层厚为 20～25 cm，黏粒含量约为 180 g/kg；之下为黏化层，厚为 25～30 cm，黏粒含量大于 310 g/kg。

对比土系 安梅系，同一亚类，不同土族，成土母质相同，颗粒大小级别为粗骨壤质，层次质地构型为砂质壤土-砂质黏壤土；中高坪系，同一亚类，不同土族，成土母质为花岗岩，颗粒大小级别为黏壤质，质地构型为壤土-砂质黏壤土；井塘系，同一亚类，不同土族，成土母质为泥页岩坡积物，颗粒大小级别为粗骨壤质，层次质地构型通体为壤土；位于相似区域的鲤塘系，同一亚类，不同土族，颗粒大小级别为黏壤质，成土母质相同，质地构型为砂质壤土-砂质黏壤土；位于相似区域的独城系，同一亚纲，不同土类，成土母质为泥质岩坡积物，质地构型为黏壤土-粉质黏土-粉质黏壤土；位于相似区域的关山系，同一土类，不同亚类，成土母质相同，质地构型为黏土-粉质黏土-黏土；位于相似区域的沙畈系，同一亚纲，不同土类，成土母质为花岗岩坡积物，质地构型为黏壤土-壤土；位于相似区域的南塘系，雏形土纲，成土母质为河湖相沉积物，质地构型通体为砂土。

利用性能综述 土壤发育程度一般，有效土体厚度较浅，质地稍偏砂，除氮元素外，其余养分含量偏少，地下水位较高。应保护好现有植被，因地制宜地种植一些林木，适当翻土，合理施肥，增加地面覆盖度，开沟排水，改良土壤物理性状。

参比土种 厚层灰红砂泥红壤。

代表性单个土体 位于江西省鹰潭市余江区洪湖乡官坊村，28°14′07.0″N，116°59′06.4″E，海拔 42 m，成土母质为红砂岩坡积物，矮草地。50 cm 深度土温 21.3℃，热性。野外调查时间为 2015 年 5 月 17 日，编号 36-086。

官坊系代表性单个土体剖面

Ah：0～20 cm，浊黄橙色（10YR 6/3，干），橙色（7.5YR 6/8，润），砂质壤土，粒状结构，疏松，有少量 2～5 mm 的根系，有少量蚯蚓粪便，很少的蜂窝状孔隙，向下层清晰过渡。

Bt：20～47 cm，黄橙色（10YR 8/6，干），黑棕色（7.5YR 3/2，润），砂质黏土，团粒状结构，稍坚实，很少量 0.5～2 mm 的根系，很少的蜂窝状孔隙，有少量蚯蚓粪便，可见中量的黏粒胶膜，向下层波状渐变过渡。

C1：47～65 cm，70%橙色（5YR 6/6，干）、30%亮黄棕色（10YR 7/6，干），70%橙色（5YR 6/8，润）、30%棕色（10YR 4/6，润），向下层波状渐变过渡。

C2：65～80 cm，母质为红砂岩。

官坊系代表性单个土体物理性质

土层	深度/cm	砾石 (>2 mm，体积分数)/%	细土颗粒组成 (粒径：mm)/(g/kg)			质地	容重 /(g/cm³)
			砂粒 2～0.05	粉粒 0.05～0.002	黏粒 <0.002		
Ah	0～20	0	713	109	178	砂质壤土	1.29
Bt	20～47	0	504	177	319	砂质黏土	1.32
C1	47～65	—	—	—	—	—	—
C2	65～80	—	—	—	—	—	—

官坊系代表性单个土体化学性质

深度/cm	pH		有机碳(C) /(g/kg)	全氮(N) /(g/kg)	全磷(P) /(g/kg)	全钾(K) /(g/kg)	CEC /(cmol/kg)	游离铁(Fe) /(g/kg)	铝饱和度 /%
	H_2O	KCl							
0～20	4.7	3.9	8.7	1.57	0.49	14.6	15.2	4.5	63
20～47	4.4	3.8	6.3	1.43	0.45	13.3	21.4	7.3	61
47～65	—	—	—	—	—	—	—	—	—
65～80	—	—	—	—	—	—	—	—	—

6.4　普通铝质湿润淋溶土

6.4.1　关山系（Guanshan Series）

土　族：黏质硅质混合型酸性热性-普通铝质湿润淋溶土

拟定者：蔡崇法，邓　楠，朱　亮

分布与环境条件　多出现于九江、赣州、上饶一带的丘陵岗地的缓坡地段。成土母质为红砂岩坡积物。植被为常绿针阔叶林。年均气温 16.5～17.0℃，年均降水量 1700～1800 mm，无霜期 248 d 左右。

关山系典型景观

土系特征与变幅　诊断层包括淡薄表层、黏化层、雏形层；诊断特性包括热性土壤温度、湿润土壤水分状况、铁质特性、铝质现象。土体厚度在 1 m 以上，淡薄表层厚约 30 cm，黏粒含量约 400 g/kg。黏化层上界出现在 40 cm 左右，厚度约 50 cm，黏粒含量为 480～495 g/kg。土体质地构型为黏土-粉质黏土-黏土，pH 为 4.5～6.4。

对比土系　井塘系，同一土类，不同亚类，成土母质为泥页岩坡积物，通体为壤土，颗粒大小级别为粗骨壤质；安梅系，同一土类，不同亚类，成土母质相同，质地构型为砂质壤土-砂质黏壤土，颗粒大小级别为粗骨壤质；官坊系，同一土类，不同亚类，成土母质相同，质地构型为砂质壤土-砂质黏土，颗粒大小级别为黏壤质；位于邻近区域的田铺系，同一土纲，为普通铝质常湿淋溶土，成土母质为花岗岩坡积物，质地构型为砂质壤土-粉壤土；位于相似区域的毗炉系，雏形土纲，成土母质为紫色页岩坡积物，质地构型为壤土-黏壤土；位于相似区域的马口系，人为土纲，成土母质为河湖相沉积物，质地构型为砂质壤土-砂土-壤土。

利用性能综述　土体深厚，植被覆盖度较高，表层有机质、氮元素含量较高，但钾元素、磷元素缺乏，质地稍偏黏。应注重用养结合，保护好现有植被，严禁乱砍滥伐，避免水土流失，客土掺砂，适当增施磷钾肥，培肥地力。

参比土种　厚层乌红砂泥红壤。

代表性单个土体　位于江西省九江市武宁县罗坪镇关山村，29°13′44.8″N，115°10′25.7″E，海拔 101 m，成土母质为红砂岩坡积物，林地，常绿针叶林。50 cm 深度土温 20.5℃。野外调查时间为 2014 年 8 月 6 日，编号 36-004。

关山系代表性单个土体剖面

Ah：0～30 cm，亮红棕色（2.5YR 5/6，干），红棕色（2.5YR 4/6，润），黏土，团块状结构，疏松，中量 0.5～2 mm 的根系，少量 20～75 mm 的角状石英碎屑，向下层平滑明显过渡。

Bw1：30～43 cm，红棕色（2.5YR 4/6，干），暗红棕色（2.5YR 3/6，润），粉质黏土，团块状结构，疏松，少量 0.5～2 mm 的根系，少量 20～75 mm 的角状石英碎屑，向下层平滑明显过渡。

Bt：43～90 cm，红棕色（2.5YR 4/8，干），红棕色（2.5YR 4/6，润），粉质黏土，团块状结构，疏松，少量 0.5～2 mm 的根系，可见模糊中量的黏粒胶膜，向下层平滑明显过渡。

Bw2：90～120 cm，红棕色（2.5YR 4/8，干），红棕色（2.5YR 4/6，润），黏土，团块状结构，疏松。

关山系代表性单个土体物理性质

土层	深度/cm	砾石 (>2 mm，体积分数)/%	细土颗粒组成 (粒径：mm)/(g/kg)			质地	容重/(g/cm^3)
			砂粒 2～0.05	粉粒 0.05～0.002	黏粒 <0.002		
Ah	0～30	3	199	393	408	黏土	1.28
Bw1	30～43	3	94	496	410	粉质黏土	1.36
Bt	43～90	0	91	416	493	粉质黏土	1.45
Bw2	90～120	0	183	392	425	黏土	1.46

关山系代表性单个土体化学性质

深度/cm	pH		有机碳(C)/(g/kg)	全氮(N)/(g/kg)	全磷(P)/(g/kg)	全钾(K)/(g/kg)	CEC/(cmol/kg)	游离铁(Fe)/(g/kg)	交换性铝/(cmol/kg，黏粒)
	H_2O	KCl							
0～30	6.4	5.9	20.7	0.89	0.31	10.6	19.6	44.1	7.4
30～43	4.5	3.9	8.8	0.48	0.23	10.8	15.5	40.8	12.2
43～90	4.8	3.7	3.5	0.48	0.23	10.5	14.6	35.3	16.3
90～120	5.0	3.6	2.3	0.49	0.24	10.9	15.1	51.9	20.0

6.5　铝质酸性湿润淋溶土

6.5.1　独城系（Ducheng Series）

土　族：黏质硅质混合型热性-铝质酸性湿润淋溶土

拟定者：王军光，周泽璠，杨　松

分布与环境条件　多出现于吉安、赣州、宜春一带的低丘下部的坡度平缓地段。成土母质为泥质岩坡积物。植被为林地与灌木的混交林。年均气温 17.5～18.5℃，年均降水量 1700～1850 mm，无霜期 269 d 左右。

独城系典型景观

土系特征与变幅　诊断层包括淡薄表层、黏化层；诊断特性包括热性土壤温度、湿润土壤水分状况、铁质特性、铝质现象。土体厚度约 80 cm，层次质地构型为黏壤土-粉质黏土-粉质黏壤土，pH 为 4.2～4.5。淡薄表层厚为 15～20 cm，黏粒含量为 280 g/kg 左右；之下为黏化层，厚 60～65 cm，有较多的岩石碎屑，黏粒含量为 370～405 g/kg，结构面可见较多明显的黏粒胶膜。

对比土系　午田系，同一土族，成土母质为花岗岩风化物，质地构型为黏壤土-砂质黏土-黏壤土；沙畈系，同一亚类，不同土族，分布环境相似，成土母质为花岗岩坡积物，质地构型为黏壤土-壤土；长竹系，同一土类，不同亚类，为红色酸性湿润淋溶土，成土母质为石英砂岩残积物，质地构型为壤土-黏壤土-壤土-黏壤土；下花桥系，同一土类，不同亚类，为红色酸性湿润淋溶土，成土母质相同，通体为黏壤土，颗粒大小级别为黏质；位于邻近区域的建牌系，同一土类，不同亚类，为红色酸性湿润淋溶土，成土母质为红砂岩坡积物，质地构型为砂质黏壤土-黏土，无铝质现象；位于相似区域的东港系，富铁土纲，成土母质为泥页岩类坡积物盖泥页岩类残积物，质地构型为壤土-黏壤土-砂质壤土-壤土-砂质壤土；位于相似区域的官坊系，同一亚纲，不同土类，成土母质为红砂岩坡积物，质地构型为砂质壤土-砂质黏土。

利用性能综述　地形平缓，土体深厚，质地稍黏，有机质及其他养分均达中量水平，宜种性较广，具备发展林业生产较好的立地条件。应有计划地进行林种更新，适当客土掺砂，因地制宜地种植树木，防止水土流失，保护现有的生态环境不被破坏。

参比土种　厚层灰鳝泥红壤。

代表性单个土体　位于江西省宜春市高安市独城镇独城村，28°14′09.9″N，116°29′31.9″E，海拔 57 m，成土母质为泥质岩坡积物，绿叶灌木。50 cm 深度土温 21.1℃，热性。野外调查时间为 2015 年 8 月 27 日，编号 36-117。

独城系代表性单个土体剖面

Ah：0～20 cm，红棕色（2.5YR 4/6，干），浊红棕色（5YR 4/4，润），黏壤土，团块状结构，疏松，少量 0.5～2 mm 的草根，很少量 2～5 mm 的树根，大量的蜂窝状孔隙，向下层波状渐变过渡。

Bt1：20～38 cm，橙色（2.5YR 6/8，干），亮红棕色（5YR 5/6，润），粉质黏土，团块状结构，疏松，少量<0.5 mm 的草根，很少量 2～5 mm 的树根，大量的蜂窝状孔隙，结构面有较多明显的黏粒胶膜，向下层波状模糊过渡。

Bt2：38～55 cm，橙色（2.5YR 6/8，干），红棕色（5YR 4/6，润），粉质黏壤土，团块状结构，疏松，很少量<0.5 mm 的草根，大量蜂窝状孔隙，较多量 2～5 mm 的角状泥质岩碎屑，结构面有较多明显的黏粒胶膜，向下层波状渐变过渡。

Bt3：55～80 cm，橙色（5YR 6/8，干），亮红棕色（5YR 5/8，润），粉质黏壤土，团块状结构，疏松，很少量<0.5 mm 的草根，大量蜂窝状孔隙，较多量 2～5 mm 的角状泥质岩碎屑，结构面有较多明显的黏粒胶膜，向下层平滑渐变过渡。

C：80～125 cm，泥质岩风化物。

独城系代表性单个土体物理性质

土层	深度/cm	砾石 (>2 mm，体积分数)/%	细土颗粒组成 (粒径：mm)/(g/kg)			质地	容重 /(g/cm^3)
			砂粒 2～0.05	粉粒 0.05～0.002	黏粒 <0.002		
Ah	0～20	0	251	468	281	黏壤土	1.28
Bt1	20～38	0	110	487	403	粉质黏土	1.33
Bt2	38～55	20	165	466	369	粉质黏壤土	1.38
Bt3	55～80	40	177	443	380	粉质黏壤土	1.38
C	80～125	—	—	—	—	—	—

独城系代表性单个土体化学性质

深度/cm	pH		有机碳(C)/(g/kg)	全氮(N)/(g/kg)	全磷(P)/(g/kg)	全钾(K)/(g/kg)	CEC/(cmol/kg)	游离铁(Fe)/(g/kg)	铝饱和度/%
	H_2O	KCl							
0～20	4.2	3.7	15.8	0.88	0.92	16.4	11.6	18.5	55
20～38	4.2	3.7	8.1	0.65	0.71	10.0	21.0	20.4	45
38～55	4.3	3.7	4.1	0.56	0.34	9.3	19.7	21.0	77
55～80	4.5	4.0	4.8	0.43	0.35	8.6	19.1	21.5	59
80～125	—	—	—	—	—	—	—	—	—

6.5.2　午田系（Wutian Series）

土　族：黏质硅质混合型热性-铝质酸性湿润淋溶土
拟定者：蔡崇法，罗梦雨，关熊飞

午田系典型景观

分布与环境条件　多出现于赣州、吉安、抚州一带的高丘中部的缓坡地段。成土母质为花岗岩风化物。植被为常绿针阔叶林。年均气温 18.0～18.5℃，年均降水量 1700～1850 mm，无霜期 271 d 左右。

土系特征与变幅　诊断层包括淡薄表层、黏化层、雏形层；诊断特性包括热性土壤温度、湿润土壤水分状况、铝质现象。淡薄表层厚度约为 25 cm，黏粒含量约 290 g/kg；黏化层厚度约为 30 cm，黏粒含量约 395 g/kg。层次质地构型为黏壤土-砂质黏土-黏壤土，pH 为 4.0～4.3。

对比土系　独城系，同一土族，成土母质为泥质岩坡积物，质地构型为黏壤土-粉质黏土-粉质黏壤土；沙畈系，同一亚类，不同土族，成土母质为花岗岩坡积物，质地构型为黏壤土-壤土，颗粒大小级别为粗骨壤质；长竹系，同一土类，不同亚类，为红色酸性湿润淋溶土，成土母质为石英砂岩残积物，质地构型为壤土-黏壤土-壤土-黏壤土；下花桥系，同一土类，不同亚类，为红色酸性湿润淋溶土，成土母质为泥页岩残积物、坡积物，通体为黏壤土，颗粒大小级别为黏质；位于邻近区域的康村系，雏形土纲，成土母质为花岗岩坡积物，质地构型为壤土-砂质黏壤土；位于相似区域的芦溪系，富铁土纲，成土母质为红砾岩坡积物，质地构型为黏壤土-粉质黏壤土。

利用性能综述　有效土体厚度稍薄，有机质、氮、钾含量较高，养分充足，保蓄性能良好，植被覆盖度高，但土体磷含量低。应保护现有植被，提高植被覆盖度，防止水土流失，增施磷肥，提高地力，挑挖沟泥、塘泥以加厚有效土层。

参比土种　厚层乌麻砂泥黄壤。

代表性单个土体　位于江西省抚州市乐安县招携镇午田村，27°05′05.0″N，115°54′13.0″E，海拔 372 m，成土母质为花岗岩风化物，林地。50 cm 深度土温 20.6℃。野外调查时间为 2014 年 11 月 13 日，编号 36-036。

Ah：0～25 cm，棕色（10YR 4/6，干），浊黄棕色（10YR 4/3，润），黏壤土，团粒状结构，稍坚实，土体内有大量的植物根系，大量的蜂窝状根孔，向下层平滑渐变过渡。

Bt：25～50 cm，浊黄棕色（10YR 5/3，干），浊黄橙色（10YR 6/3，润），砂质黏土，团粒状结构，稍坚实，土体内有很少的植物根系，大量的蜂窝状根孔，可见少量模糊的黏粒胶膜，向下层波状渐变过渡。

Bw：50～65 cm，棕灰色（7.5YR 6/1，干），浊黄橙色（10YR 6/4，润），黏壤土，团粒状结构，疏松，土体内有很少的植物根系，大量的蜂窝状根孔，向下层平滑模糊过渡。

C：65～103 cm，花岗岩风化物。

午田系代表性单个土体剖面

午田系代表性单个土体物理性质

土层	深度/cm	砾石(>2 mm，体积分数)/%	细土颗粒组成 (粒径：mm)/(g/kg)			质地	容重/(g/cm³)
			砂粒 2～0.05	粉粒 0.05～0.002	黏粒 <0.002		
Ah	0～25	0	408	301	291	黏壤土	1.29
Bt	25～50	0	456	150	394	砂质黏土	1.35
Bw	50～65	0	407	309	284	黏壤土	1.34
C	65～103	—	—	—	—	—	—

午田系代表性单个土体化学性质

深度/cm	pH		有机碳(C)/(g/kg)	全氮(N)/(g/kg)	全磷(P)/(g/kg)	全钾(K)/(g/kg)	CEC/(cmol/kg)	游离铁(Fe)/(g/kg)	交换性铝/(cmol/kg，黏粒)
	H_2O	KCl							
0～25	4.3	4.3	21.0	0.81	0.45	19.3	12.8	9.2	8.6
25～50	4.0	4.1	19.4	0.67	0.43	23.0	8.1	8.4	9.1
50～65	4.0	4.0	11.9	0.63	0.34	24.4	12.3	10.4	16.2
65～103	—	—	—	—	—	—	—	—	—

6.5.3　沙畈系（Shafan Series）

土　族：粗骨壤质硅质混合型热性-铝质酸性湿润淋溶土

拟定者：王军光，刘书羽，朱　亮

沙畈系典型景观

分布与环境条件　多出现于抚州、赣州、上饶一带的丘陵低丘中下部的缓坡地带。成土母质为花岗岩坡积物。植被主要为毛竹、杉木等。年均气温 17.5～18.0℃，年均降水量 1800～1950 mm，无霜期 269 d 左右。

土系特征与变幅　诊断层包括暗瘠表层、黏化层、雏形层；诊断特性包括热性土壤温度、湿润土壤水分状况、铁质特性、铝质现象。土体厚度在 1 m 以上，暗瘠表层厚约 30 cm，之下为黏化层，厚 50 cm 左右，通体有较多的岩石碎屑，层次质地构型为黏壤土-壤土，pH 为 4.1～4.4。

对比土系　独城系，同一亚类，不同土族，分布环境相似，成土母质为泥质岩坡积物，质地构型为黏壤土-粉质黏土-粉质黏壤土，颗粒大小级别为黏质；午田系，同一亚类，不同土族，成土母质为花岗岩风化物，质地构型为黏壤土-砂质黏土-黏壤土，颗粒大小级别为黏质；长竹系，同一土类，不同亚类，为红色酸性湿润淋溶土，成土母质为石英砂岩残积物，质地构型为壤土-黏壤土-壤土-黏壤土；下花桥系，同一土类，不同亚类，为红色酸性湿润淋溶土，成土母质为泥页岩残积物、坡积物，通体为黏壤土，颗粒大小级别为黏质；位于邻近区域的西源岭系，雏形土纲，成土母质为红砂岩，质地构型为粉壤土-壤土；位于相似区域的官坊系，同一亚纲，不同土类，成土母质为红砂岩坡积物，质地构型为砂质壤土-砂质黏土。

利用性能综述　土体深厚，但砾石较多，磷、钾含量偏低。应注重用养结合，适度施用磷钾肥，改善土体肥力，通过客土掺砂，改良土壤物理性状和透气能力，促进植物生长，提高植被覆盖度。

参比土种　厚层乌麻砂泥红壤。

代表性单个土体　位于江西省上饶市德兴市万村乡沙畈村，28°39′45.6″N，117°29′15.4″E，海拔 82 m，成土母质为花岗岩坡积物，林地。50 cm 深度土温 20.9℃，热性。野外调查时间为 2015 年 5 月 16 日，编号 36-080。

Ah：0～30 cm，红棕色（5YR 4/6，干），暗红棕色（5YR 3/2，润），黏壤土，团粒状结构，松软，少量 0.5～2 mm 的根系，较多量 1～2 mm 的粒状花岗岩碎屑，向下层波状渐变过渡。

Bt：30～80 cm，橙色（5YR 7/6，干），暗红棕色（2.5YR 3/4，润），黏壤土，团块状结构，松软，少量 0.5～2 mm 的根系，较多量 1～2 mm 的粒状花岗岩碎屑，结构面可见明显的黏粒胶膜，向下层波状模糊过渡。

Bw：80～120 cm，橙色（2.5YR 6/8，干），橙色（2.5YR 6/8，润），壤土，团块状结构，松软，很少量<0.5 mm 的根系，较多量 1～2 mm 的粒状花岗岩碎屑。

沙畈系代表性单个土体剖面

沙畈系代表性单个土体物理性质

土层	深度/cm	砾石(>2 mm，体积分数)/%	细土颗粒组成 (粒径：mm)/(g/kg)			质地	容重/(g/cm³)
			砂粒 2～0.05	粉粒 0.05～0.002	黏粒 <0.002		
Ah	0～30	—	395	337	268	黏壤土	1.25
Bt	30～80	—	397	325	278	黏壤土	1.36
Bw	80～120	—	354	509	137	壤土	1.30

沙畈系代表性单个土体化学性质

深度/cm	pH		有机碳(C)/(g/kg)	全氮(N)/(g/kg)	全磷(P)/(g/kg)	全钾(K)/(g/kg)	CEC/(cmol/kg)	游离铁(Fe)/(g/kg)	铝饱和度/%
	H_2O	KCl							
0～30	4.1	3.5	22.8	0.99	0.45	17.9	21.1	21.7	50
30～80	4.4	3.9	9.2	0.46	0.22	13.7	20.8	26.1	74
80～120	4.4	3.8	5.9	0.40	0.10	13.2	10.3	26.4	52

6.6　红色酸性湿润淋溶土

6.6.1　长竹系（Changzhu Series）

土　族：粗骨壤质混合型热性-红色酸性湿润淋溶土
拟定者：王天巍，邓　楠，聂坤照

长竹系典型景观

分布与环境条件　多出现于抚州、上饶、萍乡一带的低丘中部的中缓坡地带。成土母质为石英砂岩残积物。植被为灌木林、针阔叶林等。年均气温 17～18℃，年均降水量 1600～1750 mm，无霜期 272 d 左右。

土系特征与变幅　诊断层包括淡薄表层、黏化层、雏形层；诊断特性包括热性土壤温度、湿润土壤水分状况、氧化还原特征、铁质特性。淡薄表层厚约 15～20 cm，雏形层厚约 40～45 cm，黏化层厚约 40～45 cm，有较多的岩石碎屑和少量的黏粒胶膜，结构面可见中量的铁斑纹和少量的铁锰结核。土体厚度约 1 m，层次质地构型为壤土-黏壤土-壤土-黏壤土，pH 为 4.3～4.8。

对比土系　口前系，同一土族，成土母质为花岗岩坡积物，质地构型为黏壤土-砂质壤土；王毛系，同一亚类，不同土族，成土母质为石英砂岩，质地构型为砂质黏壤土-黏土，颗粒大小级别为黏壤质；独城系，同一土类，不同亚类，为铝质酸性湿润淋溶土，成土母质为泥质岩坡积物，质地构型为黏壤土-粉质黏土-粉质黏壤土；午田系，同一土类，不同亚类，为铝质酸性湿润淋溶土，成土母质为花岗岩风化物，质地构型为黏壤土-砂质黏土-黏壤土；沙畈系，同一土类，不同亚类，为铝质酸性湿润淋溶土，成土母质为花岗岩坡积物，质地构型为黏壤土-壤土。

利用性能综述　土体较深厚，部分土层质地偏黏，有机质和氮肥含量较高，但磷、钾元素缺乏，保水保肥性能较好，植被覆盖度高。应严禁乱砍滥伐，保护林业资源，有计划地更新林种，防止水土流失，注意深耕翻土，保证土壤的透气性良好，合理施用磷钾肥，提高地力。

参比土种　厚层乌黄砂泥红壤。

代表性单个土体　位于江西省萍乡市芦溪县银河镇长竹村，27°45′11.2″N，114°08′28.7″E。海拔 131 m，成土母质为石英砂岩残积物，半落叶林。50 cm 深度土温 21.3℃，热性。野外调查时间为 2015 年 8 月 20 日，编号 36-098。

Ah：0～18 cm，橙色（5YR 6/6，干），暗红棕色（5YR 3/4，润），壤土，粒状结构，疏松，大量 0.5～2 mm 的草根，少量的管道状根孔，向下层波状渐变过渡。

Br1：18～45 cm，橙色（5YR 7/6，干），红棕色（5YR 4/6，润），黏壤土，粒状结构，疏松，中量 0.5～2 mm 的草根，中量 5～20 mm 的次圆状碎屑，少量的管道状根孔，很少<2 mm 的不规则黑色铁锰结核，向下层平滑模糊过渡。

Br2：45～60 cm，橙色（5YR 7/6，干），亮红棕色（5YR 5/8，润），壤土，团块状结构，疏松，中量 0.5～2 mm 的草根，较多 20～75 mm 的次圆状碎屑，很少的管道状根孔，结构体内有明显少量 6～20 mm 边界清楚的铁斑纹，少量<2 mm 的不规则黑色铁锰结核，向下层平滑模糊过渡。

长竹系代表性单个土体剖面

Btr：60～100 cm，橙色（7.5YR 7/6，干），35%浊黄橙色（10YR 7/4，润）、65%橙色（2.5YR 6/8，润），黏壤土，团块状结构，稍坚实，较多 75～120 mm 的次圆状碎屑，很少的蜂窝状孔隙，结构体内有明显中量 6～20 mm 边界清楚的铁斑纹和少量的黏粒胶膜，很少<2 mm 的不规则黑色铁锰结核，向下层平滑明显过渡。

C：100～120 cm，松散，石英砂岩残积物。

长竹系代表性单个土体物理性质

土层	深度/cm	砾石 (>2 mm，体积分数)/%	细土颗粒组成 (粒径：mm)/(g/kg)			质地	容重 /(g/cm³)
			砂粒 2～0.05	粉粒 0.05～0.002	黏粒 <0.002		
Ah	0～18	0	281	457	261	壤土	1.26
Br1	18～45	10	247	460	291	黏壤土	1.35
Br2	45～60	20	432	365	202	壤土	1.31
Btr	60～100	30	308	417	273	黏壤土	1.32
C	100～120	—	—	—	—	—	—

长竹系代表性单个土体化学性质

深度/cm	pH		有机碳(C) /(g/kg)	全氮(N) /(g/kg)	全磷(P) /(g/kg)	全钾(K) /(g/kg)	CEC /(cmol/kg)	游离铁(Fe) /(g/kg)
	H_2O	KCl						
0～18	4.8	3.7	20.0	0.97	0.43	12.6	9.6	16.8
18～45	4.3	3.7	7.4	0.62	0.29	17.2	11.4	20.1
45～60	4.5	3.7	4.9	0.45	0.26	13.3	11.7	18.6
60～100	4.5	3.7	2.5	0.34	0.23	11.9	11.1	20.7
100～120	—	—	—	—	—	—	—	—

6.6.2　下花桥系（Xiahuaqiao Series）

土　族：黏质硅质混合型热性-红色酸性湿润淋溶土
拟定者：陈家赢，王腊红，曹金洋

下花桥系典型景观

分布与环境条件　多出现于吉安、赣州、宜春一带的高丘下部的中缓坡地段。成土母质为泥页岩残积物、坡积物。植被多为马尾松、杉、竹等乔木和灌木。年均气温 17.5～18.0℃，年均降水量 1600～1700 mm，无霜期 269 d 左右。

土系特征与变幅　诊断层包括暗瘠表层、黏化层、雏形层；诊断特性包括热性土壤温度、湿润土壤水分状况、铁质特性。土体厚度 1 m 以下，暗瘠表层厚度约 20 cm，黏粒含量约 330 g/kg；黏化层上界出现在 20 cm 左右，黏粒含量为 390～400 g/kg，结构面可见较多的锰胶膜和少量的黏粒胶膜，之下为雏形层。土层质地构型通体为黏壤土，pH 为 4.2～4.4。

对比土系　林头系，同一亚类，不同土族，成土母质为泥页岩坡积物，通体为粉质黏壤土，颗粒大小级别为粗骨黏质；口前系，同一亚类，不同土族，成土母质为花岗岩坡积物，质地构型为黏壤土-砂质壤土，颗粒大小级别为粗骨壤质；独城系，同一土类，不同亚类，为铝质酸性湿润淋溶土，成土母质相同，质地构型为黏壤土-粉质黏土-粉质黏壤土；午田系，同一土类，不同亚类，为铝质酸性湿润淋溶土，成土母质为花岗岩风化物，质地构型为黏壤土-砂质黏土-黏壤土；沙畈系，同一土类，不同亚类，为铝质酸性湿润淋溶土，成土母质为花岗岩坡积物，质地构型为黏壤土-壤土；位于相似区域的东港系，富铁土纲，成土母质为泥页岩类坡积物盖泥页岩类残积物，质地构型为壤土-黏壤土-砂质壤土-壤土-砂质壤土。

利用性能综述　土体质地偏黏，除钾含量偏低外，其余养分情况较好，保蓄性能较好，适宜多种林木生长，水土流失极轻。应适当增施钾肥，严禁乱砍滥伐，有计划地更新现有林木，根据土壤立地条件，因地制宜地安排种植，有条件的地区可以客土掺砂和深耕翻土，改良土壤的透气性能。

参比土种　厚层乌鳝泥红壤。

代表性单个土体 位于江西省宜春市袁州区新坊镇花桥村宜春钽铌矿，27°40′37.1″N，114°29′55.7″E，海拔 242 m，成土母质为泥页岩残积物、坡积物，林地。50 cm 深度土温 21.2℃，热性。野外调查时间为 2015 年 8 月 20 日，编号 36-095。

Ah：0～22 cm，棕灰色（5YR 4/1，干态），暗红棕色（5YR 3/2，润），黏壤土，团块状结构，极疏松，大量 0.5～2 mm 的竹、蕨、草根，少量 2～5 mm 的管道状根孔、蜂窝状孔隙，向下层波状清晰过渡。

Bt：22～45 cm，亮红棕色（2.5YR 5/8，干态），红棕色（5YR 4/6，润），黏壤土，团块状结构，疏松，大量 0.5～2 mm 的竹、蕨、草根，中量 2～5 mm 的蜂窝状孔隙，可见少量的黏粒胶膜，向下层波状渐变过渡。

BrC：45～80 cm，橙色（5YR 7/8，干态），亮红棕色（5YR 5/8，稍润），黏壤土，团块状结构，疏松，大量 0.5～2 mm 的竹、蕨、草根，少量 0.5～2 mm 的气泡状气孔，可见较多 20～75 mm 的次圆状碎屑，可见明显较多的锰胶膜，向下层平滑渐变过渡。

下花桥系代表性单个土体剖面

C：80～120 cm，橙色（5YR 7/8，干态），亮红棕色（5YR 5/8，稍润），粒状结构，疏松，中量 0.5～2 mm 的草根，少量 0.5～2 mm 的气泡状气孔，可见很多 75～250 mm 的次圆状碎屑，可见明显较多的锰胶膜。

下花桥系代表性单个土体物理性质

土层	深度/cm	砾石 (>2 mm，体积分数)/%	细土颗粒组成 (粒径：mm)/(g/kg)			质地	容重 /(g/cm³)
			砂粒 2～0.05	粉粒 0.05～0.002	黏粒 <0.002		
Ah	0～22	0	399	272	329	黏壤土	1.22
Bt	22～45	0	306	299	395	黏壤土	1.30
BrC	45～80	30	349	321	330	黏壤土	1.33
C	80～120	60	—	—	—	—	—

下花桥系代表性单个土体化学性质

深度/cm	pH		有机碳(C) /(g/kg)	全氮(N) /(g/kg)	全磷(P) /(g/kg)	全钾(K) /(g/kg)	CEC /(cmol/kg)	游离铁(Fe) /(g/kg)
	H_2O	KCl						
0～22	4.4	4.1	25.7	1.22	0.51	12.4	12.8	20.2
22～45	4.3	4.0	11.6	1.00	0.34	16.7	17.3	27.8
45～80	4.2	4.0	3.0	0.39	0.24	16.7	13.2	27.2
80～120	—	—	—	—	—	—	—	—

6.6.3　口前系（Kouqian Series）

土　族：粗骨壤质混合型热性-红色酸性湿润淋溶土

拟定者：王天巍，罗梦雨，曹金洋

口前系典型景观

分布与环境条件　多出现于九江、抚州、上饶一带，地处丘陵中部的缓坡地带。成土母质为花岗岩坡积物。植被主要为灌木林。年均气温 17.3～18.5℃，年均降水量 1600～1750 mm，无霜期 278 d 左右。

土系特征与变幅　诊断层包括淡薄表层、黏化层、雏形层；诊断特性包括热性土壤温度、湿润土壤水分状况、氧化还原特征、铁质特性。土体厚度不足 1 m，淡薄表层厚约 20 cm，黏化层上界出现在 20 cm 左右，厚约 20 cm，结构面可见黏粒胶膜和铁锰斑纹，雏形层上界出现在 40 cm 左右，厚约 30 cm，土体 70 cm 以下开始出现较多的砾石，层次质地构型为黏壤土-砂质壤土，pH 为 4.5～4.6。

对比土系　长竹系，同一土族，成土母质为石英砂岩残积物，质地构型为壤土-黏壤土-壤土-黏壤土，颗粒大小级别相同；位于邻近区域的林头系，同一亚类，不同土族，成土母质为泥质岩坡积物，通体为粉质黏壤土，表层为淡薄表层；位于邻近区域的石塘系，同一亚类，不同土族，成土母质为红砂岩坡积物，质地构型为粉壤土-壤土-砂质壤土-砂质黏壤土；下花桥系，同一亚类，不同土族，成土母质为泥页岩残积物、坡积物，通体为黏壤土，颗粒大小级别为黏质；后村张家系，同一亚类，不同土族，成土母质为第四纪红黏土，质地构型为粉质黏壤土-粉质黏土；位于相似区域的东港系，富铁土纲，成土母质为泥页岩类坡积物盖泥页岩类残积物，质地构型为壤土-黏壤土-砂质壤土-壤土-砂质壤土；位于相似区域的芦溪系，富铁土纲，成土母质为红砾岩坡积物，质地构型为黏壤土-粉质黏壤土。

利用性能综述　土体厚度中等，养分含量适中，但磷含量偏低，保水保肥性一般，植物根系不易下扎，易造成水土流失。应保护好现有的林木，对发生水土流失的地段，要坚持封山育林，使之尽快恢复植被，可适当增施磷肥和种植绿肥来培肥土壤。

参比土种　厚层灰麻砂泥红壤。

代表性单个土体　位于江西省抚州市乐安县山砀镇口前村，27°41′01.6″N，115°50′59.3″E，海拔 270 m，成土母质为花岗岩坡积物，林地。50 cm 深度土温 21.6℃，热性。野外调查时间为 2015 年 8 月 25 日，编号 36-133。

口前系代表性单个土体剖面

Ah：0～20 cm，浅淡橙色（5YR 8/4，干），红棕色（5YR 4/6，润），黏壤土，团块状结构，松散，土体有较多的花岗岩碎屑，少量的草根，大量的蜂窝状孔隙，结构面有很少的铁锰斑纹，向下层平滑渐变过渡。

Btr：20～40 cm，浅淡橙色（5YR 8/3，干），亮红棕色（5YR 5/6，润），黏壤土，团块状结构，松散，很少的草根，大量的蜂窝状孔隙，较多的花岗岩碎屑，结构面有很多的黏粒胶膜和少量铁锰斑纹，向下层平滑渐变过渡。

Br：40～70 cm，淡黄橙色（7.5YR 8/3，干），亮红棕色（5YR 5/8，润），砂质壤土，团块状结构，松散，很少的草根，大量的蜂窝状孔隙，很多的花岗岩碎屑，结构面有少量铁锰斑纹，向下层波状清晰过渡。

C：70～120 cm，花岗岩坡积物。

口前系代表性单个土体物理性质

土层	深度/cm	砾石(>2 mm，体积分数)/%	细土颗粒组成（粒径：mm)/(g/kg)			质地	容重/(g/cm^3)
			砂粒 2～0.05	粉粒 0.05～0.002	黏粒 <0.002		
Ah	0～20	20	427	289	284	黏壤土	1.28
Btr	20～40	30	399	259	342	黏壤土	1.30
Br	40～70	40	537	344	119	砂质壤土	1.31
C	70～120	—	—	—	—	—	—

口前系代表性单个土体化学性质

深度/cm	pH		有机碳(C)/(g/kg)	全氮(N)/(g/kg)	全磷(P)/(g/kg)	全钾(K)/(g/kg)	CEC/(cmol/kg)	游离铁(Fe)/(g/kg)
	H_2O	KCl						
0～20	4.5	4.0	10.1	0.78	0.32	22.7	10.3	8.4
20～40	4.6	4.1	7.2	0.73	0.29	14.6	8.6	9.5
40～70	4.6	4.3	3.7	0.42	0.24	17.1	11.9	10.4
70～120	—	—	—	—	—	—	—	—

6.6.4 林头系（Lintou Series）

土　族：粗骨黏质硅质混合型热性-红色酸性湿润淋溶土

拟定者：王军光，杨家伟，朱　亮

林头系典型景观

分布与环境条件 多出现于吉安、赣州、抚州、上饶一带的低丘中上部的缓坡地带。成土母质为泥质岩坡积物。植被主要为马尾松、杜鹃、铁芒萁等灌木林。年均气温 17.5～18.0℃，年均降水量 1750～1900 mm，无霜期 270 d 左右。

土系特征与变幅 诊断层包括淡薄表层、黏化层、雏形层；诊断特性包括热性土壤温度、湿润土壤水分状况、铁质特性。土体厚度 1 m 以上，但由于表层侵蚀严重，A 层腐殖质积累不明显，有机碳含量较低。淡薄表层厚度约 40 cm，黏粒含量约为 285 g/kg。之下黏化层厚 65 cm 左右，黏粒含量大于 350 g/kg。结构面有明显的黏粒胶膜，较多的角状泥质岩碎屑。之下为雏形层。土层质地构型通体为粉质黏壤土，pH 为 4.5。

对比土系 下花桥系，同一亚类，不同土族，成土母质为泥页岩残积物、坡积物，通体为黏壤土，颗粒大小级别为黏质；臧马系，同一亚类，不同土族，成土母质为千枚岩洪积物，质地构型为壤土-粉质黏壤土；新山系，同一亚类，不同土族，成土母质为石灰岩坡积物，质地构型为壤土-黏壤土-黏土，有石灰性；位于邻近区域的口前系，同一亚类，不同土族，成土母质为花岗岩坡积物，质地构型为黏壤土-砂质壤土，颗粒大小级别为粗骨壤质；石塘系，同一亚类，不同土族，成土母质为红砂岩坡积物，质地构型为粉壤土-壤土-砂质壤土-砂质黏壤土。

利用性能综述 土体深厚，养分含量较高，但砾石含量较高，植被根系不易下扎，地表覆盖度一般，土壤易干旱，造成水土流失。应实行封山育林管理，种植抗旱耐瘠耐酸的树种，提升地表植被覆盖度，防止水土流失，增强土壤的涵养水分能力，有条件的缓坡地区可发展种植果树、茶树等。

参比土种 厚层灰鳝泥红壤。

代表性单个土体 位于江西省抚州市乐安县鳌溪镇林头村，27°23′35.7″N，115°47′03.5″E，海拔 151 m，成土母质为泥质岩坡积物，灌木林地。50 cm 深度土温 21.1℃，热性。野外调查时间为 2015 年 8 月 24 日，编号 36-127。

Ah：0～40 cm，浊红棕色（5YR 4/3，干），红棕色（2.5YR 4/6，润），粉质黏壤土，团块状结构，疏松，少量 0.5～2 mm 的草根，中量的蜂窝状孔隙，少量 5～10 mm 的角状泥质岩碎屑，结构面有明显较多的黏粒胶膜，向下层波状清晰过渡。

林头系代表性单个土体剖面

Bt1：40～65 cm，红棕色（2.5YR 4/6，干），红棕色（2.5YR 4/8，润），粉质黏壤土，团块状结构，疏松，很少量 0.5～2 mm 的草根，中量的蜂窝状孔隙，较多 10～20 mm 的角状泥质岩碎屑，结构面有明显中量的黏粒胶膜，向下层波状清晰过渡。

Bt2：65～105 cm，橙色（2.5YR 6/8，干），暗红棕色（2.5YR 3/6，润），粉质黏壤土，团块状结构，疏松，很少量 0.5～2 mm 的草根，中量的蜂窝状孔隙，较多 5～10 mm 的角状泥质岩碎屑，结构面有明显中量的黏粒胶膜，向下层波状清晰过渡。

BC：105～130 cm，橙色（2.5YR 6/6，干），暗红棕色（2.5YR 3/6，润），粉质黏壤土，团块状结构，疏松，很少量 0.5～2 mm 的草根，中量的蜂窝状孔隙，较多 5～10 mm 的角状泥质岩碎屑。

林头系代表性单个土体物理性质

土层	深度/cm	砾石 (>2 mm，体积分数)/%	细土颗粒组成 (粒径：mm)/(g/kg)			质地	容重 /(g/cm^3)
			砂粒 2～0.05	粉粒 0.05～0.002	黏粒 <0.002		
Ah	0～40	3	96	619	285	粉质黏壤土	1.27
Bt1	40～65	30	109	530	361	粉质黏壤土	1.30
Bt2	65～105	30	104	546	350	粉质黏壤土	1.29
BC	105～130	30	76	640	284	粉质黏壤土	1.33

林头系代表性单个土体化学性质

深度/cm	pH		有机碳(C) /(g/kg)	全氮(N) /(g/kg)	全磷(P) /(g/kg)	全钾(K) /(g/kg)	CEC /(cmol/kg)	游离铁(Fe) /(g/kg)
	H_2O	KCl						
0～40	4.5	3.8	10.5	0.90	0.91	16.9	17.8	25.6
40～65	4.5	3.8	7.9	0.68	0.84	17.6	15.8	26.1
65～105	4.5	3.8	6.0	0.51	0.76	17.6	21.1	25.9
105～130	4.5	3.9	2.7	0.33	0.52	16.2	14.3	25.8

6.6.5　臧马系（Zangma Series）

土　族：黏壤质云母混合型热性-红色酸性湿润淋溶土

拟定者：陈家赢，周泽璠，关熊飞

臧马系典型景观

分布与环境条件　多出现于吉安、赣州、景德镇一带的低山丘陵中部的缓坡地段。成土母质为千枚岩洪积物。植被主要为马尾松、杜鹃、铁芒萁等灌木林。年均气温 17.0～17.5℃，年均降水量 1600～1750 mm，无霜期 260 d 左右。

土系特征与变幅　诊断层包括暗瘠表层、黏化层、雏形层；诊断特性包括热性土壤温度、湿润土壤水分状况、准石质接触面、铁质特性。土体厚度约 75 cm，由不同时期的洪积物堆叠形成，层次质地构型为壤土-粉质黏壤土，pH 为 4.4～4.7。暗瘠表层厚约 15～20 cm，黏粒含量为 195 g/kg 左右；黏化层厚度在 40 cm 以下，黏粒含量为 340 g/kg 左右，准石质接触面出现在 75 cm 以下。

对比土系　王毛系，同一亚类，不同土族，分布环境相似，成土母质为石英砂岩，质地构型为砂质黏壤土-黏土；建牌系，同一亚类，不同土族，成土母质为红砂岩坡积物，质地构型为砂质黏壤土-黏土，颗粒大小级别为黏质；林头系，同一亚类，不同土族，成土母质为泥质岩坡积物，通体为粉质黏壤土，表层为淡薄表层；三房系，同一亚类，不同土族，成土母质为紫色砂岩风化物，质地构型为粉壤土-黏壤土-壤土；珊田系，同一亚类，不同土族，成土母质为紫色砾岩坡积物，通体为砂质壤土，有中量铁斑纹。

利用性能综述　土壤发育程度一般，土体厚度中等，质地适中，透气性较好，保水保肥能力较好，但磷含量偏低。应保护好现有林业资源，间种绿肥，提高地表植被覆盖度，维护良好的生态环境，适当增施磷肥来培肥土壤。

参比土种　厚层灰鳝泥红壤。

代表性单个土体　位于江西省景德镇市浮梁县臧湾乡马家村，29°28′26.7″N，117°22′39.4″E，海拔 101 m，成土母质为千枚岩洪积物，灌木林地。50 cm 深度土温 19.4℃。野外调查时间为 2015 年 1 月 16 日，编号 36-073。

Ah：0～18 cm，浊棕色（7.5YR 6/3，干），暗红棕色（2.5YR 3/2，润），壤土，团粒状结构，疏松，少量 0.5～2 mm 的灌木根，中量 0.5～2 mm 的蜂窝状孔隙，向下层平滑清晰过渡。

Bw：18～42 cm，浊橙色（7.5YR 7/4，干），浊红棕色（2.5YR 4/4，润），壤土，团粒状结构，疏松，很少 0.5～2 mm 的灌木根，中量 0.5～2 mm 的蜂窝状孔隙，中量 5～20 mm 的圆状千枚岩碎屑，向下层平滑清晰过渡。

Bt：42～75 cm，浊橙色（7.5YR 7/4，干），浊红棕色（5YR 4/4，润），粉质黏壤土，团块状结构，疏松，很少 0.5～2 mm 的灌木根，很少<0.5 mm 的蜂窝状孔隙，可见模糊少量的黏粒胶膜，向下层平滑清晰过渡。

C：75～135 cm，千枚岩洪积物。

臧马系代表性单个土体剖面

臧马系代表性单个土体物理性质

土层	深度/cm	砾石(>2 mm，体积分数)/%	细土颗粒组成（粒径：mm)/(g/kg)			质地	容重/(g/cm³)
			砂粒 2～0.05	粉粒 0.05～0.002	黏粒 <0.002		
Ah	0～18	0	431	374	195	壤土	1.26
Bw	18～42	10	429	386	185	壤土	1.30
Bt	42～75	0	55	608	337	粉质黏壤土	1.31
C	75～135	—	—	—	—	—	—

臧马系代表性单个土体化学性质

深度/cm	pH		有机碳(C)/(g/kg)	全氮(N)/(g/kg)	全磷(P)/(g/kg)	全钾(K)/(g/kg)	CEC/(cmol/kg)	游离铁(Fe)/(g/kg)
	H_2O	KCl						
0～18	4.7	3.8	11.7	0.91	0.38	18.0	10.7	15.5
18～42	4.5	3.8	7.9	0.69	0.85	16.7	9.3	14.9
42～75	4.4	3.9	4.6	0.40	0.75	19.2	15.7	18.5
75～135	—	—	—	—	—	—	—	—

6.6.6 建牌系（Jianpai Series）

土　族：黏质高岭石混合型热性-红色酸性湿润淋溶土
拟定者：蔡崇法，周泽璠，牟经瑞

建牌系典型景观

分布与环境条件 多出现于抚州、上饶、宜春一带的低残丘和岗地的缓坡地段。成土母质为红砂岩坡积物。植被为杉树、铁芒萁等乔灌木。年均气温 17.5～18.5 ℃，年均降水量 1600～1750 mm，无霜期 274 d 左右。

土系特征与变幅 诊断层包括淡薄表层、黏化层；诊断特性包括热性土壤温度、湿润土壤水分状况、氧化还原特征、铁质特性。土体厚度在 1 m 以上，层次质地构型为砂质黏壤土-黏土，pH 为 3.7～4.4。淡薄表层厚约 15～20 cm，有少量的岩石碎屑，黏粒含量约 270 g/kg；之下为黏化层，厚度为 40～45 cm，黏粒含量为 470～480 g/kg，60 cm 以下可见明显中量的铁斑纹。

对比土系 莲杨系，同一亚类，不同土族，分布环境相似，成土母质为红砂岩，质地构型为砂质壤土-黏壤土-粉壤土；臧马系，同一亚类，不同土族，成土母质为千枚岩洪积物，质地构型为壤土-粉质黏壤土，表层为暗瘠表层；位于邻近区域的独城系，同一土类，不同亚类，为铝质酸性湿润淋溶土，成土母质为泥质岩坡积物，质地构型为黏壤土-粉质黏土-粉质黏壤土；三房系，同一亚类，不同土族，成土母质为紫色砂岩风化物，质地构型为粉壤土-黏壤土-壤土；珊田系，同一亚类，不同土族，成土母质为紫色砾岩坡积物，通体为砂质壤土，有中量铁斑纹；位于邻近区域的上涂家系，富铁土纲，成土母质相同，通体为砂质黏壤土。

利用性能综述 土体深厚，质地稍偏黏，不利于植物根系下扎，除钾元素较缺乏外，其余养分充足。应保护好现有植被，积极种植经济林木和浅根系作物，增加植被覆盖度，增施钾肥，提高地力，有条件的地区可以深耕翻土，掺入适量砂土。

参比土种 厚层灰红砂泥红壤。

代表性单个土体 位于江西省宜春市高安市建山镇牌楼村，28°15′21.5″N，115°23′31.9″E，海拔 106 m，成土母质为红砂岩坡积物，林地，常绿灌木。50 cm 深度土温 21.2℃，热性。

野外调查时间为 2015 年 8 月 19 日，编号 36-112。

建牌系代表性单个土体剖面

Ah： 0～18 cm，橙色（5YR 7/6，干），亮棕色（7.5YR 5/6，润），砂质黏壤土，团粒状结构，松散，少量 0.5～2 mm 的草根， 较多 0.5～2 mm 的蜂窝状孔隙，少量的次圆状红砂岩碎屑，向下层波状清晰过渡。

Btr：18～60 cm，橙色（2.5YR 6/8，干），红棕色（2.5YR 4/8，润），黏土，团块状结构，松散，很少量 0.5～2 mm 的草根，较多 0.5～2 mm 的蜂窝状孔隙，可见模糊少量 2～6 mm 的铁斑纹和模糊中量的黏粒胶膜，向下层不规则渐变过渡。

BrC：60～100 cm，橙色（2.5YR 6/8，干），红棕色（2.5YR 4/6，润），橙色（7.5YR 6/8，润），黏土，团块状结构，松散， 较多 0.5～2 mm 的蜂窝状孔隙，较多的次圆状红砂岩碎屑，可见明显中量 2～6 mm 的铁斑纹。

建牌系代表性单个土体物理性质

土层	深度/cm	砾石 (>2 mm，体积分数)/%	细土颗粒组成（粒径：mm)/(g/kg)			质地	容重 /(g/cm^3)
			砂粒 2～0.05	粉粒 0.05～0.002	黏粒 <0.002		
Ah	0～18	3	476	257	267	砂质黏壤土	1.29
Btr	18～60	0	291	240	469	黏土	1.31
BrC	60～100	20	351	172	477	黏土	1.35

建牌系代表性单个土体化学性质

深度/cm	pH		有机碳(C) /(g/kg)	全氮(N) /(g/kg)	全磷(P) /(g/kg)	全钾(K) /(g/kg)	CEC /(cmol/kg)	游离铁(Fe) /(g/kg)
	H_2O	KCl						
0～18	4.3	4.0	14.1	1.30	0.88	11.2	11.2	10.0
18～60	4.4	4.0	3.9	0.36	0.67	9.2	35.0	21.1
60～100	3.7	3.7	3.0	0.29	0.56	10.5	28.4	26.4

6.6.7　三房系（Sanfang Series）

土　族：黏壤质硅质混合型热性-红色酸性湿润淋溶土
拟定者：王军光，杨家伟，李婷婷

三房系典型景观

分布与环境条件　多出现于萍乡、抚州、永新一带的低丘缓坡。成土母质为紫色砂岩风化物。植被主要为常绿阔叶林。年均气温17.3～18.5℃，年均降水量1450～1600 mm，无霜期260 d左右。

土系特征与变幅　诊断层包括淡薄表层、黏化层；诊断特性包括热性土壤温度、湿润土壤水分状况、铁质特性。土体厚度在1 m以上，层次质地构型为粉壤土-黏壤土-壤土，通体为次圆状紫色砂岩碎屑，pH为4.4～5.0，淡薄表层厚20～25 cm，之下为黏化层，厚度约1 m，可见较多的黏粒胶膜。

对比土系　莲杨系，同一土族，成土母质为红砂岩，质地构型为砂质壤土-黏壤土-粉壤土，有中量的铁锰胶膜；石塘系，同一土族，成土母质为红砂岩坡积物，质地构型为粉壤土-壤土-砂质壤土-砂质黏壤土；臧马系，同一亚类，不同土族，成土母质为千枚岩洪积物，质地构型为壤土-粉质黏壤土，表层为暗瘠表层；建牌系，同一亚类，不同土族，成土母质为红砂岩坡积物，质地构型为砂质黏壤土-黏土，颗粒大小级别为黏质；珊田系，同一亚类，不同土族，成土母质为紫色砾岩坡积物，通体为砂质壤土；位于相似区域的杨枧系，人为土纲，种植水稻，成土母质为河湖相沉积物，通体为壤土。

利用性能综述　土体深厚，土壤养分含量较低，有机质、氮、磷含量均偏低，易干旱，植被生长较差。应保护现有林木，防止不合理的砍伐而导致水土流失，有计划地进行林种更新，种植耐旱耐酸的树木，可间种或套种绿肥，促进植被生长，提升植被覆盖度，同时增施有机肥和化肥，提高土壤肥力。

参比土种　厚层灰酸性紫色土。

代表性单个土体　位于江西省吉安市永新县沙市镇三房村，27°00′05.3″N，114°04′01.2″E，海拔153 m，成土母质为紫色砂岩风化物，林地。50 cm深度土温16.7℃，热性。野外调查时间为2015年8月21日，编号36-102。

Ah：0～25 cm，红棕色（2.5YR 4/8，干），暗红棕色（2.5YR 3/6，润），粉壤土，粒状结构，松散，土体有中量根系，少量次圆状紫色砂岩碎屑，中量蜂窝状孔隙，pH 为 4.4，向下层平滑模糊过渡。

Bt1：25～75 cm，暗红棕色（2.5YR 3/6，干），暗红棕色（2.5YR 3/6，润），黏壤土，团块状结构，稍坚实，少量根系，中量次圆状紫色砂岩碎屑，少量蜂窝状孔隙，结构体表面可见明显较多的黏粒胶膜，向下层平滑模糊过渡。

Bt2：75～120 cm，暗红棕色（2.5YR 3/6，干），暗红棕色（2.5YR 3/6，润），壤土，团块状结构，坚实，中量的次圆状紫色砂岩碎屑，很少气泡状气孔，结构体表面可见明显较多的黏粒胶膜。

三房系代表性单个土体剖面

三房系代表性单个土体物理性质

土层	深度/cm	砾石 (>2 mm，体积分数)/%	细土颗粒组成 (粒径：mm)/(g/kg)			质地	容重 /(g/cm³)
			砂粒 2～0.05	粉粒 0.05～0.002	黏粒 <0.002		
Ah	0～25	2	288	563	148	粉壤土	1.23
Bt1	25～75	10	252	463	284	黏壤土	1.32
Bt2	75～120	8	434	302	262	壤土	1.33

三房系代表性单个土体化学性质

深度/cm	pH		有机碳(C) /(g/kg)	全氮(N) /(g/kg)	全磷(P) /(g/kg)	全钾(K) /(g/kg)	CEC /(cmol/kg)	游离铁(Fe) /(g/kg)
	H_2O	KCl						
0～25	4.4	3.6	4.8	0.42	0.78	21.6	8.9	9.8
25～75	5.0	3.6	2.2	0.37	0.46	20.6	17.4	11.6
75～120	4.8	3.7	2.8	0.35	0.54	20.7	15.4	11.2

6.6.8 珊田系（Shantian Series）

土　族：粗骨砂质硅质混合型热性-红色酸性湿润淋溶土

拟定者：刘窑军，罗梦雨，朱　亮

珊田系典型景观

分布与环境条件　多出现于赣州、上饶、吉安一带的丘陵低丘下部的中缓坡地段。成土母质为紫色砾岩坡积物。植被主要为常绿阔叶林。年均气温 17.3～18.5℃，年均降水量 1450～1600 mm，无霜期 260 d 左右。

土系特征与变幅　诊断层包括淡薄表层、黏化层；诊断特性包括热性土壤温度、湿润土壤水分状况、铁质特性、氧化还原特征。表土遭受侵蚀，土体厚度在 1 m 以上，质地构型为砂质壤土，淡薄表层厚约 20 cm，以下为黏化层，可见中量的黏粒胶膜，在 40 cm 以下开始出现中量的铁斑纹，pH 为 4.3～5.4。

对比土系　三房系，同一亚类，不同土族，分布环境相似，成土母质为紫色砂岩风化物，质地构型为粉壤土-黏壤土-壤土，颗粒大小级别为黏壤质；臧马系，同一亚类，不同土族，成土母质为千枚岩洪积物，质地构型为壤土-粉质黏壤土；建牌系，同一亚类，不同土族，成土母质为红砂岩坡积物，质地构型为砂质黏壤土-黏土，颗粒大小级别为黏质；熊家系，同一亚类，不同土族，成土母质为石英岩，质地构型为砂质黏土-黏壤土-粉壤土-黏土；位于邻近区域的中高坪系，同一亚纲，不同土类，为黄色铝质湿润淋溶土，成土母质为花岗岩，质地构型为壤土-砂质黏壤土，颗粒大小级别为黏壤质；位于相似区域的小通系，富铁土纲，成土母质为泥页岩残积物，质地构型为壤土-砂质壤土。

利用性能综述　土体深厚，但质地偏砂，保水保肥性较差，土壤磷含量较低，不利于植物的生长。应营造混交林，建立良好的生态系统，通过增施磷肥提高土壤肥力，在立地条件和土壤肥力较好的地方，可规划开发为经济林，增加收益。

参比土种　厚层乌红砂泥红壤。

代表性单个土体　位于江西省吉安市遂川县雩田镇珊田村，26°27′30.0″N，114°35′44.2″E，海拔 142 m，成土母质为紫色砾岩坡积物，林地。50 cm 深度土温 16.7℃，热性。野外调查时间为 2016 年 1 月 5 日，编号 36-162。

Ah：0～18 cm，淡棕灰色（7.5YR 7/1，干），暗红棕色（5YR 3/3，润），砂质壤土，团粒状结构，松散，少量 0.5～2 mm 的草根，中量 0.5～2 mm 的气泡状气孔，较多 5～20 mm 的次圆状紫色砾岩碎屑，向下层波状渐变过渡。

珊田系代表性单个土体剖面

Bt：18～38 cm，橙色（7.5YR 7/6，干），红棕色（5YR 4/6，润），砂质壤土，团块状结构，松散，少量 0.5～2 mm 的草根，中量 0.5～2 mm 的气泡状气孔，较多 5～20 mm 的次圆状紫色砾岩碎屑，可见中量的黏粒胶膜，向下层平滑模糊过渡。

Btr1：38～78 cm，浊橙色（7.5YR 7/4，干），亮红棕色（5YR 5/6，润），砂质壤土，团块状结构，稍坚实，少量 0.5～2 mm 的草根，中量 0.5～2 mm 的气泡状气孔，很多 5～20 mm 的次圆状紫色砾岩碎屑，可见明显中量 2～6 mm 的铁斑纹，可见中量的黏粒胶膜，向下层平滑模糊过渡。

Btr2：78～151 cm，淡黄橙色（7.5YR 8/4，干），亮红棕色（5YR 5/6，润），砂质壤土，团块状结构，稍坚实，中量 0.5～2 mm 的气泡状气孔，很多 5～20 mm 的次圆状紫色砾岩碎屑，可见明显中量 2～6 mm 的铁斑纹，可见较多的黏粒胶膜。

珊田系代表性单个土体物理性质

土层	深度/cm	砾石 (>2 mm，体积分数)/%	细土颗粒组成 (粒径：mm)/(g/kg)			质地	容重 /(g/cm³)
			砂粒 2～0.05	粉粒 0.05～0.002	黏粒 <0.002		
Ah	0～18	20	689	238	73	砂质壤土	1.28
Bt	18～38	30	584	252	164	砂质壤土	1.33
Btr1	38～78	40	639	239	123	砂质壤土	1.30
Btr2	78～151	40	603	280	117	砂质壤土	1.32

珊田系代表性单个土体化学性质

深度/cm	pH		有机碳(C) /(g/kg)	全氮(N) /(g/kg)	全磷(P) /(g/kg)	全钾(K) /(g/kg)	CEC /(cmol/kg)	游离铁(Fe) /(g/kg)
	H_2O	KCl						
0～18	4.3	3.7	18.6	1.60	0.42	23.2	6.5	7.3
18～38	4.6	3.7	10.9	0.94	0.33	24.8	7.6	8.6
38～78	5.0	3.9	3.0	0.26	0.24	24.4	6.4	10.7
78～151	5.4	4.1	1.2	0.11	0.21	23.7	3.4	7.0

6.6.9　王毛系（Wangmao Series）

土　族：黏壤质硅质型热性-红色酸性湿润淋溶土
拟定者：王军光，杨家伟，李婷婷

王毛系典型景观

分布与环境条件　多出现于赣州、上饶、金溪一带的低丘中部的中缓坡地段。成土母质为石英砂岩。植被为马尾松、杉等林木。年均气温 17.5～18.5℃，年均降水量 1800～1950 mm，无霜期 269 d 左右。

土系特征与变幅　诊断层包括淡薄表层、黏化层；诊断特性包括热性土壤温度、湿润土壤水分状况、铁质特性。土体厚度在 1 m 以上，层次质地构型为砂质黏壤土-黏土，淡薄表层厚约 20 cm，以下为黏化层，开始出现黏粒胶膜，pH 为 3.9～4.6。

对比土系　长竹系，同一亚类，不同土族，成土母质相同，质地构型为壤土-黏壤土-壤土-黏壤土，颗粒大小级别为粗骨壤质；新昌系，同一亚类，不同土族，分布环境相似，成土母质为花岗岩坡积物，质地构型为粉壤土-黏土，颗粒大小级别为黏质；臧马系，同一亚类，不同土族，成土母质为千枚岩洪积物，质地构型为壤土-粉质黏壤土；熊家系，同一亚类，不同土族，成土母质为石英岩，质地构型为砂质黏土-黏壤土-粉壤土-黏土，颗粒大小级别为黏质盖壤质；新山系，同一亚类，不同土族，成土母质为石灰岩坡积物，质地构型为壤土-黏壤土-黏土；位于相似区域的鲤塘系，同一亚纲，不同土类，成土母质为红砂岩坡积物，质地构型为砂质壤土-砂质黏壤土。

利用性能综述　地形部位平缓，土体深厚，质地偏黏，保水保肥能力较强，但土壤中钾含量偏低，不利于植物的生长。应保护现有林木，防止不合理的砍伐导致水土流失，增施钾肥，提高土壤肥力，客土掺砂，改良土壤的物理性状。

参比土种　厚层乌黄砂泥红壤。

代表性单个土体　位于江西省抚州市金溪县何源镇王毛村，27°56′50.2″N，116°56′47.0″E，海拔 144 m，成土母质为石英砂岩，林地。50 cm 深度土温 21.2℃，热性。野外调查时间为 2015 年 8 月 26 日，编号 36-119。

Ah：0～20 cm，棕色（7.5YR 4/3，干），浊红棕色（5YR 4/4，润），砂质黏壤土，团块状结构，松散，土体有少量的草根，大量 2～5 mm 的蜂窝状孔隙，向下层平滑清晰过渡。

Bt1：20～42 cm，黄橙色（7.5YR 7/8，干），红棕色（5YR 4/6，稍润），砂质黏壤土，团块状结构，松散，土体有很少的草根，大量的蜂窝状孔隙，有多量的黏粒胶膜，向下层波状渐变过渡。

Bt2：42～90 cm，橙色（2.5YR 6/8，干），红棕色（2.5YR 4/6，稍润），砂质黏壤土，团块状结构，松散，土体有很少的草根，大量的蜂窝状孔隙，有多量的黏粒胶膜，向下层波状渐变过渡。

Bt3：90～120 cm，橙色（2.5YR 6/6，干），亮红棕色（2.5YR 5/8，稍润），黏土，团块状结构，松散，大量的蜂窝状孔隙，有多量的黏粒胶膜，有少量的石英砂岩碎屑。

王毛系代表性单个土体剖面

王毛系代表性单个土体物理性质

土层	深度/cm	砾石 (>2 mm，体积分数)/%	细土颗粒组成 (粒径：mm)/(g/kg)			质地	容重 /(g/cm³)
			砂粒 2～0.05	粉粒 0.05～0.002	黏粒 <0.002		
Ah	0～20	0	532	237	231	砂质黏壤土	1.25
Bt1	20～42	0	565	197	238	砂质黏壤土	1.29
Bt2	42～90	0	540	195	265	砂质黏壤土	1.30
Bt3	90～120	3	449	139	412	黏土	1.32

王毛系代表性单个土体化学性质

深度/cm	pH		有机碳(C) /(g/kg)	全氮(N) /(g/kg)	全磷(P) /(g/kg)	全钾(K) /(g/kg)	CEC /(cmol/kg)	游离铁(Fe) /(g/kg)
	H_2O	KCl						
0～20	3.9	3.7	28.1	1.43	0.54	10.1	15.6	23.4
20～42	4.0	3.8	10.7	0.92	0.33	18.5	27.3	28.1
42～90	4.2	3.8	10.0	0.87	0.32	16.4	34.0	30.5
90～120	4.6	4.0	6.1	0.56	0.27	15.3	36.3	30.8

6.6.10　新昌系（Xinchang Series）

土　族：黏质高岭石型热性-红色酸性湿润淋溶土

拟定者：陈家赢，刘书羽，聂坤照

新昌系典型景观

分布与环境条件　多出现于赣州、抚州、宜春一带的低丘中坡的地势平缓地段。成土母质为花岗岩坡积物。植被主要为灌木和矮草等。年均气温 17.0～18.0℃，年均降水量 1700～1850 mm，无霜期 262 d 左右。

土系特征与变幅　诊断层包括淡薄表层、黏化层；诊断特性包括湿润土壤水分状况、热性土壤温度、铁质特性。表土受人为活动影响，有一定侵蚀，土体厚度在 1 m 以上，淡薄表层厚度为 15～20 cm，少量的岩石碎屑，黏粒含量约 165 g/kg，之下为黏化层，厚度约为 1 m，中量的岩石碎屑，黏粒含量为 440～490 g/kg，结构面可见中量的黏粒胶膜，质地构型为粉壤土-黏土，pH 为 4.4～4.5。

对比土系　后村张家系，同一土族，成土母质为第四纪红黏土，质地构型为粉质黏壤土-粉质黏土，有聚铁网纹层；新山系，同一亚类，不同土族，成土母质为石灰岩坡积物，质地构型为壤土-黏壤土-黏土，颗粒大小级别为粗骨黏质；潭江系，同一亚类，不同土族，成土母质相同，质地构型为砂质壤土-黏壤土，有少量的铁锰胶膜；王毛系，同一亚类，不同土族，成土母质为石英砂岩，质地构型为砂质黏壤土-黏土，颗粒大小级别为黏壤质；位于邻近区域的昌桥系，同一土类，不同亚类，为铁质酸性湿润淋溶土，成土母质为泥页岩坡积物，质地构型为粉壤土-粉质黏土；位于邻近区域的平溪系，新成土纲，成土母质相同，质地构型为砂质黏壤土-壤质砂土。

利用性能综述　土体深厚，但有机质、氮、磷养分含量低，土壤中砾石含量较多，植被覆盖度低，部分地区水土流失较严重，土体下部质地偏黏。应因地制宜地种植速生树种，加快植被恢复，防止加剧水土流失，通过深耕翻土和掺入砂土来改良土壤物理性状，增施有机肥和化肥，提高地力，改善生态环境。

参比土种　厚层麻砂泥红壤。

代表性单个土体　位于江西省宜春市宜丰县新昌镇，28°23′52.6″N，114°47′44.5″E，海拔

85 m，成土母质为花岗岩坡积物，人工景观草地。50 cm 深度土温 20.8℃。野外调查时间为 2014 年 8 月 9 日，编号 36-022。

Ap：0～20 cm，亮红棕色（5YR 5/8，干），亮红棕色（5YR 5/6，润），粉壤土，团块状结构，疏松，中量 0.5～2 mm 的根系，少量 5～20 mm 的次棱角状花岗岩碎屑，结构面可见少量明显的黏粒胶膜，向下层平滑清晰过渡。

Bt1：20～70 cm，橙色（5YR 6/8，干），亮红棕色（5YR 5/6，润），黏土，团块状结构，稍坚实，少量 0.5～2 mm 的根系，中量 20～75 mm 的次棱角状花岗岩碎屑，结构面可见中量明显的黏粒胶膜，向下层平滑清晰过渡。

Bt2：70～120 cm，橙色（5YR 6/8，干），亮红棕色（2.5YR 5/8，润），黏土，团块状结构，稍坚实，较多 20～75 mm 的次棱角状花岗岩碎屑，结构面可见中量明显的黏粒胶膜，向下层平滑清晰过渡。

C：120～140 cm，花岗岩坡积物。

新昌系代表性单个土体剖面

新昌系代表性单个土体物理性质

土层	深度/cm	砾石(>2 mm，体积分数)/%	细土颗粒组成 (粒径：mm)/(g/kg)			质地	容重/(g/cm^3)
			砂粒 2～0.05	粉粒 0.05～0.002	黏粒 <0.002		
Ap	0～20	3	266	568	166	粉壤土	1.26
Bt1	20～70	10	211	300	489	黏土	1.31
Bt2	70～120	30	184	374	442	黏土	1.35
C	120～140	—	—	—	—	—	—

新昌系代表性单个土体化学性质

深度/cm	pH		有机碳(C)/(g/kg)	全氮(N)/(g/kg)	全磷(P)/(g/kg)	全钾(K)/(g/kg)	CEC/(cmol/kg)	游离铁(Fe)/(g/kg)
	H_2O	KCl						
0～20	4.4	3.7	5.0	0.44	0.26	22.3	15.2	23.5
20～70	4.5	3.9	2.3	0.36	0.23	21.5	21.9	25.1
70～120	4.5	3.6	1.7	0.35	0.22	21.4	22.2	21.8
120～140	—	—	—	—	—	—	—	—

6.6.11　熊家系（Xiongjia Series）

土　族：黏质盖壤质高岭石型盖硅质混合型热性-红色酸性湿润淋溶土

拟定者：王天巍，罗梦雨，杨　松

熊家系典型景观

分布与环境条件　多出现于赣州、南昌、抚州一带的低丘缓坡的中下部。成土母质为石英岩。植被为马尾松、杉树、竹等针叶林和灌木林。年均气温 17.5～18.5℃，年均降水量 1500～1650 mm，无霜期 269 d 左右。

土系特征与变幅　诊断层包括淡薄表层、黏化层、雏形层；诊断特性包括热性土壤温度、湿润土壤水分状况、铁质特性。由不同时期的坡积物堆叠形成，土体厚度在 1 m 以上，淡薄表层厚度约 20 cm，之下为黏化层，结构面上可见明显的黏粒胶膜，雏形层出现在 40 cm 左右，层次质地构型为砂质黏土-黏壤土-粉壤土-黏土，pH 为 3.7～4.6。

对比土系　新山系，同一亚类，不同土族，成土母质为石灰岩坡积物，质地构型为壤土-黏壤土-黏土，颗粒大小级别为粗骨黏质；王毛系，同一亚类，不同土族，质地构型为砂质黏壤土-黏土，颗粒大小级别为黏壤质；后村张家系，同一亚类，不同土族，成土母质为第四纪红黏土，质地构型为粉质黏壤土-粉质黏土；潭江系，同一亚类，不同土族，成土母质为花岗岩坡积物，质地构型为砂质壤土-黏壤土，有少量的铁锰胶膜；根竹系，同一土类，不同亚类，为普通酸性湿润淋溶土，成土母质为花岗岩坡积物，通体为砂质黏壤土，无铁质特性。

利用性能综述　土体深厚，透气性良好，砾石含量较高，除磷含量偏低外，其余养分含量适中。应注意保护现有植被，做好水土保持工作，地势平缓的地方可种植果树和经济林，肥力较低的山地土壤，可选用速生耐旱耐酸的树种，尽快提升植被覆盖度，合理增施磷肥，提高土壤肥力。

参比土种　厚层黄砂泥红壤。

代表性单个土体　位于江西省抚州市崇仁县三山乡熊家村，27°51′11.4″N，115°57′41.8″E，海拔 98 m，成土母质为石英岩洪积物，林地。50 cm 深度土温 21.4℃，热性。野外调查时间为 2015 年 8 月 28 日，编号 36-113。

Ah：0～18 cm，红棕色（2.5YR 4/6，干），红棕色（2.5YR 4/6，润），砂质黏土，团块状结构，疏松，土体有少量的石英岩风化物，大量的草根，中量的管道状根孔，向下层平滑渐变过渡。

Bt1：18～37 cm，橙色（2.5YR 6/6，干），红棕色（2.5YR 4/8，润），黏壤土，团块状结构，疏松，土体有中量的石英岩风化物，大量的草根，中量的管道状根孔，可见显著中量的黏粒胶膜，向下层平滑清晰过渡。

Bw：37～60 cm，橙色（2.5YR 6/8，干），红棕色（5YR 4/6，润），粉壤土，团块状结构，稍坚实，土体有中量的石英岩风化物，中量的草根，少量的管道状根孔，向下层平滑清晰过渡。

Bt2：60～100 cm，红棕色（2.5YR 4/8，干），棕色（10YR 4/8，润），粉壤土，团块状结构，很坚实，土体有较多的石英岩风化物，很少的草根，少量的管道状根孔，可见显著很多的黏粒胶膜，向下层平滑模糊过渡。

Bt3：100～128 cm，红棕色（2.5YR 4/8，干），棕色（10YR 3/6，润），黏土，团块状结构，土体有较多的石英岩风化物，可见显著很多的黏粒胶膜。

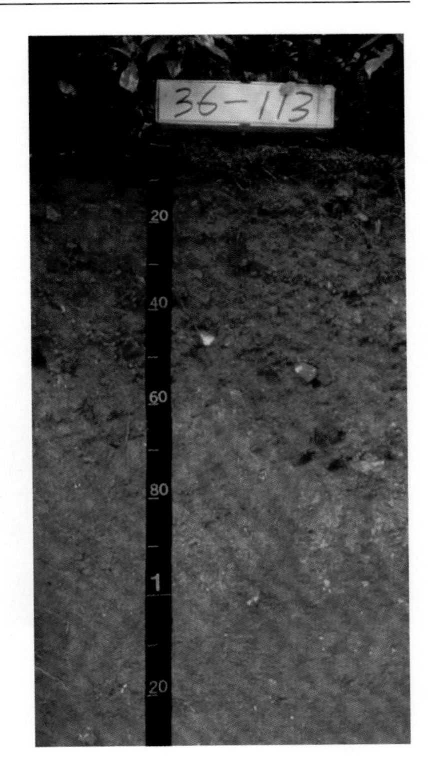

熊家系代表性单个土体剖面

熊家系代表性单个土体物理性质

土层	深度/cm	砾石 (>2 mm，体积分数)/%	细土颗粒组成 (粒径：mm)/(g/kg)			质地	容重 /(g/cm^3)
			砂粒 2～0.05	粉粒 0.05～0.002	黏粒 <0.002		
Ah	0～18	3	538	231	231	砂质黏土	1.28
Bt1	18～37	10	315	305	380	黏壤土	1.31
Bw	37～60	10	258	620	122	粉壤土	1.33
Bt2	60～100	20	263	336	401	粉壤土	1.35
Bt3	100～128	30	246	292	462	黏土	1.38

熊家系代表性单个土体化学性质

深度/cm	pH		有机碳(C) /(g/kg)	全氮(N) /(g/kg)	全磷(P) /(g/kg)	全钾(K) /(g/kg)	CEC /(cmol/kg)	游离铁(Fe) /(g/kg)
	H_2O	KCl						
0～18	3.7	3.6	21.4	1.95	0.46	16.1	9.4	22.5
18～37	3.7	3.6	9.9	0.66	0.32	11.2	22.2	32.8
37～60	3.9	3.6	4.0	0.45	0.25	11.2	24.2	35.8
60～100	4.6	4.1	3.7	0.52	0.24	14.5	28.3	42.7
100～128	4.2	3.7	3.8	1.05	0.46	13.6	31.5	44.8

6.6.12　新山系（Xinshan Series）

土　族：粗骨黏质碳酸盐型石灰性热性-红色酸性湿润淋溶土

拟定者：王军光，罗梦雨，曹金洋

新山系典型景观

分布与环境条件　多出现于九江、上饶、赣州、宜春一带的丘陵中、下部中缓坡地段。成土母质为石灰岩坡积物。植被以白茅、五节芒和小山竹等为主，间植乌桕和油桐等常绿阔叶林木。年均气温 18.5～19.5 ℃，年均降水量 1600～1750 mm，无霜期 271 d 左右。

土系特征与变幅　诊断层包括淡薄表层、黏化层；诊断特性包括热性土壤温度、湿润土壤水分状况、铁质特性、石灰性。表层遭受侵蚀，土体厚度在 1 m 以上，淡薄表层厚约 10 cm，黏化层厚 1 m 以上，剖面中可见明显的黏粒胶膜，层次质地构型为壤土-黏壤土-黏土，pH 为 5.0～5.4。

对比土系　王毛系，同一亚类，不同土族，成土母质为石英砂岩，质地构型为砂质黏壤土-黏土，颗粒大小级别为黏壤质；新昌系，同一亚类，不同土族，成土母质为花岗岩坡积物，质地构型为粉壤土-黏土，颗粒大小级别为黏质；林头系，同一亚类，不同土族，成土母质为泥质岩坡积物，通体为粉质黏壤土；熊家系，同一亚类，不同土族，成土母质为石英岩，质地构型为砂质黏土-黏壤土-粉壤土-黏土；垄口系，同一亚类，不同土族，成土母质为第四纪红黏土，质地构型为壤质砂土-黏土；位于邻近区域的员布系，新成土纲，成土母质为紫色砂岩坡积物，质地构型为壤土；位于相似区域的井塘系，同一亚纲，不同土类，成土母质为泥页岩坡积物，通体为壤土。

利用性能综述　土体深厚，但植被覆盖度较低，存在陡坡，易造成水土流失，砾石偏多，质地偏黏，磷含量偏低。应积极植树造林，陡坡处种植灌木和草本植物，加大植被覆盖度，减缓水土流失，间种绿肥，增施磷肥，改良土壤养分状况。

参比土种　厚层灰棕色石灰土。

代表性单个土体　位于江西省赣州市宁都县青塘镇青塘村新山，26°26′59.4″N，115°51′05.8″E，海拔 271 m，成土母质为石灰岩坡积物，林地。50 cm 深度土温 20.9℃，热性。野外调查时间为 2016 年 1 月 9 日，编号 36-158。

新山系代表性单个土体剖面

Ah：0～10 cm，红棕色（2.5YR 4/6，干），暗红棕色（5YR 3/3，润），壤土，团块状结构，疏松，土体有很多的石灰岩碎屑，中量的草根，中量的蜂窝状孔隙，轻度石灰反应，向下层波状渐变过渡。

Bt1：10～55 cm，红棕色（2.5YR 4/6，干），暗红棕色（5YR 3/4，润），黏壤土，团块状结构，稍坚实，土体有很多的石灰岩碎屑，中量的草根，中量的蜂窝状孔隙，轻度石灰反应，向下层不规则渐变过渡。

Bt2：55～120 cm，红棕色（2.5YR 4/8，干），浊红棕色（5YR 4/4，润），黏土，团块状结构，稍坚实，土体有很多的石灰岩碎屑，中量的草根，中量的蜂窝状孔隙，结构体表面可见模糊的较多的黏粒胶膜，中度石灰反应。

新山系代表性单个土体物理性质

土层	深度/cm	砾石(>2 mm，体积分数)/%	细土颗粒组成 (粒径：mm)/(g/kg)			质地	容重/(g/cm^3)
			砂粒 2～0.05	粉粒 0.05～0.002	黏粒 <0.002		
Ah	0～10	40	422	365	213	壤土	1.24
Bt1	10～55	45	445	255	300	黏壤土	1.28
Bt2	55～120	55	230	269	501	黏土	1.42

新山系代表性单个土体化学性质

深度/cm	pH		有机碳(C)/(g/kg)	全氮(N)/(g/kg)	全磷(P)/(g/kg)	全钾(K)/(g/kg)	CEC/(cmol/kg)	游离铁(Fe)/(g/kg)
	H_2O	KCl						
0～10	5.2	4.7	12.6	0.99	0.63	17.9	5.2	22.1
10～55	5.4	4.5	10.2	0.81	0.49	17.9	6.6	25.6
55～120	5.0	4.0	1.4	0.38	0.41	21.1	6.5	22.5

6.6.13　莲杨系（Lianyang Series）

土　族：黏壤质硅质混合型热性-红色酸性湿润淋溶土
拟定者：王军光，罗梦雨，聂坤照

莲杨系典型景观

分布与环境条件　多出现于抚州、上饶、宜春一带的低残丘和岗地的缓坡地段。成土母质为红砂岩。植被主要为杉树、铁芒萁等乔灌木。年均气温 18.0～18.5℃，年均降水量 1800～1950 mm，无霜期 265 d 左右。

土系特征与变幅　诊断层包括淡薄表层、黏化层；诊断特性包括热性土壤温度、湿润土壤水分状况、氧化还原特征、铁质特性。土体厚度在 1 m 左右，黏化层大约在 20 cm 以下，剖面中可见黏粒胶膜、铁锰胶膜，层次质地构型为砂质壤土-黏壤土-粉壤土，pH 为 4.3～4.5。

对比土系　三房系，同一土族，成土母质为紫色砂岩风化物，质地构型为粉壤土-黏壤土-壤土；石塘系，同一土族，成土母质相同，质地构型为粉壤土-壤土-砂质壤土-砂质黏壤土；建牌系，同一亚类，不同土族，成土母质相同，质地构型为砂质黏壤土-黏土，颗粒大小级别为黏质；位于邻近区域的横湖系，富铁土纲，成土母质为花岗岩，通体为粉壤土，颗粒大小级别相同；位于相似区域的东塘系，雏形土纲，成土母质为玄武岩，质地构型为黏壤土-壤土-黏壤土-壤土，颗粒大小级别为黏壤质盖粗骨壤质；位于相似区域的东港系，富铁土纲，成土母质为泥页岩类坡积物盖泥页岩类残积物，质地构型为壤土-黏壤土-砂质壤土-壤土-砂质壤土。

利用性能综述　土体深厚，质地适中，保肥蓄水能力较好，但养分含量偏低。应增施农家肥、化肥和复合肥，培肥土壤，促进植物生长，提高植被覆盖度，防止水土流失。

参比土种　厚层灰红砂泥红壤。

代表性单个土体　位于江西省上饶市横峰县莲荷乡杨家村，28°21′37.7″N，117°38′37.7″E，海拔 87 m，成土母质为红砂岩，灌木林地。50 cm 深度土温 16.7℃，热性。野外调查时间为 2015 年 5 月 17 日，编号 36-082。

Ah：0～20 cm，浊红棕色（5YR 4/4，干），红棕色（10R 5/3，润），砂质壤土，粒状结构，疏松，土体中有少量的草根，少量的动物排泄物，向下层平滑清晰过渡。

Btr：20～80 cm，橙色（2.5YR 6/6，干），红色（10R 4/6，润），黏壤土，团块状结构，稍坚实，土体中有少量的次棱角状红砂岩碎屑，少量的树根，结构面可见少量的铁锰胶膜，明显的黏粒胶膜，向下层平滑清晰过渡。

Br：80～98 cm，橙色（2.5YR 6/6，干），红棕色（10R 4/4，润），粉壤土，团块状结构，稍坚实，土体中有中量的次棱角状红砂岩碎屑，中量的铁锰胶膜，向下层平滑清晰过渡。

C：98～112 cm，红砂岩。

莲杨系代表性单个土体剖面

莲杨系代表性单个土体物理性质

土层	深度/cm	砾石 (>2 mm，体积分数)/%	细土颗粒组成 (粒径：mm)/(g/kg)			质地	容重 /(g/cm³)
			砂粒 2～0.05	粉粒 0.05～0.002	黏粒 <0.002		
Ah	0～20	0	516	375	109	砂质壤土	1.24
Btr	20～80	3	299	418	283	黏壤土	1.32
Br	80～98	11	383	455	162	粉壤土	1.30
C	98～112	—	—	—	—	—	—

莲杨系代表性单个土体化学性质

深度/cm	pH		有机碳(C) /(g/kg)	全氮(N) /(g/kg)	全磷(P) /(g/kg)	全钾(K) /(g/kg)	CEC /(cmol/kg)	游离铁(Fe) /(g/kg)
	H_2O	KCl						
0～20	4.3	3.6	10.0	0.75	0.63	14.1	7.2	7.1
20～80	4.5	3.6	4.3	0.63	0.32	11.0	17.5	12.9
80～98	4.5	3.6	2.8	0.48	0.13	9.8	15.5	13.1
98～112	—	—	—	—	—	—	—	—

6.6.14　潭江系（Tanjiang Series）

土　族：壤质硅质混合型热性-红色酸性湿润淋溶土
拟定者：刘窑军，王腊红，朱　亮

潭江系典型景观

分布与环境条件　多出现于抚州、赣州、上饶一带的低丘中坡底部，成土母质为花岗岩坡积物。植被为毛竹、杉木等常绿针阔叶林。年均气温 18.0～18.5℃，年均降水量 1750～1900 mm，无霜期 270 d 左右。

土系特征与变幅　诊断层包括淡薄表层、黏化层；诊断特性包括热性土壤温度、湿润土壤水分状况、氧化还原特征、铁质特性。土层厚度在 1 m 以上，淡薄表层厚度约 20 cm，黏粒含量约为 150 g/kg。黏化层上界为 22 cm 左右，黏粒含量为 190～270 g/kg。结构面可见铁锰胶膜，剖面中有亚铁反应。土层质地构型为砂质壤土-黏壤土，pH 为 3.5～4.5。

对比土系　新昌系，同一亚类，不同土族，分布环境相似，成土母质相同，质地构型为粉壤土-黏土，颗粒大小级别为黏质；垄口系，同一亚类，不同土族，成土母质为第四纪红黏土，质地构型为壤质砂土-黏土，颗粒大小级别为极黏质；熊家系，同一亚类，不同土族，成土母质为石英岩，质地构型为砂质黏土-黏壤土-粉壤土-黏土；后村张家系，同一亚类，不同土族，成土母质为第四纪红黏土，质地构型为粉质黏壤土-粉质黏土；根竹系，同一土类，不同亚类，为普通酸性湿润淋溶土，成土母质相同，通体为砂质黏壤土，无铁质特性；位于相似区域的鲤塘系，同一亚纲，不同土类，成土母质为红砂岩坡积物，质地构型为砂质壤土-砂质黏壤土。

利用性能综述　土体深厚，土层疏松，质地较砂，植物根系下扎较深，除磷元素含量较低外，其余养分含量较充足。应保护现有植被，适度施肥，提升土壤肥力，促进林木生长，提高植被覆盖度，防止水分流失，保护生态景观环境。

参比土种　厚层乌麻砂泥红壤。

代表性单个土体　位于江西省抚州市东乡县（现为东乡区）黎圩镇潭江村，28°06′48.9″N，116°42′22.7″E，海拔 98 m，成土母质为花岗岩坡积物，常绿针阔叶林。50 cm 深度土温 21.1℃，热性。野外调查时间为 2015 年 8 月 27 日，编号 36-115。

潭江系代表性单个土体剖面

Ah：0～22 cm，灰棕色（5YR 4/2，干），暗红棕色（5YR 3/3，润），砂质壤土，棱块状结构，少量 0.5～2 mm 的草根，很少的蜂窝状孔隙，向下层波状渐变过渡。

Bt1：22～57 cm，浊橙色（5YR 6/3，干），红棕色（5YR 4/8，润），砂质壤土，棱块状结构，很少量<0.5 mm 的草根，很少的蜂窝状孔隙，有少量的花岗岩碎屑，向下层波状渐变过渡。

Btr：57～95 cm，浊橙色（2.5YR 6/4，干），红棕色（5YR 4/6，润），砂质壤土，棱块状结构，很少量<0.5 mm 的草根，很少的蜂窝状孔隙，有少量的花岗岩碎屑，结构面可见明显少量的铁锰胶膜和黏粒胶膜，向下层平滑清晰过渡。

Bt2：95～120 cm，橙色（2.5YR 6/6，干），亮红棕色（5YR 5/8，润），黏壤土，棱块状结构，很少量<0.5 mm 的草根，很少的蜂窝状孔隙，有中量的花岗岩碎屑，轻度亚铁反应。

潭江系代表性单个土体物理性质

土层	深度/cm	砾石(>2 mm，体积分数)/%	细土颗粒组成 (粒径：mm)/(g/kg)			质地	容重/(g/cm^3)
			砂粒 2～0.05	粉粒 0.05～0.002	黏粒 <0.002		
Ah	0～22	0	605	241	154	砂质壤土	1.22
Bt1	22～57	5	528	276	196	砂质壤土	1.28
Btr	57～95	5	520	290	190	砂质壤土	1.28
Bt2	95～120	10	361	271	368	黏壤土	1.35

潭江系代表性单个土体化学性质

深度/cm	pH		有机碳(C)/(g/kg)	全氮(N)/(g/kg)	全磷(P)/(g/kg)	全钾(K)/(g/kg)	CEC/(cmol/kg)	游离铁(Fe)/(g/kg)
	H_2O	KCl						
0～22	4.3	3.6	21.9	0.91	0.68	22.6	19.1	18.6
22～57	3.9	3.6	13.7	0.77	0.44	20.5	24.8	32.0
57～95	4.5	3.7	8.6	0.50	0.37	19.2	24.6	30.5
95～120	3.5	3.6	6.2	0.33	0.25	19.9	36.6	30.7

6.6.15 垄口系（Longkou Series）

土 族：极黏质混合型热性-红色酸性湿润淋溶土

拟定者：王天巍，周泽璠，牟经瑞

垄口系典型景观

分布与环境条件 多出现于宜春、抚州、南昌一带的低丘顶部。成土母质为第四纪红黏土。植被多为稀疏的马尾松及禾本科草被、灌丛。年均气温 17.0～17.5℃，年均降水量 1600～1750 mm，无霜期 267 d 左右。

土系特征与变幅 诊断层包括淡薄表层、黏化层；诊断特性包括湿润土壤水分状况、热性土壤温度、铁质特性、氧化还原特征。土体厚度约 70 cm，淡薄表层厚度约 25 cm，有中量的岩石碎屑；之下为黏化层，厚度 50 cm，结构面可见少量的铁锰胶膜和黏粒胶膜，70 cm 以下开始出现较大的石头，层次构型为壤质砂土-黏土，pH 为 4.2～4.9。

对比土系 新山系，同一亚类，不同土族，成土母质为石灰岩坡积物，质地构型为壤土-黏壤土-黏土，颗粒大小级别为粗骨黏质；潭江系，同一亚类，不同土族，成土母质为花岗岩坡积物，质地构型为砂质壤土-黏壤土，颗粒大小级别为壤质；后村张家系，同一亚类，不同土族，成土母质相同，质地构型为粉质黏壤土-粉质黏土，颗粒大小级别为黏质，有聚铁网纹层；石塘系，同一亚类，不同土族，成土母质为红砂岩坡积物，质地构型为粉壤土-壤土-砂质壤土-砂质黏壤土；位于邻近区域的毗炉系，雏形土纲，成土母质为紫色页岩坡积物，质地构型为壤土-黏壤土。

利用性能综述 有效土体厚度中等，养分中磷元素含量较低，上层质地适中，但下层质地黏重，不利于植物根系的下扎。应保护现有植被，增种一些浅根系作物，适度施用磷肥，促进植物生长，提高植被覆盖度，通过深挖翻土和深挖掺砂来改良土壤通透性。

参比土种 厚层灰黄泥红壤。

代表性单个土体 位于江西省宜春市靖安县雷公尖乡长坪村垄口，28°52′39.8″N，115°21′55.1″E，海拔 92 m，成土母质为第四纪红黏土，草地。50 cm 深度土温 20.1℃。野外调查时间为 2014 年 8 月 10 日，编号 36-026。

Ah：0～25 cm，红棕色（5YR 4/6，干），红棕色（2.5YR 4/6，润），壤质砂土，棱块状结构，坚实，很少 5～10 mm 的木根和少量 0.5～2 mm 的草根，中量 5～20 mm 的棱角状其他碎屑，向下层波状渐变过渡。

Btr：25～72 cm，红棕色（2.5YR 4/8，干），暗红棕色（2.5YR 3/6，润），黏土，棱块状结构，坚实，很少<0.5 mm 的草根，结构面可见少量的铁锰胶膜和黏粒胶膜，向下层平滑突变过渡。

C： 72～100 cm，第四纪红黏土。

垄口系代表性单个土体剖面

垄口系代表性单个土体物理性质

土层	深度/cm	砾石(>2 mm，体积分数)/%	细土颗粒组成 (粒径：mm)/(g/kg)			质地	容重/(g/cm³)
			砂粒 2～0.05	粉粒 0.05～0.002	黏粒 <0.002		
Ah	0～25	10	678	203	190	壤质砂土	1.23
Btr	25～72	0	88	258	654	黏土	1.36
C	72～100	—	—	—	—	—	—

垄口系代表性单个土体化学性质

深度/cm	pH		有机碳(C)/(g/kg)	全氮(N)/(g/kg)	全磷(P)/(g/kg)	全钾(K)/(g/kg)	CEC/(cmol/kg)	游离铁(Fe)/(g/kg)
	H_2O	KCl						
0～25	4.9	3.8	13.4	0.82	0.29	20.5	9.6	16.6
25～72	4.2	3.7	5.8	0.45	0.23	20.5	16.0	9.7
72～100	—	—	—	—	—	—	—	—

6.6.16　石塘系（Shitang Series）

土　族：黏壤质硅质混合型热性-红色酸性湿润淋溶土
拟定者：陈家赢，杨家伟，李婷婷

石塘系典型景观

分布与环境条件　多出现于宜春南部、吉安中部偏南和东北部、抚州西部和中部偏南一带的丘陵岗地缓坡地段。成土母质为红砂岩坡积物。多种植蔬菜、油菜等作物。年均气温 17.5～18.0 ℃，年均降水量 1700～1850 mm，无霜期 268 d 左右。

土系特征与变幅　诊断层包括淡薄表层、黏化层、雏形层；诊断特性包括热性土壤温度、湿润土壤水分状况、铁质特性。表层经过人为平整，土层厚度大于 1 m，淡薄表层厚度约为 15 cm，黏化层出现在 15 cm 以下，中量岩石碎屑，层次质地构型为粉壤土-壤土-砂质壤土-砂质黏壤土，pH 为 4.8～5.5。

对比土系　莲杨系，同一土族，成土母质为红砂岩，质地构型为砂质壤土-黏壤土-粉壤土，有中量的铁锰胶膜；三房系，同一土族，成土母质为紫色砂岩风化物，质地构型为粉壤土-黏壤土-壤土；位于同一地区的林头系，同一亚类，不同土族，成土母质为泥质岩坡积物，通体为粉质黏壤土；位于邻近区域的口前系，同一亚类，不同土族，成土母质为花岗岩坡积物，质地构型为黏壤土-砂质壤土，颗粒大小级别为粗骨壤质；垄口系，同一亚类，不同土族，成土母质为第四纪红黏土，质地构型为壤质砂土-黏土，颗粒大小级别为极黏质。

利用性能综述　土体深厚，质地适中，有部分砾石，磷元素较缺乏，宜耕性较强。应注重用养结合，做好适时施肥和深耕翻田，实行秸秆还田，可间种或轮种绿肥，保证土地的肥力，培肥土壤。

参比土种　厚层乌红砂泥红壤。

代表性单个土体　位于江西省抚州市乐安县大马头乡石塘村，27°25′00.2″N，115°44′11.8″E，海拔 83 m，成土母质为红砂岩坡积物，旱地，种植蔬菜。50 cm 深度土温 21.5℃。野外调查时间为 2014 年 11 月 17 日，编号 36-039。

Ap：0～15 cm，亮红棕色（5YR 5/6，干），暗红棕色（5YR 3/4，润），粉壤土，团粒状结构，坚实，土体内有中量的气泡状气孔，中量的红砂岩碎屑，向下层平滑明显过渡。

Bt：15～55 cm，亮红棕色（5YR 5/8，干），红棕色（2.5YR 4/8，润），壤土，团块状结构，坚实，土体内有大量的气泡状气孔，中量的红砂岩碎屑，向下层不规则模糊过渡。

Bw：55～85 cm，橙色（5YR 6/8，干），红棕色（2.5YR 4/6，润），砂质壤土，团块状结构，稍坚实，土体内有大量的气泡状气孔，中量的红砂岩碎屑，向下层波状模糊过渡。

BtC：85～100 cm，橙色（7.5YR 6/8，干），亮棕色（7.5YR 5/6，润），砂质黏壤土，团块状结构，稍坚实，土体内有较多的红砂岩碎屑，大量的气泡状气孔，土体结构面上存在黄色斑纹。

石塘系代表性单个土体剖面

石塘系代表性单个土体物理性质

土层	深度/cm	砾石(>2 mm，体积分数)/%	细土颗粒组成（粒径：mm）/(g/kg)			质地	容重/(g/cm³)
			砂粒 2～0.05	粉粒 0.05～0.002	黏粒 <0.002		
Ap	0～15	6	359	412	229	粉壤土	1.29
Bt	15～55	8	468	325	207	壤土	1.35
Bw	55～85	10	658	224	118	砂质壤土	1.31
BtC	85～100	35	715	56	229	砂质黏壤土	1.38

石塘系代表性单个土体化学性质

深度/cm	pH		有机碳(C)/(g/kg)	全氮(N)/(g/kg)	全磷(P)/(g/kg)	全钾(K)/(g/kg)	CEC/(cmol/kg)	游离铁(Fe)/(g/kg)
	H_2O	KCl						
0～15	5.5	4.2	18.6	1.06	0.56	19.8	10.0	16.9
15～55	4.9	3.8	2.8	0.54	0.42	20.1	9.2	22.9
55～85	4.8	3.8	3.5	0.61	0.28	18.2	9.3	18.4
85～100	5.5	3.9	1.8	0.31	0.10	18.0	9.8	24.9

6.6.17　后村张家系（Houcunzhangjia Series）

土　族：黏质高岭石型热性-红色酸性湿润淋溶土

拟定者：刘窑军，王腊红，杨　松

后村张家系典型景观

分布与环境条件　多出现于南昌西部和东南部、宜春东部、吉安中部一带海拔 30～100 m 的低丘平地。成土母质为第四纪红黏土。植被多为稀疏的马尾松及禾本科草被、灌丛。年均气温 17.5～18.0 ℃，年均降水量 1550～1700 mm，无霜期 274 d 左右。

土系特征与变幅　诊断层包括淡薄表层、黏化层、聚铁网纹层；诊断特性包括热性土壤温度、湿润土壤水分状况、氧化还原特征、铁质特性。表层遭受侵蚀，土体厚度在 1 m 以上，淡薄表层约 25 cm，黏粒含量约 380 g/kg，黏化层上界出现在 25 cm 左右，结构面有很多的黏粒胶膜，有少量的铁锰胶膜。聚铁网纹层上界出现在约 40 cm 以下，土层质地构型为粉质黏壤土-粉质黏土，pH 为 4.8～4.9。

对比土系　新昌系，同一土族，成土母质为花岗岩坡积物，质地构型为粉壤土-黏土；垄口系，同一亚类，不同土族，成土母质相同，质地构型为壤质砂土-黏土，颗粒大小级别为极黏质；口前系，同一亚类，不同土族，成土母质为花岗岩坡积物，质地构型为黏壤土-砂质壤土，颗粒大小级别为粗骨壤质；潭江系，同一亚类，不同土族，成土母质为花岗岩坡积物，质地构型为砂质壤土-黏壤土，颗粒大小级别为壤质；熊家系，同一亚类，不同土族，成土母质为石英岩，质地构型为砂质黏土-黏壤土-粉壤土-黏土。

利用性能综述　土壤发育情况一般，有效土体厚度有限，质地稍偏黏，养分较缺乏，易发生水土流失。应保护现有植被，积极种植浅根系植物，增施有机肥，培肥土壤，提升植被覆盖度，控制水土流失，有条件的地区可以搬运客土加厚有效土层。

参比土种　厚层灰黄泥红壤。

代表性单个土体　位于江西省宜春市高安市大城镇后村张家，28°30′24.6″N，115°2′03.8″E，海拔 46 m，成土母质为第四纪红黏土，矮草地。50 cm 深度土温 21.1℃。野外调查时间为 2014 年 8 月 9 日，编号 36-016。

Ah：0～25 cm，亮红棕色（5YR 5/6，干），暗红棕色（2.5YR 3/6，润），粉质黏壤土，棱块状结构，极坚实，有很少 0.5～2 mm 的根系，向下层波状模糊过渡。

Btr1：25～40 cm，亮红棕色（5YR 5/8，干），红棕色（5YR 4/6，润），粉质黏土，棱块状结构，极坚实，有很少 0.5～2 mm 的根系，有少量的铁锰胶膜，很多的黏粒胶膜，向下层波状清晰过渡。

Btr2：40～110 cm，红棕色（5YR 4/6，干），暗红棕色（2.5YR 3/6，润），有少量的黏粒胶膜和铁锰胶膜，很少的铁锰结核。

后村张家系代表性单个土体剖面

后村张家系代表性单个土体物理性质

土层	深度/cm	砾石(>2 mm，体积分数)/%	细土颗粒组成 (粒径：mm)/(g/kg)			质地	容重/(g/cm³)
			砂粒 2～0.05	粉粒 0.05～0.002	黏粒 <0.002		
Ah	0～25	0	171	443	386.	粉质黏壤土	1.31
Btr1	25～40	0	121	447	432	粉质黏土	1.35
Btr2	40～110	0	—	—	—	—	—

后村张家系代表性单个土体化学性质

深度/cm	pH		有机碳(C)/(g/kg)	全氮(N)/(g/kg)	全磷(P)/(g/kg)	全钾(K)/(g/kg)	CEC/(cmol/kg)	游离铁(Fe)/(g/kg)
	H_2O	KCl						
0～25	4.8	4.1	6.9	1.63	0.29	7.8	14.2	40.0
25～40	4.9	3.9	3.7	0.66	0.29	7.8	15.3	47.0
40～110	4.8	—	—	—	—	—	—	—

6.7　铁质酸性湿润淋溶土

6.7.1　昌桥系（Changqiao Series）

土　族：黏质高岭石型热性-铁质酸性湿润淋溶土

拟定者：陈家赢，杨家伟，李婷婷

昌桥系典型景观

分布与环境条件　多出现于九江中南部、宜春中西部、萍乡西北部和西南部一带丘陵的缓坡地段。成土母质为泥页岩坡积物。植被主要为马尾松、松、竹等乔灌木。年均气温 17.0～18.0℃，年均降水量 1700～1850 mm，无霜期 262 d 左右。

土系特征与变幅　诊断层包括淡薄表层、黏化层；诊断特性包括热性土壤温度、湿润土壤水分状况、铁质特性、氧化还原特征。土体厚度 1 m 以上，淡薄表层厚约 40 cm，黏粒含量约 260 g/kg。黏化层上界出现在 40 cm 左右，厚约 80 cm，结构面有黏粒胶膜和铁锰胶膜。土层质地构型为粉壤土-粉质黏土，pH 为 4.2～5.3。

对比土系　郭家新系，同一亚类，不同土族，成土母质为第四纪红黏土，质地构型为粉壤土-粉质黏壤土，颗粒大小级别为黏壤质；车盘系，同一亚类，不同土族，成土母质为花岗岩，质地构型为砂质壤土-黏壤土-粉壤土，颗粒大小级别为黏壤质；店前系，同一亚类，不同土族，成土母质为花岗岩残积物，通体为砂质壤土，颗粒大小级别为砂质；位于邻近区域的新昌系，分布环境相似，为红色酸性湿润淋溶土，成土母质为花岗岩坡积物，质地构型为粉壤土-黏土；位于邻近区域的平溪系，新成土纲，成土母质为花岗岩坡积物，质地构型为砂质黏壤土-壤质砂土；位于相似区域的凰村系，同一亚纲，不同土类，成土母质为黄土状物质，通体为粉壤土。

利用性能综述　土体深厚，保蓄性能一般，磷、钾含量偏低，植被生长较好，轻度水土流失。应保护好现有植被，严禁乱砍滥伐，因地制宜地安排种植，合理施肥，促进林木的生长，保持水土。

参比土种　厚层乌鳝泥红壤。

代表性单个土体 位于江西省宜春市宜丰县新昌镇大桥村东南，28°25′41.4″N，114°49′46.9″E，海拔 96 m，成土母质为泥页岩坡积物，林地。50 cm 深度土温 21.0℃。野外调查时间为 2014 年 8 月 9 日，编号 36-017。

Ah： 0～40 cm，亮黄棕色（10YR 6/6，干），亮棕色（7.5YR 5/6，润），粉壤土，棱块状结构，疏松，中量 2～5 mm 的根系，向下层平滑清晰过渡。

Btr1：40～110 cm，橙色（7.5YR 6/8，干），棕色（7.5YR 4/6，润），粉质黏土，棱块状结构，稍坚实，少量 0.5～2 mm 的根系，有少量 5～20 mm 次棱状中等风化的岩石碎屑，结构面可见较多的黏粒-铁锰胶膜，向下层平滑清晰过渡。

Btr2：110～120 cm，橙色（7.5YR 6/8，干），红棕色（5YR 4/6，润），粉质黏土，棱块状结构，稍坚实，很少 2～5 mm 的根系，有少量 5～20 mm 次棱状中等风化的岩石碎屑，结构面可见少量的黏粒-铁锰胶膜。

昌桥系代表性单个土体剖面

昌桥系代表性单个土体物理性质

土层	深度/cm	砾石(>2 mm，体积分数)/%	细土颗粒组成 (粒径：mm)/(g/kg)			质地	容重/(g/cm³)
			砂粒 2～0.05	粉粒 0.05～0.002	黏粒 <0.002		
Ah	0～40	0	192	548	260	粉壤土	1.26
Btr1	40～110	2	160	438	402	粉质黏土	1.31
Btr2	110～120	5	145	435	420	粉质黏土	1.33

昌桥系代表性单个土体化学性质

深度/cm	pH		有机碳(C)/(g/kg)	全氮(N)/(g/kg)	全磷(P)/(g/kg)	全钾(K)/(g/kg)	CEC/(cmol/kg)	游离铁(Fe)/(g/kg)
	H_2O	KCl						
0～40	4.2	3.8	21.1	1.82	0.45	15.6	13.4	48.6
40～110	5.1	4.2	5.6	0.49	0.27	17.0	12.2	19.7
110～120	5.3	4.0	3.7	0.32	0.24	17.7	12.4	69.6

6.7.2　郭家新系（Guojiaxin Series）

土　族：黏壤质混合型热性-铁质酸性湿润淋溶土
拟定者：刘窑军，王腊红，关熊飞

郭家新系典型景观

分布与环境条件　多出现于南昌西部和东南部、宜春东部、九江南部低丘的中缓坡地段。成土母质为第四纪红黏土。植被多为马尾松及禾本科草被、灌丛、林地。年均气温 17.5～18.0℃，年均降水量 1550～1700 mm，无霜期 271 d 左右。

土系特征与变幅　诊断层包括淡薄表层、黏化层；诊断特性包括热性土壤温度、湿润土壤水分状况、氧化还原特征、铁质特性。土体厚度 1 m 以上，淡薄表层厚不足 20 cm，黏粒含量为 180～200 g/kg；黏化层上界出现在 40 cm 左右，黏粒含量超过 320 g/kg，结构面有黏粒胶膜、铁锰斑纹和铁锰胶膜。质地构型为粉壤土-粉质黏壤土，pH 为 4.3～7.3。

对比土系　昌桥系，同一亚类，不同土族，成土母质为泥页岩坡积物，质地构型为粉壤土-粉质黏土，颗粒大小级别为黏质；车盘系，同一亚类，不同土族，成土母质为花岗岩，质地构型为砂质壤土-黏壤土-粉壤土，颗粒大小级别相同；店前系，同一亚类，不同土族，成土母质为花岗岩残积物，通体为砂质壤土，颗粒大小级别为砂质；根竹系，同一土类，不同亚类，为普通酸性湿润淋溶土，成土母质为花岗岩坡积物，通体为砂质黏壤土，无铁质特性；位于邻近区域的金坂系，人为土纲，种植水稻，成土母质相同，质地构型为粉壤土-砂质壤土-粉壤土。

利用性能综述　土体深厚，但养分含量较低，局部地段有侵蚀现象发生。应保护林业资源，严禁乱砍滥伐，加强现有林木的抚育工作，有计划地更新林种，促进成材，防止水土流失和侵蚀，增施农家肥、有机肥和化肥，提高土壤肥力。

参比土种　厚层灰黄泥红壤。

代表性单个土体　位于江西省九江市德安县宝塔乡八一村郭家新村，29°17′22.2″N，115°43′02.6″E，海拔 51 m，成土母质为第四纪红黏土，灌木林地。50 cm 深度土温 21.6℃，热性。野外调查时间为 2015 年 5 月 20 日，编号 36-100。

郭家新系代表性单个土体剖面

Ah：0～19 cm，橙色（5YR 6/8，干），棕色（7.5YR 4/4，润），粉壤土，团粒状结构，极疏松，有少量 2～5 mm 的竹根，有中量 2～5 mm 的管道状根孔、蜂窝状孔隙，轻度石灰反应，向下层平滑清晰过渡。

AB：19～37 cm，橙色（5YR 6/6，干），浊棕色（7.5YR 5/4，润），粉质黏壤土，团块状结构，疏松，有少量 0.5～2 mm 的竹根，有少量 0.5～2 mm 的管道状根孔、蜂窝状孔隙，可见清楚很少量 0～2 mm 的锰斑纹，可见少量的黏粒-铁锰胶膜，无石灰反应，向下层平滑模糊过渡。

Btr1：37～148 cm，红棕色（5YR 4/6，干），浊棕色（7.5YR 5/4，润），粉质黏壤土，团块状结构，疏松，有少量 0.5～2 mm 的竹根，有少量<0.5 mm 的气泡状气孔，可见少量的黏粒-铁锰胶膜，无石灰反应，向下层不规则渐变过渡。

Btr2：148～192 cm，橙色（5YR 7/6，干），浊棕色（7.5YR 5/4，润），粉质黏壤土，团块状结构，疏松，有少量 0.5～2 mm 的竹根，有很少<0.5 mm 的气泡状气孔，可见少量的黏粒-铁锰胶膜，无石灰反应。

郭家新系代表性单个土体物理性质

土层	深度/cm	砾石 (>2 mm，体积分数)/%	细土颗粒组成（粒径：mm)/(g/kg)			质地	容重 /(g/cm³)
			砂粒 2～0.05	粉粒 0.05～0.002	黏粒 <0.002		
Ah	0～19	0	159	656	185	粉壤土	1.30
AB	19～37	0	60	619	321	粉质黏壤土	1.32
Btr1	37～148	0	67	599	334	粉质黏壤土	1.35
Btr2	148～192	0	81	599	320	粉质黏壤土	1.39

郭家新系代表性单个土体化学性质

深度/cm	pH		有机碳(C) /(g/kg)	全氮(N) /(g/kg)	全磷(P) /(g/kg)	全钾(K) /(g/kg)	CEC /(cmol/kg)	游离铁(Fe) /(g/kg)
	H_2O	KCl						
0～19	7.3	—	8.6	0.74	0.30	13.2	8.4	15.8
19～37	4.3	3.6	5.1	0.44	0.26	11.2	9.1	18.1
37～148	5.0	4.0	4.0	0.35	0.25	12.0	11.3	21.8
148～192	5.3	4.2	2.7	0.33	0.23	13.6	9.4	19.4

6.7.3　车盘系（Chepan Series）

土　族：黏壤质硅质混合型热性-铁质酸性湿润淋溶土
拟定者：蔡崇法，杨家伟，曹金洋

车盘系典型景观

分布与环境条件　多出现于九江、抚州、上饶一带。分布于丘陵低山中部的缓坡地带。成土母质为花岗岩。植被主要为灌木林和矮草。年均气温 18.0～18.5℃，年均降水量 1700～1850 mm，无霜期 264 d 左右。

土系特征与变幅　诊断层包括淡薄表层、黏化层、雏形层；诊断特性包括热性土壤温度、湿润土壤水分状况、氧化还原特征、铁质特性。土层厚度 1 m 以上，淡薄表层厚度约 20 cm，之下为黏化层，上界出现在 20 cm 左右，结构面可见少量的铁锰胶膜和黏粒胶膜，雏形层出现在约 40 cm 以下。土层质地构型为砂质壤土-黏壤土-粉壤土，pH 为 4.0～4.9。

对比土系　郭家新系，同一亚类，不同土族，成土母质为第四纪红黏土，质地构型为粉壤土-粉质黏壤土，颗粒大小级别相同；昌桥系，同一亚类，不同土族，成土母质为泥页岩坡积物，质地构型为粉壤土-粉质黏土，颗粒大小级别为黏质；店前系，同一亚类，不同土族，成土母质为花岗岩残积物，通体为砂质壤土，颗粒大小级别为砂质；根竹系，同一土类，不同亚类，为普通酸性湿润淋溶土，成土母质相同，通体为砂质黏壤土，无铁质特性；位于邻近区域的上王村系，雏形土纲，成土母质相同，质地构型为壤土-砂质壤土-粉壤土，颗粒大小级别为壤质。

利用性能综述　地势较高，土体深厚，含有少量砾石，养分情况较好，具有良好的立地条件，植被覆盖以草本为主。应保护好现有植被，严禁垦用，因地制宜地种植一些林木，以涵养水源，防止水土流失，维护生态平衡。

参比土种　厚层乌麻砂泥红壤。

代表性单个土体　位于江西省上饶市铅山县武夷山镇车盘村，27°58′47.4″N，117°57′24.1″E，海拔 829 m，成土母质为花岗岩，草地。50 cm 深度土温 18.6℃，热性。野外调查时间为 2015 年 5 月 17 日，编号 36-089。

Ap：0～21 cm，棕灰色（7.5YR 6/1，干），黑棕色（10YR 3/1，稍润），砂质壤土，粒状结构，疏松，有很少量 5～20 mm 的次角状花岗岩碎屑，有少量 0.5～2 mm 的根系，向下层平滑清晰过渡。

Btr：21～38 cm，黄橙色（7.5YR 7/8，干），浊黄棕色（10YR 4/3，润），黏壤土，团粒状结构，稍坚实，有中量 2～5 mm 的角状花岗岩碎屑，有很少量 0.5～2 mm 的根系，可见少量 2～6 mm 的铁锰斑纹，少量的铁锰胶膜和少量的黏粒胶膜，向下层平滑清晰过渡。

Bw1：38～95 cm，淡黄橙色（7.5YR 8/6，干），黄棕色（10YR 5/6，润），粉壤土，团块状结构，稍坚实，有少量 5～20 mm 的角状花岗岩碎屑，有很少量 0.5～2 mm 的根系，向下层平滑清晰过渡。

车盘系代表性单个土体剖面

Bw2：95～113 cm，淡黄橙色（7.5YR 8/6，干），亮黄棕色（10YR 6/8，润），粉壤土，团块状结构，很坚实，有少量 20～75 mm 的角状花岗岩碎屑。

车盘系代表性单个土体物理性质

土层	深度/cm	砾石 (>2 mm，体积分数)/%	细土颗粒组成 (粒径：mm)/(g/kg)			质地	容重 /(g/cm^3)
			砂粒 2～0.05	粉粒 0.05～0.002	黏粒 <0.002		
Ap	0～21	1	599	279	122	砂质壤土	1.27
Btr	21～38	10	353	338	309	黏壤土	1.35
Bw1	38～95	3	301	573	126	粉壤土	1.30
Bw2	95～113	3	282	598	120	粉壤土	1.25

车盘系代表性单个土体化学性质

深度/cm	pH		有机碳(C) /(g/kg)	全氮(N) /(g/kg)	全磷(P) /(g/kg)	全钾(K) /(g/kg)	CEC /(cmol/kg)	游离铁(Fe) /(g/kg)
	H_2O	KCl						
0～21	4.0	3.4	32.9	1.55	0.71	29.3	12.5	9.9
21～38	4.8	3.3	11.8	0.64	0.85	26.7	26.8	40.9
38～95	4.9	3.4	7.5	0.36	0.43	24.9	26.8	26.2
95～113	4.9	3.2	7.8	0.37	0.33	24.8	29.7	26.2

6.7.4 店前系（Dianqian Series）

土　族：砂质硅质混合型热性-铁质酸性湿润淋溶土
拟定者：陈家赢，周泽璠，牟经瑞

店前系典型景观

分布与环境条件　多出现于九江西部、宜春西北部、萍乡东部一带，高丘的中坡地区。成土母质为花岗岩残积物。植被为半落叶林、马尾松、麻栎、映山红、算盘子、铁芒萁等乔木。年均气温 16.5～17.0℃，年均降水量 1700～1850 mm，无霜期 242 d 左右。

土系特征与变幅　诊断层包括淡薄表层、黏化层；诊断特性包括湿润土壤水分状况、热性土壤温度、铁质特性。土体厚度约为 65 cm，通体为砂质壤土，pH 为 4.5～4.7。淡薄表层厚度为 20～25 cm，有少量的岩石碎屑，黏粒含量约为 70 g/kg；之下为黏化层，有少量的岩石碎屑和黏粒胶膜，厚度在 40 cm 左右，黏粒含量约为 140 g/kg。

对比土系　郭家新系，同一亚类，不同土族，成土母质为第四纪红黏土，质地构型为粉壤土-粉质黏壤土；昌桥系，同一亚类，不同土族，成土母质为泥页岩坡积物，质地构型为粉壤土-粉质黏土，颗粒大小级别为黏质；车盘系，同一亚类，不同土族，成土母质为花岗岩，质地构型为砂质壤土-黏壤土-粉壤土，颗粒大小级别为黏壤质；根竹系，同一土类，不同亚类，为普通酸性湿润淋溶土，成土母质为花岗岩，通体为砂质黏壤土，无铁质特性；位于邻近区域的九宫山系，雏形土纲，成土母质为云母片岩残积物，质地构型为砂质壤土-壤土，颗粒大小级别为黏质；位于邻近区域的株林系，雏形土纲，成土母质为泥页岩坡积物，通体为粉壤土，颗粒大小级别为壤质；位于邻近区域的田铺系，同一土纲，成土母质为花岗岩坡积物，质地构型为砂质壤土-粉壤土。

利用性能综述　土壤发育程度一般，有效土体厚度一般，质地偏砂，养分含量中等偏下，易发生水土流失，使土壤肥力降低。应在保护现有植被的同时，积极开展护林、育林工作，以条状穴植为宜，增施有机肥和化肥，提高植被覆盖度，控制水土流失，有条件的地区可以挑挖塘泥、沟泥加厚有效土层。

参比土种　厚层灰麻砂泥棕红壤。

代表性单个土体 位于江西省九江市武宁县上汤乡店前村，29°19′21.1″N，114°37′54.5″E，海拔 201 m，成土母质为花岗岩残积物，林地。50 cm 深度土温 19.4℃。野外调查时间为 2014 年 8 月 28 日，编号 36-028。

Ah：0～24 cm，浊黄棕色（10YR 5/3，干），亮棕色（7.5YR 5/6，润），砂质壤土，粒状结构，疏松，有少量>10 mm 的根系，少量 5～20 mm 的次圆状花岗岩碎屑，向下层平滑清晰过渡。

Bt：24～65 cm，浊黄橙色（10YR 7/4，干），亮棕色（7.5YR 5/6，润），砂质壤土，粒状结构，疏松，有少量 5～10 mm 的根系，有少量 5～20 mm 的次圆状花岗岩碎屑，可见少量的黏粒胶膜，向下层波状清晰过渡。

C： 65～140 cm，砂质壤土，花岗岩残积物。

店前系代表性单个土体剖面

店前系代表性单个土体物理性质

土层	深度/cm	砾石(>2 mm，体积分数)/%	细土颗粒组成（粒径：mm)/(g/kg)			质地	容重/(g/cm^3)
			砂粒 2～0.05	粉粒 0.05～0.002	黏粒 <0.002		
Ah	0～24	3	738	190	72	砂质壤土	1.24
Bt	24～65	3	631	227	142	砂质壤土	1.28
C	65～140	0	714	211	75	砂质壤土	1.28

店前系代表性单个土体化学性质

深度/cm	pH		有机碳(C)/(g/kg)	全氮(N)/(g/kg)	全磷(P)/(g/kg)	全钾(K)/(g/kg)	CEC/(cmol/kg)	游离铁(Fe)/(g/kg)
	H_2O	KCl						
0～24	4.5	3.8	8.5	1.36	0.29	13.9	24.6	17.8
24～65	4.7	3.8	10.7	1.13	0.32	11.9	32.7	24.8
65～140	4.7	3.8	4.2	1.12	0.18	10.3	24.8	24.7

6.8　普通酸性湿润淋溶土

6.8.1　根竹系（Genzhu Series）

土　族：黏壤质硅质混合型热性-普通酸性湿润淋溶土

拟定者：王天巍，王腊红，朱　亮

根竹系典型景观

分布与环境条件　多出现于抚州北部、西部和东部、吉安西部、赣州西北部一带的丘陵地区中缓坡处。成土母质为花岗岩坡积物。植被主要为松、杉、竹等林木，部分地区开辟为果园。年均气温 18.0～18.5℃，年均降水量 1750～1900 mm，无霜期 278 d 左右。

土系特征与变幅　诊断层包括淡薄表层、黏化层、雏形层；诊断特性包括热性土壤温度、湿润土壤水分状况。土体厚度为 1 m 以上，淡薄表层为 25～30 cm，黏粒含量约为 280 g/kg；黏化层上界出现在 50 cm 左右，黏粒含量约 291 g/kg。土层质地构型为砂质黏壤土，pH 为 4.2～5.5。

对比土系　店前系，同一土类，不同亚类，成土母质相同，质地构型通体为砂质壤土，颗粒大小级别为砂质；潭江系，同一土类，不同亚类，成土母质相同，质地构型为砂质壤土-黏壤土，颗粒大小级别为壤质；熊家系，同一亚类，不同土族，成土母质为石英岩，质地构型为砂质黏土-黏壤土-粉壤土-黏土；车盘系，同一亚类，不同土族，成土母质为花岗岩，质地构型为砂质壤土-黏壤土-粉壤土，颗粒大小级别相同；郭家新系，同一亚类，不同土族，成土母质为第四纪红黏土，质地构型为粉壤土-粉质黏壤土，颗粒大小级别相同。

利用性能综述　土体深厚，质地偏砂，养分含量一般，但氮、磷含量偏低，保水保肥性较差。应保护好现有林木，合理施肥，实行秸秆还田或间种绿肥、豆科植物，培肥土壤，有计划地植树造林，增加植被覆盖度，增强水分涵养能力。

参比土种　厚层灰麻砂泥红壤。

代表性单个土体　位于江西省抚州市南丰县桑田镇根竹村，27°07′00.4″N，116°38′24.7″E，海拔 138 m，成土母质为花岗岩坡积物，果园。50 cm 深度土温 21.6℃，热性。野外调查时间为 2015 年 8 月 26 日，编号 36-130。

Ap：0～30 cm，浊橙色（7.5YR 7/3，干），亮棕色（7.5YR 5/6，润），砂质黏壤土，粒状结构，松软，有中量 0.5~2 mm 的草根，有中量 0.5～2 mm 的气泡状气孔，有少量蚯蚓排泄物，向下层平滑渐变过渡。

Bw1：30～50 cm，淡黄橙色（7.5YR 8/4，干），亮棕色（7.5YR 5/6，润），砂质黏壤土，团粒状结构，松软，向下层平滑渐变过渡。

Bt：50～105 cm，淡黄橙色（7.5YR 8/4，干），橙色（7.5YR 6/8，润），砂质黏壤土，团块状结构，稍坚硬，向下层平滑渐变过渡。

Bw2：105～144 cm，淡黄橙色（7.5YR 8/4，干），亮红棕色（5YR 5/8，润），砂质黏壤土，团块状结构，稍坚硬，有少量 0.5～2 mm 的气泡状气孔。

根竹系代表性单个土体剖面

根竹系代表性单个土体物理性质

土层	深度/cm	砾石 (>2 mm，体积分数)/%	细土颗粒组成 (粒径：mm)/(g/kg)			质地	容重 /(g/cm^3)
			砂粒 2～0.05	粉粒 0.05～0.002	黏粒 <0.002		
Ap	0～30	0	508	209	283	砂质黏壤土	1.23
Bw1	30～50	0	493	216	291	砂质黏壤土	1.28
Bt	50～105	0	474	180	346	砂质黏壤土	1.32
Bw2	105～144	0	477	194	329	砂质黏壤土	1.32

根竹系代表性单个土体化学性质

深度/cm	pH		有机碳(C) /(g/kg)	全氮(N) /(g/kg)	全磷(P) /(g/kg)	全钾(K) /(g/kg)	CEC /(cmol/kg)	游离铁(Fe) /(g/kg)
	H_2O	KCl						
0～30	4.2	4.0	10.6	0.81	0.33	21.5	7.0	12.0
30～50	4.4	4.2	6.0	0.62	0.27	22.6	8.8	13.1
50～105	4.7	4.3	5.2	0.55	0.26	20.1	7.8	13.5
105～144	5.5	4.1	3.8	0.43	0.25	24.3	11.2	12.7

6.9 红色铁质湿润淋溶土

6.9.1 白田系（Baitian Series）

土　族：壤质硅质混合型非酸性热性-红色铁质湿润淋溶土

拟定者：王军光，罗梦雨，聂坤照

白田系典型景观

分布与环境条件 多出现于吉安中西部、赣州西南部和东部、抚州中南部一带低残丘和岗地的中缓坡地段。成土母质为紫色砂岩坡积物。现多种植杉树、铁芒萁等。年均气温 17.3～18.5℃，年均降水量 1650～1800 mm，无霜期 276 d 左右。

土系特征与变幅 诊断层包括淡薄表层、黏化层；诊断特性包括热性土壤温度、湿润土壤水分状况、铁质特性。表层遭受过侵蚀，土体厚度在 1 m 以上。淡薄表层厚约 10 cm，之下为黏化层，可见少量的黏粒胶膜。层次质地构型为砂质壤土-粉壤土，pH 为 5.8～6.3。

对比土系 小河系，同一亚类，不同土族，成土母质相同，质地构型为壤土-砂质壤土，颗粒大小级别和矿物学类型相同；石源系，同一亚类，不同土族，成土母质为红色砾岩坡积物，通体为黏壤土，颗粒大小级别为粗骨壤质；麻州系，同一亚类，不同土族，成土母质为紫色页岩坡积物，质地构型为壤土-黏壤土-砂质壤土-粉壤土；沙曾系，同一亚类，不同土族，成土母质为花岗岩，质地构型为砂质壤土-壤土-砂质壤土，颗粒大小级别为砂质；佐龙系，同一亚类，不同土族，成土母质为紫色砂岩，通体为砂质壤土，颗粒大小级别为粗骨砂质；位于相似区域的九沅系，富铁土纲，成土母质为花岗岩坡积物，质地构型为砂质壤土-砂质黏壤土-砂质壤土。

利用性能综述 土壤发育较差，有效土体厚度较浅，有机质和磷含量偏低，表层质地偏轻。应保护现有植被，积极植树造林，合理施用有机肥和磷肥，增加地表覆盖度，加强水土保持，有条件的地区可以搬运客土加厚土层，为植被生长提供良好的土壤条件。

参比土种 厚层灰红砂泥红壤。

代表性单个土体 位于江西省抚州市广昌县盱江镇白田村，26°47′21.3″N，116°20′02.8″E，海拔 142 m，成土母质为紫色砂岩坡积物，林地。50 cm 深度土温 21.9℃，热性。野外调查时间为 2015 年 8 月 25 日，编号 36-135。

Ah：0～12 cm，浅淡橙色（5YR 8/4，干），暗红棕色（5YR 3/4，润），砂质壤土，团粒状结构，疏松，土体有中量的紫色砂岩碎屑，少量的管道状根孔，向下层平滑模糊过渡。

Bt：12～38 cm，浅淡橙色（5YR 8/3，干），浊红棕色（5YR 4/4，润），粉壤土，团块状结构，稍坚实，土体有中量的紫色砂岩碎屑，可见少量的黏粒胶膜，向下层平滑模糊过渡。

C：38～128 cm，淡黄橙色（7.5YR 8/3，干），浊红棕色（5YR 4/4，润），团块状结构，稍坚实，土体有很多量的紫色砂岩碎屑，有很少的管道状根孔。

白田系代表性单个土体剖面

白田系代表性单个土体物理性质

土层	深度/cm	砾石 (>2 mm，体积分数)/%	细土颗粒组成 (粒径：mm)/(g/kg)			质地	容重 /(g/cm^3)
			砂粒 2～0.05	粉粒 0.05～0.002	黏粒 <0.002		
Ah	0～12	10	533	385	82	砂质壤土	1.29
Bt	12～38	10	301	552	147	粉壤土	1.33
C	38～128	75	—	—	—	—	—

白田系代表性单个土体化学性质

深度/cm	pH		有机碳(C) /(g/kg)	全氮(N) /(g/kg)	全磷(P) /(g/kg)	全钾(K) /(g/kg)	CEC /(cmol/kg)	游离铁(Fe) /(g/kg)
	H_2O	KCl						
0～12	6.2	5.4	3.8	1.25	0.29	22.5	12.1	13.8
12～38	6.3	5.2	1.5	0.45	0.15	17.5	12.8	13.0
38～128	5.8	5.0	—	1.36	0.67	13.6	—	—

6.9.2　麻州系（Mazhou Series）

土　族：黏质盖壤质高岭石混合型盖硅质混合型石灰性热性-红色铁质湿润淋溶土
拟定者：陈家赢，罗梦雨，杨　松

麻州系典型景观

分布与环境条件　多出现于吉安中西部、赣州西南部和东部、抚州中南部一带的低残丘和岗地中缓坡地段。成土母质为紫色页岩坡积物。植被为禾本科草被、灌丛等。年均气温 18.3～19.5℃，年均降水量 1500～1650 mm，无霜期 285 d 左右。

土系特征与变幅　诊断层包括淡薄表层、黏化层；诊断特性包括热性土壤温度、湿润土壤水分状况、铁质特性、石灰性。土体厚度在 1 m 以上，层次质地构型为壤土-黏壤土-砂质壤土-粉壤土，淡薄表层厚约 20 cm，黏化层上界在 20 m 左右，厚约 1 m，土体 20 cm 以下开始出现较多的黏粒胶膜，pH 为 6.6～7.2。

对比土系　小河系，同一亚类，不同土族，成土母质为紫色砂岩坡积物，质地构型为壤土-砂质壤土，颗粒大小级别为壤质；石源系，同一亚类，不同土族，成土母质为红色砾岩坡积物，通体为黏壤土，颗粒大小级别为粗骨壤质；白田系，同一亚类，不同土族，成土母质为紫色砂岩坡积物，质地构型为砂质壤土-粉壤土，颗粒大小级别为壤质；沙曾系，同一亚类，不同土族，成土母质为花岗岩，质地构型为砂质壤土-壤土-砂质壤土，颗粒大小级别为砂质；佐龙系，同一亚类，不同土族，成土母质为紫色砂岩，通体为砂质壤土，颗粒大小级别为粗骨砂质；王家系，同一亚纲，不同土类，为斑纹简育湿润淋溶土，成土母质为河湖相沉积物盖第四纪红黏土，质地构型为砂质黏壤土-黏壤土；位于相似区域的团红系，富铁土纲，成土母质为红砂岩，质地构型为砂质壤土-黏壤土；位于相似区域的筠门岭系，富铁土纲，成土母质为红砂岩，质地构型为壤土-黏壤土。

利用性能综述　土体深厚，质地适中，养分含量较低，易造成水土流失，降低土壤肥力。应加强水土保持，保护好现有植被，多施有机肥和化肥，植树造林，增加地面覆盖度，改良土壤性状，控制水土流失。

参比土种　厚层灰红砂泥红壤。

代表性单个土体 位于江西省赣州市会昌县麻州镇麻州村，25°30′58.4″N，115°46′27.8″E，海拔 130 m，成土母质为紫色页岩坡积物，草地。50 cm 深度土温 16.7℃，热性。野外调查时间为 2016 年 1 月 8 日，编号 36-157。

Ah：0～18 cm，灰红色（2.5YR 4/2，干），极暗红棕色（2.5YR 2/2，润），壤土，团块状结构，疏松，土体有很少的砾石，少量的草根，少量的蜂窝状孔隙，轻度石灰反应，向下层波状渐变过渡。

Bt1：18～35 cm，浊红棕色（2.5YR 4/3，干），暗红棕色（2.5YR 3/3，润），黏壤土，团块状结构，疏松，很少量的草根，少量的蜂窝状孔隙，结构体表面有明显中量的黏粒胶膜，中度石灰反应，向下层波状渐变过渡。

Bt2：35～70 cm，浊红棕色（2.5YR 4/3，干），暗红棕色（2.5YR 3/3，润），砂质壤土，团块状结构，疏松，土体有很少量的草根，少量的蜂窝状孔隙，结构体表面有明显多量的黏粒胶膜，强石灰反应，向下层波状渐变过渡。

麻州系代表性单个土体剖面

Bt3：70～120 cm，浊红棕色（2.5YR 4/4，干），暗红棕色（2.5YR 3/3，润），粉壤土，团块状结构，疏松，土体中有很少量的草根，少量的蜂窝状孔隙，结构体表面有明显多量的黏粒胶膜，强石灰反应。

麻州系代表性单个土体物理性质

土层	深度/cm	砾石 (>2 mm，体积分数)/%	细土颗粒组成 (粒径：mm)/(g/kg)			质地	容重 /(g/cm³)
			砂粒 2～0.05	粉粒 0.05～0.002	黏粒 <0.002		
Ah	0～18	1	463	434	103	壤土	1.30
Bt1	18～35	0	310	302	388	黏壤土	1.45
Bt2	35～70	0	387	251	362	砂质壤土	1.32
Bt3	70～120	0	315	301	384	粉壤土	1.34

麻州系代表性单个土体化学性质

深度/cm	pH		有机碳(C) /(g/kg)	全氮(N) /(g/kg)	全磷(P) /(g/kg)	全钾(K) /(g/kg)	CEC /(cmol/kg)	游离铁(Fe) /(g/kg)
	H_2O	KCl						
0～18	6.8	—	10.1	1.36	0.67	13.6	10.2	13.7
18～35	7.2	—	3.0	0.49	0.34	10.6	12.9	13.8
35～70	6.7	—	2.7	0.37	0.67	7.6	11.8	14.6
70～120	6.6	—	2.4	0.32	0.55	7.3	8.6	16.0

6.9.3　小河系（Xiaohe Series）

土　族：壤质硅质混合型石灰性热性-红色铁质湿润淋溶土

拟定者：刘窑军，周泽播，朱　亮

小河系典型景观

分布与环境条件　多出现于吉安中西部、赣州西南部和东部、抚州中南部一带的低丘坡脚处。成土母质为紫色砂岩坡积物。植被有松、竹、杉等。年均气温 18.5～19.5℃，年均降水量 1500～1650 mm，无霜期 290 d 左右。

土系特征与变幅　诊断层包括淡薄表层、黏化层；诊断特性包括热性土壤温度、湿润土壤水分状况、准石质接触面、氧化还原特征、铁质特性、石灰性。表层遭受过侵蚀，土体厚度约 70 cm，层次质地构型为壤土-砂质壤土，pH 为 6.6～7.2。淡薄表层厚为 15～20 cm，有少量岩石碎屑，黏粒含量约为 135 g/kg；之下为黏化层，厚为 50～55 cm，有少量岩石碎屑，黏粒含量为 174～196 g/kg，轻度石灰反应，可见中量的黏粒胶膜和较多的铁锰胶膜。

对比土系　石源系，同一亚类，不同土族，成土母质为红色砾岩坡积物，通体为黏壤土，颗粒大小级别为粗骨壤质；白田系，同一亚类，不同土族，成土母质相同，质地构型为砂质壤土-粉壤土，颗粒大小级别和矿物学类型相同；麻州系，同一亚类，不同土族，成土母质为紫色页岩坡积物，质地构型为壤土-黏壤土-砂质壤土-粉壤土；沙曾系，同一亚类，不同土族，成土母质为花岗岩，质地构型为砂质壤土-壤土-砂质壤土，颗粒大小级别为砂质；佐龙系，同一亚类，不同土族，成土母质为紫色砂岩，通体为砂质壤土，颗粒大小级别为粗骨砂质；位于相似区域的蕉陂系，富铁土纲，成土母质为花岗岩坡积物，质地构型为砂质壤土-砂质黏壤土-黏土；位于相似区域的团红系，富铁土纲，成土母质为红砂岩，质地构型为砂质壤土-黏壤土。

利用性能综述　有效土体厚度一般，质地适中，养分含量中等偏下，有少量岩石碎屑。应做好护草育林工作，合理施用肥料，保护好现有植被，防止水土流失，对已农垦利用，但坡度较大的坡地，要退耕还林。

参比土种　厚层灰石灰性紫色土。

代表性单个土体　位于江西省赣州市信丰县小河镇十村，25°17′48.7″N，114°40′32.2″E，海拔 185 m，成土母质为紫色砂岩坡积物，常绿针叶林。50 cm 深度土温 22.8℃，热性。野外调查时间为 2016 年 1 月 6 日，编号 36-149。

Ah：0～20 cm，暗红棕色（2.5YR 3/3，干），暗红棕色（2.5YR 3/3，润），壤土，团块状结构，松散，有中量<0.5 mm 的草根，有少量的蜂窝状孔隙，有少量 5～20 mm 的角状紫色砂岩碎屑，结构体表面有少量模糊的黏粒胶膜，轻度石灰反应，向下层波状渐变过渡。

Bt：20～40 cm，暗红棕色（2.5YR 3/3，干），暗红棕色（2.5YR 3/4，润），壤土，团块状结构，疏松，有很少量<0.5 mm 的草根，有少量的蜂窝状孔隙，有少量 5～20 mm 的角状紫色砂岩碎屑，结构体表面有中量模糊的黏粒胶膜，轻度石灰反应，向下层平滑模糊过渡。

Btr：40～70 cm，暗红棕色（2.5YR 3/4，干），浊红棕色（2.5YR 4/4，润），砂质壤土，团块状结构，疏松，有很少量<0.5 mm 的草根，有少量的蜂窝状孔隙，有少量 5～20 mm 的角状紫色砂岩碎屑，结构体表面有少量模糊 6～20 mm 的扩散铁锰斑纹，轻度石灰反应，向下层不规则突变过渡。

R：70～120 cm，紫色砂岩。

小河系代表性单个土体剖面

小河系代表性单个土体物理性质

土层	深度/cm	砾石（>2 mm，体积分数）/%	细土颗粒组成（粒径：mm）/(g/kg)			质地	容重/(g/cm³)
			砂粒 2～0.05	粉粒 0.05～0.002	黏粒 <0.002		
Ah	0～20	2	515	350	135	壤土	1.28
Bt	20～40	2	517	309	174	壤土	1.34
Btr	40～70	5	522	282	196	砂质壤土	1.35
R	70～120	—	—	—	—	—	—

小河系代表性单个土体化学性质

深度/cm	pH		有机碳(C)/(g/kg)	全氮(N)/(g/kg)	全磷(P)/(g/kg)	全钾(K)/(g/kg)	CEC/(cmol/kg)	游离铁(Fe)/(g/kg)
	H_2O	KCl						
0～20	6.6	6.8	—	0.95	0.54	14.5	14.5	7.2
20～40	7.0	6.6	8.6	0.67	0.31	11.7	10.6	8.2
40～70	7.2	6.1	2.5	0.30	0.18	8.0	11.5	9.3
70～120	—	—	—	—	—	—	—	—

6.9.4 沙曾系（Shazeng Series）

土　族：砂质硅质混合型非酸性热性-红色铁质湿润淋溶土
拟定者：刘窑军，刘书羽，牟经瑞

沙曾系典型景观

分布与环境条件　多出现于宜春中部和西南部、抚州、赣州一带的丘陵地区缓坡处。成土母质为花岗岩。植被主要为灌木和矮草。年均气温 17.5～18.5℃，年均降水量 1800～1950 mm，无霜期 273 d 左右。

土系特征与变幅　诊断层包括淡薄表层、黏化层；诊断特性包括热性土壤温度、湿润土壤水分状况、准石质接触面、氧化还原特征、铁质特性。土体厚度约 90 cm，层次质地构型为砂质壤土-壤土-砂质壤土，pH 为 4.6～6.0。淡薄表层厚为 20～25 cm，有较多的岩石碎屑，黏粒含量约为 154 g/kg；之下为黏化层，厚为 65～70 cm，有较多的岩石碎屑，黏粒含量为 165～223 g/kg，结构面可见很多的铁锰斑纹，较多的黏粒胶膜和很少的铁锰胶膜。

对比土系　小河系，同一亚类，不同土族，成土母质为紫色砂岩坡积物，质地构型为壤土-砂质壤土；石源系，同一亚类，不同土族，成土母质为红色砾岩坡积物，通体为黏壤土，颗粒大小级别为粗骨壤质；白田系，同一亚类，不同土族，成土母质为紫色砂岩坡积物，质地构型为砂质壤土-粉壤土，颗粒大小级别为壤质；麻州系，同一亚类，不同土族，成土母质为紫色页岩坡积物，质地构型为壤土-黏壤土-砂质壤土-粉壤土；佐龙系，同一亚类，不同土族，成土母质为紫色砂岩，通体为砂质壤土，颗粒大小级别为粗骨砂质；王家系，同一亚纲，不同土类，为斑纹简育湿润淋溶土，成土母质为河湖相沉积物盖第四纪红黏土，质地构型为砂质黏壤土-黏壤土；位于相似区域的九沅系，富铁土纲，成土母质为花岗岩坡积物，质地构型为砂质壤土-砂质黏壤土-砂质壤土。

利用性能综述　土体较深厚，质地稍偏砂，氮、磷、钾含量较缺，保水保肥性一般，局部地区有水土流失现象。应保护好现有的林木，积极营造新的水土保持林，增施复合肥，促进植被生长，涵养水分，对发生水土流失的地区，要坚持封山育林，使之尽快恢复植被。

参比土种 厚层灰麻砂泥红壤。

代表性单个土体 位于江西省抚州市南城县沙洲镇曾家村，27°43′15.7″N，116°49′40.1″E，海拔 113 m，成土母质为花岗岩，灌木草地。50 cm 深度土温 21.4℃，热性。野外调查时间为 2015 年 8 月 26 日，编号 36-122。

Ah：0～20 cm，浊黄橙色（10YR 7/3，干），亮红棕色（5YR 5/6，润），砂质壤土，棱块状结构，疏松，有少量 0.5～2 mm 的草根，有大量的蜂窝状孔隙，有较多 2～5 mm 的角状花岗岩碎屑，向下层波状清晰过渡。

Btr1：20～48 cm，浊黄橙色（10YR 7/4，干），棕色（10YR 4/4，润），壤土，棱块状结构，疏松，有大量的蜂窝状孔隙，有中量 5～10 mm 的角状花岗岩碎屑，结构面有明显较多的黏粒胶膜和很少的铁锰胶膜，向下层不规则渐变过渡。

Btr2：48～90 cm，淡黄橙色（7.5YR 8/6，干），80%亮红棕色（5YR 5/6，润）、20%亮黄棕色（10YR 6/8，润），砂质壤土，棱块状结构，疏松，有大量的蜂窝状孔隙，有较多 5～10 mm 的角状花岗岩碎屑，结构面有清晰很多量 2～6 mm 的铁锰斑纹以及明显较多的黏粒胶膜和很少的铁锰胶膜，向下层不规则模糊过渡。

C：90～125 cm，花岗岩风化物。

沙曾系代表性单个土体剖面

沙曾系代表性单个土体物理性质

土层	深度/cm	砾石 (>2 mm，体积分数)/%	细土颗粒组成 (粒径：mm)/(g/kg)			质地	容重 /(g/cm³)
			砂粒 2～0.05	粉粒 0.05～0.002	黏粒 <0.002		
Ah	0～20	25	582	265	153	砂质壤土	1.28
Btr1	20～48	10	459	318	223	壤土	1.33
Btr2	48～90	20	582	253	165	砂质壤土	1.32
C	90～125	—	—	—	—	—	—

沙曾系代表性单个土体化学性质

深度/cm	pH		有机碳(C) /(g/kg)	全氮(N) /(g/kg)	全磷(P) /(g/kg)	全钾(K) /(g/kg)	CEC /(cmol/kg)	游离铁(Fe) /(g/kg)
	H_2O	KCl						
0～20	4.6	4.1	17.0	0.98	0.59	11.1	2.0	17.1
20～48	6.0	4.0	5.6	0.43	0.29	10.9	33.1	20.0
48～90	5.3	4.6	3.1	0.32	0.21	9.9	26.1	20.7
90～125	—	—	—	—	—	—	—	—

6.9.5　佐龙系（Zuolong Series）

土　族：粗骨砂质硅质混合型非酸性热性-红色铁质湿润淋溶土

拟定者：王天巍，邓　楠，曹金洋

佐龙系典型景观

分布与环境条件　多出现于吉安中西部和东北部、抚州中部一带的低丘坡脚处。成土母质为紫色砂岩。植被主要为茅草、马鞭草等。年均气温 17.5～18.5℃，年均降水量 1600～1750 mm，无霜期 282 d 左右。

土系特征与变幅　诊断层包括淡薄表层、黏化层；诊断特性包括热性土壤温度、湿润土壤水分状况、氧化还原特征、铁质特性。淡薄表层厚度为 25～30 cm，有较多的岩石碎屑；之下为黏化层，厚度为 35～40 cm，有较多的岩石碎屑，结构面可见中量的黏粒胶膜和少量的铁锰胶膜。土体厚度约 70 cm，通体为砂质壤土，pH 为 6.6～6.7。

对比土系　小河系，同一亚类，不同土族，成土母质为紫色砂岩坡积物，质地构型为壤土-砂质壤土；石源系，同一亚类，不同土族，成土母质为红色砾岩坡积物，通体为黏壤土，颗粒大小级别为粗骨壤质；白田系，同一亚类，不同土族，成土母质为紫色砂岩坡积物，质地构型为砂质壤土-粉壤土，颗粒大小级别为壤质；麻州系，同一亚类，不同土族，成土母质为紫色页岩坡积物，质地构型为壤土-黏壤土-砂质壤土-粉壤土；沙曾系，同一亚类，不同土族，成土母质为花岗岩，质地构型为砂质壤土-壤土-砂质壤土，颗粒大小级别为砂质；王家系，同一亚纲，不同土类，为斑纹简育湿润淋溶土，成土母质为河湖相沉积物盖第四纪红黏土，质地构型为砂质黏壤土-黏壤土。

利用性能综述　土壤发育程度一般，有效土体厚度一般，质地偏砂，养分状况较差，植被覆盖度偏低，局部地区有中度面蚀。应切实做好护草育林工作，保护好现有植被，增施有机肥和复合肥，培肥土壤，植树造林，提高植被覆盖度，控制水土流失，减少土壤侵蚀，改善土壤的物理性状。

参比土种　厚层石灰性紫色土。

代表性单个土体　位于江西省吉安市永丰县佐龙乡南塘村，27°18′15.7″N，115°22′56.3″E，海拔 91 m，成土母质为紫色砂岩，草地。50 cm 深度土温 21.8℃，热性。野外调查时间为 2015 年 8 月 24 日，编号 36-126。

Ah：0～30 cm，黑棕色（10YR 3/2，干），暗红棕色（2.5YR 3/4，润），砂质壤土，团块状结构，坚实，有中量 0.5～2 mm 的草根，有大量 2～5 mm 的蜂窝状孔隙，有多量 5～10 mm 的次圆状紫色砂岩碎屑，无石灰反应，向下层波状清晰过渡。

Btr：30～68 cm，暗棕色（10YR 3/4，干），暗红棕色（2.5YR 3/4，润），砂质壤土，团块状结构，坚实，有中量 0.5～2 mm 的草根，有大量 2～5 mm 的蜂窝状孔隙，有多量 5～10 mm 的次圆状紫色砂岩碎屑，结构体表面可见明显中量的黏粒胶膜和少量的铁锰胶膜，无石灰反应，向下层波状清晰过渡。

C：68～110 cm，可见明显中量的黏粒胶膜和铁锰胶膜，有很少 2～6 mm 的角状碳酸钙结核，强石灰反应。

佐龙系代表性单个土体剖面

佐龙系代表性单个土体物理性质

土层	深度/cm	砾石 (>2 mm，体积分数)/%	细土颗粒组成（粒径：mm)/(g/kg)			质地	容重 /(g/cm^3)
			砂粒 2～0.05	粉粒 0.05～0.002	黏粒 <0.002		
Ah	0～30	30	553	320	127	砂质壤土	1.23
Btr	30～68	30	554	296	150	砂质壤土	1.31
C	68～110	—	—	—	—	—	—

佐龙系代表性单个土体化学性质

深度/cm	pH		有机碳(C) /(g/kg)	全氮(N) /(g/kg)	全磷(P) /(g/kg)	全钾(K) /(g/kg)	CEC /(cmol/kg)	游离铁(Fe) /(g/kg)
	H_2O	KCl						
0～30	6.6	5.2	4.6	0.92	0.82	12.5	16.5	8.5
30～68	6.7	5.8	1.5	0.56	0.67	17.1	17.6	10.4
68～110	—	—	—	—	—	—	—	—

6.9.6 石源系（Shiyuan Series）

土　族：粗骨壤质混合型非酸性热性-红色铁质湿润淋溶土

拟定者：王军光，周泽璠，杨　松

石源系典型景观

分布与环境条件　多出现于抚州、上饶、吉安一带的丘陵高丘中部的缓坡地段。成土母质为红色砾岩坡积物。植被为铁芒萁等灌木林。年均气温 18～19℃，年均降水量 1650～1800 mm，无霜期 278 d 左右。

土系特征与变幅　诊断层包括淡薄表层、黏化层；诊断特性包括热性土壤温度、湿润土壤水分状况、氧化还原特征、铁质特性。由不同时期的坡积物堆叠形成，土体厚度在 1 m 以上，层次质地通体为黏壤土，pH 为 4.6～5.6。淡薄表层厚约 20 cm，黏粒含量约 280 g/kg；之下为黏化层，黏粒含量为 290～340 g/kg，结构面可见较多的黏粒胶膜和较多的铁锰胶膜。

对比土系　小河系，同一亚类，不同土族，成土母质为紫色砂岩坡积物，质地构型为壤土-砂质壤土；白田系，同一亚类，不同土族，成土母质为紫色砂岩坡积物，质地构型为砂质壤土-粉壤土，颗粒大小级别为壤质；麻州系，同一亚类，不同土族，成土母质为紫色页岩坡积物，质地构型为壤土-黏壤土-砂质壤土-粉壤土；沙曾系，同一亚类，不同土族，成土母质为花岗岩，质地构型为砂质壤土-壤土-砂质壤土，颗粒大小级别为砂质；佐龙系，同一亚类，不同土族，成土母质为紫色砂岩，通体为砂质壤土。

利用性能综述　土体深厚，但质地偏黏，砾石含量较高，水分物理性状不良，养分含量偏低。应切实保护好现有植被，因地制宜地选用易生长树木，适度增施有机肥和化肥，促进植物生长，提高植被覆盖度，防止水土流失，种植作物时可以开沟排水，深耕炕土，掺砂改土。

参比土种　厚层灰红砂泥红壤。

代表性单个土体　位于江西省吉安市永丰县石马镇源头村，27°01′45.6″N，115°44′14.3″E，海拔 177 m，成土母质为红色砾岩坡积物，灌木林地。50 cm 深度土温 21.6℃，热性。野外调查时间为 2015 年 8 月 25 日，编号 36-132。

Ah：0～20 cm，橙色（2.5YR 7/6，干），暗棕色（10YR 3/4，润），黏壤土，团块状结构，疏松，少量 0.5～2 mm 的草根，大量 1～2 mm 的蜂窝状孔隙，中量 5～20 mm 的角状红色砾岩碎屑，向下层波状清晰过渡。

Btr1：20～45 cm，橙色（2.5YR 6/8，干），红棕色（5YR 4/6，润），黏壤土，团块状结构，疏松，很少量 0.5～2 mm 的草根，高量 1～2 mm 的蜂窝状孔隙，多量 5～20 mm 的角状红色砾岩碎屑，可见明显较多的黏粒-铁锰胶膜，向下层波状渐变过渡。

Btr2：45～75 cm，橙色（5YR 7/6，干），亮红棕色（5YR 5/8，润），黏壤土，团块状结构，疏松，很少量 0.5～2 mm 的草根，多量 20～75 mm 的角状红色砾岩碎屑和明显多量的黏粒-铁锰胶膜，向下层波状渐变过渡。

Btr3：75～125 cm，橙色（5YR 7/6，干），红棕色（5YR 4/6，润），黏壤土，团块状结构，疏松，多量 20～75 mm 的角状红色砾岩碎屑，可见明显多量的黏粒-铁锰胶膜。

石源系代表性单个土体剖面

石源系代表性单个土体物理性质

土层	深度/cm	砾石 (>2 mm，体积分数)/%	细土颗粒组成 (粒径：mm)/(g/kg)			质地	容重 /(g/cm³)
			砂粒 2～0.05	粉粒 0.05～0.002	黏粒 <0.002		
Ah	0～20	15	473	249	278	黏壤土	1.28
Btr1	20～45	20	424	258	318	黏壤土	1.30
Btr2	45～75	30	455	256	289	黏壤土	1.31
Btr3	75～125	40	402	262	336	黏壤土	1.33

石源系代表性单个土体化学性质

深度/cm	pH		有机碳(C) /(g/kg)	全氮(N) /(g/kg)	全磷(P) /(g/kg)	全钾(K) /(g/kg)	CEC /(cmol/kg)	游离铁(Fe) /(g/kg)
	H_2O	KCl						
0～20	4.6	4.0	5.9	0.51	0.27	10.6	17.3	16.9
20～45	5.0	4.2	5.5	0.48	0.27	11.9	16.4	17.9
45～75	5.0	4.3	5.4	0.47	0.26	10.5	16.3	16.4
75～125	5.6	4.5	4.1	0.35	0.25	12.0	15.9	21.8

6.10　斑纹简育湿润淋溶土

6.10.1　王家系（Wangjia Series）

土　族：黏壤质混合型非酸性热性-斑纹简育湿润淋溶土

拟定者：王天巍，罗梦雨，关熊飞

王家系典型景观

分布与环境条件　多出现于南昌中部和西北部、上饶西部、九江东南部一带的湖滨丘陵处。成土母质为河湖相沉积物盖第四纪红黏土。植被多为禾本科草被、灌丛。年均气温 17.5～17.8℃，年均降水量 1500～1650 mm，无霜期 266 d 左右。

土系特征与变幅　诊断层包括淡薄表层、黏化层、雏形层；诊断特性包括热性土壤温度、湿润土壤水分状况、铁质特性、石灰性、氧化还原特征。由不同的母质构成，土体厚度超过 1 m，淡薄表层厚约 15 cm，呈中度石灰反应；黏化层出现在 15 cm 以下，结构面有黏粒胶膜和铁锰胶膜；雏形层出现在 75 cm 以下。层次质地构型为砂质黏壤土-黏壤土，pH 为 4.7～6.4。

对比土系　麻州系，同一亚纲，不同土类，为红色铁质湿润淋溶土，成土母质为紫色页岩坡积物，质地构型为壤土-黏壤土-砂质壤土-粉壤土；沙曾系，同一亚纲，不同土类，为红色铁质湿润淋溶土，成土母质为花岗岩，质地构型为砂质壤土-壤土-砂质壤土，颗粒大小级别为砂质；佐龙系，同一亚纲，不同土类，为红色铁质湿润淋溶土，成土母质为紫色砂岩，通体为砂质壤土，颗粒大小级别为粗骨砂质；位于邻近区域的乌港系，人为土纲，成土母质为第四纪红黏土，质地构型为粉质黏壤土-黏壤土-砂质黏壤土，颗粒大小级别相同；位于邻近区域的后周系，人为土纲，成土母质为河湖相沉积物，质地构型为粉质黏土-壤质黏土-砂质黏壤土-粉质黏土-壤质黏土-黏土-粉质黏壤土，颗粒大小级别相同。

利用性能综述　地势较低，土体深厚，质地偏黏，氮、磷含量偏低，植被覆盖较差，季节性淹水频繁，局部地区水土流失较严重，土壤透气性较差。应保护现有植被，积极种植易生长的耐水植物，提高植被覆盖度，保持水土，有条件的地方可以客土掺砂，改良土壤物理性状，增强透气性。

参比土种 厚层灰黄泥红壤。

代表性单个土体 位于江西省上饶市余干县康山乡王家村，28°54′47.1″N，116°29′53.2″E，海拔 7 m，成土母质 0～15 cm 为河湖相沉积物，15～118 cm 为第四纪红黏土，荒地。50 cm 深度土温 20.9℃。野外调查时间为 2015 年 1 月 23 日，编号 36-053。

王家系代表性单个土体剖面

Ah： 0～15 cm，浊黄棕色（10YR 4/3，干），浊黄棕色（10YR 4/3，润），砂质黏壤土，粒状结构，疏松，土体内有少量的植物根系，少量的蜂窝状孔隙，很少的贝壳，中度石灰反应，向下层波状渐变过渡。

2Btr1：15～32 cm，淡黄橙色（10YR 8/3，干），25%棕灰色（10YR 5/1，润）、75%黄棕色（10YR 5/6，润），黏壤土，团块状结构，坚实，土体内很少量的植物根系，很少的蜂窝状孔隙，结构体表面有中量的铁锰胶膜、黏粒胶膜，无石灰反应，向下层不规则突变过渡。

2Btr2：32～75 cm，浊黄橙色（10YR 7/2，干），25%灰黄棕色（10YR 4/2，润）、75%红棕色（2.5YR 4/8，润），黏壤土，团块状结构，坚实，土体内有很少的蜂窝状孔隙，结构体表面有多量的铁锰胶膜、黏粒胶膜，无石灰反应，向下层不规则突变过渡。

2Br：75～118 cm，灰黄棕色（10YR 6/2，干），60%棕灰色（10YR 5/1，润）、40%黄棕色（10YR 5/8，润），黏壤土，团块状结构，坚实，结构体表面有多量的铁锰胶膜和少量的锰结核，无石灰反应，向下层平滑渐变过渡。

王家系代表性单个土体物理性质

土层	深度/cm	砾石（>2 mm，体积分数)/%	细土颗粒组成（粒径：mm)/(g/kg）			质地	容重/(g/cm^3)
			砂粒 2～0.05	粉粒 0.05～0.002	黏粒 <0.002		
Ah	0～15	0	522	230	248	砂质黏壤土	1.28
2Btr1	15～32	0	424	258	318	黏壤土	1.35
2Btr2	32～75	0	402	262	336	黏壤土	—
2Br	75～118	0	234	484	282	黏壤土	—

王家系代表性单个土体化学性质

深度/cm	pH		有机碳(C)/(g/kg)	全氮(N)/(g/kg)	全磷(P)/(g/kg)	全钾(K)/(g/kg)	CEC/(cmol/kg)	游离铁(Fe)/(g/kg)
	H_2O	KCl						
0～15	6.4	6.0	14.4	0.96	0.53	22.0	12.6	28.8
15～32	6.1	4.2	13.3	0.88	0.49	20.3	22.0	32.6
32～75	5.6	3.7	7.5	0.50	0.46	15.4	19.2	13.7
75～118	4.7	3.7	5.9	0.39	0.44	15.6	9.3	14.6

第 7 章　雏　形　土

7.1　酸性暗色潮湿雏形土

7.1.1　矶阳系（Jiyang Series）

土　族：黏壤质混合型热性-酸性暗色潮湿雏形土

拟定者：陈家赢，杨家伟，牟经瑞

矶阳系典型景观

分布与环境条件　多出现于南昌北部、上饶西部一带的湖滨地区，地势较低，一般海拔 18～20 m，多为平坦草洲。成土母质为河湖相沉积物。自然植被主要是禾本科草类，以及少数菊科蓟属植被。年均气温 17.5～18.0 ℃，年均降水量 1450～1600 mm，无霜期 269 d 左右。

土系特征与变幅　诊断层包括暗瘠表层、雏形层；诊断特性包括热性土壤温度、潮湿土壤水分状况、潜育特征、氧化还原特征。土体厚度在 1 m 以上，层次质地构型为粉质黏壤土-粉壤土，pH 为 4.3～6.3。暗瘠表层厚为 25～30 cm，之下为雏形层，厚 1 m 以上，结构面有中量的铁斑纹和很少的铁锰胶膜。

对比土系　安永系，同一土类，不同亚类，为普通暗色潮湿雏形土，成土母质相同，分布环境相似，质地构型为粉壤土-粉质黏土；位于相似区域的双洲头系，同一亚纲，不同土类，为酸性淡色潮湿雏形土，成土母质相同，分布环境相似，质地构型为粉壤土-粉质黏壤土-粉壤土；鄱邓系，同一亚纲，不同土类，为酸性淡色潮湿雏形土，成土母质相同，分布环境相似，颗粒大小级别为壤质；角山系，同一亚纲，不同土类，为普通淡色潮湿雏形土，成土母质相同，分布环境相似，质地构型通体为粉壤土；位于相似区域的南胜利系，人为土纲，成土母质相同，分布环境相似，质地构型为粉质黏壤土-壤质砂土-粉壤土，颗粒大小级别为壤质；位于邻近区域的长胜系，人为土纲，成土母质相同，通体为粉壤土；位于邻近区域的凰村系，淋溶土纲，成土母质为黄土状物质，通体为粉壤土。

利用性能综述　地势较低，土体深厚，质地适中，养分含量一般，季节性淹水频繁，保肥性较差，地下水位较高。应保护好现有植被，积极种植耐水林木，增施肥料，培肥土壤，促进植被生长，保持水土，注意开沟排水，降低地下水位，改善土壤的物理性状，增强透气性。

参比土种　灰草洲沙泥土。

代表性单个土体　位于江西省南昌市新建区南矶乡向阳村，28°56′06.3″N，116°21′26.3″E，海拔 22 m，成土母质为河湖相沉积物，草地。50 cm 深度土温 20.9℃。野外调查时间为 2015 年 1 月 17 日，编号 36-071。

Ah：0～27 cm，淡棕灰色（7.5YR 7/2，干），黑棕色（10YR 3/2，润），粉质黏壤土，团粒状结构，疏松，有少量<0.5 cm 的草根，有很少量<0.5 mm 的蜂窝状孔隙，向下层平滑渐变过渡。

Br1：27～80 cm，浊棕色（7.5YR 6/3，干），80%灰色（5Y 4/1，润）、20%棕色（10YR 4/6，润），粉壤土，团块状结构，疏松，有很少量<0.5 mm 的蜂窝状孔隙，结构面可见明显的大小为 2～6 mm 的中量铁斑纹，向下层波状渐变过渡。

Br2：80～110 cm，淡棕灰色（7.5YR 7/2，干），70%灰色（5Y 5/1，润）、30%橄榄色（5Y 6/6，润），粉壤土，团块状结构，疏松，有很少量<0.5 mm 的蜂窝状孔隙，结构面可见明显的大小为 2～6 mm 的中量铁斑纹，有很少的铁锰胶膜，向下层不规则模糊过渡。

Bg：110～130 cm，淡棕灰色（7.5YR 7/1，干），70%灰色（5Y 4/1，润）、30%橄榄色（5Y 6/6，润），粉壤土，团块状结构，疏松，有很少量<0.5 mm 的蜂窝状孔隙，有亚铁反应。

矶阳系代表性单个土体剖面

矶阳系代表性单个土体物理性质

土层	深度 /cm	砾石 (>2 mm，体积分数)/%	细土颗粒组成 (粒径：mm)/(g/kg)			质地	容重 /(g/cm³)
			砂粒 2～0.05	粉粒 0.05～0.002	黏粒 <0.002		
Ah	0～27	0	78	563	359	粉质黏壤土	1.30
Br1	27～80	0	133	616	251	粉壤土	1.35
Br2	80～110	0	200	571	229	粉壤土	1.31
Bg	110～130	0	163	623	214	粉壤土	1.33

矶阳系代表性单个土体化学性质

深度/cm	pH		有机碳(C) /(g/kg)	全氮(N) /(g/kg)	全磷(P) /(g/kg)	全钾(K) /(g/kg)	CEC /(cmol/kg)	游离铁(Fe) /(g/kg)
	H_2O	KCl						
0～27	4.3	3.6	16.2	0.99	0.54	18.1	13.4	6.6
27～80	5.1	4.8	5.5	0.53	0.31	13.1	11.9	19.5
80～110	5.9	4.8	5.7	0.52	0.30	12.9	9.2	7.7
110～130	6.3	4.7	6.2	0.40	0.28	11.2	15.0	10.4

7.2　普通暗色潮湿雏形土

7.2.1　安永系（Anyong Series）

土　族：黏壤质混合型石灰性热性-普通暗色潮湿雏形土

拟定者：王军光，罗梦雨，朱　亮

安永系典型景观

分布与环境条件　多出现于九江北部一带的河流两岸阶地。成土母质为河湖相沉积物。作物为芝麻、甘薯、油菜、蚕豆、豌豆等。年均气温 16～16.5℃，年均降水量 1400～1550 mm，无霜期 259 d 左右。

土系特征与变幅　诊断层包括暗沃表层、雏形层；诊断特性包括热性土壤温度、潮湿土壤水分状况、氧化还原特征、石灰性、铁质特性。土体厚度在 1 m 以内，质地构型为粉壤土-粉质黏土，雏形层出现在 30 cm 以下，厚度为 30～90 cm，结构体表面有少量的铁锰胶膜，土体内有石灰反应，pH 为 6.7～7.2。

对比土系　矶阳系，同一土类，不同亚类，为酸性暗色潮湿雏形土，成土母质相同，分布环境相似，质地构型为粉质黏壤土-粉壤土，表层偏酸，为暗瘠表层；双洲头系，同一亚纲，不同土类，成土母质相同，分布环境相似，质地构型为粉壤土-粉质黏壤土-粉壤土，通体无石灰反应；上聂系，同一亚纲，不同土类，为酸性淡色潮湿雏形土，成土母质相同，质地构型为壤土-粉壤土-砂质壤土；角山系，同一亚纲，不同土类，为普通淡色潮湿雏形土，成土母质相同，分布环境相似，质地构型通体为粉壤土；位于相似区域的凰村系，淋溶土纲，分布环境相似，成土母质为黄土状物质，质地构型通体为粉壤土。

利用性能综述　地势较低，土体深厚，质地适中，氮、磷、钾含量偏低，耕性较好，保水保肥性能好，地下水位较高。应注重用养结合，适时翻耕，增施化肥，实行秸秆还田，可间种或轮种绿肥，提高土壤肥力，增加作物产量，注意开沟排水，保证土壤的透气性。

参比土种　乌潮沙泥土。

代表性单个土体　位于江西省九江市柴桑区永安乡永安村，29°43′48.7″N，115°50′41.3″E，海拔 18 m，成土母质为河湖相沉积物，撂荒地。50 cm 深度土温 20.4℃。野外调查时间为 2015 年 1 月 19 日，编号 36-041。

Ap：0～30 cm，灰棕色（7.5YR 5/2，干），黑棕色（7.5YR 3/2，润），粉壤土，团粒状结构，疏松，中量的蜂窝状颗粒间孔隙，有石灰反应，向下层平滑渐变过渡。

Br1：30～45 cm，灰棕色（7.5YR 6/2，干），黑棕色（7.5YR 3/2，润），粉壤土，团块状结构，疏松，中量的蜂窝状颗粒间孔隙，结构体表面有少量的铁锰胶膜，有石灰反应，向下层平滑模糊过渡。

Br2：45～90 cm，浊棕色（7.5YR 6/3，干），黑棕色（7.5YR 3/1，润），粉质黏土，团块状结构，疏松，较多的蜂窝状颗粒间孔隙，结构体表面有少量的铁锰胶膜，有石灰反应。

安永系代表性单个土体剖面

安永系代表性单个土体物理性质

土层	深度/cm	砾石(>2 mm，体积分数)/%	细土颗粒组成(粒径：mm)/(g/kg)			质地	容重/(g/cm³)
			砂粒 2～0.05	粉粒 0.05～0.002	黏粒 <0.002		
Ap	0～30	0	95	671	234	粉壤土	1.26
Br1	30～45	0	86	663	251	粉壤土	1.33
Br2	45～90	0	32	690	278	粉质黏土	1.38

安永系代表性单个土体化学性质

深度/cm	pH		有机碳(C)/(g/kg)	全氮(N)/(g/kg)	全磷(P)/(g/kg)	全钾(K)/(g/kg)	CEC/(cmol/kg)	游离铁(Fe)/(g/kg)
	H_2O	KCl						
0～30	7.2	—	20.9	1.04	0.83	13.7	31.3	8.9
30～45	7.0	—	15.2	0.68	0.68	14.2	14.4	19.7
45～90	6.7	—	10.4	0.40	0.54	12.2	14.7	17.6

7.3　酸性淡色潮湿雏形土

7.3.1　鄱邓系（Podeng Series）

土　族：壤质混合型热性-酸性淡色潮湿雏形土

拟定者：王天巍，邓　楠，牟经瑞

鄱邓系典型景观

分布与环境条件　多出现于南昌西部、上饶西北部、九江北部一带的河流两岸的一级阶地。成土母质为河湖相沉积物。植被以棉花、油菜、豆类、蔬菜等作物为主。年均气温 17.5～18.0℃，年均降水量 1550～1700 mm，无霜期 270 d 左右。

土系特征与变幅　诊断层包括淡薄表层、雏形层；诊断特性包括冲积物岩性特征、热性土壤温度、潮湿土壤水分状况、氧化还原特征。土体厚度在 1 m 以上，层次构型为壤土-砂质壤土-粉壤土-砂质黏壤土-粉壤土，pH 为 4.1～5.8。淡薄表层厚度为 15～20 cm，有少量的岩石碎屑；之下为雏形层，结构面可见腐殖质斑纹、铁锰斑纹和黏粒胶膜。

对比土系　上聂系，同一土族，成土母质相同，分布环境相似，质地构型为壤土-粉壤土-砂质壤土；双洲头系，同一亚类，不同土族，成土母质相同，分布环境相似，颗粒大小级别为黏壤质，质地构型为粉壤土-粉质黏壤土-粉壤土；矶阳系，同一亚纲，不同土类，为酸性暗色潮湿雏形土，成土母质相同，分布环境相似，表层偏酸，为暗瘠表层；位于邻近区域的角山系，同一土类，不同亚类，为普通淡色潮湿雏形土，成土母质相同，分布环境相似，质地构型通体为粉壤土；位于邻近区域的屯田系，人为土纲，种植水稻，成土母质为泥质页岩洪积物，质地构型为粉壤土-粉质黏壤土-粉壤土；位于邻近区域的街上系，人为土纲，成土母质相同，质地构型为粉壤土-壤土-黏壤土-粉质黏壤土。

利用性能综述　土体深厚，质地适中，表层土壤熟化程度较高，有机质含量中等，其余养分含量偏低，耕性良好，宜种性广。应注意用养结合，采用有机肥和化肥结合的原则，配方施肥，间种或轮种绿肥，实行秸秆还田，培肥土壤，提高作物产量。

参比土种　灰潮沙泥土。

代表性单个土体　位于江西省上饶市鄱阳县鄱阳镇邓家村，29°02′01.5″N，116°47′24.4″E，海拔 43 m，成土母质为河湖相沉积物，旱地。50 cm 深度土温 20.9℃。野外调查时间为 2015 年 1 月 22 日，编号 36-058。

鄱邓系代表性单个土体剖面

Ap：0～20 cm，淡棕灰色（7.5YR 7/2，干），棕色（10YR 4/6，润），壤土，粒状结构，松散，结构体表面有模糊的腐殖质胶膜，向下层平滑明显过渡。

Bw：20～33 cm，浊橙色（7.5YR 7/3，干），暗棕色（10YR 3/3，润），壤土，粒状结构，松散，结构体表面有明显的腐殖质胶膜，向下层平滑突变过渡。

Br1：33～43 cm，浊橙色（7.5YR 6/4，干），棕色（10YR 4/4，润），砂质壤土，粒状结构，松散，结构体表面有模糊的锰斑纹，向下层波状突变过渡。

Br2：43～64 cm，浊棕色（7.5YR 6/3，干），棕色（10YR 4/4，润），粉壤土，团块状结构，稍坚实，结构体表面有模糊的铁斑纹，向下层平滑渐变过渡。

Br3：64～82 cm，橙白色（7.5YR 8/2，干），浊黄棕色（10YR 4/3，润），砂质黏壤土，团块状结构，坚实，结构体表面有明显的铁斑纹及清楚的黏粒胶膜，向下层平滑渐变过渡。

Br4：82～120 cm，淡棕灰色（7.5YR 7/2，干），暗棕色（10YR 3/3，润），粉壤土，团块状结构，坚实，结构体表面有模糊的铁斑纹。

鄱邓系代表性单个土体物理性质

土层	深度/cm	砾石(>2 mm，体积分数)/%	细土颗粒组成（粒径：mm）/(g/kg)			质地	容重/(g/cm³)
			砂粒 2～0.05	粉粒 0.05～0.002	黏粒 <0.002		
Ap	0～20	0	436	440	124	壤土	1.27
Bw	20～33	0	454	409	137	壤土	1.30
Br1	33～43	0	665	255	80	砂质壤土	1.30
Br2	43～64	0	236	604	160	粉壤土	1.32
Br3	64～82	0	247	508	245	砂质黏壤土	1.35
Br4	82～120	0	234	596	170	粉壤土	1.37

鄱邓系代表性单个土体化学性质

深度/cm	pH		有机碳(C) /(g/kg)	全氮(N) /(g/kg)	全磷(P) /(g/kg)	全钾(K) /(g/kg)	CEC /(cmol/kg)	游离铁(Fe) /(g/kg)
	H_2O	KCl						
0～20	4.1	3.5	9.6	1.05	0.59	14.6	6.9	4.7
20～33	4.2	3.5	8.4	0.74	0.51	13.7	5.7	33.8
33～43	4.6	3.7	4.9	0.61	0.42	14.9	6.3	6.2
43～64	4.9	3.6	4.9	0.43	0.47	16.0	6.9	19.1
64～82	5.8	3.8	5.1	0.39	0.46	16.2	8.6	12.9
82～120	5.0	3.8	4.2	0.27	0.33	16.4	4.5	5.8

7.3.2　双洲头系（Shuangzhoutou Series）

土　族：黏壤质混合型热性-酸性淡色潮湿雏形土
拟定者：刘窑军，刘书羽，曹金洋

分布与环境条件　多出现于南昌北部、上饶西部一带的湖滨地区，地势较低，多为平坦草洲。成土母质为河湖相沉积物。自然植被主要是禾本科草类，少数菊科蓟属植被。年均气温 17.5～18.0℃，年均降水量 1450～1600 mm，无霜期 271 d 左右。

双洲头系典型景观

土系特征与变幅　诊断层包括淡薄表层、雏形层；诊断特性包括热性土壤温度、潮湿土壤水分状况、氧化还原特征、铁质特性。土体厚度在 1 m 以上，层次质地构型为粉壤土-粉质黏壤土-粉壤土，pH 为 4.5～5.4。淡薄表层厚为 20～25 cm，之下为雏形层，厚度在 1 m 以上，结构面可见少量的铁斑纹。

对比土系　鄱邓系，同一亚类，不同土族，成土母质相同，颗粒大小级别为壤质，质地构型为壤土-砂质壤土-粉壤土-砂质黏壤土-粉壤土；上聂系，同一亚类，不同土族，成土母质相同，颗粒大小级别为壤质，质地构型为壤土-粉壤土-砂质壤土；角山系，同一土类，不同亚类，为普通淡色潮湿雏形土，成土母质相同，分布环境相似，通体为粉壤土；位于相似区域的矶阳系，同一亚纲，不同土类，为酸性暗色潮湿雏形土，成土母质相同，分布环境相似，质地构型为粉质黏壤土-粉壤土；安永系，同一亚纲，不同土类，为普通暗色潮湿雏形土，成土母质相同，质地构型为粉壤土-粉质黏土；位于邻近区域的昌邑系，同一土纲，成土母质为第四纪黄土状沉积物，质地构型为粉质黏壤土-粉壤土。

利用性能综述　地势较低，土体深厚，质地适中，养分含量中等偏下，地下水位较高，季节性淹水频繁。应保护现有植被，种植一些林木，营造多树种的生态系统，配方施肥，促进植被生长，促进土壤团聚体的形成，保持水土，适当翻耕，开沟排水，保证土壤的透气性。

参比土种　灰草洲沙泥土。

代表性单个土体　位于江西省南昌市南昌县南新乡双洲头，28°54′14.9″N，116°16′10.2″E，海拔 16 m，成土母质为河湖相沉积物，中草地。50 cm 深度土温 20.9℃。野外调查时间为 2015 年 1 月 18 日，编号 36-072。

双洲头系代表性单个土体剖面

Ah：0～25 cm，浊橙色（7.5YR 7/4，干），灰棕色（7.5YR 4/2，润），粉壤土，团粒状结构，松散，有中量<0.5 mm 的芦苇根，少量<0.5 mm 的蜂窝状孔隙，结构体表面有很少量<2 mm 的铁斑纹，无亚铁反应，向下层不规则渐变过渡。

Br：25～70 cm，浊橙色（7.5YR 7/4，干），棕色（7.5YR 4/4，润），红色斑纹为棕色（7.5YR 4/6，润），粉质黏壤土，柱状结构，松散，有很少量<0.5 mm 的芦苇根，有少量<0.5 mm 的蜂窝状孔隙，有 1%左右<5 mm 的片状碎屑，结构体内外有很少量<2 mm 的铁斑纹，无亚铁反应，向下层不规则渐变过渡。

Bw：70～118 cm，浊橙色（7.5YR 7/3，干），浊棕色（7.5YR 5/3，润），红色斑纹为棕色（7.5YR 4/6，润），粉壤土，团块状结构，松散，有少量 2～5 mm 的芦苇根，有少量<0.5 mm 的蜂窝状孔隙，有少量<5 mm 的片状碎屑，结构体内外有少量 2～6 mm 的铁斑纹，轻度亚铁反应。

双洲头系代表性单个土体物理性质

土层	深度/cm	砾石(>2 mm，体积分数)/%	细土颗粒组成 (粒径：mm)/(g/kg)			质地	容重/(g/cm^3)
			砂粒 2～0.05	粉粒 0.05～0.002	黏粒 <0.002		
Ah	0～25	0	125	660	215	粉壤土	1.26
Br	25～70	1	77	634	289	粉质黏壤土	1.33
Bw	70～118	10	142	627	231	粉壤土	1.32

双洲头系代表性单个土体化学性质

深度/cm	pH		有机碳(C)/(g/kg)	全氮(N)/(g/kg)	全磷(P)/(g/kg)	全钾(K)/(g/kg)	CEC/(cmol/kg)	游离铁(Fe)/(g/kg)
	H_2O	KCl						
0～25	4.5	3.8	6.2	0.85	0.69	18.1	7.8	7.6
25～70	4.8	4.5	6.3	0.68	0.59	20.8	15.2	24.1
70～118	5.4	4.6	5.0	0.39	0.44	17.3	11.0	26.6

7.3.3　上聂系（Shangnie Series）

土　族：壤质混合型热性-酸性淡色潮湿雏形土

拟定者：王天巍，罗梦雨，关熊飞

分布与环境条件　多出现于吉安、宜春、景德镇一带的河流两岸的一级阶地，多为平原河滩低阶地。成土母质为河湖相沉积物。植被以棉花、油菜、瓜果、豆类、蔬菜等作物为主。年均气温 17.3～18.5℃，年均降水量 1650～1800 mm，无霜期 277 d 左右。

上聂系典型景观

土系特征与变幅　诊断层包括淡薄表层、雏形层；诊断特性包括热性土壤温度、潮湿土壤水分状况、铁质特性、氧化还原特征。土体厚度在 1 m 以上，淡薄表层厚约 20 cm，以下为雏形层，可见较多的铁锰斑纹，土体质地为壤土-粉壤土-砂质壤土，pH 为 4.1～5.0。

对比土系　鄱邓系，同一土族，成土母质相同，土层质地构型为壤土-砂质壤土-粉壤土-砂质黏壤土-粉壤土；双洲头系，同一亚类，不同土族，成土母质相同，颗粒大小级别为黏壤质，土层质地构型为粉壤土-粉质黏壤土-粉壤土；角山系，同一土类，不同亚类，为普通淡色潮湿雏形土，成土母质相同，分布环境相似，颗粒大小级别为黏壤质；安永系，同一亚纲，不同土类，为普通暗色潮湿雏形土，成土母质相同，质地构型为粉壤土-粉质黏土，颗粒大小级别为黏壤质；位于邻近区域的田港系，同一土纲，不同亚纲，为红色铁质湿润雏形土，成土母质为红色砾岩类的残积物，质地构型为黏壤土-砂质黏壤土；位于相似区域的上涂家系，富铁土纲，成土母质为红砂岩坡积物，通体为砂质黏壤土。

利用性能综述　土体深厚，质地适中，保水保肥性适中，由于人工培肥，表层有机质、全氮含量明显高于下层，但总体肥力不高。种植作物时，应实行合理轮作，间种或轮种绿肥，增施农家肥、有机肥料和化肥，提高地力，增加作物产量，保证土地的可持续利用。

参比土种　灰潮沙泥土。

代表性单个土体　位于江西省吉安市新干县三湖镇上聂村，27°55′53.4″N，115°24′49.3″E，成土母质为河湖相沉积物，耕地，主要种植大豆，海拔 38 m。50 cm 深度土温 21.7℃，热性。野外调查时间为 2015 年 8 月 19 日，编号 36-109。

上聂系代表性单个土体剖面

Ap：0～22 cm，暗红棕色（5YR 3/2，干），暗红棕色（5YR 3/2，润），壤土，团粒状结构，疏松，土体有中量草根，中量管道状根孔，向下层波状模糊过渡。

Br1：22～48 cm，浊红棕色（5YR 4/4，干），浊红棕色（5YR 4/4，润），粉壤土，团块状结构，疏松，土体有中量草根，少量管道状根孔，结构体表面可见明显较多的铁斑纹，向下层平滑渐变过渡。

Br2：48～94 cm，亮红棕色（5YR 5/6，干），亮红棕色（5YR 5/6，润），粉壤土，团块状结构，疏松，很少的草根，很少管道状根孔，很少的碎瓦片，结构体表面可见明显较多的铁锰斑纹，向下层平滑渐变过渡。

Bw：94～104 cm，亮红棕色（5YR 5/6，干），亮红棕色（5YR 5/6，润），砂质壤土，团块状结构，疏松。

上聂系代表性单个土体物理性质

土层	深度/cm	砾石 (>2 mm，体积分数)/%	细土颗粒组成 (粒径：mm)/(g/kg)			质地	容重 /(g/cm^3)
			砂粒 2～0.05	粉粒 0.05～0.002	黏粒 <0.002		
Ap	0～22	0	479	431	89	壤土	1.21
Br1	22～48	0	304	546	150	粉壤土	1.32
Br2	48～94	0	206	687	106	粉壤土	1.35
Bw	94～104	0	587	335	78	砂质壤土	1.35

上聂系代表性单个土体化学性质

深度/cm	pH		有机碳(C) /(g/kg)	全氮(N) /(g/kg)	全磷(P) /(g/kg)	全钾(K) /(g/kg)	CEC /(cmol/kg)	游离铁(Fe) /(g/kg)
	H_2O	KCl						
0～22	4.2	3.5	8.4	0.72	0.51	21.2	6.6	14.2
22～48	4.1	3.5	3.2	0.48	0.37	18.3	5.2	12.5
48～94	4.3	3.6	1.8	0.46	0.34	17.5	5.2	7.3
94～104	5.0	4.0	0.9	0.32	0.31	11.1	3.5	8.8

7.4　普通淡色潮湿雏形土

7.4.1　角山系（Jiaoshan Series）

土　族：黏壤质混合型非酸性热性-普通淡色潮湿雏形土

拟定者：陈家赢，邓　楠，聂坤照

分布与环境条件　多出现于南昌北部、上饶西部一带河流两岸的一级阶地。成土母质为河湖相沉积物。植被以棉花、油菜、瓜果、豆类、蔬菜等作物为主。年均气温 17.5～18.0℃，年均降水量 1550～1700 mm，无霜期 268 d 左右。

角山系典型景观

土系特征与变幅　诊断层包括淡薄表层、雏形层；诊断特性包括冲积物岩性特征、热性土壤温度、潮湿土壤水分状况、氧化还原特征、潜育特征。土体厚度在 1 m 以上，通体粉壤土，pH 为 5.1～6.4。淡薄表层厚度 25～30 cm，之下为雏形层，厚度 1 m 以上，轻度亚铁反应，结构面可见腐殖质胶膜和铁锰斑纹。

对比土系　鄱邓系，同一土类，不同亚类，为酸性淡色潮湿雏形土，成土母质相同，质地构型为壤土-砂质壤土-粉壤土-砂质黏壤土-粉壤土，颗粒大小级别为壤质；双洲头系，同一土类，不同亚类，为酸性淡色潮湿雏形土，成土母质相同，质地构型为粉壤土-粉质黏壤土-粉壤土；上聂系，同一土类，不同亚类，为酸性淡色潮湿雏形土，成土母质相同，质地构型为壤土-粉壤土-砂质壤土；矶阳系，同一亚纲，不同土类，为酸性暗色潮湿雏形土，成土母质相同，分布环境相似，质地构型为粉质黏壤土-粉壤土，表层为暗瘠表层；安永系，同一亚纲，不同土类，为普通暗色潮湿雏形土，成土母质相同，质地构型为粉壤土-粉质黏土，表层为暗沃表层；位于邻近区域的韶村系，富铁土纲，成土母质为泥页岩，质地构型为壤土-黏土。

利用性能综述　地势较低，土体深厚，质地适中，养分含量处于中等水平，耕种性能好，季节性淹水频繁。应注意用养结合，采用有机肥与化肥结合的原则，配方施肥，可间种绿肥，提高作物产量，适当深耕翻土，开沟排水，改善土壤的透气性。

参比土种　灰潮沙泥土。

代表性单个土体　位于江西省上饶市鄱阳县鄱阳镇角山村，28°58'44.4"N，116°40'43.7"E，海拔 5 m，成土母质为河湖相沉积物，撂荒地。50 cm 深度土温 20.9℃。野外调查时间为 2015 年 1 月 23 日，编号 36-059。

角山系代表性单个土体剖面

Ap：0～28 cm，淡棕灰色（7.5YR 7/1，干），浊黄棕色（10YR 4/3，润），粉壤土，粒状结构，松散，无亚铁反应，向下层波状明显过渡。

Br1：28～38 cm，淡棕灰色（7.5YR 7/1，干），浊黄棕色（10YR 4/3，润），粉壤土，团块状结构，稍坚实，根系周围有大小 2～6 mm 的多量明显铁斑纹，结构体表面可见明显的腐殖质胶膜，无亚铁反应，向下层波状明显过渡。

Br2：38～128 cm，橙白色（7.5YR 8/1，干），灰黄棕色（10YR 4/2，润），粉壤土，团块状结构，松散，有大小 2～6 mm 的多量模糊铁斑纹，结构体表面可见明显的腐殖质胶膜，无亚铁反应，向下层平滑模糊过渡。

Bg：128～140 cm，淡棕灰色（7.5YR 7/1，干），棕灰色（10YR 4/1，润），粉壤土，团块状结构，坚实，结构体表面有大小 2～6 mm 的多量明显铁锰斑纹，有亚铁反应。

角山系代表性单个土体物理性质

土层	深度 /cm	砾石 (>2 mm，体积分数)/%	细土颗粒组成 (粒径：mm)/(g/kg)			质地	容重 /(g/cm^3)
			砂粒 2～0.05	粉粒 0.05～0.002	黏粒 <0.002		
Ap	0～28	0	69	706	225	粉壤土	1.26
Br1	28～38	0	109	672	219	粉壤土	1.32
Br2	38～128	0	208	533	259	粉壤土	1.36
Bg	128～140	0	219	603	178	粉壤土	1.31

角山系代表性单个土体化学性质

深度/cm	pH		有机碳(C) /(g/kg)	全氮(N) /(g/kg)	全磷(P) /(g/kg)	全钾(K) /(g/kg)	CEC /(cmol/kg)	游离铁(Fe) /(g/kg)
	H_2O	KCl						
0～28	5.1	4.8	9.7	1.04	0.54	20.5	11.0	13.0
28～38	6.4	5.9	8.1	0.81	0.50	14.5	10.1	16.0
38～128	6.2	5.2	6.8	0.58	0.45	13.0	12.6	10.6
128～140	6.3	5.7	6.4	0.48	0.39	12.8	9.3	19.6

7.5 腐殖铝质常湿雏形土

7.5.1 九宫山系（Jiugongshan Series）

土　族：壤质云母混合型酸性热性-腐殖铝质常湿雏形土

拟定者：蔡崇法，周泽璠，杨　松

分布与环境条件　多出现于九江西南部、宜春西北部、萍乡南部一带的中山的缓坡地区。成土母质为云母片岩残积物。植被为针阔叶混交林和草地等。年均气温 16.5～17.0℃，年均降水量 1700～1850 mm，无霜期 242 d 左右。

九宫山系典型景观

土系特征与变幅　诊断层包括暗瘠表层、雏形层；诊断特性包括准石质接触面、常湿润土壤水分状况、热性土壤温度、腐殖质特性、铁质特性、铝质现象。土体厚度约 60 cm，层次构型为砂质壤土-壤土，有机质含量 35～83 g/kg，pH 为 4.5。暗瘠表层厚度 15～20 cm，有很少的岩石碎屑；之下为雏形层，厚度 25～30 cm，有很少的岩石碎屑。

对比土系　毗炉系，同一亚类，不同土族，成土母质为紫色页岩坡积物，质地构型为壤土-黏壤土，颗粒大小级别为黏壤质；位于相似区域的洋深系，为腐殖简育常湿雏形土，成土母质为花岗岩残积物，颗粒大小级别为砂质，质地构型为壤质砂土-砂质壤土，表层为淡薄表层；笔架山系，同一亚纲，不同土类，为普通简育常湿雏形土，成土母质为页岩残积物，通体为砂质壤土；位于邻近区域的鲁溪洞系，同一土纲，为棕色钙质湿润雏形土，成土母质为石灰岩坡积物，质地构型为粉壤土-壤土；位于邻近区域的店前系，淋溶土纲，成土母质为花岗岩残积物，通体为砂质壤土，颗粒大小级别为砂质。

利用性能综述　地势较高，土壤发育程度较差，有效土体厚度较薄，有机质含量较高，但氮、磷、钾较缺乏，质地适中，有利于保水保肥。应加强水土保持工作，因地制宜地等高种植林草树木，适当增施复合肥料，促进植被生长，提高地表覆盖度，建立良好的生态环境，避免造成水土流失。

参比土种　厚层乌鳝泥暗黄棕壤。

代表性单个土体　位于江西省九江市武宁县九宫山，29°23′31.7″N，114°39′25.9″E，海拔1450 m，成土母质为云母片岩残积物，中草地。50 cm 深度土温 16.4℃。野外调查时间为 2014 年 8 月 29 日，编号 36-029。

九宫山系代表性单个土体剖面

Ah：0～17 cm，灰棕色（7.5YR 4/2，干），黑棕色（7.5YR 3/1，润），砂质壤土，团粒状结构，疏松，有多量的 0.5～2 mm 的根系，有很少量的 5～20 mm 的次棱角状云母碎屑，向下层平滑清晰过渡。

Bw：17～45 cm，亮黄棕色（10YR 6/6，干），棕色（7.5YR 4/6，润），壤土，团粒状结构，疏松，有少量的 0.5～2 mm 的根系，有很少的 5～20 mm 的次棱角状云母碎屑，向下层平滑清晰过渡。

C：　45～62 cm，云母片岩残积物。

九宫山系代表性单个土体物理性质

土层	深度/cm	砾石(>2 mm，体积分数)/%	细土颗粒组成 (粒径：mm)/(g/kg)			质地	容重/(g/cm³)
			砂粒 2～0.05	粉粒 0.05～0.002	黏粒 <0.002		
Ah	0～17	1	537	372	91	砂质壤土	1.24
Bw	17～45	1	503	424	73	壤土	1.34
C	45～62	—	—	—	—	—	—

九宫山系代表性单个土体化学性质

深度/cm	pH		有机碳(C)/(g/kg)	全氮(N)/(g/kg)	全磷(P)/(g/kg)	全钾(K)/(g/kg)	全铝(Al)/(g/kg)	CEC/(cmol/kg)	游离铁(Fe)/(g/kg)	交换性铝/(cmol/kg，黏粒)
	H_2O	KCl								
0～17	4.5	3.9	47.8	0.96	0.31	11.3	151.5	23.3	31.8	31.9
17～45	4.5	4.0	20.7	0.84	0.35	11.7	193.2	18.7	18.0	18.1
45～62	—	—	—	—	—	—	—	—	—	—

7.5.2 毗炉系（Pilu Series）

土 族：黏壤质硅质混合型酸性热性-腐殖铝质常湿雏形土

拟定者：陈家赢，王腊红，聂坤照

分布与环境条件 多出现于抚州中部、宜春北部一带的山地中坡地段。成土母质为紫色页岩坡积物。植被为杉、小水竹等常绿针阔叶林。年均气温 16.5～17.5 ℃，年均降水量 1550～1650 mm，无霜期 263 d 左右。

毗炉系典型景观

土系特征与变幅 诊断层包括暗瘠表层、雏形层；诊断特性包括热性土壤温度、常湿润土壤水分状况、腐殖质特性、铁质特性、铝质现象。土体厚度不足 1 m，暗瘠表层厚 20～25 cm，雏形层上界出现在 30 cm 左右，厚度约 40 cm。土体质地构型为壤土-黏壤土，pH 为 4.4～5.3。

对比土系 九宫山系，同一亚类，不同土族，成土母质为云母片岩残积物，质地构型为砂质壤土-壤土，颗粒大小级别为壤质；洋深系，同一亚纲，不同土类，为腐殖简育常湿雏形土，成土母质为花岗岩残积物，质地构型为壤质砂土-砂质壤土；笔架山系，同一亚纲，不同土类，成土母质为页岩残积物，通体为砂质壤土，表层为淡薄表层；位于邻近区域的垄口系，淋溶土纲，成土母质为第四纪红黏土，层次构型为壤质砂土-黏土；位于相似区域的关山系，淋溶土纲，成土母质为红砂岩坡积物，质地构型为黏土-粉质黏土-黏土。

利用性能综述 土体厚度一般，质地稍偏黏，水土流失轻微，氮、磷元素缺乏。应保护好现有植被，严禁乱砍滥伐，避免水土流失，增施氮磷肥，提高地力，有条件的地区可以客土掺砂，改良土壤的物理性状。

参比土种 厚层乌红砂泥红壤。

代表性单个土体 位于江西省宜春市靖安县宝峰镇毗炉村，29°02′02.1″N，115°22′48.3″E，海拔 150 m，成土母质为紫色页岩坡积物，林地，常绿针阔叶林。50 cm 深度土温 20.3℃。野外调查时间为 2014 年 8 月 10 日，编号 36-011。

毗炉系代表性单个土体剖面

Ah：0～30 cm，浊黄棕色（10YR 5/3，干），暗棕色（7.5YR 3/4，润），壤土，粒状结构，疏松，少量 5～10 mm 的根系，很少量 5～20 mm 的角状岩石碎屑，向下层波状渐变过渡。

Bw：30～70 cm，浊黄橙色（10YR 6/4，干），棕色（7.5YR 4/4，润），黏壤土，团块状结构，疏松，少量 0.5～2 mm 的根系和很少量 5～10 mm 的根系，很少量 5～20 mm 的角状岩石碎屑，向下层波状渐变过渡。

C：70～110 cm，浊黄橙色（10YR 6/4，干），棕色（7.5YR 4/4，润），团块状结构，极坚实，结构面可见明显的较多的黏粒胶膜，母质为紫色页岩。

毗炉系代表性单个土体物理性质

土层	深度/cm	砾石(>2 mm，体积分数)/%	细土颗粒组成（粒径：mm）/(g/kg)			质地	容重/(g/cm³)
			砂粒 2～0.05	粉粒 0.05～0.002	黏粒 <0.002		
Ah	0～30	1	307	444	249	壤土	1.27
Bw	30～70	1	317	382	301	黏壤土	1.32
C	70～110	—	—	—	—	—	—

毗炉系代表性单个土体化学性质

深度/cm	pH		有机碳(C)/(g/kg)	全氮(N)/(g/kg)	全磷(P)/(g/kg)	全钾(K)/(g/kg)	CEC/(cmol/kg)	游离铁(Fe)/(g/kg)	交换性铝/(cmol/kg，黏粒)
	H_2O	KCl							
0～30	5.3	3.8	17.4	0.92	0.35	20.5	15.6	15.8	8.4
30～70	4.4	3.8	11.0	0.46	0.26	19.9	10.7	25.4	14.0
70～110	5.0	3.6	2.3	0.49	0.24	10.9	45.1	51.9	20

7.6　腐殖简育常湿雏形土

7.6.1　洋深系（Yangshen Series）

土　族：砂质硅质混合型非酸性热性-腐殖简育常湿雏形土

拟定者：刘窑军，杨家伟，关熊飞

分布与环境条件　多出现于抚州中部偏东、九江南部、上饶北部一带的中、低山的缓坡地区。成土母质为花岗岩残积物。植被为松、杉、竹及映山红等乔灌木。年均气温 17～18℃，年均降水量 1450～1600 mm，无霜期 273 d 左右。

洋深系典型景观

土系特征与变幅　诊断层包括淡薄表层、雏形层；诊断特性包括冲积物岩性特征、常湿润土壤水分状况、热性土壤温度、腐殖质特性。土体厚度 90 cm，层次构型为壤质砂土-砂质壤土，pH 为 4.5～6.1。淡薄表层厚度 15～20 cm，之下为雏形层，厚度 70～75 cm，有很少的岩石碎屑。

对比土系　笔架山系，同一土类，不同亚类，为普通简育常湿雏形土，成土母质为页岩残积物，通体为砂质壤土；位于相似区域的九宫山系，同一亚纲，不同土类，成土母质为云母片岩残积物，颗粒大小级别为壤质，层次构型为砂质壤土-壤土；毗炉系，同一亚纲，不同土类，为腐殖铝质常湿雏形土，成土母质为紫色页岩坡积物，质地构型为壤土-黏壤土；位于邻近区域的鲁溪洞系，同一土纲，不同亚纲，为棕色钙质湿润雏形土，成土母质为石灰岩坡积物，质地构型为粉壤土-壤土；位于邻近区域的中刘家桥系，同一土纲，不同亚纲，为黄色铝质湿润雏形土，成土母质相同，通体为砂质壤土。

利用性能综述　地势较高，土壤发育程度尚可，有效土体厚度较高，质地偏砂，氮、磷含量偏低。应注重保护现有植被，积极植树造林，增施氮磷肥，提高植被覆盖度，保持水土，适当翻土，保证土壤的透气性。

参比土种　厚层乌麻砂泥黄壤。

代表性单个土体　位于江西省九江市武宁县上汤乡洋深村，29°22′36.1″N，114°40′41.9″E，海拔 1110 m，成土母质为花岗岩残积物，灌木林地。50 cm 深度土温 20.6℃。野外调查时间为 2014 年 8 月 29 日，编号 36-030。

洋深系代表性单个土体剖面

Ah：0～15 cm，灰棕色（7.5YR 5/2，干），黑棕色（7.5YR 3/2，润），壤质砂土，粒状结构，有中量 2～5 mm 的根系，向下层平滑清晰过渡。

Bw1：15～35 cm，浊黄橙色（10YR 6/3，干），棕色（7.5YR 4/4，润），砂质壤土，粒状结构，疏松，有很少量 0.5～2 mm 的根系，向下层平滑清晰过渡。

Bw2：35～90 cm，浊黄棕色（10YR 5/4，干），棕色（7.5YR 4/3，润），砂质壤土，粒状结构，疏松，有很少量 0.5～2 mm 的根系，有很少量 20～75 mm 的花岗岩碎屑，向下层平滑清晰过渡。

C：90～130 cm，花岗岩残积物。

洋深系代表性单个土体物理性质

土层	深度/cm	砾石(>2 mm，体积分数)/%	细土颗粒组成 (粒径：mm)/(g/kg)			质地	容重/(g/cm^3)
			砂粒 2～0.05	粉粒 0.05～0.002	黏粒 <0.002		
Ah	0～15	0	718	167	115	壤质砂土	1.20
Bw1	15～35	0	661	212	127	砂质壤土	1.25
Bw2	35～90	1	744	191	65	砂质壤土	1.29
C	90～130	—	—	—	—	—	—

洋深系代表性单个土体化学性质

深度/cm	pH		有机碳(C)/(g/kg)	全氮(N)/(g/kg)	全磷(P)/(g/kg)	全钾(K)/(g/kg)	CEC/(cmol/kg)	游离铁(Fe)/(g/kg)
	H_2O	KCl						
0～15	4.5	3.8	33.1	0.95	0.56	18.4	14.4	4.6
15～35	4.6	4.3	14.5	0.68	0.34	19.1	11.5	6.2
35～90	6.1	4.3	9.7	0.43	0.27	18.0	11.2	14.4
90～130	—	—	—	—	—	—	—	—

7.7　普通简育常湿雏形土

7.7.1　笔架山系（Bijiashan Series）

土　族：砂质盖粗骨壤质硅质混合型非酸性热性-普通简育常湿雏形土

拟定者：王天巍，周泽璠，朱　亮

分布与环境条件　多出现于九江、吉安、宜春一带，主要分布在丘陵中山顶部。成土母质为页岩残积物。植被为针阔叶混交林。年均气温 17.0～18.0℃，年均降水量 1550～1700 mm，无霜期 260 d 左右。

笔架山系典型景观

土系特征与变幅　诊断层包括淡薄表层、雏形层；诊断特性包括热性土壤温度、常湿土壤水分状况、准石质接触面。土体厚度约 40 cm，淡薄表层厚约 15 cm，之下为雏形层，厚约 25 cm，土体中有较多的岩石碎屑，通体为砂质壤土，pH 为 5.9～7.4。

对比土系　洋深系，同一土类，不同亚类，为腐殖简育常湿雏形土，成土母质为花岗岩残积物，层次构型为壤质砂土-砂质壤土，颗粒大小级别为砂质；九宫山系，同一亚纲，不同土类，为腐殖铝质常湿雏形土，成土母质为云母片岩残积物，质地构型为砂质壤土-壤土，颗粒大小级别为壤质；毗炉系，同一亚纲，不同土类，为腐殖铝质常湿雏形土，成土母质为紫色页岩坡积物，质地构型为壤土-黏壤土；位于邻近区域的小通系，富铁土纲，成土母质为泥页岩残积物，质地构型为壤土-砂质壤土；鲁溪洞系，同一土纲，为棕色钙质湿润雏形土，成土母质为石灰岩坡积物，质地构型为粉壤土-壤土，颗粒大小级别为粗骨壤质。

利用性能综述　地势偏高，土壤发育较差，有效土体较浅，土壤养分丰富，质地稍偏砂，保水保肥性能一般。应封山育林，积极营造水源涵养林，加强水土保持工作，避免水分和养分的流失。

参比土种　厚层乌鳝泥暗黄棕壤。

代表性单个土体　位于江西省吉安市井冈山风景区笔架山，26°36′20.2″N，114°07′16.0″E，海拔 1399 m，成土母质为页岩残积物，林地。50 cm 深度土温 19.9℃，热性。野外调查时间为 2015 年 8 月 22 日，编号 36-108。

笔架山系代表性单个土体剖面

Ah：0～15 cm，棕灰色（7.5YR 4/1，干），黑棕色（10YR 3/2，润），砂质壤土，团块状结构，疏松，有中量 0.5～2 mm 的草根，有很少量 0.5～2 mm 的管道状根孔，向下层波状明显过渡。

BwC：15～40 cm，灰棕色（7.5YR 5/2，干），浊黄棕色（10YR 4/3，润），砂质壤土，团块状结构，疏松，有中量 0.5～2 mm 的草根，有很少量 0.5～2 mm 的管道状根孔，有较多量 75～250 mm 的次圆状碎屑，向下层波状明显过渡。

C：40～100 cm，淡黄橙色（10YR 8/4，干），浊黄棕色（10YR 4/3，润），页岩残积物。

笔架山系代表性单个土体物理性质

土层	深度/cm	砾石 (>2 mm，体积分数)/%	细土颗粒组成 (粒径：mm)/(g/kg)			质地	容重 /(g/cm^3)
			砂粒 2～0.05	粉粒 0.05～0.002	黏粒 <0.002		
Ah	0～15	0	646	270	85	砂质壤土	—
BwC	15～40	30	522	288	190	砂质壤土	—
C	40～100	—	—	—	—	—	—

笔架山系代表性单个土体化学性质

深度/cm	pH		有机碳(C) /(g/kg)	全氮(N) /(g/kg)	全磷(P) /(g/kg)	全钾(K) /(g/kg)	CEC /(cmol/kg)	游离铁(Fe) /(g/kg)
	H_2O	KCl						
0～15	5.9	6.1	12.3	1.25	0.82	23.5	11.1	17.8
15～40	7.4	7.1	3.7	0.31	0.75	21.4	17.1	7.9
40～100	—	—	—	—	—	—	—	—

7.8 棕色钙质湿润雏形土

7.8.1 鲁溪洞系（Luxidong Series）

土 族：粗骨壤质碳酸盐型石灰性热性-棕色钙质湿润雏形土

拟定者：蔡崇法，王腊红，李婷婷

分布与环境条件 多出现于九江西北部和中部、宜春南部、新余西北部一带中山的极陡坡地段。成土母质为石灰岩坡积物。植被为小山竹及茅草、水稻等。年均气温 16.0～17.0℃，年均降水量 1550～1700 mm，无霜期 246 d 左右。

鲁溪洞系典型景观

土系特征与变幅 诊断层包括淡薄表层、雏形层；诊断特性包括热性土壤温度、湿润土壤水分状况、石灰性、碳酸盐岩岩性特征、铁质特性。土体厚度 1.2 m 以上，淡薄表层厚度为 12～15 cm，黏粒含量约 190 g/kg，之下雏形层约 1 m 以上。土体中有中量的根系，有很多的岩石碎屑，表层有强石灰反应。土体质地构型为粉壤土-壤土，pH 为 6.6～6.8。

对比土系 位于邻近区域的九宫山系，同一土纲，为腐殖铝质常湿雏形土，成土母质为云母片岩残积物，颗粒大小级别为壤质，质地构型为砂质壤土-壤土；位于邻近区域的洋深系，同一土纲，为腐殖简育常湿雏形土，成土母质为花岗岩残积物，颗粒大小级别为砂质，质地构型为壤质砂土-砂质壤土；陀上系，同一亚纲，不同土类，为腐殖铝质湿润雏形土，成土母质为红砂岩坡积物，通体为黏壤土，颗粒大小级别为黏壤质；桃二系，同一亚纲，不同土类，为普通铝质湿润雏形土，成土母质为花岗岩坡积物，通体为壤土，颗粒大小级别为黏壤质；笔架山系，同一土纲，为普通简育常湿雏形土，成土母质为页岩残积物，通体为砂质壤土；位于邻近区域的上新屋刘系，新成土纲，成土母质为风积沙，通体为砂土，颗粒大小级别为砂质。

利用性能综述 土体深厚，质地适中，含有大量砾石，有机质含量丰富，但氮、磷、钾含量较低，保肥性能较好。应保护好现有植被，积极植树造林，苗期补施复合肥料，使苗木加速生长，提高植被覆盖度，促进土壤团聚体的形成，保持水土，营造良好的生态环境。

参比土种　厚层灰石灰泥红壤。

代表性单个土体　位于江西省九江市武宁县鲁溪镇河东村鲁溪洞风景区，29°26′37.1″N，115°15′06.1″E，海拔 103 m，成土母质为石灰岩坡积物，草地。50 cm 深度土温 19.6℃。野外调查时间为 2014 年 8 月 6 日，编号 36-001。

鲁溪洞系代表性单个土体剖面

Ah：　0～18 cm，暗红棕色（5YR 3/2，干），黑棕色（7.5YR 3/2，润），粉壤土，粒状结构，松散，有中量 0.5～2 mm 根系，有很多量 75～250 mm 的角状岩石碎屑，强石灰反应，向下层波状渐变过渡。

Bw1：18～50 cm，暗红棕色（5YR 3/3，干），暗棕色（7.5YR 3/4，润），壤土，粒状结构，疏松，有中量 0.5～2 mm 根系，有多量 75～250 mm 的角状岩石碎屑，中度石灰反应，向下层间断模糊过渡。

Bw2：50～125 cm，暗红棕色（5YR 3/4，干），极暗棕色（7.5YR 2/3，润），壤土，团块状结构，疏松，有中量 0.5～2 mm 根系，有很多量 75～250 mm 的角状岩石碎屑，轻度石灰反应。

鲁溪洞系代表性单个土体物理性质

土层	深度/cm	砾石(>2 mm，体积分数)/%	细土颗粒组成 (粒径：mm)/(g/kg)			质地	容重/(g/cm^3)
			砂粒 2～0.05	粉粒 0.05～0.002	黏粒 <0.002		
Ah	0～18	60	287	521	192	粉壤土	1.25
Bw1	18～50	30	434	408	158	壤土	1.30
Bw2	50～125	60	453	375	172	壤土	1.33

鲁溪洞系代表性单个土体化学性质

深度/cm	pH		有机碳(C)/(g/kg)	全氮(N)/(g/kg)	全磷(P)/(g/kg)	全钾(K)/(g/kg)	CEC/(cmol/kg)	游离铁(Fe)/(g/kg)
	H_2O	KCl						
0～18	6.6	—	24.0	0.93	0.65	14.3	25.9	26.9
18～50	6.8	—	20.6	0.73	0.39	16.2	24.0	16.2
50～125	6.6	—	24.4	0.64	0.19	16.6	28.0	14.1

7.9　腐殖铝质湿润雏形土

7.9.1　陀上系（Tuoshang Series）

土　族：黏壤质硅质混合型酸性热性-腐殖铝质湿润雏形土

拟定者：刘窑军，刘书羽，牟经瑞

分布与环境条件　多出现于宜春南部、吉安中部、抚州西部和中部偏南一带，地处丘陵岗地的中缓坡地段。成土母质为红砂岩坡积物。植被为马尾松、杉、小水竹、油菜、铁芒萁、矮草地等。年均气温 17.5～18.0℃，年均降水量 1700～1850 mm，无霜期 267 d 左右。

陀上系典型景观

土系特征与变幅　诊断层包括淡薄表层、雏形层；诊断特性包括红色砂岩岩性特征、铝质现象、湿润土壤水分状况、热性土壤温度、腐殖质特性、铁质特性。土体厚度 1 m 以上，通体黏壤土，pH 为 4.0～4.3，游离铁含量为 8.5～11.9 g/kg。淡薄表层厚 15～20 cm，有少量的岩石碎屑；之下为雏形层，厚 1 m 以上，有少量的岩石碎屑。

对比土系　桃二系，同一土类，不同亚类，为普通铝质湿润雏形土，母质为花岗岩坡积物，通体为壤土，表层为暗瘠表层；康村系，同一土类，不同亚类，为普通铝质湿润雏形土，母质为花岗岩坡积物，质地构型为壤土-砂质黏壤土；中刘家桥系，同一土类，不同亚类，为黄色铝质湿润雏形土，母质为花岗岩残积物，通体为砂质壤土；任头系，同一土类，不同亚类，为黄色铝质湿润雏形土，母质为泥页岩风化物，颗粒大小级别为粗骨壤质，通体为壤土；鲁溪洞系，同一亚纲，不同土类，为棕色钙质湿润雏形土，母质为石灰岩坡积物，质地构型为粉壤土-壤土，颗粒大小级别为粗骨壤质。

利用性能综述　土体深厚，质地偏黏，磷、钾含量偏低，植被以低矮灌木和草本为主。应注重保护好现有植被，严禁乱砍滥伐，积极营造林木，增施磷钾肥，培肥土壤，促进植被进一步生长，提高地表覆盖度，适当翻土并掺入砂土，改善土壤的物理性状。

参比土种　厚层乌红砂泥红壤。

代表性单个土体　位于江西省抚州市乐安县龚坊镇陀上村，27°36′37.0″N，115°45′24.1″E，海拔 105 m，成土母质为红砂岩坡积物，矮草地。50 cm 深度土温 21.5℃。野外调查时间为 2014 年 11 月 10 日，编号 36-032。

陀上系代表性单个土体剖面

Ah：0～35 cm，亮红棕色（5YR 5/8，干），红棕色（2.5YR 4/8，润），黏壤土，粒状结构，松散，有少量 2～5 mm 的棱角状石英、云母碎屑，向下层波状模糊过渡。

Bw：35～120 cm，红棕色（2.5YR 4/6，干），红棕色（5YR 4/8，润），黏壤土，团块状结构，松散，有少量 2～5 mm 的棱角状石英、云母碎屑。

陀上系代表性单个土体物理性质

土层	深度 /cm	砾石 (>2 mm，体积分数)/%	细土颗粒组成 (粒径：mm)/(g/kg)			质地	容重 /(g/cm^3)
			砂粒 2～0.05	粉粒 0.05～0.002	黏粒 <0.002		
Ah	0～35	3	402	206	392	黏壤土	1.37
Bw	35～120	3	375	291	334	黏壤土	1.42

陀上系代表性单个土体化学性质

深度/cm	pH		有机碳(C) /(g/kg)	全氮(N) /(g/kg)	全磷(P) /(g/kg)	全钾(K) /(g/kg)	CEC /(cmol/kg)	铝饱和度 /%	游离铁(Fe) /(g/kg)
	H_2O	KCl							
0～35	4.3	4.0	24.0	1.44	0.11	12.3	23.7	61	8.5
35～120	4.0	3.8	8.9	0.69	0.08	17.4	12.9	75	11.9

7.10　黄色铝质湿润雏形土

7.10.1　中刘家桥系（Zhongliujiaqiao Series）

土　族：砂质硅质混合型酸性热性-黄色铝质湿润雏形土

拟定者：陈家赢，周泽璠，关熊飞

分布与环境条件　多出现于九江西部、宜春西北部、萍乡东部一带的中低山的中坡地区。成土母质为花岗岩残积物。现植被为松、杉、竹及映山红等。年均气温 16.5～17.0℃，年均降水量 1700～1850 mm，无霜期 242 d 左右。

中刘家桥系典型景观

土系特征与变幅　诊断层包括淡薄表层、雏形层；诊断特性包括湿润土壤水分状况、热性土壤温度、准石质接触面、铁质特性、铝质现象。土体厚度 45～50 cm，通体为砂质壤土，游离铁含量为 8～21 g/kg，pH 为 4.9～5.0。淡薄表层厚度 15～20 cm，有少量的岩石碎屑；之下为雏形层，厚度 25～30 cm，有少量的岩石碎屑。

对比土系　任头系，同一亚类，不同土族，成土母质为泥页岩风化物，质地通体为壤土，颗粒大小级别为粗骨壤质；桃二系，同一土类，不同亚类，为普通铝质湿润雏形土，成土母质为花岗岩坡积物，通体为壤土，颗粒大小级别为黏壤质；康村系，同一土类，不同亚类，为普通铝质湿润雏形土，成土母质为花岗岩坡积物，质地构型为壤土-砂质黏壤土；陀上系，同一土类，不同亚类，为腐殖铝质湿润雏形土，成土母质为红砂岩坡积物，通体为黏壤土，颗粒大小级别为黏壤质；位于邻近区域的洋深系，同一土纲，为腐殖简育常湿雏形土，成土母质相同，质地构型为壤质砂土-砂质壤土。

利用性能综述　海拔较高，土体浅薄，质地偏砂，氮和磷较缺乏，不利于植物根系的下扎，易发生水土流失。应实行封山育林，因地制宜地种植浅根系植被，增施氮磷复合肥，促进植被生长，以涵养水源，控制水土流失，有条件的地区可适当翻土，搬运客土加厚有效土层。

参比土种　厚层灰麻砂泥黄壤。

代表性单个土体　位于江西省九江市武宁县上汤乡刘家桥村，29°22′52.6″N，114°41′33.4″E，海拔 820 m，成土母质为花岗岩残积物，半绿叶灌木林地。50 cm 深度土温 17.8℃。野外调查时间为 2014 年 8 月 28 日，编号 36-027。

中刘家桥系代表性单个土体剖面

Ah：0～17 cm，浊黄橙色（10YR 6/4，干），棕色（7.5YR 4/4，润），砂质壤土，片状结构，有中量的 2～5 mm 的根系，有少量的<5 mm 的次棱角状花岗岩碎屑，向下层平滑清晰过渡。

Bw：17～45 cm，浊黄棕色（10YR 5/4，干），棕色（7.5YR 4/4，润），砂质壤土，鳞片状结构，有少量的 2～5 mm 的根系，有少量的<5 mm 的次棱角状花岗岩碎屑，向下层平滑清晰过渡。

C：45～50 cm，花岗岩残积物。

中刘家桥系代表性单个土体物理性质

土层	深度/cm	砾石(>2 mm，体积分数)/%	细土颗粒组成 (粒径：mm)/(g/kg)			质地	容重/(g/cm^3)
			砂粒 2～0.05	粉粒 0.05～0.002	黏粒 <0.002		
Ah	0～17	3	573	253	174	砂质壤土	1.23
Bw	17～45	4	647	256	97	砂质壤土	1.28
C	45～50	—	—	—	—	—	—

中刘家桥系代表性单个土体化学性质

深度/cm	pH		有机碳(C)/(g/kg)	全氮(N)/(g/kg)	全磷(P)/(g/kg)	全钾(K)/(g/kg)	全铝(Al)/(g/kg)	CEC/(cmol/kg)	游离铁(Fe)/(g/kg)	交换性铝/(cmol/kg，黏粒)
	H_2O	KCl								
0～17	5.0	4.1	13.7	0.78	0.55	18.3	230.0	31.4	8.3	8.3
17～45	4.9	4.0	7.9	0.58	0.35	17.7	84.9	8.5	21.1	21.1
45～50	—	—	—	—	—	—	—	—	—	—

7.10.2 任头系（Rentou Series）

土 族：粗骨壤质硅质混合型酸性热性-黄色铝质湿润雏形土
拟定者：王军光，杨家伟，曹金洋

分布与环境条件 多出现于九江中部、宜春东部、吉安东部和西北部一带的丘陵缓坡处。成土母质为泥页岩风化物。植被多为油桐、杉树、灌木等半落叶林。年均气温 17.3～18.5℃，年均降水量 1500～1650 mm，无霜期 270 d 左右。

任头系典型景观

土系特征与变幅 诊断层包括淡薄表层、雏形层；诊断特性包括热性土壤温度、湿润土壤水分状况、铁质特性、铝质现象。土体厚度约 40 cm，有效土层较薄，淡薄表层厚约 20 cm，雏形层厚约 20 cm，有较多的泥页岩碎屑，质地通体为壤土，pH 为 4.1～4.3。

对比土系 中刘家桥系，同一亚类，不同土族，成土母质为花岗岩残积物，通体为砂质壤土，颗粒大小级别为砂质；桃二系，同一土类，不同亚类，为普通铝质湿润雏形土，成土母质为花岗岩坡积物，质地相同，表层为暗瘠表层，颗粒大小级别为黏壤质；康村系，同一土类，不同亚类，为普通铝质湿润雏形土，成土母质为花岗岩坡积物，质地构型为壤土-砂质黏壤土，颗粒大小级别为砂质；陀上系，同一土类，不同亚类，为腐殖铝质湿润雏形土，成土母质为红砂岩坡积物，通体为黏壤土，颗粒大小级别为黏壤质；位于相似区域的井冲系，同一亚纲，不同土类，为红色铁质湿润雏形土，成土母质为红色砾岩类的坡积物，质地构型为黏壤土-黏土-粉质黏壤土；位于相似区域的中高坪系，淋溶土纲，成土母质为花岗岩，质地构型为壤土-砂质黏壤土；位于相似区域的义成系，富铁土纲，成土母质为红砂岩坡积物，质地构型为壤土-黏壤土-黏土。

利用性能综述 土壤发育程度一般，有效土体较薄，含有较多砾石，质地适中，氮、磷含量偏低，植物根系不易下扎，易发生水土流失。应保护现有植被，适当翻土，增施氮磷肥，提高土壤肥力，促进植物生长，防止水土流失，有条件的地区可以搬运客土加厚土层。

参比土种 厚层灰鳝泥棕红壤。

代表性单个土体　位于江西省吉安市安福县彭坊乡任头村，27°12′41.1″N，114°21′55.1″E。海拔 136 m，成土母质为泥页岩风化物，林地。50 cm 深度土温 20.9℃，热性。野外调查时间为 2015 年 8 月 22 日，编号 36-103。

任头系代表性单个土体剖面

Ah：0～20 cm，暗棕色（7.5YR 3/3，干），暗棕色（7.5YR 3/3，润），壤土，团块状结构，松散，土体有较多的泥页岩碎屑，中量的根系，中量的蜂窝状孔隙，中量的蚂蚁粪便，向下层波状清晰过渡。

Bw：20～40 cm，棕色（7.5YR 4/6，干），棕色（7.5YR 4/6，润），壤土，团块状结构，松散，土体有较多的泥页岩碎屑，少量的根系，中量的蜂窝状孔隙，向下层波状清晰过渡。

C：40～65 cm，泥页岩风化物。

R：65～80 cm，泥质页岩。

任头系代表性单个土体物理性质

土层	深度/cm	砾石 (>2 mm，体积分数)/%	细土颗粒组成 (粒径：mm)/(g/kg)			质地	容重 /(g/cm^3)
			砂粒 2～0.05	粉粒 0.05～0.002	黏粒 <0.002		
Ah	0～20	25	491	358	151	壤土	1.32
Bw	20～40	28	413	376	211	壤土	1.34
C	40～65	—	—	—	—	—	—
R	65～80	—	—	—	—	—	—

任头系代表性单个土体化学性质

深度/cm	pH		有机碳(C) /(g/kg)	全氮(N) /(g/kg)	全磷(P) /(g/kg)	全钾(K) /(g/kg)	CEC /(cmol/kg)	游离铁(Fe) /(g/kg)	铝饱和度 /%
	H_2O	KCl							
0～20	4.3	3.7	16.7	0.84	0.40	16.9	11.0	15.9	51
20～40	4.1	3.8	9.0	0.68	0.31	18.9	9.4	16.8	67
40～65	—	—	—	—	—	—	—	—	—
65～80	—	—	—	—	—	—	—	—	—

7.11 普通铝质湿润雏形土

7.11.1 桃二系（Tao’er Series）

土 族：黏壤质硅质混合型酸性热性-普通铝质湿润雏形土

拟定者：刘窑军，王腊红，杨 松

分布与环境条件 多出现于九江西南部、宜春中部偏北和南部、南昌西北部一带的高丘陵中部的中缓坡地段。成土母质为花岗岩坡积物。现多种植毛竹、杉木。年均气温 17.0～18.0℃，年均降水量 1500～1600 mm，无霜期 272 d 左右。

桃二系典型景观

土系特征与变幅 诊断层包括暗瘠表层、雏形层；诊断特性包括热性土壤温度、铝质现象、湿润土壤水分状况、铁质特性。土体厚度约 70 cm，暗瘠表层厚为 20～25 cm，黏粒含量约 210 g/kg，之下雏形层厚约 45 cm。土表有中量的植被根系。土体质地通体为壤土，pH 约为 4.3～4.5。

对比土系 康村系，同一亚类，不同土族，成土母质相同，质地构型为壤土-砂质黏壤土，颗粒大小级别为砂质；陀上系，同一土类，不同亚类，为腐殖铝质湿润雏形土，成土母质为红砂岩坡积物，通体为黏壤土；中刘家桥系，同一土类，不同亚类，为黄色铝质湿润雏形土，成土母质为花岗岩残积物，通体为砂质壤土；任头系，同一土类，不同亚类，为黄色铝质湿润雏形土，成土母质为泥页岩风化物，质地相同，颗粒大小级别为粗骨壤质；鲁溪洞系，同一亚纲，不同土类，为棕色钙质湿润雏形土，成土母质为石灰岩坡积物，质地构型为粉壤土-壤土，颗粒大小级别为粗骨壤质。

利用性能综述 土壤发育程度一般，有效土体厚度一般，质地适中，磷、钾含量偏低，易发生水土流失。应重视抚育工作，严禁砍伐，提倡种植针、阔叶混交林，增施磷钾肥，培肥地力，同时定期封山，保持植被郁闭度，涵养水源，防止水土流失。

参比土种 厚层乌麻砂泥红壤。

代表性单个土体　位于江西省南昌市安义县万埠镇桃二村，28°20′00.1″N，115°42′01.1″E，海拔 293 m，成土母质为花岗岩坡积物，林地，常绿针阔叶林。50 cm 深度土温 20.8℃。野外调查时间为 2014 年 8 月 10 日，编号 36-010。

桃二系代表性单个土体剖面

Ah：0～25 cm，浊黄棕色（10YR 4/3，干），暗红棕色（5YR 3/3，润），壤土，粒状结构，极疏松，有中量 0.5～2 mm 的根系，向下层波状清晰过渡。

Bw：25～70 cm，棕色（7.5YR 4/6，干），红棕色（5YR 4/6，润），壤土，粒状结构，疏松，有少量 0.5～2 mm 的根系，向下层平滑清晰过渡。

C：　70～100 cm，花岗岩风化物。

桃二系代表性单个土体物理性质

土层	深度/cm	砾石(>2 mm，体积分数)/%	细土颗粒组成（粒径：mm）/(g/kg)			质地	容重/(g/cm³)
			砂粒 2～0.05	粉粒 0.05～0.002	黏粒 <0.002		
Ah	0～25	0	487	302	211	壤土	1.30
Bw	25～70	0	401	379	220	壤土	1.33
C	70～100	—	—	—	—	—	—

桃二系代表性单个土体化学性质

深度/cm	pH		有机碳(C)/(g/kg)	全氮(N)/(g/kg)	全磷(P)/(g/kg)	全钾(K)/(g/kg)	CEC/(cmol/kg)	铝饱和度/%	游离铁(Fe)/(g/kg)
	H_2O	KCl							
0～25	4.5	3.6	13.7	1.21	0.28	15.5	20.9	59	20.7
25～70	4.3	3.7	8.3	0.67	0.34	14.1	18.5	72	34.5
70～100	—	—	—	—	—	—	—	—	—

7.11.2　康村系（Kangcun Series）

土　族：砂质硅质混合型酸性热性-普通铝质湿润雏形土

拟定者：王军光，罗梦雨，李婷婷

分布与环境条件　多出现于宜春中部和西南部、抚州、赣州一带的高丘陵中部的陡坡地段。成土母质为花岗岩坡积物。植被多为毛竹、杉树等常绿针阔叶林、作物。年均气温 17.5～18.0℃，年均降水量 1700～1850 mm，无霜期 267 d 左右。

康村系典型景观

土系特征与变幅　诊断层包括淡薄表层、雏形层；诊断特性包括热性土壤温度、铝质现厚度在象、湿润土壤水分状况、准石质接触面。土层质地构型为壤土-砂质黏壤土，土层深厚，1 m 以上，淡薄表层 20 cm，之下雏形层厚 90 cm，土体内可见花岗岩碎屑。pH 为 4.2～4.4。

对比土系　桃二系，同一亚类，不同土族，成土母质相同，颗粒大小级别为黏壤质，通体为壤土；中刘家桥系，同一土类，不同亚类，为黄色铝质湿润雏形土，成土母质为花岗岩残积物，通体为砂质壤土；任头系，同一土类，不同亚类，为黄色铝质湿润雏形土，成土母质为泥页岩风化物，通体为壤土，颗粒大小级别为粗骨壤质；陀上系，同一土类，不同亚类，为腐殖铝质湿润雏形土，成土母质为红砂岩坡积物，通体为黏壤土，颗粒大小级别为黏壤质；位于邻近区域的午田系，淋溶土纲，成土母质为花岗岩风化物，质地构型为黏壤土-砂质黏土-黏壤土。

利用性能综述　土体深厚，质地适中，有微量砾石，磷、钾含量偏低，土壤通体呈酸性。应保护现有植被，种植一些耐酸、耐旱植物，合理施肥，提高植被覆盖度，促进土壤团聚体形成，防止水土流失，维护良好的生态系统。

参比土种　厚层灰麻砂泥红壤。

代表性单个土体　位于江西省抚州市乐安县湖溪乡康村，27°28′59.8″N，115°48′33.5″E，海拔 162 m，成土母质为花岗岩坡积物，林地，杉树、竹子等常绿针阔叶林。50 cm 深度土温 21.1℃。野外调查时间为 2014 年 11 月 16 日，编号 36-038。

康村系代表性单个土体剖面

Ah：　0～20 cm，亮黄棕色（10YR 6/6，干），红棕色（5YR 4/6，润），壤土，团粒状结构，稍坚实，土体内有中量的植物根系，多量的蜂窝状粒间孔隙，少量的花岗岩碎屑，向下层波状清晰过渡。

Bw1：20～50 cm，橙色（7.5YR 6/6，干），亮红棕色（5YR 5/8，润），砂质黏壤土，团粒状结构，稍坚实，土体内有少量的植物根系，多量的蜂窝状粒间孔隙，少量的花岗岩碎屑，向下层波状渐变过渡。

Bw2：50～110 cm，亮红棕色（5YR 5/8，干），红棕色（5YR 4/6，润），砂质黏壤土，团块状结构，坚实，土体内有很少的植物根系，多量的蜂窝状粒间孔隙，少量的花岗岩碎屑，向下层波状渐变过渡。

BC：　110～125 cm，准石质接触面。

康村系代表性单个土体物理性质

土层	深度 /cm	砾石 (>2 mm，体积分数)/%	细土颗粒组成 (粒径：mm)/(g/kg)			质地	容重 /(g/cm³)
			砂粒 2～0.05	粉粒 0.05～0.002	黏粒 <0.002		
Ah	0～20	3	473	295	232	壤土	1.28
Bw1	20～50	3	561	224	215	砂质黏壤土	1.30
Bw2	50～110	4	579	197	224	砂质黏壤土	1.32
BC	110～125	—	—	—	—	—	—

康村系代表性单个土体化学性质

深度/cm	pH		有机碳(C) /(g/kg)	全氮(N) /(g/kg)	全磷(P) /(g/kg)	全钾(K) /(g/kg)	CEC /(cmol/kg)	铝饱和度 /%	游离铁(Fe) /(g/kg)
	H_2O	KCl							
0～20	4.4	3.8	12.6	1.29	0.19	8.5	13.3	52.0	13.5
20～50	4.2	3.6	7.5	0.73	0.21	7.3	11.1	71.3	8.2
50～110	4.4	3.6	8.9	0.69	0.12	6.3	11.6	74.1	14.4
110～125	—	—	—	—	—	—	—	—	—

7.12　红色铁质湿润雏形土

7.12.1　浯程系（Wucheng Series）

土　族：黏质高岭石型盖混合型酸性热性-红色铁质湿润雏形土

拟定者：王军光，罗梦雨，朱　亮

分布与环境条件　多出现于景德镇、吉安、九江一带的低山丘陵间的缓坡地段。成土母质为泥页岩。现多种植马尾松、杉、竹、木荷、油茶等乔灌木。年均气温 17.0～17.5℃，年均降水量 1100～1250 mm，无霜期 255 d 左右。

浯程系典型景观

土系特征与变幅　诊断层包括淡薄表层、雏形层；诊断特性包括热性土壤温度、湿润土壤水分状况、铁质特性。该土系起源于泥页岩风化物。土体厚度在 1 m 以上，层次质地构型为黏土-粉质黏土，pH 为 4.4～4.8。土体通体颜色偏红，游离氧化铁含量高，具有铁质特性。

对比土系　东源系，同一亚类，不同土族，成土母质为泥页岩残积物，层次质地构型为壤土-粉壤土；富田系，同一亚类，不同土族，成土母质为花岗岩，层次质地构型为壤土-粉壤土-壤土，颗粒大小级别为壤质；港田系，同一亚类，不同土族，成土母质为石英岩坡积物，层次质地构型通体为黏土；上屋系，同一亚类，不同土族，成土母质为洪积冲积物，质地构型为黏壤土-砂质黏壤土。

利用性能综述　土体深厚，质地稍偏黏，各种养分含量一般，土壤保蓄性能较好，适宜多种林木生长，但植被覆盖程度较低。应严禁乱砍滥伐，根据土壤立地条件特性，因地制宜，适地适树地安排种植，增施有机肥和化肥，提高植被覆盖度，客土掺砂，改善土壤的物理性状。

参比土种　厚层灰鳝泥红壤。

代表性单个土体　位于江西省景德镇市乐平市浯口镇程家墩村，28°58′02.1″N，117°15′24.1″E，海拔 38 m，成土母质为泥页岩，草地。50 cm 深度土温 20.7℃。野外调查时间为 2015 年 5 月 15 日，编号 36-077。

浯程系代表性单个土体剖面

Ah：0～20 cm，暗红棕色（2.5R 3/6，干），暗红棕色（2.5YR 3/6，润），黏土，粒状结构，松散，有少量 0.5～2 mm 的草根，有少量 0.5～2 mm 的蜂窝状孔隙，向下层波状模糊过渡。

Bw1：20～32 cm，棕色（10YR 4/6，干），暗红棕色（2.5YR 3/4，润），黏土，粒状结构，坚实，有很少量的草根，很少量 0.5～2 mm 的蜂窝状孔隙，向下层波状渐变过渡。

Bw2：32～50 cm，棕色（10YR 4/8，干），暗红棕色（2.5YR 3/6，润），黏土，粒状结构，疏松，有很少量草根，少量 0.5～2 mm 的蜂窝状孔隙，向下层平滑渐变过渡。

Bw3：50～120 cm，棕色（10YR 4/8，干），暗红棕色（2.5YR 3/6，润），粉质黏土，粒状结构，疏松，有很少量 0.5～2 mm 的草根，少量 0.5～2 mm 的蜂窝状孔隙。

浯程系代表性单个土体物理性质

土层	深度/cm	砾石(>2 mm，体积分数)/%	细土颗粒组成（粒径：mm)/(g/kg)			质地	容重/(g/cm³)
			砂粒 2～0.05	粉粒 0.05～0.002	黏粒 <0.002		
Ah	0～20	0	146	351	503	黏土	1.30
Bw1	20～32	0	156	339	505	黏土	1.34
Bw2	32～50	0	133	312	555	黏土	1.38
Bw3	50～120	0	87	407	506	粉质黏土	1.41

浯程系代表性单个土体化学性质

深度/cm	pH		有机碳(C)/(g/kg)	全氮(N)/(g/kg)	全磷(P)/(g/kg)	全钾(K)/(g/kg)	CEC/(cmol/kg)	游离铁(Fe)/(g/kg)
	H_2O	KCl						
0～20	4.7	4.0	8.5	0.67	0.69	15.9	17.4	28.1
20～32	4.8	4.0	13.1	0.68	0.54	18.1	15.9	29.1
32～50	4.4	4.0	8.1	0.50	0.45	18.1	16.3	32.9
50～120	4.7	3.9	5.7	0.31	0.35	14.7	17.0	32.2

7.12.2 东源系（Dongyuan Series）

土 族：黏壤质盖粗骨壤质高岭石型酸性热性-红色铁质湿润雏形土

拟定者：蔡崇法，周泽璠，牟经瑞

分布与环境条件 多出现于景德镇、吉安、九江一带的低山丘陵坡度平缓地段。成土母质为泥页岩残积物。植被为马尾松、杜鹃、铁芒萁、草、灌丛。年均气温 17.5～18.5℃，年均降水量 1550～1700 mm，无霜期 281 d 左右。

东源系典型景观

土系特征与变幅 诊断层包括淡薄表层、雏形层；诊断特性包括热性土壤温度、湿润土壤水分状况、准石质接触面、铁质特性。土体厚度约 40 cm，层次质地构型为壤土-粉壤土，pH 为 4.0～4.2。淡薄表层厚度 10～15 cm，含有少量的岩石碎屑；之下雏形层厚 25～30 cm，含有较多的岩石碎屑。

对比土系 浯程系，同一亚类，不同土族，成土母质为泥页岩，质地构型为黏土-粉质黏土，颗粒大小级别为黏质；富田系，同一亚类，不同土族，成土母质为花岗岩，层次质地构型为壤土-粉壤土-壤土，颗粒大小级别为壤质；港田系，同一亚类，不同土族，成土母质为石英岩坡积物，层次质地构型通体为黏土；上屋系，同一亚类，不同土族，成土母质为洪积冲积物，质地构型为黏壤土-砂质黏壤土；下郭家店系，同一亚类，不同土族，成土母质为红砂岩坡积物，通体为粉壤土。

利用性能综述 土壤发育程度一般，有效土体较浅，含有部分砾石，氮、磷含量偏低，植被以草本及灌木为主，覆盖度较低，局部已有侵蚀现象发生。应加强植树造林，种植浅根系植物，提升植被覆盖度，减缓水土流失，合理施用肥料，增加土壤养分累积，培肥土地。

参比土种 厚层灰鳝泥红壤。

代表性单个土体 位于江西省吉安市吉水县醪桥镇东源村，27°21′11.3″N，115°07′43.0″E，海拔 85 m，成土母质为泥页岩残积物，草地。50 cm 深度土温 21.5℃，热性。野外调查时间为 2015 年 8 月 19 日，编号 36-125。

东源系代表性单个土体剖面

Ah：0～15 cm，浊橙色（7.5YR 7/4，干），亮红棕色（5YR 5/6，润），壤土，团块状结构，稍坚硬，有少量 0.5～2 mm 的草蕨根，有少量 0.5～2 mm 的气泡状气孔，很少量＜5 mm 的次棱角状碎屑，向下层平滑渐变过渡。

BC：15～40 cm，橙色（5YR 7/6，干），亮红棕色（5YR 5/8，润），粉壤土，团块状结构，坚硬，有少量 0.5～2 mm 的草蕨根，有少量 0.5～2 mm 的气泡状气孔，多量 75～250 mm 的次棱角状碎屑，向下层平滑渐变过渡。

C：40～80 cm，泥页岩风化物。

东源系代表性单个土体物理性质

土层	深度/cm	砾石 (>2 mm，体积分数)/%	细土颗粒组成 (粒径：mm)/(g/kg)			质地	容重 /(g/cm^3)
			砂粒 2～0.05	粉粒 0.05～0.002	黏粒 <0.002		
Ah	0～15	5	436	321	243	壤土	1.25
BC	15～40	30	257	528	215	粉壤土	1.31
C	40～80	—	—	—	—	—	—

东源系代表性单个土体化学性质

深度/cm	pH		有机碳(C) /(g/kg)	全氮(N) /(g/kg)	全磷(P) /(g/kg)	全钾(K) /(g/kg)	CEC /(cmol/kg)	游离铁(Fe) /(g/kg)
	H_2O	KCl						
0～15	4.2	3.3	15.6	0.72	0.55	17.9	7.2	19.0
15～40	4.0	3.7	9.5	0.58	0.33	16.6	5.2	21.8
40～80	—	—	—	—	—	—	—	—

7.12.3　富田系（Futian Series）

土　族：壤质硅质混合型酸性热性-红色铁质湿润雏形土
拟定者：刘窑军，刘书羽，杨　松

分布与环境条件　多出现于九江、抚州、赣州一带的山地中山下部的缓坡地段。成土母质为花岗岩。现多种植毛竹、杉木等常绿阔叶林。年均气温 18.5～19.5 ℃，年均降水量 1550～1700 mm，无霜期 286 d 左右。

富田系典型景观

土系特征与变幅　诊断层包括淡薄表层、雏形层；诊断特性包括热性土壤温度、湿润土壤水分状况、准石质接触面、铁质特性。土体厚度在 1 m 以上，层次质地构型为壤土-粉壤土-壤土，pH 为 4.4～4.6。淡薄表层厚 15～20 cm；之下为雏形层，厚 1 m 以上，有较多的岩石碎屑。

对比土系　同一土族中的土系，上王村系，成土母质与其相同，层次质地构型为壤土-砂质壤土-粉壤土；岗霞系，成土母质为石英砂岩，层次质地构型为壤土-粉壤土-粉土。浯程系，同一亚类，不同土族，成土母质为泥页岩，层次质地构型为黏土-粉质黏土；上屋系，同一亚类，不同土族，成土母质为洪积冲积物，质地构型为黏壤土-砂质黏壤土；下陂系，同一亚类，不同土族，成土母质为石英岩残积物，层次质地构型为黏土-砂质黏土-黏壤土，颗粒大小级别为黏质；团红系，相似区域，富铁土纲，成土母质为红砂岩，层次质地构型为砂质壤土-黏壤土；安梅系，相似区域，淋溶土纲，成土母质为红砂岩坡积物，质地构型为砂质壤土-砂质黏壤土。

利用性能综述　土壤发育程度一般，有效土体厚度一般，含有较多的砾石，使土壤结构较疏松，植物根系不易下扎，抗侵蚀能力弱，易引起水土流失。应重视抚育工作，定期封山，种植浅根系植物，增加地面植被覆盖度，涵养水源，防止水土流失。

参比土种　厚层乌麻砂泥红壤。

代表性单个土体　位于江西省赣州市定南县历市镇富田村，24°45′59.4″N，115°04′52.7″E，海拔 220 m，成土母质为花岗岩，林地，常绿阔叶林。50 cm 深度土温 23.0℃，热性。野外调查时间为 2016 年 1 月 7 日，编号 36-152。

富田系代表性单个土体剖面

Ah：0～18 cm，红棕色（2.5YR 4/6，干），暗红棕色（2.5YR 3/4，润），壤土，团粒状结构，松软，有中量 2～5 mm 的草蕨根，有少量 0.5～2 mm 的蜂窝状孔隙，向下层平滑明显过渡。

BC1：18～70 cm，橙色（5YR 7/6，干），灰红色（10R 4/2，润），粉壤土，团粒状结构，松软，有中量 0.5～2 mm 的草蕨根，有少量 0.5～2 mm 的蜂窝状孔隙，有多量 5～20 mm 的次棱状花岗岩，向下层平滑过渡。

BC2：70～120 cm，橙色（2.5YR 6/6，干），暗红棕色（2.5YR 3/3，润），壤土，团粒状结构，松软，有少量 0.5～2 mm 的蜂窝状孔隙，有多量 5～20 mm 的次棱状花岗岩。

富田系代表性单个土体物理性质

土层	深度/cm	砾石 (>2 mm，体积分数)/%	细土颗粒组成 (粒径：mm)/(g/kg)			质地	容重 /(g/cm³)
			砂粒 2～0.05	粉粒 0.05～0.002	黏粒 <0.002		
Ah	0～18	0	450	296	254	壤土	1.24
BC1	18～70	15	313	496	191	粉壤土	1.33
BC2	70～120	15	493	303	204	壤土	1.35

富田系代表性单个土体化学性质

深度/cm	pH		有机碳(C) /(g/kg)	全氮(N) /(g/kg)	全磷(P) /(g/kg)	全钾(K) /(g/kg)	CEC /(cmol/kg)	游离铁(Fe) /(g/kg)
	H_2O	KCl						
0～18	4.6	3.9	19.2	0.82	0.71	23.1	19.0	25.4
18～70	4.4	3.6	2.2	0.48	0.43	21.0	10.1	26.7
70～120	4.6	3.9	1.0	0.19	0.28	19.9	11.2	26.0

7.12.4 港田系（Gangtian Series）

土 族：黏质高岭石混合型酸性热性-红色铁质湿润雏形土

拟定者：王天巍，邓 楠，朱 亮

分布与环境条件 多出现于抚州、瑞金、赣州一带的低山高丘的陡坡地的上部。成土母质为石英岩坡积物。植被多为蕨类等草类。年均气温 18.0～18.5℃，年均降水量 1700～1850 mm，无霜期 270 d 左右。

港田系典型景观

土系特征与变幅 诊断层包括淡薄表层、雏形层；诊断特性包括热性土壤温度、湿润土壤水分状况、铁质特性、准石质接触面。淡薄表层厚度约 20 cm，有较多的岩石碎屑，之下雏形层厚 40～50 cm，有中量的岩石碎屑，红白相间网纹，质地通体为黏土，pH 为 4.4～4.6。

对比土系 上林系，同一亚类，不同土族，成土母质为千枚岩坡积物，层次质地构型为粉质黏壤土-黏土-黏壤土；黄坳系，同一亚类，不同土族，成土母质为花岗岩坡积物，层次质地构型为黏壤土-砂质黏壤土，颗粒大小级别为粗骨壤质；浯程系，同一亚类，不同土族，成土母质为泥页岩，质地构型为黏土-粉质黏土，颗粒大小级别为黏质；东源系，同一亚类，不同土族，成土母质为泥页岩残积物，层次质地构型为壤土-粉壤土；炉下系，邻近区域，新成土纲，成土母质为红砂岩坡积物，层次质地构型为壤质砂土-粉质黏土。

利用性能综述 土壤发育程度一般，有效土体厚度偏浅，质地偏黏，磷、钾含量偏低，由于砾石的影响，水分涵养性差，对植物根系的向下伸展有一定影响。应封山育林，选择浅根系植物进行种植，增加地表的覆盖度，涵养水分，减少水土流失，增施磷钾肥，培肥土力，有条件的地区可以搬运砂土加厚土体，改良土壤通透性。

参比土种 薄层灰黄砂泥棕红壤。

代表性单个土体 位于江西省抚州市乐安县招携镇港田村，27°11′18.1″N，115°52′37.2″E，海拔 317 m，成土母质为石英岩坡积物，草地，蕨类。50 cm 深度土温 21.6℃。野外调查时间为 2010 年 12 月 17 日，编号 36-037。

港田系代表性单个土体剖面

Ah：0～18 cm，橙色（7.5YR 6/6，干），亮红棕色（5YR 5/6，润），黏土，团粒状结构，疏松，土体内有多量的植物根系，中量的蜂窝状粒间孔隙，多量的石英岩石碎屑，向下层波状模糊过渡。

Bw：18～60 cm，橙色（7.5YR 6/8，干），橙色（5YR 7/6，润），黏土，棱块状结构，疏松，土体内有很少量植物根系，少量的蜂窝状粒间孔隙，中量的石英岩石碎屑，有红白相间网纹，向下层波状渐变过渡。

C：　60～100 cm，石英岩风化物。

港田系代表性单个土体物理性质

土层	深度 /cm	砾石 (>2 mm，体积分数)/%	细土颗粒组成 (粒径：mm)/(g/kg)			质地	容重 /(g/cm^3)
			砂粒 2～0.05	粉粒 0.05～0.002	黏粒 <0.002		
Ah	0～18	20	436	154	410	黏土	1.27
Bw	18～60	10	353	201	446	黏土	1.36
C	60～100	—	—	—	—	—	—

港田系代表性单个土体化学性质

深度/cm	pH		有机碳(C) /(g/kg)	全氮(N) /(g/kg)	全磷(P) /(g/kg)	全钾(K) /(g/kg)	CEC /(cmol/kg)	游离铁(Fe) /(g/kg)
	H_2O	KCl						
0～18	4.4	3.6	17.3	0.82	0.59	17.3	23.1	26.1
18～60	4.6	3.8	8.5	0.52	0.45	16.0	18.3	13.7
60～100	—	—	—	—	—	—	—	—

7.12.5 岗霞系（Gangxia Series）

土 族：壤质硅质混合型酸性热性-红色铁质湿润雏形土

拟定者：刘窑军，罗梦雨，曹金洋

分布与环境条件 多出现于抚州、瑞金、宜春一带的丘陵低山缓坡的下部。成土母质为石英砂岩。植被多为灌木林。年均气温17.5～18.5℃，年均降水量1800～1950 mm，无霜期273 d左右。

岗霞系典型景观

土系特征与变幅 诊断层包括淡薄表层、雏形层；诊断特性包括热性土壤温度、湿润土壤水分状况、铁质特性。该土系起源于石英砂岩风化物。土体厚度小于1 m，层次质地构型为壤土-粉壤土-粉土，土体均可见大于2 mm石英砂岩风化物，pH为3.6～5.4。

对比土系 同一土族中的土系，上王村系，成土母质为花岗岩，层次质地构型为壤土-砂质壤土-粉壤土；富田系，成土母质为花岗岩，层次质地构型为壤土-粉壤土-壤土。上屋系，同一亚类，不同土族，成土母质为洪积冲积物，质地构型为黏壤土-砂质黏壤土；黄坳系，同一亚类，不同土族，成土母质为花岗岩坡积物，层次质地构型为黏壤土-砂质黏壤土；下陂系，同一亚类，不同土族，成土母质为石英岩残积物，层次质地构型为黏土-砂质黏土-黏壤土。

利用性能综述 土体较深厚，质地适中，物理性状良好，氮、磷含量偏低，保水保肥性能较好，水土流失较轻。应保护好现有植被和生态环境，增施氮磷肥，可间种绿肥，合理培肥地力。

参比土种 厚层乌黄砂泥红壤。

代表性单个土体 位于江西省宜春市丰城市白土镇岗霞村，28°10′20.2″N，116°01′36.5″E，海拔76 m，成土母质为石英砂岩，园地，灌木。50 cm深度土温21.4℃，热性。野外调查时间为2015年8月28日，编号36-114。

岗霞系代表性单个土体剖面

Ah：0～17 cm，浊红棕色（5YR 4/4，干），红棕色（5YR 4/6，润），壤土，粒状结构，稍坚实，土体中有很少的石英砂岩风化物，中量的根系，有大量的管道状根孔，向下层平滑渐变过渡。

Bw：17～63 cm，红棕色（2.5YR 4/6，干），亮红棕色（5YR 5/6，润），粉壤土，团粒状结构，稍坚实，土体有少量的石英砂岩风化物，少量的根系，有大量的管道状根孔，向下层平滑渐变过渡。

BC：63～93 cm，红棕色（2.5YR 4/6，干），亮红棕色（5YR 5/6，润），粉土，团块状结构，坚实，土体有中量的石英砂岩风化物，很少量的根系，中量的管道状根孔，向下层平滑渐变过渡。

C：　93～100 cm，石英砂岩残积物。

岗霞系代表性单个土体物理性质

土层	深度/cm	砾石 (>2 mm，体积分数)/%	细土颗粒组成 (粒径：mm)/(g/kg)			质地	容重/(g/cm³)
			砂粒 2～0.05	粉粒 0.05～0.002	黏粒 <0.002		
Ah	0～17	1	411	433	156	壤土	1.27
Bw	17～63	3	270	690	40	粉壤土	1.30
BC	63～93	8	136	841	23	粉土	1.31
C	93～100	—	—	—	—	—	—

岗霞系代表性单个土体化学性质

深度/cm	pH		有机碳(C) /(g/kg)	全氮(N) /(g/kg)	全磷(P) /(g/kg)	全钾(K) /(g/kg)	CEC /(cmol/kg)	游离铁(Fe) /(g/kg)
	H_2O	KCl						
0～17	3.8	3.9	23.5	0.54	0.54	18.4	8.4	16.0
17～63	3.6	4.0	5.7	0.28	0.29	21.8	21.9	17.0
63～93	5.4	5.0	—	0.28	0.13	19.6	—	—
93～100	—	—	—	—	—	—	—	—

7.12.6　上林系（Shanglin Series）

土　族：黏质云母混合型酸性热性-红色铁质湿润雏形土

拟定者：刘窑军，邓　楠，聂坤照

分布与环境条件　多出现于吉安、抚州、萍乡一带的低山丘陵间的缓坡地段。成土母质为千枚岩坡积物。现多种植马尾松、杉、竹、木荷、樟、枫、槠、油茶等乔灌木和茅草。年均气温 17.5～18.0℃，年均降水量 1700～1850 mm，无霜期 268 d 左右。

上林系典型景观

土系特征与变幅　诊断层包括淡薄表层、雏形层；诊断特性包括热性土壤温度、湿润土壤水分状况、铁质特性。土层厚度 1 m 以上，淡薄表层厚度为 20 cm，很少的岩石碎屑，呈酸性；雏形层厚度超过 1 m，很少的岩石碎屑，结构面存在黄色斑纹，呈酸性反应。层次质地构型为粉质黏壤土-黏土-黏壤土，pH 为 4.6～5.6。

对比土系　港田系，邻近区域，同一亚类，不同土族，成土母质为石英岩坡积物，通体为黏土；柳溪系，同一亚类，不同土族，成土母质为第四纪红黏土，质地构型为黏土-粉质黏壤土-黏土；井冲系，同一亚类，不同土族，成土母质为红色砾岩类的坡积物，层次质地构型为黏壤土-黏土-粉质黏壤土；下陂系，邻近区域，同一亚类，不同土族，成土母质为石英岩残积物，层次质地构型为黏土-砂质黏土-黏壤土；午田系，邻近区域，淋溶土纲，成土母质为花岗岩风化物，质地构型为黏壤土-砂质黏土-黏壤土。

利用性能综述　土体深厚，质地稍偏黏，立地条件较好，除磷、钾含量偏低外，其余养分状况良好，但植被覆盖程度不高。应保护现有植被，严禁乱砍滥伐，因地制宜地种植树木，增施磷钾肥，促进植被生长，提高覆盖度，营造良好的生态环境。

参比土种　厚层乌鳝泥红壤。

代表性单个土体　位于江西省抚州市乐安县戴坊镇上林村，27°28′03.2″N，115°45′10.1″E，海拔 137 m，成土母质为千枚岩坡积物，林地。50 cm 深度土温 21.5℃。野外调查时间为 2014 年 11 月 12 日，编号 36-035。

上林系代表性单个土体剖面

Ah：0～20 cm，橙色（7.5YR 6/6，干），红棕色（5YR 4/6，润），粉质黏壤土，粒状结构，疏松，土体内有很少量植物根系，少量的管道状根孔，很少量的千枚岩岩石碎屑，向下层波状清晰过渡。

Bw1：20～70 cm，橙色（5YR 6/8，干），红棕色（2.5YR 4/6，润），黏土，团块状结构，疏松，土体内有很少量植物根系，少量管道状根孔，很少量千枚岩岩石碎屑，结构面上存在黄色斑纹，向下层不规则渐变过渡。

Bw2：70～130 cm，橙色（7.5YR 6/8，干），红棕色（2.5YR 4/8，润），黏壤土，团块状结构，疏松，土体内有少量管道状根孔，很少量千枚岩岩石碎屑，结构面上存在黄色斑纹。

C：130～133 cm，千枚岩风化物。

上林系代表性单个土体物理性质

土层	深度/cm	砾石(>2 mm，体积分数)/%	细土颗粒组成（粒径：mm)/(g/kg)			质地	容重/(g/cm³)
			砂粒 2～0.05	粉粒 0.05～0.002	黏粒 <0.002		
Ah	0～20	2	175	430	395	粉质黏壤土	1.26
Bw1	20～70	2	281	293	426	黏土	1.38
Bw2	70～130	2	353	248	399	黏壤土	1.35
C	130～133	—	—	—	—	—	—

上林系代表性单个土体化学性质

深度/cm	pH		有机碳(C)/(g/kg)	全氮(N)/(g/kg)	全磷(P)/(g/kg)	全钾(K)/(g/kg)	CEC/(cmol/kg)	游离铁(Fe)/(g/kg)
	H_2O	KCl						
0～20	5.6	4.3	24.1	0.89	0.68	15.4	10.1	13.3
20～70	4.6	3.8	8.5	0.54	0.45	17.5	10.4	19.7
70～130	5.1	3.9	2.8	0.48	0.24	18.5	13.2	22.0
130～133	—	—	—	—	—	—	—	—

7.12.7 上屋系（Shangwu Series）

土 族：黏质硅质混合型酸性热性-红色铁质湿润雏形土

拟定者：王天巍，刘书羽，关熊飞

分布与环境条件 多出现于南昌、抚州、宜春一带的低海拔丘陵。成土母质为洪积冲积物。植被为灌木林、常绿阔叶林。年均气温 17.5～18.5℃，年均降水量 1700～1850 mm，无霜期 263 d 左右。

上屋系典型景观

土系特征与变幅 诊断层包括淡薄表层、雏形层；诊断特性包括湿润土壤水分状况、热性土壤温度状况、铁质特性。淡薄表层厚 35～40 cm，有中量的岩石碎屑；之下雏形层厚 1 m 以上，有较多的岩石碎屑。土体厚度在 1 m 以上，层次质地构型为黏壤土-砂质黏壤土，pH 为 4.4～5.2。

对比土系 上林系，同一亚类，不同土族，成土母质为千枚岩坡积物，层次质地构型为粉质黏壤土-黏土-黏壤土；柳溪系，邻近区域，成土母质为第四纪红黏土，层次质地构型为黏土-粉质黏壤土-黏土；东源系，同一亚类，不同土族，成土母质为泥页岩残积物，层次质地构型为壤土-粉壤土；富田系，同一亚类，不同土族，成土母质为花岗岩，层次质地构型为壤土-粉壤土-壤土，颗粒大小级别为壤质；浯程系，同一亚类，不同土族，成土母质为泥页岩，质地构型为黏土-粉质黏土，颗粒大小级别为黏质；董丰系，相近区域，新成土纲，成土母质为石灰岩残积物，质地为粉壤土。

利用性能综述 土体深厚，质地偏黏，磷含量偏低，保水保肥能力较好，轻度水土流失。应注意保护现有植被，种植深根系植物，客土掺砂，增施磷肥，提升植被覆盖度，改良土壤性状，增强地力。

参比土种 灰草洲泥土。

代表性单个土体 位于江西省宜春市宜丰县芳溪镇上屋村，28°21′18.9″N，114°37′01.7″E，海拔 123 m，成土母质为洪积冲积物，灌木林地。50 cm 深度土温 20.9℃。野外调查时间为 2014 年 8 月 8 日，编号 36-018。

上屋系代表性单个土体剖面

Ah：0～38 cm，红棕色（5YR 4/6，干），红棕色（2.5YR 4/6，润），黏壤土，粒状结构，坚实，有很少量 0.5～2 mm 的灌木根系，有中量 5～20 mm 的棱角状石英碎屑，向下层波状渐变过渡。

Bw1：38～80 cm，红棕色（2.5YR 4/6，干），红色（10R 4/8，润），黏壤土，粒状结构，坚实，有很少量 0.5～2 mm 的灌木根系，有很少量 5～20 mm 的棱角状页岩碎屑，向下层波状渐变过渡。

Bw2：80～140 cm，红棕色（2.5YR 4/8，干），红色（10R 4/8，润），砂质黏壤土，粒状结构，松散，有很少量 0.5～2 mm 的灌木根系，有多量 20～75 mm 的棱角状石英、页岩碎屑。

上屋系代表性单个土体物理性质

土层	深度/cm	砾石(>2 mm，体积分数)/%	细土颗粒组成（粒径：mm）/(g/kg)			质地	容重/(g/cm^3)
			砂粒 2～0.05	粉粒 0.05～0.002	黏粒 <0.002		
Ah	0～38	10	402	255	343	黏壤土	1.30
Bw1	38～80	3	411	201	388	黏壤土	1.43
Bw2	80～140	30	553	185	262	砂质黏壤土	1.38

上屋系代表性单个土体化学性质

深度/cm	pH		有机碳(C)/(g/kg)	全氮(N)/(g/kg)	全磷(P)/(g/kg)	全钾(K)/(g/kg)	CEC/(cmol/kg)	游离铁(Fe)/(g/kg)
	H_2O	KCl						
0～38	4.4	3.7	11.8	1.57	0.53	17.5	13.7	23.7
38～80	4.6	3.7	7.3	0.85	0.45	16.3	12.6	13.3
80～140	5.2	3.8	7.7	0.87	0.42	16.5	11.6	12.6

7.12.8　黄坳系（Huang'ao Series）

土　族：粗骨壤质硅质混合型酸性热性-红色铁质湿润雏形土
拟定者：陈家赢，杨家伟，朱　亮

分布与环境条件　多出现于九江、抚州、赣州一带的丘陵地区缓坡处。成土母质为花岗岩坡积物。植被为常绿阔叶林。年均气温 16.5～17.5℃，年均降水量 1750～1900 mm，无霜期 249 d 左右。

黄坳系典型景观

土系特征与变幅　诊断层包括淡薄表层、雏形层；诊断特性包括准石质接触面、湿润土壤水分状况、热性土壤温度、铁质特性。淡薄表层厚度 20～25 cm，有少量的岩石碎屑；之下雏形层厚约 40 cm，有很多的岩石碎屑。土体厚度约 60 cm，层次质地构型为黏壤土-砂质黏壤土，pH 为 4.1～4.6。

对比土系　天玉系，同一土族，成土母质为石英岩坡积物，层次质地构型为砂质壤土-壤土；修水系，邻近区域，同一土类，不同亚类，为普通铁质湿润雏形土，成土母质为泥页岩残积物，通体为壤土，颗粒大小级别为壤质；岗霞系，同一亚类，不同土族，成土母质为石英砂岩，层次质地构型为壤土-粉壤土-粉土；西源岭系，同一亚类，不同土族，成土母质为红砂岩，结构面可见腐殖质淀积胶膜，层次质地构型为粉壤土-壤土；西堰系，邻近区域，成土母质相同，土体质地构型为砂质壤土-壤质砂土-砂质壤土，颗粒大小级别为粗骨质。

利用性能综述　地势较高，土壤发育程度一般，有效土体厚度偏浅，质地偏黏，养分情况较差，保水保肥性能较弱。应封山育林，有计划地更新现有林种，种植浅根系植物，增施有机肥和化肥，促进植物生长，提升植被覆盖度，有效防止水土流失。

参比土种　厚层灰麻砂泥棕红壤。

代表性单个土体　位于江西省九江市修水县黄坳乡九龙村，28°56′26.5″N，114°54′55.4″E，海拔 491 m，成土母质为花岗岩坡积物，林地。50 cm 深度土温 19.3℃。野外调查时间为 2014 年 8 月 7 日，编号 36-021。

黄坳系代表性单个土体剖面

Ah：0～20 cm，亮棕色（7.5YR 5/6，干），亮红棕色（5YR 5/6，润），黏壤土，粒状结构，疏松，有少量 0.5～2 mm 的草根和木根，有少量 5～20 mm 的棱角状石英、云母碎屑，向下层不规则渐变过渡。

Bw：20～60 cm，亮红棕色（2.5YR 5/8，干），红棕色（2.5YR 4/8，润），黏壤土，团块状结构，疏松，有很少量 0.5～2 mm 的草根和木根，有很多量 5～20 mm 的棱角状石英、云母碎屑，向下层波状模糊过渡。

C：60～125 cm，亮红棕色（2.5YR 5/8，干），红棕色（2.5YR 4/8，润），砂质黏壤土，团块状结构，疏松，有极多量 5～20 mm 的棱角状石英、云母碎屑。

黄坳系代表性单个土体物理性质

土层	深度/cm	砾石(>2 mm，体积分数)/%	细土颗粒组成 (粒径：mm)/(g/kg)			质地	容重/(g/cm^3)
			砂粒 2～0.05	粉粒 0.05～0.002	黏粒 <0.002		
Ah	0～20	3	388	276	336	黏壤土	1.32
Bw	20～60	60	417	242	341	黏壤土	1.42
C	60～125	90	632	157	211	砂质黏壤土	—

黄坳系代表性单个土体化学性质

深度/cm	pH		有机碳(C)/(g/kg)	全氮(N)/(g/kg)	全磷(P)/(g/kg)	全钾(K)/(g/kg)	CEC/(cmol/kg)	游离铁(Fe)/(g/kg)
	H_2O	KCl						
0～20	4.6	3.7	7.4	1.01	0.34	13.5	16.1	49.1
20～60	4.1	4.0	3.9	0.44	0.37	11.6	18.4	41.2
60～125	4.2	3.8	4.2	0.37	0.21	10.0	11.6	16.5

7.12.9 柳溪系（Liuxi Series）

土 族：黏质混合型酸性热性-红色铁质湿润雏形土

拟定者：王军光，王腊红，关熊飞

分布与环境条件 多出现于宜春、抚州、南昌一带，所处地形为低山低丘的缓坡下部。成土母质为第四纪红黏土。植被为常绿针阔叶林。年均气温 16.5～17.5℃，年均降水量 1700～1850 mm，无霜期 259 d 左右。

柳溪系典型景观

土系特征与变幅 诊断层包括淡薄表层、雏形层；诊断特性包括热性土壤温度、湿润土壤水分状况、铁质特性。土体厚度 1 m 以上，淡薄表层厚 10～15 cm，黏粒含量约 407 g/kg，之下雏形层厚约 1 m 以上。表层有中量的植被根系，土体有少量的岩石碎屑，质地构型为黏土-粉质黏壤土-黏土，pH 为 4.6～4.8。

对比土系 岗霞系，同一亚类，不同土族，成土母质为石英砂岩，层次质地构型为壤土-粉壤土-粉土；上屋系，邻近区域，成土母质为洪积冲积物，层次质地构型为黏壤土-砂质黏壤土；西向系，邻近区域，成土母质为泥页岩坡积物，层次质地构型为壤土-粉壤土；上林系，同一亚类，不同土族，成土母质为千枚岩坡积物，层次质地构型为粉质黏壤土-黏土-黏壤土；李保山系，同一亚类，不同土族，成土母质为紫砂岩残积物，层次质地构型为壤土-砂质壤土。

利用性能综述 土体深厚，质地偏黏，土壤有机质含量较低，不利于植物的生长，局部地区存在水土流失现象。应注重对现有植被的保护，客土掺砂，增施有机肥，适度翻耕土地，在水土流失严重的地区实行封山育林，营造针阔叶混交林，增加植被覆盖度，保持水土。

参比土种 厚层灰黄泥红壤。

代表性单个土体 位于江西省宜春市铜鼓县带溪乡柳溪村，28°40′00.2″N，114°37′00.1″E，海拔 230 m，成土母质为第四纪红黏土，林地，常绿针阔叶林。50 cm 深度土温 20.4℃。野外调查时间为 2014 年 8 月 8 日，编号 36-013。

柳溪系代表性单个土体剖面

Ah：　0～20 cm，橙色（7.5YR 7/6，干），棕色（7.5YR 4/6，润），黏土，团块状结构，疏松，有少量 2～5 mm 的根系，少量<5 mm 的扁平状岩石碎屑，向下层平滑清晰过渡。

Bw1：20～80 cm，橙色（7.5YR 6/6，干），红棕色（5YR 4/6，润），粉质黏壤土，团块状结构，稍坚实，有少量<2 mm 的根系，少量<5 mm 的扁平状岩石碎屑，向下层平滑清晰过渡。

Bw2：80～130 cm，橙色（5YR 6/8，干），红棕色（5YR 4/6，润），黏土，团块状结构，稍坚实，有中量 20～75 mm 的扁平状岩石碎屑。

柳溪系代表性单个土体物理性质

土层	深度 /cm	砾石 (>2 mm，体积分数)/%	细土颗粒组成（粒径：mm)/(g/kg)			质地	容重 /(g/cm^3)
			砂粒 2～0.05	粉粒 0.05～0.002	黏粒 <0.002		
Ah	0～20	3	203	390	407	黏土	1.46
Bw1	20～80	3	183	421	396	粉质黏壤土	1.44
Bw2	80～130	10	243	308	449	黏土	1.50

柳溪系代表性单个土体化学性质

深度/cm	pH		有机碳(C) /(g/kg)	全氮(N) /(g/kg)	全磷(P) /(g/kg)	全钾(K) /(g/kg)	CEC /(cmol/kg)	游离铁(Fe) /(g/kg)
	H_2O	KCl						
0～20	4.7	3.8	5.2	1.59	0.76	24.3	29.2	14.4
20～80	4.6	3. 8	5.6	0.64	0.76	21.6	21.8	38.5
80～130	4.8	3. 8	3.2	0.65	0.79	19.8	12.4	29.3

7.12.10　下陂系（Xiabei Series）

土　族：黏质高岭石型酸性热性-红色铁质湿润雏形土

拟定者：王天巍，周泽璠，曹金洋

分布与环境条件　主要分布在抚州、萍乡、宜春一带，地形部位以中高山为主，低山丘陵次之，植被为常绿阔叶林。成土母质为石英岩残积物。年均气温 17.5～18.0 ℃，年均降水量 1650～1800 mm，无霜期 269 d 左右。

下陂系典型景观

土系特征与变幅　诊断层包括淡薄表层、雏形层；诊断特性包括湿润土壤水分状况、热性土壤温度、腐殖质特性、铁质特性。土体厚度在 1 m 以上，层次质地构型为黏土-砂质黏土-黏壤土，pH 为 4.4～4.8，游离铁含量为 12.0～19.8 g/kg。淡薄表层厚 20～25 cm，之下为雏形层，厚 1 m 以上，部分有很少的岩石碎屑。

对比土系　西源岭系，同一亚类，不同土族，成土母质为红砂岩，层次质地构型为粉壤土-壤土；龙义系，邻近区域，同一亚类，不同土族，成土母质为泥页岩坡积物，层次质地构型为砂质黏壤土-壤土，颗粒大小级别为砂质；岗霞系，同一亚类，不同土族，成土母质为石英砂岩，层次质地构型为壤土-粉壤土-粉土；戴白系，邻近区域，成土母质为千枚岩坡积物，质地构型为砂质黏土-粉质黏土；炉下系，邻近区域，成土母质为红砂岩坡积物，层次质地构型为壤质砂土-粉质黏土，亚类为普通湿润正常新成土；上林系，邻近区域，同一亚类，不同土族，成土母质为千枚岩坡积物，层次质地构型为粉质黏壤土-黏土-黏壤土。

利用性能综述　土体深厚，质地偏黏，有机质含量丰富，但磷素缺乏，土壤保水保肥性能较好，水土流失较轻。应注重对现有植被的保护，减少人为扰动，严禁乱砍滥伐，稳步提升植被覆盖度，适当增施磷肥，培肥土力，有条件的地方可以客土掺砂，改良土壤的透气性。

参比土种　厚层乌黄砂泥红壤。

代表性单个土体　位于江西省抚州市乐安县大马头乡下陂村林场，27°20′57.516″N，115°44′26.81″E，海拔 256 m，成土母质为石英岩残积物，林地。50 cm 深度土温 16.7℃。野外调查时间为 2014 年 11 月 11 日，编号 36-033。

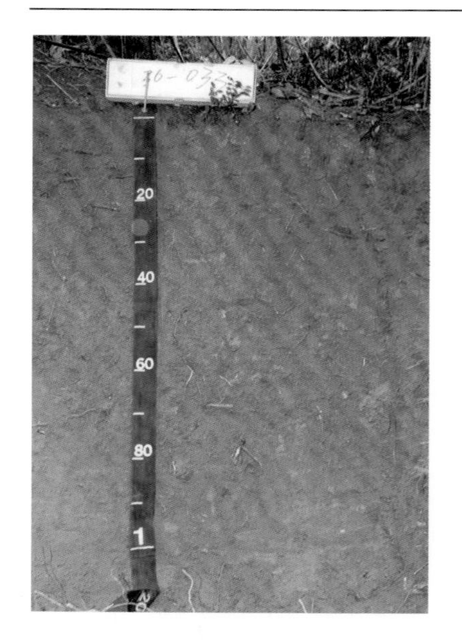

下陂系代表性单个土体剖面

Ah：0～20 cm，红棕色（2.5YR 4/6，干），暗红棕色（2.5YR 3/4，润），黏土，团粒状结构，疏松，有很少量 2～5 mm 的草根，向下层波状模糊过渡。

Bw1：20～80 cm，亮红棕色（5YR 5/8，干），红棕色（2.5YR 4/6，润），砂质黏土，团粒状结构，疏松，有很少量 2～5 mm 的草根，很少量 20～75 mm 的棱角状石英碎屑，向下层波状模糊过渡。

Bw2：80～115 cm，亮红棕色（5YR 5/6，干），红棕色（2.5YR 4/8，润），黏壤土，团粒状结构，疏松，有很少量 2～5 mm 的草根。

下陂系代表性单个土体物理性质

土层	深度/cm	砾石(>2 mm，体积分数)/%	细土颗粒组成 (粒径：mm)/(g/kg)			质地	容重/(g/cm^3)
			砂粒 2～0.05	粉粒 0.05～0.002	黏粒 <0.002		
Ah	0～20	0	196	351	453	黏土	1.38
Bw1	20～80	1	474	53	473	砂质黏土	1.42
Bw2	80～115	0	211	431	358	黏壤土	1.40

下陂系代表性单个土体化学性质

深度/cm	pH		有机碳(C)/(g/kg)	全氮(N)/(g/kg)	全磷(P)/(g/kg)	全钾(K)/(g/kg)	CEC/(cmol/kg)	游离铁(Fe)/(g/kg)
	H_2O	KCl						
0～20	4.6	3.9	17.7	1.69	0.11	16.2	14.1	17.0
20～80	4.4	3.8	6.6	0.68	0.09	22.5	14.9	12.0
80～115	4.8	3.9	5.2	0.63	0.08	23.0	19.2	19.8

7.12.11　西源岭系（Xiyuanling Series）

土　族：黏壤质混合型酸性热性-红色铁质湿润雏形土

拟定者：王军光，王腊红，朱　亮

分布与环境条件　多出现于赣州、上饶、景德镇一带，地处山地高丘缓坡上部。成土母质为红砂岩。植被为马尾松、杉、小水竹、油菜、铁芒萁等。年均气温 17.5 ～ 18.0 ℃，年均降水量 1800～1950 mm，无霜期 267 d 左右。

西源岭系典型景观

土系特征与变幅　诊断层包括淡薄表层、雏形层；诊断特性包括热性土壤温度、湿润土壤水分状况、腐殖质特性、铁质特性。土体厚度不足 1 m，含有较多的岩石碎屑，结构面可见腐殖质淀积胶膜，层次质地构型为粉壤土-壤土，pH 为 4.3～4.4。

对比土系　绅溪系，同一土族，成土母质为泥质岩坡积物，层次质地构型为壤土-黏壤土；沙畈系，邻近区域，淋溶土纲，为铝质酸性湿润淋溶土，成土母质为花岗岩坡积物，层次质地构型为黏壤土-壤土，颗粒大小级别为粗骨壤质；凤岗镇系，同一亚类，不同土族，成土母质为紫色砂岩坡积物，质地通体为砂质壤土；天玉系，同一亚类，不同土族，成土母质为石英岩坡积物，土层质地构型为砂质壤土-壤土；中板系，同一亚类，不同土族，成土母质为红砂岩坡积物，质地为壤质砂土。

利用性能综述　土体薄，磷含量偏低，含有少量砾石，轻度水土流失。应注重用养结合，保护好现有植被，严禁乱砍滥伐，合理施用磷肥，客土掺砂，积极营造水土保持林，创造良好的生态环境。

参比土种　厚层乌红砂泥红壤。

代表性单个土体　位于江西省上饶市德兴市泗洲镇祝家村西源岭，29°01′48.6″N，117°44′21.5″E，海拔 429 m，成土母质为红砂岩，林地。50 cm 深度土温 17.5℃，热性。野外调查时间为 2015 年 5 月 16 日，编号 36-078。

西源岭系代表性单个土体剖面

Ah：0～20 cm，灰棕色（7.5YR 6/2，干），暗红棕色（5YR 3/4，润），粉壤土，粒状结构，松散，很少量 2～5 mm 的根系，有林地，多为蕨类植物，向下层波状渐变过渡。

AB：20～40 cm，橙色（5YR 6/8，干），红棕色（5YR 4/6，润），壤土，粒状结构，松散，可见模糊的腐殖质淀积胶膜，少量 2～5 mm 的根系，中量 5～20 mm 的棱角岩屑，向下层波状模糊过渡。

BC：40～100 cm ，红橙色（10R 6/6，干），暗红色（10R 3/6，润），粒状结构，松散，少量 2～5 mm 的根系，中量 5～20 mm 的棱角岩屑。

西源岭系代表性单个土体物理性质

土层	深度/cm	砾石(>2 mm，体积分数)/%	细土颗粒组成 (粒径：mm)/(g/kg)			质地	容重/(g/cm^3)
			砂粒 2～0.05	粉粒 0.05～0.002	黏粒 <0.002		
Ah	0～20	0	252	533	213	粉壤土	1.35
AB	20～40	10	331	432	236	壤土	1.38
BC	40～100	10	—	—	—	—	—

西源岭系代表性单个土体化学性质

深度/cm	pH		有机碳(C)/(g/kg)	全氮(N)/(g/kg)	全磷(P)/(g/kg)	全钾(K)/(g/kg)	CEC/(cmol/kg)	游离铁(Fe)/(g/kg)
	H_2O	KCl						
0～20	4.4	3.5	32.0	1.35	0.34	22.4	21.1	18.3
20～40	4.3	3.2	10.1	0.51	0.26	31.8	17.0	23.9
40～100	—	—	—	—	—	—	—	—

7.12.12　湛口系（Zhankou Series）

土　族：砂质硅质混合型酸性热性-红色铁质湿润雏形土

拟定者：王军光，杨家伟，杨　松

分布与环境条件　多出现于吉安、赣州、抚州一带的低山丘陵坡度平缓地段。成土母质为砂页岩坡积物。植被为常绿针阔叶林。年均气温 17.5～18.5℃，年均降水量 1650～1800 mm，无霜期 277 d 左右。

湛口系典型景观

土系特征与变幅　诊断层包括淡薄表层、雏形层；诊断特性包括热性土壤温度、湿润土壤水分状况、准石质接触面、铁质特性。10 cm 以下存在雏形层，剖面中存在较多岩石碎屑，质地构型为砂质壤土-砂质黏壤土-砂质壤土，pH 为 4.3～4.6。

对比土系　同一土族中的土系，龙义系，成土母质为泥页岩坡积物，质地构型为砂质黏壤土-壤土；凤岗镇系，成土母质为紫色砂岩坡积物，质地通体为砂质壤土；中板系，成土母质为红砂岩坡积物，质地为壤质砂土。天玉系，同一亚类，不同土族，成土母质为石英岩坡积物，土层质地构型为砂质壤土-壤土。绅溪系，邻近区域，不同土族，成土母质为泥质岩坡积物，层次质地构型为壤土-黏壤土；杉树下系，邻近区域，人为土纲，成土母质为泥页岩，层次质地构型为粉壤土-壤土；龙芦系，相似区域，富铁土纲，成土母质为花岗岩，层次质地构型为壤土-黏土-黏壤土；中高坪系，相似区域，淋溶土纲，成土母质为花岗岩，颗粒大小级别为黏壤质。

利用性能综述　土层较薄，质地稍偏砂，总体养分含量偏低，保水保肥能力较差，不利于植被的生长。应做到有计划地合理采伐，积极改造更新残次林，因地制宜地种植耐旱的植物，增施有机肥和化肥，提高植被覆盖度，防止水土流失。

参比土种　厚层灰鳝泥红壤。

代表性单个土体　位于江西省吉安市泰和县桥头镇湛口村，26°46′58.9″N，114°37′13.4″E，海拔 98 m，成土母质为砂页岩坡积物，林地，常绿针阔叶林。50 cm 深度土温 21.8℃，热性。野外调查时间为 2015 年 8 月 23 日，编号 36-139。

湛口系代表性单个土体剖面

Ah：0～10 cm，淡黄橙色（10YR 8/3，干），亮红棕色（5YR 5/8，润），砂质壤土，粒状结构，松散，中量 0.5～2 mm 的草根根系，很少量 0.5～2 mm 的气泡状孔隙，少量<5 mm 的次圆状石英颗粒，向下层波状渐变过渡。

Bw：10～30 cm，橙色（2.5YR 7/6，干），亮红棕色（2.5YR 5/8，润），砂质黏壤土，粒状结构，松散，少量 0.5～2 mm 的草根，少量 0.5～2 mm 的气泡状孔隙，中量 5～20 mm 的次圆状石英颗粒，向下层平滑渐变过渡。

BC：30～65 cm，浅淡橙色（5YR 8/4，干），亮红棕色（5YR 5/6，润），砂质壤土，粒状结构，坚实，很少量 0.5～2 mm 的草根，少量 0.5～2 mm 的气泡状孔隙，多量 75～250 mm 的次圆状石英颗粒，向下层平滑清晰过渡。

C：　65～110 cm，砂页岩风化物。

湛口系代表性单个土体物理性质

土层	深度/cm	砾石 (>2 mm，体积分数)/%	细土颗粒组成（粒径：mm)/(g/kg)			质地	容重 /(g/cm^3)
			砂粒 2～0.05	粉粒 0.05～0.002	黏粒 <0.002		
Ah	0～10	5	586	235	179	砂质壤土	1.30
Bw	10～30	10	592	203	205	砂质黏壤土	1.37
BC	30～65	30	584	227	189	砂质壤土	1.41
C	65～110	—	—	—	—	—	—

湛口系代表性单个土体化学性质

深度/cm	pH		有机碳(C) /(g/kg)	全氮(N) /(g/kg)	全磷(P) /(g/kg)	全钾(K) /(g/kg)	CEC /(cmol/kg)	游离铁(Fe) /(g/kg)
	H_2O	KCl						
0～10	4.6	3.7	14.7	1.68	0.35	13.5	13.9	13.2
10～30	4.3	3.6	6.6	0.31	0.32	12.3	10.1	19.0
30～65	4.4	3.6	1.4	0.12	0.30	11.6	8.8	9.1
65～110	—	—	—	—	—	—	—	—

7.12.13　龙义系（Longyi Series）

土　族：砂质硅质混合型酸性热性-红色铁质湿润雏形土

拟定者：刘窑军，杨家伟，李婷婷

分布与环境条件　多出现于吉安、赣州、抚州一带的低山丘陵坡度平缓地段。成土母质为泥页岩坡积物。植被为灌木林。年均气温 17.5～18 .0℃，年均降水量 1650～1800 mm，无霜期 269 d 左右。

龙义系典型景观

土系特征与变幅　诊断层包括淡薄表层、雏形层；诊断特性包括湿润土壤水分状况、热性土壤温度、铁质特性、氧化还原特征。雏形层位于 30 cm 以下，剖面中存在少量岩石碎屑，层次构型为砂质黏壤土-壤土，pH 为 4.2～5.4。

对比土系　同一土族中的土系，湛口系，成土母质为砂页岩坡积物，质地构型为砂质壤土-砂质黏壤土-砂质壤土；凤岗镇系，成土母质为紫色砂岩坡积物，质地通体为砂质壤土；中板系，成土母质为红砂岩坡积物，质地为壤质砂土。天玉系，同一亚类，不同土族，成土母质为石英岩坡积物，土层质地构型为砂质壤土-壤土；新元系，同一亚类，不同土族，成土母质相同，层次质地构型为砂质黏壤土-壤土-粉壤土。

利用性能综述　土体较厚但有机质和磷元素含量偏低，局部存在水土流失较严重的情况。应做好水土保持工作，保护好现有植被，因地制宜地种植树木和灌木，合理施肥，在水土流失严重的地区实行封山育林，防止水土流失的加剧。

参比土种　厚层灰鳝泥红壤。

代表性单个土体　位于江西省抚州市乐安县山砀镇龙义村，27°40′24.9″N，115°46′03.8″E，海拔 122 m，成土母质为泥页岩坡积物，林地，旱生矮小灌木。50 cm 深度土温 21.4℃。野外调查时间为 2014 年 11 月 10 日，编号 36-031。

龙义系代表性单个土体剖面

Ah：0～30 cm，橙色（7.5YR 6/6，干），红棕色（5YR 4/6，润），砂质黏壤土，粒状结构，疏松，少量 0.5～2 mm 的蕨草根系，很少量 5～20 mm 的棱角状石英、长石碎屑，向下层不规则清晰过渡。

Bw1：30～55 cm，橙色（7.5YR 7/6，干），亮红棕色（5YR 5/6，润），砂质黏壤土，粒状结构，坚实，很少量草根系，很少量 5～20 mm 的棱角状石英碎屑，向下层波状渐变过渡。

Bw2：55～80 cm，橙色（7.5YR 7/6，干），亮棕色（7.5YR 5/8，润），壤土，团块状结构，坚实，很少量 2～5 mm 的木根，很少量 5～20 mm 的棱角状石英、长石碎屑，向下层波状渐变过渡。

BC：80～100 cm，浊橙色（5YR 7/3，干），亮红棕色（2.5YR 5/6，润），团块状结构，坚实。

龙义系代表性单个土体物理性质

土层	深度/cm	砾石(>2 mm，体积分数)/%	细土颗粒组成（粒径：mm)/(g/kg)			质地	容重/(g/cm³)
			砂粒 2～0.05	粉粒 0.05～0.002	黏粒 <0.002		
Ah	0～30	1	520	206	274	砂质黏壤土	1.32
Bw1	30～55	1	604	118	278	砂质黏壤土	1.30
Bw2	55～80	1	417	322	261	壤土	1.32
BC	80～100	—	—	—	—	—	—

龙义系代表性单个土体化学性质

深度/cm	pH		有机碳(C)/(g/kg)	全氮(N)/(g/kg)	全磷(P)/(g/kg)	全钾(K)/(g/kg)	CEC/(cmol/kg)	游离铁(Fe)/(g/kg)
	H_2O	KCl						
0～30	4.2	3.8	6.0	1.12	0.21	21.3	15.7	14.0
30～55	5.1	4.3	3.5	0.41	0.18	23.5	9.4	14.7
55～80	5.0	4.1	4.0	0.38	0.15	23.5	10.5	34.8
80～100	5.4	—	—	—	—	—	—	—

7.12.14 田港系（Tiangang Series）

土 族：黏壤质硅质混合型酸性热性-红色铁质湿润雏形土
拟定者：陈家赢，杨家伟，李婷婷

分布与环境条件 多出现于上饶、吉安、新余一带的低丘岗地。成土母质为红色砾岩类的残积物。植被为灌木林。年均气温 17.5～18.5℃，年均降水量 1550 ～1700 mm，无霜期 282 d 左右。

田港系典型景观

土系特征与变幅 诊断层包括淡薄表层、雏形层；诊断特性包括热性土壤温度、湿润土壤水分状况、铁质特性。雏形层出现在 25 cm 以下，剖面中含有岩石碎屑，层次质地构型为黏壤土-砂质黏壤土，pH 为 4.1～4.4。

对比土系 新元系，同一土族，成土母质为泥页岩坡积物，层次质地构型为砂质黏壤土-壤土-粉壤土；上聂系，邻近区域，同一土纲，不同亚纲，为酸性淡色潮湿雏形土，成土母质为河湖相沉积物，层次质地构型为壤土-粉壤土-砂质壤土；上王村系，同一亚类，不同土族，成土母质为花岗岩，层次质地构型为壤土-砂质壤土-粉壤土；井冲系，同一亚类，不同土族，成土母质为红色砾岩类的坡积物，层次质地构型为黏壤土-黏土-粉质黏壤土；绅溪系，同一亚类，不同土族，成土母质为泥质岩坡积物，层次质地构型为壤土-黏壤土；殷富系，相近区域，富铁土纲，颗粒大小级别为黏质，成土母质为花岗岩残积物。

利用性能综述 土体含有较多砾石，养分情况较差，植被以灌木为主，局部地区有水土流失现象。应保护好现有林木，适度施用有机肥和化肥，培肥土壤，促进地表植被生长，提升植被覆盖度，稳固土壤，对发生水土流失的地区，要坚持封山育林，使之尽快恢复植被，营造良好的生态环境。

参比土种 厚层红砂泥红壤。

代表性单个土体 位于江西省吉安市新干县界埠镇田港村，27°44′43.4″N，115°19′28.6″E，海拔 94 m，成土母质为红色砾岩类的残积物，半落叶林，灌木。50 cm 深度土温 21.4℃，热性。野外调查时间为 2015 年 8 月 19 日，编号 36-111。

田港系代表性单个土体剖面

Ah：0～25 cm，橙色（2.5YR 6/8，干），暗红棕色（5YR 3/4，润），黏壤土，粒状结构，松软，中量 0.5～2 mm 的蕨根根系，有中量的管道状孔隙，很少量次圆状石英岩碎屑，向下层平滑渐变过渡。

Bw：25～58 cm，橙色（2.5YR 7/8，干），亮红棕色（5YR 5/8，润），砂质黏壤土，粒状结构，坚硬，少量 0.5～2 mm 的蕨根根系，有很少的管道状孔隙，中量 5～20 mm 的次圆状石英岩碎屑，向下层平滑渐变过渡。

BC：58～120 cm，橙色（2.5YR 7/8，干），亮红棕色（5YR 5/8，润），团块状结构，很坚硬，很少量蕨根根系，有很少的蜂窝状孔隙，多量 20～75 mm 的次圆状石英岩碎屑。

田港系代表性单个土体物理性质

土层	深度/cm	砾石 (>2 mm，体积分数)/%	细土颗粒组成 (粒径：mm)/(g/kg)			质地	容重 /(g/cm^3)
			砂粒 2～0.05	粉粒 0.05～0.002	黏粒 <0.002		
Ah	0～25	3	321	356	323	黏壤土	1.38
Bw	25～58	10	514	212	274	砂质黏壤土	1.32
BC	58～120	30	—	—	—	—	—

田港系代表性单个土体化学性质

深度/cm	pH		有机碳(C) /(g/kg)	全氮(N) /(g/kg)	全磷(P) /(g/kg)	全钾(K) /(g/kg)	CEC /(cmol/kg)	游离铁(Fe) /(g/kg)
	H_2O	KCl						
0～25	4.1	3.9	4.1	0.72	0.35	12.3	20.2	18.4
25～58	4.4	3.7	4.1	0.61	0.32	11.2	16.8	22.4
58～120	—	—	—	—	—	—	—	—

7.12.15 井冲系（Jingchong Series）

土 族：粗骨黏质混合型酸性热性-红色铁质湿润雏形土

拟定者：陈家赢，周泽璠，曹金洋

分布与环境条件 多出现于宜春中东部、新余东北部、萍乡中西部一带，地处丘陵岗地中缓坡地段。成土母质为红色砾岩类的坡积物。植被为马尾松、杉、小水竹、油菜、铁芒萁等。年均气温 17.0～18.0℃，年均降水量 1550～1700 mm，无霜期 275 d 左右。

井冲系典型景观

土系特征与变幅 诊断层包括淡薄表层、雏形层；诊断特性包括热性土壤温度、湿润土壤水分状况、铁质特性。土体厚度在 1 m 以上，雏形层位于 40 cm 以下，土体中存在中量岩石碎屑，黏粒含量为 345～400 g/kg，层次质地构型为黏壤土-黏土-粉质黏壤土，pH 为 3.6～4.0。

对比土系 戴白系，同一亚类，不同土族，成土母质为千枚岩坡积物，层次质地构型为砂质黏土-粉质黏土，颗粒大小级别为黏质；下陂系，同一亚类，不同土族，成土母质为石英岩残积物，层次质地构型为黏土-砂质黏土-黏壤土，颗粒大小级别为黏质；上林系，同一亚类，不同土族，成土母质为千枚岩坡积物，层次质地构型为粉质黏壤土-黏土-黏壤土；白竺系，邻近区域，相同土类，不同亚类，成土母质为泥页岩坡积物，质地通体为壤土；东森系，邻近区域，相同亚纲，不同土类，成土母质为石英岩坡积物。

利用性能综述 土体深厚，质地偏黏，磷、钾含量偏低，土壤酸性较强。应注重用养结合，保护好现有植被，严禁乱砍滥伐，避免水土流失，增施磷钾肥，适当翻土并掺入砂土，按照因地制宜的原则营造各种用材林、经济林，达到绿化山丘、保持水土、维护生态环境的目的。

参比土种 厚层乌红砂泥红壤。

代表性单个土体 位于江西省萍乡市安源区井冲村，27°36′13.1″N，113°49′57.0″E，海拔 102 m，成土母质为红色砾岩类的坡积物，有林地，主要为竹林。50 cm 深度土温 21.5℃，热性。野外调查时间为 2015 年 8 月 21 日，编号 36-091。

井冲系代表性单个土体剖面

Ah：0～40 cm，橙色（2.5YR 6/6，干），红棕色（2.5YR 4/6，稍润），黏壤土，粒状结构，疏松，有少量 0.5～2 mm 的根系，少量蜂窝状孔隙，中量 5～20 mm 的次圆状石英、长石碎屑，向下层波状清晰过渡。

Bw1：40～80 cm，橙色（2.5YR 6/8，干），红棕色（2.5YR 4/6，稍润），黏土，粒状结构，疏松，有少量 0.5～2 mm 的根系，中量 5～20 mm 的次圆状石英、长石碎屑，很少量蜂窝状孔隙，向下层波状清晰过渡。

Bw2：80～120 cm，亮红棕色（2.5YR 5/8，干），红棕色（2.5YR 4/8，稍润），粉质黏壤土，团块状结构，坚实，有少量 5～20 mm 的次圆状石英、长石碎屑，很少量蜂窝状孔隙。

井冲系代表性单个土体物理性质

土层	深度/cm	砾石 (>2 mm，体积分数)/%	细土颗粒组成 (粒径：mm)/(g/kg)			质地	容重 /(g/cm^3)
			砂粒 2～0.05	粉粒 0.05～0.002	黏粒 <0.002		
Ah	0～40	10	222	433	345	黏壤土	1.38
Bw1	40～80	30	304	295	400	黏土	1.45
Bw2	80～120	1	191	458	351	粉质黏壤土	1.36

井冲系代表性单个土体化学性质

深度/cm	pH		有机碳(C) /(g/kg)	全氮(N) /(g/kg)	全磷(P) /(g/kg)	全钾(K) /(g/kg)	CEC /(cmol/kg)	游离铁(Fe) /(g/kg)
	H_2O	KCl						
0～40	3.8	3.5	18.9	1.97	0.47	16.9	15.2	14.1
40～80	4.0	3.4	7.5	0.76	0.22	7.9	15.6	17.5
80～120	3.6	3.5	2.7	0.39	0.19	6.8	14.5	22.5

7.12.16　戴白系（Daibai Series）

土　族：黏质云母混合型酸性热性-红色铁质湿润雏形土

拟定者：刘窑军，罗梦雨，杨　松

分布与环境条件　多出现于吉安、赣州、抚州一带的低丘陵中部的缓坡地带。成土母质为千枚岩坡积物。植被多为常绿针叶林和灌木林。年均气温 17.5～18.0℃，年均降水量 1700～1850 mm，无霜期 269 d 左右。

戴白系典型景观

土系特征与变幅　诊断层包括淡薄表层、雏形层；诊断特性包括热性土壤温度、湿润土壤水分状况、铁质特性。土体厚度不足 1 m，质地构型为砂质黏土-粉质黏土，淡薄表层为 20 cm 左右，中量岩石碎屑，雏形层上界在 20 cm 左右，中量岩石碎屑。通体呈酸性反应，pH 为 4.6～5.0。

对比土系　上林系，同一土族，成土母质相同，层次质地构型为粉质黏壤土-黏土-黏壤土；龙义系，邻近区域，同一亚类，不同土族，成土母质为泥页岩坡积物，层次质地构型为砂质黏壤土-壤土，颗粒大小级别为砂质；下陂系，邻近区域，同一亚类，不同土族，成土母质为石英岩残积物，层次质地构型为黏土-砂质黏土-黏壤土；井冲系，同一亚类，不同土族，成土母质为红色砾岩类的坡积物，层次质地构型为黏壤土-黏土-粉质黏壤土；炉下系，邻近区域，成土母质为红砂岩坡积物，层次质地构型为壤质砂土-粉质黏土。

利用性能综述　土体含有少量砾石，除磷元素外，其余养分充足。应保护好现有植被，深耕翻土，合理增施磷肥，在山丘顶部营造水土保持林，平缓山坡和山脚处等高种植果树等经济林。

参比土种　厚层鳝泥红壤。

代表性单个土体　位于江西省抚州市乐安县戴坊镇白石村，27°29′36.3″N，115°43′30.0″E，海拔 123 m，成土母质为千枚岩坡积物，林地。50 cm 深度土温 21.5℃。野外调查时间为 2014 年 11 月 12 日，编号 36-034。

戴白系代表性单个土体剖面

Ah：0～18 cm，亮红棕色（5YR 5/8，干），红棕色（2.5YR 4/6，润），砂质黏土，粒状结构，疏松，土体内存在少量的植物根系，中量的气泡状气孔，中量的千枚岩碎屑，向下层波状渐变过渡。

Bw：18～60 cm，亮红棕色（5YR 5/8，干），红棕色（2.5YR 4/8，润），粉质黏土，团块状结构，坚实，土体内存在大量的气泡状气孔，中量的千枚岩碎屑，向下层波状渐变过渡。

Br：60～80 cm，亮红棕色（5YR 5/8，干），暗红棕色（2.5YR 3/6，润），粉质黏土，团块状结构，坚实，较多的千枚岩碎屑，有铁锰斑纹。

C：80～100 cm，千枚岩风化物。

戴白系代表性单个土体物理性质

土层	深度/cm	砾石(>2 mm，体积分数)/%	细土颗粒组成 (粒径：mm)/(g/kg)			质地	容重/(g/cm^3)
			砂粒 2～0.05	粉粒 0.05～0.002	黏粒 <0.002		
Ah	0～18	10	626	15	359	砂质黏土	1.25
Bw	18～60	10	161	420	419	粉质黏土	1.35
Br	60～80	10	158	408	433	粉质黏土	1.38
C	80～100	—	—	—	—	—	—

戴白系代表性单个土体化学性质

深度/cm	pH		有机碳(C)/(g/kg)	全氮(N)/(g/kg)	全磷(P)/(g/kg)	全钾(K)/(g/kg)	CEC/(cmol/kg)	游离铁(Fe)/(g/kg)
	H_2O	KCl						
0～18	4.6	3.8	16.8	1.45	0.40	17.8	12.0	19.6
18～60	5.0	3.8	12.5	1.48	0.35	16.2	11.7	21.0
60～80	5.0	3.7	11.6	1.01	0.34	14.8	13.9	23.6
80～100	—	—	—	—	—	—	—	—

7.12.17 凤岗镇系（Fenggangzhen Series）

土 族：砂质硅质混合型酸性热性-红色铁质湿润雏形土

拟定者：王天巍，邓 楠，李婷婷

分布与环境条件 多出现于赣州、萍乡、抚州一带的低丘顶部。成土母质为紫色砂岩坡积物。植被主要为马尾松等常绿针阔叶林。年均气温 18.5～19.5℃，年均降水量 1450～1600 mm，无霜期 288 d 左右。

凤岗镇系典型景观

土系特征与变幅 诊断层包括淡薄表层、雏形层；诊断特性包括热性土壤温度、湿润土壤水分状况、铁质特性、氧化还原特征。土体厚度在 1 m 以上，淡薄表层厚 20 cm 左右，之下为雏形层，厚度在 1 m 以上，土体中有少量砾石，可见较多的铁锰胶膜，质地通体为砂质壤土，pH 为 4.3～4.8。

对比土系 同一土族中的土系，湛口系，成土母质为砂页岩坡积物，层次质地构型为砂质壤土-砂质黏壤土-砂质壤土；龙义系，成土母质为泥页岩坡积物，层次质地构型为砂质黏壤土-壤土；中板系，成土母质为红砂岩坡积物，质地为壤质砂土。西源岭系，同一亚类，不同土族，成土母质为红砂岩，层次质地构型为粉壤土-壤土；赣桥系，邻近区域，属于斑纹黏化湿润富铁土，成土母质为泥质页岩坡积物，层次质地构型为壤土-黏壤土-砂质壤土；新建系，相近区域，人为土纲，成土母质为河湖相沉积物；蕉陂系，相近区域，富铁土纲，成土母质为花岗岩坡积物，层次质地构型为砂质壤土-砂质黏壤土-黏土。

利用性能综述 土体深厚，质地偏砂，保水保肥性较差，养分含量低，水土易流失，植被覆盖度低。应种植耐瘠植物，增施化肥、有机肥，促进植被生长，提高地表覆盖度和涵养水肥能力，减少水土流失，提升地力。

参比土种 厚层灰酸性紫色土。

代表性单个土体 位于江西省赣州市南康区凤岗镇峨眉村，25°51′39.9″N，114°45′47.2″E，海拔 135 m，成土母质为紫色砂岩坡积物，林地。50 cm 深度土温 22.5℃，热性。野外调查时间为 2016 年 1 月 5 日，编号 36-147。

凤岗镇系代表性单个土体剖面

Ah：0～18 cm，暗红棕色（2.5YR 3/4，干），暗红棕色（2.5YR 3/3，润），砂质壤土，团块状结构，松散，中量的草根，向下层波状模糊过渡。

Br1：18～40 cm，浊橙色（2.5YR 6/4，干），红棕色（2.5YR 4/6，润），砂质壤土，团块状结构，疏松，少量的角状紫色砂岩碎屑，少量的草根，可见中量明显的铁锰胶膜，向下层波状模糊过渡。

Br2：40～55 cm，红色（10R 4/6，干），红棕色（2.5YR 4/8，润），砂质壤土，团块状结构，稍坚实，少量的角状紫色砂岩碎屑，很少的草根，可见较多铁锰斑纹，向下层不规则渐变过渡。

Br3：55～85 cm，红色（10R 4/6，干），红棕色（2.5YR 4/6，润），砂质壤土，团块状结构，稍坚硬，少量的角状紫色砂岩碎屑，很少的草根，可见较多的铁锰斑纹，向下层不规则渐变过渡。

Br4：85～120 cm，红橙色（10R 6/6，干），红棕色（2.5YR 4/8，润），砂质壤土，团块状结构，稍坚硬，少量的角状紫色砂岩碎屑，很少的草根，可见较多的铁锰斑纹。

凤岗镇系代表性单个土体物理性质

土层	深度/cm	砾石 (>2 mm，体积分数)/%	细土颗粒组成 (粒径：mm)/(g/kg)			质地	容重 /(g/cm^3)
			砂粒 2～0.05	粉粒 0.05～0.002	黏粒 <0.002		
Ah	0～18	0	705	189	107	砂质壤土	1.28
Br1	18～40	3	713	168	119	砂质壤土	1.28
Br2	40～55	4	624	196	180	砂质壤土	1.31
Br3	55～85	3	576	224	199	砂质壤土	1.35
Br4	85～120	3	—	—	—	—	1.40

凤岗镇系代表性单个土体化学性质

深度/cm	pH		有机碳(C) /(g/kg)	全氮(N) /(g/kg)	全磷(P) /(g/kg)	全钾(K) /(g/kg)	CEC /(cmol/kg)	游离铁(Fe) /(g/kg)
	H_2O	KCl						
0～18	4.3	3.5	5.7	0.49	0.62	20.6	8.2	6.0
18～40	4.3	3.2	3.1	0.35	0.36	26.0	7.6	6.7
40～55	4.3	3.0	3.6	0.32	0.41	21.6	7.9	7.1
55～85	4.8	3.4	1.8	0.36	0.20	21.1	7.9	8.3
85～120	—	—	—	—	—	—	—	—

7.12.18 绅溪系（Shenxi Series）

土 族：黏壤质混合型酸性热性-红色铁质湿润雏形土

拟定者：王天巍，周泽璠，聂坤照

分布与环境条件 多出现于吉安、赣州、上饶一带的低丘中部的缓坡地段。成土母质为泥质岩坡积物。植被主要为马尾松、铁芒萁以及灌木林。年均气温 18～19℃，年均降水量 1450～1600 mm，无霜期 270 d 左右。

绅溪系典型景观

土系特征与变幅 诊断层包括淡薄表层、雏形层；诊断特性包括热性土壤温度、湿润土壤水分状况、氧化还原特征、铁质特性。由三次不同时期的坡积物堆叠形成，土体厚度在 1 m 以上，层次质地构型为壤土-黏壤土，pH 为 4.3～5.2。淡薄表层厚 15～20 cm，有中等的岩石碎屑；之下为雏形层，厚 1 m 以上，有较多的岩石碎屑，结构面可见较多的黏粒胶膜和铁锰斑纹。

对比土系 西源岭系，同一土族，成土母质为红砂岩，层次质地构型为粉壤土-壤土；凤岗镇系，同一亚类，不同土族，成土母质为紫色砂岩坡积物，质地通体为砂质壤土，颗粒大小级别为砂质；湛口系，邻近区域，同一亚类，不同土族，成土母质为砂页岩坡积物，质地构型为砂质壤土-砂质黏壤土-砂质壤土；田港系，同一亚类，不同土族，成土母质为红色砾岩类的残积物，层次质地构型为黏壤土-砂质黏壤土；李保山系，同一亚类，不同土族，成土母质为紫砂岩残积物，层次质地构型为壤土-砂质壤土；殷富系，相近区域，富铁土纲，颗粒大小级别为黏质，成土母质为花岗岩残积物；龙芦系，相似区域，富铁土纲，成土母质为花岗岩，层次质地构型为壤土-黏土-黏壤土。

利用性能综述 土体深厚，质地黏重，养分含量较低，砾石含量较多，不利于植物根系的下扎和生长。应深耕翻土，掺入适量砂土，改良土壤的物理性状和透气性，合理施用化肥和有机肥，提高地力，巩固和发展现有林业，因地制宜地种植适宜当地生长的树木，提高植被覆盖度，防止水土流失，改善生态环境。

参比土种 厚层灰鳝泥红壤。

代表性单个土体 位于江西省吉安市泰和县苑前镇绅溪村，26°49′29.0″N，115°08′47.4″E，海拔 67 m，成土母质为泥质岩坡积物，林地，绿叶灌木。50 cm 深度土温 21.5℃，热性。

野外调查时间为 2015 年 8 月 23 日，编号 36-138。

绅溪系代表性单个土体剖面

Ah：0～18 cm，橙色（2.5YR 6/8，干），红棕色（5YR 4/6，润），壤土，团块状结构，松散，中量<0.5 mm 的草根，大量 0.5～2 mm 的蜂窝状孔隙，中量 5～20 mm 的次圆状碎屑，向下层波状模糊过渡。

Bw：18～48 cm，橙色（5YR 6/8，干），亮红棕色（5YR 5/8，润），黏壤土，团块状结构，松散，很少<0.5 mm 的草根，大量 0.5～2 mm 的蜂窝状孔隙，较多 5～20 mm 的次圆状碎屑，向下层平滑清晰过渡。

Br：48～82 cm，橙色（5YR 7/6，干），亮红棕色、亮棕色（5YR 5/8，7.5YR 5/8，润），黏壤土，团块状结构，坚实，很少<0.5 mm 的草根，中量<0.5 mm 的蜂窝状孔隙，较多 5～20 mm 的次圆状碎屑，可见明显较多 5～10 mm 的铁锰斑纹和模糊较多 0.5～2 mm 的黏粒胶膜，向下层不规则清晰过渡。

BrC：82～110 cm，橙色（5YR 7/8，干），70%亮红棕色（5YR 5/8，润）、30%亮棕色（7.5YR 5/8，润），黏壤土，团块状结构，坚实，很少<0.5 mm 的草根，中量<0.5 mm 的蜂窝状孔隙，很多 5～20 mm 的次圆状碎屑，可见明显较多 5～10 mm 的铁锰斑纹和模糊较多 0.5～2 mm 的黏粒胶膜。

绅溪系代表性单个土体物理性质

土层	深度/cm	砾石 (>2 mm，体积分数)/%	细土颗粒组成 (粒径：mm)/(g/kg)			质地	容重 /(g/cm^3)
			砂粒 2～0.05	粉粒 0.05～0.002	黏粒 <0.002		
Ah	0～18	10	502	314	184	壤土	1.28
Bw	18～48	20	369	293	348	黏壤土	1.32
Br	48～82	30	295	418	287	黏壤土	1.30
BrC	82～110	30	369	282	350	黏壤土	1.33

绅溪系代表性单个土体化学性质

深度/cm	pH		有机碳(C) /(g/kg)	全氮(N) /(g/kg)	全磷(P) /(g/kg)	全钾(K) /(g/kg)	CEC /(cmol/kg)	游离铁(Fe) /(g/kg)
	H_2O	KCl						
0～18	4.3	3.8	8.1	0.50	0.30	17.5	8.3	16.5
18～48	5.2	3.9	6.6	0.55	0.28	16.3	7.9	19.6
48～82	4.5	3.8	7.4	0.68	0.29	15.8	7.4	17.5
82～110	4.9	3.8	5.2	0.47	0.26	15.4	8.5	21.5

7.12.19 新元系（Xinyuan Series）

土 族：黏壤质硅质混合型酸性热性-红色铁质湿润雏形土

拟定者：王军光，罗梦雨，牟经瑞

分布与环境条件 多出现于吉安、赣州、上饶一带的低丘下部的缓坡地段。成土母质为泥页岩坡积物。植被主要为杉树、马尾松等常绿针阔叶林。年均气温 17.3～18.5 ℃，年均降水量 1600～1750 mm，无霜期 277 d 左右。

新元系典型景观

土系特征与变幅 诊断层包括淡薄表层、雏形层；诊断特性包括热性土壤温度、湿润土壤水分状况、铁质特性。土体厚度在 1 m 以上，淡薄表层厚约 15 cm，之下为雏形层，厚约 1 m，层次质地构型为砂质黏壤土-壤土-粉壤土，pH 为 4.7～4.9。

对比土系 田港系，同一土族，成土母质为红色砾岩类的残积物，层次质地构型为黏壤土-砂质黏壤土；佐龙系，邻近区域，为红色铁质湿润淋溶土，成土母质为紫色砂岩，质地通体为砂质壤土；龙义系，同一亚类，不同土族，成土母质为泥页岩坡积物，层次构型为砂质黏壤土-壤土；李保山系，同一亚类，不同土族，成土母质为紫砂岩残积物，层次质地构型为壤土-砂质壤土；下郭家店系，同一亚类，不同土族，成土母质为红砂岩坡积物，通体为粉壤土。

利用性能综述 土体质地适中，土壤透气性强，有机质含量充足，但磷、钾缺乏。应保护现有植被，积极种植经济林木，增加植被覆盖度，适度增施磷钾肥，提高土壤肥力，维护现有良好的生态环境。

参比土种 厚层乌鳝泥红壤。

代表性单个土体 位于江西省吉安市永丰县古县镇新元村，27°10′24.9″N，115°31′53.0″E，海拔 90 m，成土母质为泥页岩坡积物，林地。50 cm 深度土温 21.8℃，热性。野外调查时间为 2016 年 1 月 5 日，编号 36-141。

新元系代表性单个土体剖面

Ah：0～15 cm，浊橙色（7.5YR 6/4，干），暗棕色（7.5YR 3/4，润），砂质黏壤土，团粒状结构，疏松，土体有大量2～5 mm的草根，中量的管道状根孔，向下层平滑清晰过渡。

Bw1：15～65 cm，橙色（5YR 7/6，干），红棕色（5YR 4/6，润），壤土，团块状结构，稍坚实，土体有少量的根系，少量的管道状根孔，向下层波状过渡。

Bw2：65～115 cm，橙色（5YR 7/6，干），橙色（5YR 6/8，润），粉壤土，团块状结构，稍坚实，土体有中量的泥页岩碎屑，少量的根系，很少的管道状根孔，向下层平滑清晰过渡。

C：115～140 cm，泥页岩风化物。

新元系代表性单个土体物理性质

土层	深度/cm	砾石 (>2 mm，体积分数)/%	细土颗粒组成 (粒径：mm)/(g/kg)			质地	容重 /(g/cm^3)
			砂粒 2～0.05	粉粒 0.05～0.002	黏粒 <0.002		
Ah	0～15	0	515	266	219	砂质黏壤土	1.29
Bw1	15～65	0	476	295	229	壤土	1.33
Bw2	65～115	10	206	684	110	粉壤土	1.30
C	115～140	—	—	—	—	—	—

新元系代表性单个土体化学性质

深度/cm	pH		有机碳(C) /(g/kg)	全氮(N) /(g/kg)	全磷(P) /(g/kg)	全钾(K) /(g/kg)	CEC /(cmol/kg)	游离铁(Fe) /(g/kg)
	H_2O	KCl						
0～15	4.7	4.0	30.4	1.12	0.56	14.6	27.6	22.3
15～65	4.9	3.9	8.9	0.87	0.31	13.1	23.8	26.2
65～115	4.9	3.8	5.4	0.57	0.26	16.6	20.1	22.7
115～140	—	—	—	—	—	—	—	—

7.12.20　上王村系（Shangwangcun Series）

土　族：壤质硅质混合型酸性热性-红色铁质湿润雏形土

拟定者：陈家赢，邓　楠，牟经瑞

分布与环境条件　多出现于上饶、赣州、抚州一带的低山高丘的缓坡地段。成土母质为花岗岩。植被多为针叶林及针阔叶混交林。年均气温 17.5～18.5℃，年均降水量 1750～1900 mm，无霜期 264 d 左右。

上王村系典型景观

土系特征与变幅　诊断层包括淡薄表层、雏形层；诊断特性包括热性土壤温度、湿润土壤水分状况、铁质特性。土体厚度在 1 m 以上，淡薄表层厚度约 30 cm，之下为雏形层，厚度达到 1 m，层次质地构型为壤土-砂质壤土-粉壤土，pH 为 4.1～4.5。

对比土系　同一土族中的土系，岗霞系，成土母质为石英砂岩，层次质地构型为壤土-粉壤土-粉土；富田系，成土母质与其相同，层次质地构型为壤土-粉壤土-壤土。李保山系，同一亚类，不同土族，成土母质为紫砂岩残积物，层次质地构型为壤土-砂质壤土；田港系，同一亚类，不同土族，成土母质为红色砾岩类的残积物，层次质地构型为黏壤土-砂质黏壤土；下郭家店系，同一亚类，不同土族，成土母质为红砂岩坡积物，通体为粉壤土；东塘系，相近区域，相同亚纲，不同土类，成土母质为玄武岩，层次质地构型为黏壤土-壤土-黏壤土-壤土。

利用性能综述　土体深厚，质地适中，通透性良好，土壤肥力尚可，但磷元素含量偏低。应加强植物保护，在裸露土表种植灌木和草本植物，适度施用磷肥，提高土壤肥力，促进植物生长，增强土壤的涵养水分能力。

参比土种　厚层乌麻砂泥红壤。

代表性单个土体　位于江西省上饶市铅山县武夷山镇王村，28°01′19.8″N，117°55′34.3″E，海拔 426 m，成土母质为花岗岩，竹林地。50 cm 深度土温 19.7℃，热性。野外调查时间为 2015 年 5 月 17 日，编号 36-087。

上王村系代表性单个土体剖面

Ah：0～27 cm，浊橙色（5YR 6/4，干），红色（10R 4/8，润），壤土，粒状结构，坚实，有中量的竹子根，中量的蜂窝状孔隙，向下层平滑渐变过渡。

Bw：27～135 cm，橙色（2.5YR 6/8，干），暗红棕色（10R 3/3，润），砂质壤土，团粒状结构，稍坚实，有少量的竹子根，少量动物排泄物，少量的蜂窝状孔隙，向下层波状模糊过渡。

BC：135～153 cm，橙色（2.5YR 6/6，干），红棕色（10R 4/4，润），粉壤土，团粒状结构，稍坚实，有少量的花岗岩碎屑，很少量的竹子根，少量的蜂窝状孔隙。

上王村系代表性单个土体物理性质

土层	深度/cm	砾石 (>2 mm,体积分数)/%	细土颗粒组成 (粒径：mm)/(g/kg)			质地	容重 /(g/cm³)
			砂粒 2～0.05	粉粒 0.05～0.002	黏粒 <0.002		
Ah	0～27	0	459	314	227	壤土	1.28
Bw	27～135	0	478	264	258	砂质壤土	1.37
BC	135～153	3	439	260	301	粉壤土	1.30

上王村系代表性单个土体化学性质

深度/cm	pH		有机碳(C) /(g/kg)	全氮(N) /(g/kg)	全磷(P) /(g/kg)	全钾(K) /(g/kg)	CEC /(cmol/kg)	游离铁(Fe) /(g/kg)
	H_2O	KCl						
0～27	4.1	3.9	15.2	0.98	0.68	22.1	10.1	19.1
27～135	4.5	4.3	4.0	0.69	0.55	19.0	14.0	22.8
135～153	4.5	4.0	6.6	0.40	0.22	18.2	15.6	27.2

7.12.21 天玉系（Tianyu Series）

土 族：粗骨壤质硅质混合型酸性热性-红色铁质湿润雏形土

拟定者：王军光，杨家伟，曹金洋

分布与环境条件 多出现于宜春东南部、赣州、吉安中部和西北部一带的高丘缓坡中下部。成土母质为石英岩坡积物。植被为竹、杉、松等林木。年均气温18.5～19.0℃，年均降水量1550～1700 mm，无霜期276 d左右。

天玉系典型景观

土系特征与变幅 诊断层包括淡薄表层、雏形层；诊断特性包括热性土壤温度、湿润土壤水分状况、铁质特性。由多次坡积物堆叠形成，土体厚度不足1 m，淡薄表层厚不足20 cm，之下为雏形层，上界出现在15 cm左右，厚度约30 cm。土层质地构型为砂质壤土-壤土，pH为3.6～4.3。

对比土系 黄坳系，同一土族，成土母质为花岗岩坡积物，层次质地构型为黏壤土-砂质黏壤土；李保山系，同一亚类，不同土族，成土母质为紫砂岩残积物，层次质地构型为壤土-砂质壤土，颗粒大小级别为砂质；西源岭系，同一亚类，不同土族，成土母质为红砂岩，层次质地构型为粉壤土-壤土；湛口系，同一亚类，不同土族，成土母质为砂页岩坡积物，层次质地构型为砂质壤土-砂质黏壤土-砂质壤土；龙义系，同一亚类，不同土族，成土母质为泥页岩坡积物，层次质地构型为砂质黏壤土-壤土；澧溪系，相近地区，富铁土纲，成土母质为红砂岩坡积物。

利用性能综述 土壤发育程度一般，有效土体较薄，含有较多砾石，氮磷钾含量偏低，保水保肥性有限，易造成水土流失。应保护现有植被，严禁乱砍滥伐，增施化肥，促进植被的生长，控制水土流失，在水土流失严重的地区可实行封山育林，修复当地生态系统。

参比土种 厚层乌黄砂泥红壤。

代表性单个土体 位于江西省吉安市青原区天玉镇地福安采石场，27°03′32.1″N，115°04′39.8″E，海拔189 m，成土母质为石英岩坡积物，林地，半落叶林。50 cm深度土温21.8℃，热性。野外调查时间为2015年8月23日，编号36-105。

天玉系代表性单个土体剖面

O：　+4～0 cm，暗红灰色（2.5YR 3/1，干），暗棕色（7.5YR 3/3，润），有大量 0.5～2 mm 的草根，很多<0.5 mm 的蜂窝状孔隙，有 2～5 mm 的次圆状石英岩碎屑，向下层平滑突变过渡。

Ah：0～16 cm，红棕色（5YR 4/6，干），暗红棕色（5YR 3/4，润），砂质壤土，粒状结构，稍坚实，有很少 0.5～2 mm 的草根，很多<0.5 mm 的蜂窝状孔隙，中量 20～75 mm 的角状石英岩碎屑，向下层波状清晰过渡。

Bw：16～46 cm，橙色（5YR 7/6，干），红棕色（5YR 4/6，润），壤土，团块状结构，稍坚实，有很少<0.5 mm 的草根，很多<0.5 mm 的蜂窝状孔隙，较多 20～75 mm 的角状石英岩碎屑，向下层不规则模糊过渡。

C1：　46～90 cm，石英岩坡积物。

C2：　90～118 cm，石英岩坡积物。

天玉系代表性单个土体物理性质

土层	深度/cm	砾石 (>2 mm，体积分数)/%	细土颗粒组成 (粒径：mm)/(g/kg)			质地	容重 /(g/cm^3)
			砂粒 2～0.05	粉粒 0.05～0.002	黏粒 <0.002		
Ah	0～16	10	668	187	145	砂质壤土	1.23
Bw	16～46	30	498	281	220	壤土	1.30
C1	46～90	—	—	—	—	—	—
C2	90～118	—	—	—	—	—	—

天玉系代表性单个土体化学性质

深度/cm	pH		有机碳(C) /(g/kg)	全氮(N) /(g/kg)	全磷(P) /(g/kg)	全钾(K) /(g/kg)	CEC /(cmol/kg)	游离铁(Fe) /(g/kg)
	H_2O	KCl						
0～16	4.3	3.5	18.5	1.01	0.42	12.1	12.9	16.6
16～46	3.6	3.6	7.2	0.62	0.29	11.3	23.2	20.4
46～90	—	—	—	—	—	—	—	—
90～118	—	—	—	—	—	—	—	—

7.12.22　李保山系（Libaoshan Series）

土　族：砂质硅质混合型非酸性热性-红色铁质湿润雏形土

拟定者：刘窑军，罗梦雨，关熊飞

分布与环境条件　多出现于吉安中西部、抚州中部一带的丘陵岗地缓坡地段，成土母质为紫砂岩残积物，植被主要为禾本科草被、灌丛等。现年均气温 17.3～18.5 ℃，年均降水量 1800～1950 mm，无霜期 275 d 左右。

李保山系典型景观

土系特征与变幅　诊断层包括淡薄表层、雏形层；诊断特性包括热性土壤温度、湿润土壤水分状况、氧化还原特征、铁质特性。土体厚度小于 1 m，淡薄表层厚约 15 cm，雏形层上界在 15 cm 左右，厚度约 40 cm，可见少量的铁锰胶膜。质地为壤土-砂质壤土，pH 为 5.1～6.1。

对比土系　天玉系，同一亚类，不同土族，成土母质为石英岩坡积物，层次质地构型为砂质壤土-壤土；上王村系，同一亚类，不同土族，成土母质为花岗岩，层次质地构型为壤土-砂质壤土-粉壤土；黄坳系，同一亚类，不同土族，成土母质为花岗岩坡积物，层次质地构型为黏壤土-砂质黏壤土；绅溪系，同一亚类，不同土族，成土母质为泥质岩坡积物，层次质地构型为壤土-黏壤土；新元系，同一亚类，不同土族，成土母质为泥页岩坡积物，层次质地构型为砂质黏壤土-壤土-粉壤土；九沅系，相似区域，富铁土纲，成土母质为花岗岩坡积物，层次质地构型为砂质壤土-砂质黏壤土-砂质壤土。

利用性能综述　土壤发育程度一般，有效土体厚度一般，质地适中，磷元素缺乏，植被以草本为主。应注重保护好现有植被，积极营造树林地，合理施肥，保证土壤肥力不下降，构建良好的生态环境，保持水土，涵养水分。

参比土种　厚层乌红砂泥红壤。

代表性单个土体　位于江西省抚州市南城县万坊镇万坊村李保山，27°37′06.2″N，116°35′52.8″E，海拔 86 m，成土母质为紫砂岩残积物，草地。50 cm 深度土温 21.5℃，热性。野外调查时间为 2015 年 8 月 26 日，编号 36-118。

李保山系代表性单个土体剖面

Ah：0～15 cm，灰红色（10R 4/2，干），暗红棕色（2.5YR 3/3，润），壤土，团块状结构，坚实，少量的草根，大量的蜂窝状孔隙，向下层波状清晰过渡。

Br：15～55 cm，灰红色（10R 5/2，干），浊红棕色（2.5YR 4/4，稍润），砂质壤土，团块状结构，坚实，有中量的紫砂岩碎屑，很少量的草根，大量的蜂窝状孔隙，结构面有很少的铁锰胶膜，向下层波状渐变过渡。

C：　55～80 cm，紫砂岩残积物。

李保山系代表性单个土体物理性质

土层	深度/cm	砾石 (>2 mm，体积分数)/%	细土颗粒组成 (粒径：mm)/(g/kg)			质地	容重 /(g/cm³)
			砂粒 2～0.05	粉粒 0.05～0.002	黏粒 <0.002		
Ah	0～15	0	364	390	246	壤土	1.33
Br	15～55	10	609	204	187	砂质壤土	1.30
C	55～80	—	—	—	—	—	—

李保山系代表性单个土体化学性质

深度/cm	pH		有机碳(C) /(g/kg)	全氮(N) /(g/kg)	全磷(P) /(g/kg)	全钾(K) /(g/kg)	CEC /(cmol/kg)	游离铁(Fe) /(g/kg)
	H_2O	KCl						
0～15	5.1	4.0	19.9	2.21	0.34	24.1	15.3	14.6
15～55	6.1	4.1	10.1	0.83	0.26	34.1	22.1	16.6
55～80	—	—	—	—	—	—	—	—

7.12.23　下郭家店系（Xiaguojiadian Series）

土　族：黏壤质盖粗骨壤质混合型酸性热性-红色铁质湿润雏形土

拟定者：王天巍，王腊红，聂坤照

分布与环境条件　多出现于抚州、上饶、吉安一带的低丘和岗地下部的缓坡地段。成土母质为红砂岩坡积物。植被为杉树、铁芒萁等。年均气温 18.0～18.5℃，年均降水量 1500～1650 mm，无霜期 265 d 左右。

下郭家店系典型景观

土系特征与变幅　诊断层包括暗沃表层、雏形层；诊断特性包括热性土壤温度、湿润土壤水分状况、铁质特性、氧化还原特征。土体厚度约 50 cm，通体为粉壤土，pH 为 4.5～4.7。暗沃表层厚约 25 cm，之下为雏形层，有很多次圆状红砂岩碎屑，厚度约 25 cm。

对比土系　东源系，同一亚类，不同土族，成土母质为泥页岩残积物，层次质地构型为壤土-粉壤土；中板系，邻近区域，同一亚类，不同土族，成土母质相同，层次质地构型为壤质砂土；新元系，同一亚类，不同土族，成土母质为泥页岩坡积物，层次质地构型为砂质黏壤土-壤土-粉壤土；上王村系，同一亚类，不同土族，成土母质为花岗岩，层次质地构型为壤土-砂质壤土-粉壤土；天河系，同一土类，不同亚类，成土母质为泥页岩坡积物、洪积物，通体为黏壤土。

利用性能综述　土体较薄，质地适中，含有砾石，结构较差，养分含量偏低，易发生水土流失。应加强水土保持，增施农家肥、有机肥和化肥，保护好现有植被，种植林草，提高植被覆盖度。

参比土种　厚层灰红砂泥红壤。

代表性单个土体　位于江西省吉安市吉安县北源乡郭家店村，27°20′14.1″N，114°53′27.2″E。海拔 96 m，成土母质为红砂岩坡积物，矮草地，有少量树林。50 cm 深度土温 21.8℃，热性。野外调查时间为 2015 年 8 月 24 日，编号 36-104。

下郭家店系代表性单个土体剖面

Ah：0～25 cm，暗红棕色（5YR 3/3，干），暗红棕色（2.5YR 3/3，润），粉壤土，粒状结构，疏松，有中量 0.5～2 mm 的根系，少量 5～20 mm 的次圆状红砂岩碎屑，中量的管道状根孔，向下层平滑渐变过渡。

Bw：25～48 cm，浊红棕色（2.5YR 4/4，干），红棕色（2.5YR 4/6，稍润），粉壤土，团粒状结构，稍坚实，有少量 0.5～2 mm 的根系，很多 75～250 mm 的次圆状红砂岩碎屑，少量的管道状根孔，向下层平滑明显过渡。

R：48～110 cm，红砂岩。

下郭家店系代表性单个土体物理性质

土层	深度/cm	砾石 (>2 mm，体积分数)/%	细土颗粒组成（粒径：mm）/(g/kg)			质地	容重 /(g/cm³)
			砂粒 2～0.05	粉粒 0.05～0.002	黏粒 <0.002		
Ah	0～25	3	247	508	245	粉壤土	1.29
Bw	25～48	60	257	528	215	粉壤土	1.39
R	48～110	—	—	—	—	—	—

下郭家店系代表性单个土体化学性质

深度/cm	pH		有机碳(C) /(g/kg)	全氮(N) /(g/kg)	全磷(P) /(g/kg)	全钾(K) /(g/kg)	CEC /(cmol/kg)	游离铁(Fe) /(g/kg)
	H_2O	KCl						
0～25	4.7	3.9	8.3	0.71	0.18	12.5	17.6	—
25～48	4.5	3.7	6.3	0.59	0.22	15.0	18.2	—
48～110	—	—	—	—	—	—	—	—

7.12.24　中板系（Zhongban Series）

土　族：砂质硅质混合型酸性热性-红色铁质湿润雏形土

拟定者：陈家赢，王腊红，聂坤照

分布与环境条件　多出现于上饶、鹰潭、吉安一带。地处山地低丘上部坡度较大的地段。成土母质为红砂岩坡积物。植被多为草本植物，兼有少量灌木或稀疏马尾松。年均气温 18.5～19.0℃，年均降水量 1500～1650 mm，无霜期 278 d 左右。

中板系典型景观

土系特征与变幅　诊断层包括淡薄表层、雏形层；诊断特性包括热性土壤温度、湿润土壤水分状况、铁质特性、准石质接触面。土体厚度约 60 cm，质地为壤质砂土，pH 为 5.1。淡薄表层厚度不足 20 cm，之下为雏形层，厚度约 40 cm，有很多的红砂岩碎屑，轻度石灰反应。

对比土系　同一土族中的土系，湛口系，成土母质为砂页岩坡积物，层次质地构型为砂质壤土-砂质黏壤土-砂质壤土；龙义系，成土母质为泥页岩坡积物，层次质地构型为砂质黏壤土-壤土；凤岗镇系，成土母质为紫色砂岩坡积物，质地通体为砂质壤土。西源岭系，同一亚类，不同土族，成土母质为红砂岩，层次质地构型为粉壤土-壤土；中高坪系，相似区域，淋溶土纲，成土母质为花岗岩，层次质地构型为壤土-砂质黏壤土，颗粒大小级别为黏壤质。

利用性能综述　有效土体浅薄，氮、磷、钾较缺乏，砾石含量较多，土壤易受侵蚀。应保护现有植被，严禁开垦，增施化肥，大力提升植被覆盖度，防止水土流失。

参比土种　薄层红砂泥红壤。

代表性单个土体　位于江西省吉安市吉安县梅塘镇中板村，27°05′01.4″N，114°46′43.3″E，海拔 67 m，成土母质为红砂岩坡积物，林地，半落叶林。50 cm 深度土温 22.1℃，热性。野外调查时间为 2015 年 8 月 22 日，编号 36-137。

中板系代表性单个土体剖面

Ah：0～20 cm，灰黄棕色（10YR 6/2，干），暗红棕色（2.5YR 3/6，润），壤质砂土，粒状结构，坚实，有多量<0.5 mm 的草根，很多<2 mm 的蜂窝状孔隙，中量 5～10 mm 的角状红砂岩碎屑，向下层渐变波状过渡。

Bw：20～58 cm，橙色（5YR 6/6，干），浊红棕色（2.5YR 5/4，润），坚实，有高量<2 mm 的蜂窝状孔隙，很多 5～10 mm 的角状红砂岩碎屑，轻度石灰反应，向下层渐变平滑过渡。

R：　58～91 cm，红砂岩。

中板系代表性单个土体物理性质

土层	深度/cm	砾石 (>2 mm，体积分数)/%	细土颗粒组成（粒径：mm）/(g/kg)			质地	容重 /(g/cm^3)
			砂粒 2～0.05	粉粒 0.05～0.002	黏粒 <0.002		
Ah	0～20	10	834	125	41	壤质砂土	1.36
Bw	20～58	50	—	—	—	—	—
R	58～91	—	—	—	—	—	—

中板系代表性单个土体化学性质

深度/cm	pH		有机碳(C) /(g/kg)	全氮(N) /(g/kg)	全磷(P) /(g/kg)	全钾(K) /(g/kg)	CEC /(cmol/kg)	游离铁(Fe) /(g/kg)
	H_2O	KCl						
0～20	5.1	4.0	20.8	1.12	0.34	13.2	8.4	9.7
20～58	—	—	—	—	—	—	—	—
58～91	—	—	—	—	—	—	—	—

7.13　普通铁质湿润雏形土

7.13.1　天河系（Tianhe Series）

土　族：黏壤质硅质混合型酸性热性-普通铁质湿润雏形土

拟定者：陈家赢，周泽璠，杨　松

分布与环境条件　多出现于景德镇、吉安、九江一带的低丘的缓坡地段。成土母质为泥页岩坡积物、洪积物。植被多为马尾松及灌木林。年均气温 18.0～18.5℃，年均降水量 1500～1650 mm，无霜期 265 d 左右。

天河系典型景观

土系特征与变幅　诊断层包括淡薄表层、雏形层；诊断特性包括热性土壤温度、湿润土壤水分状况、准石质接触面、铁质特性。土体厚度约 60 cm，雏形层位于 15 cm 以下，剖面中存在少量岩石碎屑，通体为黏壤土，pH 为 4.2～4.6。

对比土系　白竺系，同一土族，成土母质相同，层次质地构型通体为壤土；修水系，同一亚类，不同土族，成土母质为泥质页岩残积物，层次质地构型通体为壤土，颗粒大小级别为壤质；下郭家店系，邻近区域，同一土类，不同亚类，成土母质为红砂岩坡积物，通体为粉壤土；齐家岸系，同一亚类，不同土族，成土母质为千枚岩，层次质地构型通体为砂质壤土；南塘系，同一亚类，不同土族，成土母质为河湖相沉积物，通体为砂土；三阳系，同一亚类，不同土族，成土母质为石灰岩坡积物，质地构型为粉质黏壤土-粉质黏土，颗粒大小级别为粗骨黏质；澧溪系，相近地区，富铁土纲，成土母质为红砂岩坡积物。

利用性能综述　土质偏黏，磷、钾含量偏低，局部地区有水土流失现象。应保护好现有植被，有计划地更新林种，因地制宜地种植浅根系植物，合理增施磷钾肥，提高植被覆盖度，防止水土流失的加剧，有条件的地区可以搬运砂土来加厚土层，改善土壤的物理性状。

参比土种　厚层乌鳝泥红壤。

代表性单个土体　位于江西省吉安市吉安县天河镇天河村，26°58′55.3″N，114°27′57.2″E，海拔 94 m，成土母质为泥页岩坡积物、洪积物，林地，半落叶林。50 cm 深度土温 21.6℃，热性。野外调查时间为 2015 年 8 月 22 日，编号 36-101。

天河系代表性单个土体剖面

Ah：0～15 cm，棕灰色（5YR 4/1，干），棕色（7.5YR 4/4，润），黏壤土，棱块状结构，松散，少量 0.5～2 mm 的蕨草根根系，中量 0.5～2 mm 的蜂窝状孔隙，少量 5～20 mm 的次圆状长石、其他碎屑，向下层不规则清晰过渡。

Bw：15～60 cm，黄橙色（7.5YR 7/8，干），亮棕色（7.5YR 5/8，润），黏壤土，棱块状结构，松散，少量 0.5～2 mm 的蕨草根根系，中量 0.5～2 mm 的蜂窝状孔隙，少量 5～20 mm 的次圆状长石、其他碎屑，向下层平滑清晰过渡。

C：　60～100 cm，泥页岩坡积物。

天河系代表性单个土体物理性质

土层	深度/cm	砾石 (>2 mm，体积分数)/%	细土颗粒组成 (粒径：mm)/(g/kg)			质地	容重 /(g/cm^3)
			砂粒 2～0.05	粉粒 0.05～0.002	黏粒 <0.002		
Ah	0～15	2	305	390	305	黏壤土	1.34
Bw	15～60	2	271	413	316	黏壤土	1.39
C	60～100	—	—	—	—	—	—

天河系代表性单个土体化学性质

深度/cm	pH		有机碳(C) /(g/kg)	全氮(N) /(g/kg)	全磷(P) /(g/kg)	全钾(K) /(g/kg)	CEC /(cmol/kg)	游离铁(Fe) /(g/kg)
	H_2O	KCl						
0～15	4.2	3.9	31.9	1.33	0.14	17.2	18.0	17.9
15～60	4.6	4.1	8.5	1.21	0.13	15.7	14.3	20.8
60～100	—	—	—	—	—	—	—	—

7.13.2 修水系（Xiushui Series）

土 族：壤质硅质混合型酸性热性-普通铁质湿润雏形土

拟定者：王天巍，王腊红，朱 亮

分布与环境条件 多出现于景德镇、吉安、九江一带的丘陵缓坡地段。成土母质为泥质页岩残积物。植被为马尾松等灌木林。年均气温 16.0～17.0℃，年均降水量 1700～1850 mm，无霜期 248 d 左右。

修水系典型景观

土系特征与变幅 诊断层包括淡薄表层、雏形层；诊断特性包括热性土壤温度、湿润土壤水分状况、铁质特性。有效土层达 50 cm 左右，15 cm 以下为雏形层，剖面中存在岩石碎屑，通体为壤土，pH 为 4.6～5.2。

对比土系 天河系，同一亚类，不同土族，成土母质为泥页岩坡积物、洪积物，质地构型通体为黏壤土，颗粒大小级别为黏壤质；齐家岸系，同一亚类，不同土族，成土母质为千枚岩，质地构型通体为砂质壤土，颗粒大小级别为砂质；黄坳系，邻近区域，成土母质为花岗岩坡积物，层次质地构型为黏壤土-砂质黏壤土；西堰系，邻近区域，相同亚纲，不同土类，成土母质为花岗岩坡积物，土体质地构型为砂质壤土-壤质砂土-砂质壤土。

利用性能综述 土壤发育较差，有效土体厚度较薄，质地适中，磷、钾含量偏低，易造成水土流失。应加强封山育林管理，合理施肥，促进植被生长，增加植被覆盖度，保持水土，在缓坡地区可搬运客土加厚有效土层，种植果、茶等经济作物，提高经济效益。

参比土种 厚层乌鳝泥棕红壤。

代表性单个土体 位于江西省九江市修水县城西北 1 km，29°02′11.7″N，114°32′11.0″E，海拔 104 m，成土母质为泥质页岩残积物，林地，种植灌木。50 cm 深度土温 20.6℃。野外调查时间为 2014 年 8 月 6 日，编号 36-006。

修水系代表性单个土体剖面

Ah：0～15 cm，棕灰色（7.5YR 5/1，干），暗棕色（7.5YR 3/4，润），壤土，粒状结构，松散，中量 2～5 mm 的植物根系，少量 5～20 mm 的岩石碎屑，向下层平滑渐变过渡。

Bw：15～46 cm，橙色（7.5YR 6/6，干），浊棕色（7.5YR 5/4，润），壤土，粒状结构，松散，中量 2～5 mm 的根系，少量 5～20 mm 的岩石碎屑，向下层平滑渐变过渡。

C：46～62 cm，棕色（7.5YR 4/4，润），泥质页岩残积物。

修水系代表性单个土体物理性质

土层	深度 /cm	砾石 (>2 mm，体积分数)/%	细土颗粒组成（粒径：mm)/(g/kg)			质地	容重 /(g/cm³)
			砂粒 2～0.05	粉粒 0.05～0.002	黏粒 <0.002		
Ah	0～15	3	431	415	154	壤土	1.30
Bw	15～46	3	454	347	199	壤土	1.32
C	46～62	0	—	—	—	—	—

修水系代表性单个土体化学性质

深度/cm	pH		有机碳(C) /(g/kg)	全氮(N) /(g/kg)	全磷(P) /(g/kg)	全钾(K) /(g/kg)	CEC /(cmol/kg)	游离铁(Fe) /(g/kg)
	H_2O	KCl						
0～15	5.2	3.5	18.5	1.21	0.35	12.5	11.4	29.0
15～46	4.6	3.7	11.6	0.83	0.27	12.5	12.8	43.4
46～62	—	—	—	—	—	—	—	—

7.13.3 齐家岸系（Qijia'an Series）

土 族：砂质高岭石型酸性热性-普通铁质湿润雏形土

拟定者：蔡崇法，邓 楠，关熊飞

分布与环境条件 多出现于吉安、赣州、上饶一带的丘陵间缓坡地段。成土母质为千枚岩。植被多为马尾松等乔灌木。年均气温 17.0～17.5℃，年均降水量 1700～1850 mm，无霜期 261 d 左右。

齐家岸系典型景观

土系特征与变幅 诊断层包括淡薄表层、雏形层；诊断特性包括热性土壤温度、湿润土壤水分状况、铁质特性。雏形层位于 20 cm 以下，剖面中存在岩石碎屑，层次质地构型通体为砂质壤土，pH 为 3.9～4.2。

对比土系 修水系，同一亚类，不同土族，成土母质为泥质页岩残积物，质地构型通体为壤土，颗粒大小级别为壤质；南塘系，同一亚类，不同土族，成土母质为河湖相沉积物，质地通体为砂土；天河系，同一亚类，不同土族，成土母质为泥页岩坡积物、洪积物，质地构型通体为黏壤土，颗粒大小级别为黏壤质；茶子岗系，邻近区域，富铁土纲，成土母质为红砂岩坡积物；三阳系，同一亚类，不同土族，成土母质为石灰岩坡积物，质地构型为粉质黏壤土-粉质黏土，颗粒大小级别为粗骨黏质。

利用性能综述 土壤发育程度较差，有效土体较薄，质地偏砂，磷、钾含量偏低，保水保肥性偏下，易造成水土流失。应保护好现有植被，严禁乱砍滥伐，有计划地更新林种，根据土壤立地条件特性，因地制宜地安排种植，增施磷钾肥，培肥土力，促进植被生长，控制水土流失，涵养水分。

参比土种 厚层乌鳝泥红壤。

代表性单个土体 位于江西省上饶市婺源县紫阳镇马家村齐家岸，29°14′12.8″N，117°50′57.1″E，海拔 84 m，成土母质为千枚岩，林地。50 cm 深度土温 20.3℃。野外调查时间为 2015 年 5 月 16 日，编号 36-076。

齐家岸系代表性单个土体剖面

Ah：0～18 cm，浊黄橙色（10YR 7/3，干），棕色（7.5YR 4/3，润），砂质壤土，团粒状结构，稍坚实，少量灌木根，中量 0.5～2 mm 的蜂窝状孔隙，少量角块状 5～20 mm 千枚岩风化碎屑，向下层波状清晰过渡。

Bw：18～45 cm，浊黄橙色（10YR 7/3，干），黑棕色（7.5YR 3/2，润），砂质壤土，团粒状结构，稍坚实，少量 0.5～2 mm 的灌木根，少量<0.5 mm 的蜂窝状孔隙，向下层平滑清晰过渡。

C：45～73 cm，千枚岩。

齐家岸系代表性单个土体物理性质

土层	深度/cm	砾石(>2 mm，体积分数)/%	细土颗粒组成 (粒径：mm)/(g/kg)			质地	容重/(g/cm³)
			砂粒 2～0.05	粉粒 0.05～0.002	黏粒 <0.002		
Ah	0～18	1	592	324	84	砂质壤土	1.28
Bw	18～45	0	570	366	64	砂质壤土	1.32
C	45～73	—	—	—	—	—	—

齐家岸系代表性单个土体化学性质

深度/cm	pH		有机碳(C)/(g/kg)	全氮(N)/(g/kg)	全磷(P)/(g/kg)	全钾(K)/(g/kg)	CEC/(cmol/kg)	游离铁(Fe)/(g/kg)
	H_2O	KCl						
0～18	3.9	3.7	23.9	1.42	0.34	14.4	11.7	16.2
18～45	4.2	3.8	5.7	1.28	0.34	19.4	4.8	17.5
45～73	—	—	—	—	—	—	—	—

7.13.4　南塘系（Nantang Series）

土　族：砂质混合型酸性热性-普通铁质湿润雏形土

拟定者：陈家赢，周泽璠，曹金洋

分布与环境条件　多出现于南昌中南部、九江南部、抚州北部一带的湖滨地区，地势较低，多为平坦草洲。成土母质为河湖相沉积物。自然植被主要是禾本科草类，少数菊科蓟属植被。年均气温 17.5～18.5℃，年均降水量 1700～1850 mm，无霜期 270 d 左右。

南塘系典型景观

土系特征与变幅　诊断层包括淡薄表层、雏形层；诊断特性包括热性土壤温度、潮湿土壤水分状况、铁质特性。土体厚度在 1 m 以上，通体为砂土，pH 为 4.1～4.5。淡薄表层厚 20 cm 左右，之下为雏形层，厚 1 m 以上。

对比土系　白竺系，同一亚类，不同土族，成土母质为泥页岩坡积物，层次质地构型通体为壤土；三阳系，同一亚类，不同土族，成土母质为石灰岩坡积物，层次质地构型为粉质黏壤土-粉质黏土；天河系，同一亚类，不同土族，成土母质为泥页岩坡积物、洪积物，质地构型通体为黏壤土，颗粒大小级别为黏壤质；齐家岸系，同一亚类，不同土族，成土母质为千枚岩，层次质地构型通体为砂质壤土；馆玉系，邻近区域，人为土纲，成土母质为河湖相沉积物；官坊系，相似区域，淋溶土纲，成土母质为红砂岩坡积物，颗粒大小级别为黏壤质。

利用性能综述　土体深厚，质地通体很砂，养分含量偏低，不利于植被生长，漏水漏肥。应积极营造防风固沙林，进行封沙育草、育林管理，固定流沙，涵养水分，合理施肥，促进林地的生长，可种植葡萄、花生等作物提高经济效益，有条件的地区可以搬运客土覆盖砂土层，减少流沙移动。

参比土种　灰草洲沙泥土。

代表性单个土体　位于江西省抚州市临川区展坪乡（现为展坪镇）南塘村，28°04′04.8″N，116°17′50.6″E，海拔 29 m，成土母质为河湖相沉积物，草地。50 cm 深度土温 21.4℃，热性。野外调查时间为 2015 年 8 月 27 日，编号 36-116。

南塘系代表性单个土体剖面

Ah：0～20 cm，棕灰色（5YR 6/1，干），棕色（10YR 4/4，润），砂土，团块状结构，坚实，有少量 0.5～2 mm 的草根，较多的蜂窝状孔隙，向下层平滑清晰过渡。

Br1：20～54 cm，浊黄橙色（10YR 7/2，干），棕色（10YR 4/6，润），砂土，粒状结构，坚实，有很少量 0.5～2 mm 的草根，较多的蜂窝状孔隙，向下层平滑渐变过渡。

Br2： 54～120 cm，浊黄橙色（10YR 7/2，干），黄棕色（10YR 5/6，润），砂土，粒状结构，坚实，有很少量 0.5～2 mm 的草根，较多的蜂窝状孔隙，向下层平滑渐变过渡。

南塘系代表性单个土体物理性质

土层	深度/cm	砾石 (>2 mm，体积分数)/%	细土颗粒组成 (粒径：mm)/(g/kg)			质地	容重 /(g/cm^3)
			砂粒 2～0.05	粉粒 0.05～0.002	黏粒 <0.002		
Ah	0～20	0	857	140	3	砂土	1.21
Br1	20～54	0	960	21	19	砂土	1.27
Br2	54～120	0	975	22	3	砂土	1.30

南塘系代表性单个土体化学性质

深度/cm	pH		有机碳(C) /(g/kg)	全氮(N) /(g/kg)	全磷(P) /(g/kg)	全钾(K) /(g/kg)	CEC /(cmol/kg)	游离铁(Fe) /(g/kg)
	H_2O	KCl						
0～20	4.5	4.2	8.5	0.88	0.61	17.0	5.5	33.8
20～54	4.3	4.1	1.0	0.44	0.39	20.4	0.5	32.0
54～120	4.1	4.4	0.9	0.35	0.38	22.3	1.4	30.7

7.13.5 白竺系（Baizhu Series）

土 族：黏壤质硅质混合型酸性热性-普通铁质湿润雏形土

拟定者：王天巍，刘书羽，李婷婷

分布与环境条件 多出现于九江中南部、宜春中西部、萍乡西北部和西南部一带山地丘陵间的陡坡地段。成土母质为泥页岩坡积物。植被主要为马尾松、杉、竹、茶等乔灌木，部分地区开辟为茶园。年均气温 17～18℃，年均降水量 1550～1700 mm，无霜期 274 d 左右。

白竺系典型景观

土系特征与变幅 诊断层包括淡薄表层、雏形层；诊断特性包括热性土壤温度、湿润土壤水分状况、准石质接触面、铁质特性。淡薄表层厚约 25 cm，有中量的岩石碎屑；之下为雏形层，有中量的岩石碎屑，质地通体为壤土，pH 为 3.8～4.2。

对比土系 天河系，同一土族，成土母质为泥页岩坡积物、洪积物，质地通体为黏壤土；三阳系，同一亚类，不同土族，成土母质为石灰岩坡积物，层次质地构型为粉质黏壤土-粉质黏土，颗粒大小级别为粗骨黏质；井冲系，邻近区域，相同土类，不同亚类，成土母质为红色砾岩类的坡积物，层次质地构型为黏壤土-黏土-粉质黏壤土；东森系，邻近区域，相同亚纲，不同土类，成土母质为石英岩坡积物，层次质地构型为壤土-砂质壤土；南华系，相近区域，富铁土纲，相同母质，层次质地构型为粉壤土-粉质黏壤土-粉质黏土-黏土-粉质黏壤壤土；馆玉系，相近区域，人为土纲，成土母质为河湖相沉积物，层次质地构型为壤土-砂土-壤质砂土-砂土。

利用性能综述 土体质地适中，含有部分砾石，磷、钾含量偏低。应保护现有植被，严禁乱砍滥伐，增施磷钾肥，促进植被生长，提高植被覆盖度，在酸性强的地区可施用适量石灰；种植作物时应注重用养结合，适当翻耕土地。

参比土种 厚层乌鳝泥红壤。

代表性单个土体 位于江西省萍乡市湘东区白竺乡白竺村，27°25′07.5″N，113°48′15.8″E，海拔 507 m，成土母质为泥页岩坡积物，林地。50 cm 深度土温 20.5℃，热性。野外调查时间为 2015 年 8 月 21 日，编号 36-092。

白竺系代表性单个土体剖面

Ah：0～25 cm，浊黄橙色（10YR 7/3，干），棕色（7.5YR 4/3，润），壤土，团块状结构，疏松，有很少量<0.5 mm 的根系，中量 5～20 mm 的角状碎屑，中等的蜂窝状孔隙，向下层波状清晰过渡。

Bw：25～40 cm，淡黄橙色（7.5YR 8/4，干），棕色（7.5YR 4/4，润），壤土，团块状结构，疏松，有很少量<0.5 mm 的根系，有中量 20～75 mm 的角状碎屑，中等的蜂窝状孔隙，向下层波状突变过渡。

BC：40～60 cm，淡黄橙色（7.5YR 8/4，干），棕色（7.5YR 4/4，润），壤土，团块状结构，疏松，有很少量<0.5 mm 的根系，较多 75～250 mm 角状碎屑，中等的蜂窝状孔隙，向下层不规则清晰过渡。

C：　60～120 cm，有很少的蜂窝状孔隙，泥页岩坡积物。

白竺系代表性单个土体物理性质

土层	深度/cm	砾石 (>2 mm，体积分数)/%	细土颗粒组成 (粒径：mm)/(g/kg)			质地	容重 /(g/cm^3)
			砂粒 2～0.05	粉粒 0.05～0.002	黏粒 <0.002		
Ah	0～25	10	310	440	250	壤土	1.30
Bw	25～40	10	302	453	245	壤土	1.31
BC	40～60	30	293	455	252	壤土	1.35
C	60～120	—	—	—	—	—	—

白竺系代表性单个土体化学性质

深度/cm	pH		有机碳(C) /(g/kg)	全氮(N) /(g/kg)	全磷(P) /(g/kg)	全钾(K) /(g/kg)	CEC /(cmol/kg)	游离铁(Fe) /(g/kg)
	H_2O	KCl						
0～25	4.2	3.6	20.6	1.18	0.45	15.5	13.2	18.2
25～40	3.8	3.7	11.3	0.97	0.33	16.4	9.8	19.8
40～60	3.8	3.7	8.8	0.76	0.31	17.8	10.7	20.7
60～120	—	—	—	—	—	—	—	—

7.13.6 三阳系（Sanyang Series）

土 族：粗骨黏质混合型石灰性热性-普通铁质湿润雏形土

拟定者：王军光，刘书羽，牟经瑞

分布与环境条件 分布于九江中部、宜春南部、新余西北部一带的中丘和阶地的中、下坡。成土母质为石灰岩坡积物，植被为小山竹及茅草等。年均气温 17～19℃，年均降水量 1600 mm 左右，无霜期 269d 左右。

三阳系典型景观

土系特征与变幅 诊断层包括淡薄表层、雏形层；诊断特性包括热性土壤温度、湿润土壤水分状况、准石质接触面、铁质特性、石灰性。由不同时期的坡积物堆叠形成，土体厚度在 1 m 以上，层次质地构型为粉质黏壤土-粉质黏土，pH 为 5.5～5.6。淡薄表层厚 20～25 cm，有少量的岩石碎屑；之下为雏形层，厚 1 m 左右，有较多的岩石碎屑。

对比土系 白竺系，同一亚类，不同土族，成土母质为泥页岩坡积物，质地通体为壤土，颗粒大小级别为黏壤质；南塘系，同一亚类，不同土族，成土母质为河湖相沉积物，质地通体为砂土，颗粒大小级别为砂质；鹅东系，邻近区域，新成土纲，成土母质为石灰岩残积物，质地为黏土；天河系，同一亚类，不同土族，成土母质为泥页岩坡积物、洪积物，质地构型通体为黏壤土，颗粒大小级别为黏壤质；齐家岸系，同一亚类，不同土族，成土母质为千枚岩，层次质地构型通体为砂质壤土；义成系，相似区域，富铁土纲，成土母质为红砂岩坡积物，质地构型为壤土-黏壤土-黏土。

利用性能综述 土体较深厚，含有较多砾石，磷、钾含量偏低，保肥性能较好。应采用穴垦造林，苗期补施磷钾肥，使苗木加速生长，增加地面植被覆盖度，防止水土流失，营造良好的生态环境。

参比土种 厚层灰石灰泥红壤。

代表性单个土体 位于江西省宜春市袁州区三阳镇酌江水库，27°58′30.4″N，114°21′47.9″E，海拔 228 m，成土母质为石灰岩坡积物，灌木林地。50 cm 深度土温 20.4℃，热性。野外调查时间为 2015 年 8 月 20 日，编号 36-096。

三阳系代表性单个土体剖面

Ah：0～20 cm，灰棕色（7.5YR 4/2，干），暗棕色（7.5YR 3/4，润），粉质黏壤土，团块状结构，疏松，有很少量 5～20 mm 的角状碎屑，中量 2～5 mm 的草根，很少 50～100 mm 的大根，少量 2～5 mm 的气泡状孔隙，中度石灰反应，向下层波状渐变过渡。

Bw：20～58 cm，橙色（5YR 6/6，干），棕色（7.5YR 4/6，润），粉质黏土，团块状结构，疏松，有多量 20～75 mm 的角状碎屑，少量 0.5～2 mm 的草根，少量 2～5 mm 的气泡状孔隙，中度石灰反应，向下层波状渐变过渡。

BC：58～112 cm，亮红棕色（2.5YR 5/8，干），棕色（7.5YR 4/6，润），粉质黏土，团块状结构，坚实，多量 75～250 mm 的角状碎屑，很少量 0.5～2 mm 的草根，少量 2～5 mm 的气泡状孔隙，中度石灰反应。

三阳系代表性单个土体物理性质

土层	深度/cm	砾石 (>2 mm，体积分数)/%	细土颗粒组成 (粒径：mm)/(g/kg)			质地	容重 /(g/cm^3)
			砂粒 2～0.05	粉粒 0.05～0.002	黏粒 <0.002		
Ah	0～20	3	114	511	375	粉质黏壤土	1.18
Bw	20～58	20	7	513	480	粉质黏土	1.37
BC	58～112	30	162	373	465	粉质黏土	1.38

三阳系代表性单个土体化学性质

深度/cm	pH		有机碳(C) /(g/kg)	全氮(N) /(g/kg)	全磷(P) /(g/kg)	全钾(K) /(g/kg)	CEC /(cmol/kg)	游离铁(Fe) /(g/kg)
	H_2O	KCl						
0～20	5.6	5.3	15.0	1.66	0.45	16.9	17.7	24.2
20～58	5.6	4.8	8.1	1.51	0.41	15.4	17.5	28.8
58～112	5.5	4.9	4.4	0.43	0.39	14.5	16.9	31.9

7.14 普通酸性湿润雏形土

7.14.1 东塘系（Dongtang Series）

土 族：黏壤质盖粗骨壤质混合型热性-普通酸性湿润雏形土

拟定者：陈家赢，王腊红，杨 松

分布与环境条件 多出现于上饶、赣州一带的低丘缓坡地段。成土母质为玄武岩。自然植被主要是马尾松、针叶林、蕨类等。年均气温 17.5～18.0℃，年均降水量 1500～1650 mm，无霜期 265 d 左右。

东塘系典型景观

土系特征与变幅 诊断层包括淡薄表层、雏形层；诊断特性包括热性土壤温度、湿润土壤水分状况。土体厚度不足 1 m，淡薄表层厚度约 15 cm，雏形层位于 45 cm 以下，剖面中含有较多岩石碎屑，土层质地构型为黏壤土-壤土-黏壤土-壤土，pH 为 4.1～5.4。

对比土系 西向系，同一亚类，不同土族，成土母质为泥页岩坡积物，质地构型为壤土-粉壤土；株林系，同一亚类，不同土族，成土母质为泥页岩坡积物，质地构型通体为粉壤土；莲杨系，相近区域，淋溶土纲，成土母质为红砂岩，层次质地构型为砂质壤土-黏壤土-粉壤土；上王村系，相近区域，相同亚纲，不同土类，成土母质为花岗岩，层次质地构型为壤土-砂质壤土-粉壤土；车盘系，相近区域，淋溶土纲，成土母质为花岗岩，土层质地构型为砂质壤土-黏壤土-粉壤土。

利用性能综述 土体质地偏黏，含有较多砾石，磷、钾含量偏低，蓄水保肥性能较差。应保护好现有植被，可适度翻土增施磷钾肥，培肥土力，促进植被生长，控制水土流失。

参比土种 厚层乌紫褐土。

代表性单个土体 位于江西省上饶市广丰区吴村镇东塘村，28°29′12.2″N，118°15′01.8″E。海拔 204 m，成土母质为玄武岩，灌木林地，有针叶林、蕨类。50 cm 深度土温 20.4℃，热性。野外调查时间为 2015 年 5 月 18 日，编号 36-084。

东塘系代表性单个土体剖面

Ah：0～18 cm，浊黄橙色（10YR 7/2，干），黑棕色（7.5YR 3/2，润），黏壤土，粒状结构，松软，有中量 0.5～2 mm 的根系，少量 2～5 mm 的角状碎屑，中量蜂窝状孔隙，无石灰反应，pH 为 4.7，向下层平滑渐变过渡。

AB：18～45 cm，橙色（2.5YR 6/8，干），棕色（7.5YR 4/4，润），壤土，粒状结构，坚实，有很少量 0.5～2 mm 的根系，少量 2～5 mm 的角状岩屑，中量蜂窝状孔隙，轻度石灰反应，pH 为 4.3，向下层波状渐变过渡。

Bw：45～60 cm，橙色（5YR 7/6，干），棕色（7.5YR 4/6，润），黏壤土，粒状结构，疏松，有很少量 0.5～2 mm 的根系，很多量 20～75 mm 的角状碎屑，少量蜂窝状孔隙，无石灰反应，pH 为 5.2，向下层波状渐变过渡。

BC：60～100 cm，橙色（5YR 7/6，干），亮棕色（7.5YR 5/6，润），壤土，粒状结构，疏松，有很少量 0.5～2 mm 的根系，多量 20～75 mm 的角状碎屑，中量蜂窝状孔隙，无石灰反应，pH 为 4.1，向下层不规则清晰过渡。

C：100～120 cm，橙色（5YR 7/6，干），棕色（7.5YR 4/4，润），玄武岩。

东塘系代表性单个土体物理性质

土层	深度/cm	砾石(>2 mm，体积分数)/%	细土颗粒组成（粒径：mm)/(g/kg)			质地	容重/(g/cm^3)
			砂粒 2～0.05	粉粒 0.05～0.002	黏粒 <0.002		
Ah	0～18	3	253	470	276	黏壤土	1.33
AB	18～45	3	252	482	264	壤土	1.35
Bw	45～60	60	292	416	290	黏壤土	1.40
BC	60～100	30	402	337	260	壤土	1.41
C	100～120	—	—	—	—	—	—

东塘系代表性单个土体化学性质

深度/cm	pH		有机碳(C)/(g/kg)	全氮(N)/(g/kg)	全磷(P)/(g/kg)	全钾(K)/(g/kg)	CEC/(cmol/kg)	游离铁(Fe)/(g/kg)
	H_2O	KCl						
0～18	4.7	3.9	27.5	1.21	0.34	5.3	17.8	7.6
18～45	4.3	3.7	9.9	0.51	0.41	6.4	29.5	8.7
45～60	5.2	4.6	6.9	0.43	0.45	7.0	22.0	8.2
60～100	4.1	3.6	5.4	0.23	0.45	7.0	22.2	8.3
100～120	5.4	—	—	—	—	—	—	—

7.14.2 西堰系（Xiyan Series）

土 族：粗骨质混合型热性-普通酸性湿润雏形土

拟定者：王军光，邓 楠，曹金洋

分布与环境条件 多出现于九江、上饶、景德镇一带的低山丘陵的缓坡地带。成土母质为花岗岩坡积物。植被为常绿阔叶林。年均气温 16.0～17.5℃，年均降水量 1600～1750 mm，无霜期 252 d 左右。

西堰系典型景观

土系特征与变幅 诊断层包括淡薄表层、雏形层；诊断特性包括热性土壤温度、湿润土壤水分状况、铁质特性。土体厚度在 1 m 以上，淡薄表层约为 10 cm，有少量的根系，之下为雏形层。通体可见很多的岩石碎屑，土体质地构型为砂质壤土-壤质砂土-砂质壤土，pH 为 4.7～5.1。

对比土系 西向系，同一亚类，不同土族，成土母质为泥页岩坡积物，质地构型为壤土-粉壤土；东森系，同一亚类，不同土族，成土母质为石英岩坡积物，质地构型为壤土-砂质壤土；黄坳系，相近区域，相同亚纲，不同土类，层次质地构型为黏壤土-砂质黏壤土，具有铁质特性；修水系，邻近区域，相同亚纲，不同土类，成土母质为泥质页岩残积物，通体为壤土；株林系，同一亚类，不同土族，成土母质为泥页岩坡积物，通体为粉壤土；仰东系，相近区域，相同亚纲，不同土类，成土母质为花岗岩风化物，质地通体为砂质壤土。

利用性能综述 土壤发育程度一般，有效土体厚度有限，土质偏砂，磷、钾含量偏低，砾石含量较多，植被以低矮灌木草本为主，蓄水保肥性较差。应保护好现有植被，因地制宜地种植浅根性植物，增施磷钾肥，促进植物生长，有条件的地区可以挑挖沟泥、塘泥加厚有效土层，改良土壤的物理性状，提升水肥涵养能力。

参比土种 厚层灰麻沙泥棕红土。

代表性单个土体 位于江西省九江市修水县渣津镇西堰村，29°58′49.8″N，114°12′28.1″E，海拔 170 m，成土母质为花岗岩坡积物，林地，常绿阔叶林。50 cm 深度土温 20.5℃。野外调查时间为 2014 年 8 月 6 日，编号 36-007。

西堰系代表性单个土体剖面

Ah：　0～10 cm，灰棕色（7.5YR 4/2，干），浊棕色（7.5YR 5/3，润），砂质壤土，粒状结构，松散，有少量 0.5～2 mm 的根系，有很多 5～20 mm 的角状石英、长石碎屑，向下层不规则清晰过渡。

Bw1：10～50 cm，亮红棕色（2.5YR 5/6，干），红棕色（2.5YR 4/6，润），壤质砂土，粒状结构，松散，有很少<0.5 mm 的根系，有极多 5～20 mm 的角状石英、长石碎屑，向下层波状渐变过渡。

Bw2：50～65 cm，浊橙色（7.5YR 7/4，干），橙色（7.5YR 6/6，润），砂质壤土，粒状结构，松散，有很少<0.5 mm 的根系，有极多 5～20 mm 的角状石英、长石碎屑，向下层波状渐变过渡。

C：　65～90 cm，花岗岩坡积物。

西堰系代表性单个土体物理性质

土层	深度/cm	砾石(>2 mm，体积分数)/%	细土颗粒组成（粒径：mm)/(g/kg)			质地	容重/(g/cm³)
			砂粒 2～0.05	粉粒 0.05～0.002	黏粒 <0.002		
Ah	0～10	60	750	165	85	砂质壤土	1.26
Bw1	10～50	90	831	101	68	壤质砂土	—
Bw2	50～65	90	626	287	87	砂质壤土	—
C	65～90	0	—	—	—	—	—

西堰系代表性单个土体化学性质

深度/cm	pH		有机碳(C)/(g/kg)	全氮(N)/(g/kg)	全磷(P)/(g/kg)	全钾(K)/(g/kg)	CEC/(cmol/kg)	游离铁(Fe)/(g/kg)
	H_2O	KCl						
0～10	4.7	4.0	19.5	1.75	0.49	12.3	18.9	8.1
10～50	5.1	3.8	4.6	0.63	0.43	12.5	19.8	9.7
50～65	5.1	3.7	2.5	0.56	0.41	11.6	16.0	3.1
65～90	—	—	—	—	—	—	—	—

7.14.3　西向系（Xixiang Series）

土　族：黏壤质硅质混合型热性-普通酸性湿润雏形土

拟定者：蔡崇法，邓　楠，李婷婷

分布与环境条件　多出现于吉安、赣州、宜春一带山地陡坡的下部。成土母质为泥页岩坡积物。植被多为常绿针阔叶林、乔灌木等。年均气温为 17.0～17.5℃，年均降水量为 1750～1800 mm，无霜期 260 d 左右。

西向系典型景观

土系特征与变幅　诊断层包括淡薄表层、雏形层；诊断特性包括热性土壤温度、湿润土壤水分状况。土体厚度不足 1 m，淡薄表层厚 15～20 cm，之下雏形层厚约 70 cm。质地构型为壤土-粉壤土，pH 为 4.7～5.2。

对比土系　东塘系，同一亚类，不同土族，成土母质为玄武岩，质地构型为黏壤土-壤土-黏壤土-壤土；西堰系，相近区域，同一亚类，不同土族，成土母质为花岗岩坡积物，质地构型为砂质壤土-壤质砂土-砂质壤土；柳溪系，邻近区域，成土母质为第四纪红黏土，层次质地构型为黏土-粉质黏壤土-黏土；上屋系，邻近区域，成土母质为洪积冲积物，层次质地构型为黏壤土-砂质黏壤土，具有铁质特性；东森系，同一亚类，不同土族，成土母质为石英岩坡积物，层次质地构型为壤土-砂质壤土；仰东系，相近区域，相同亚纲，不同土类，成土母质为花岗岩风化物。

利用性能综述　地势较高，土体深厚，质地适中，含有部分砾石，氮、磷、钾含量偏低，水土流失较轻。应保护现有植被，严禁乱砍滥伐，合理增施化肥，根据土壤立地条件，因地制宜，积极营造多林种的经营体系，促进植被生长。

参比土种　厚层乌鳝泥红壤。

代表性单个土体　位于江西省宜春市铜鼓县三都镇西向村，28°37′40.4″N，114°24′11.5″E，海拔 590 m，成土母质为泥页岩坡积物，林地，常绿针阔叶林。50 cm 深度土温 18.7℃。野外调查时间为 2014 年 8 月 8 日，编号 36-014。

西向系代表性单个土体剖面

Ah：0～20 cm，浊黄橙色（10YR 6/4，干），棕色（7.5YR 4/4，润），壤土，粒状结构，疏松，有很少 2～5 mm 的根系和中量 0.5～2 mm 的根系，有较多 5～20 mm 的角状岩石碎屑，向下层不规则清晰过渡。

Bw1：20～60 cm，亮黄棕色（10YR 6/6，干），棕色（7.5YR 4/6，润），粉壤土，团块状结构，疏松，有很少 2～5 mm 的根系，向下层间断渐变过渡。

Bw2：60～90 cm，亮黄棕色（10YR 6/6，干），棕色（7.5YR 4/6，润），粉壤土，团块状结构，疏松，有很少 2～5 mm 的根系。

西向系代表性单个土体物理性质

土层	深度 /cm	砾石 (>2 mm，体积分数)/%	细土颗粒组成 (粒径：mm)/(g/kg)			质地	容重 /(g/cm^3)
			砂粒 2～0.05	粉粒 0.05～0.002	黏粒 <0.002		
Ah	0～20	30	288	468	244	壤土	1.27
Bw1	20～60	0	288	509	203	粉壤土	1.35
Bw2	60～90	0	237	550	213	粉壤土	1.38

西向系代表性单个土体化学性质

深度/cm	pH		有机碳(C) /(g/kg)	全氮(N) /(g/kg)	全磷(P) /(g/kg)	全钾(K) /(g/kg)	CEC /(cmol/kg)	游离铁(Fe) /(g/kg)
	H_2O	KCl						
0～20	4.8	4.1	17.4	0.91	0.69	13.7	9.9	21.8
20～60	4.7	4.0	6.9	0.57	0.52	15.8	14.7	8.7
60～90	5.2	4.4	7.2	0.35	0.40	15.5	11.5	—

7.14.4　株林系（Zhulin Series）

土　族：壤质混合型热性-普通酸性湿润雏形土

拟定者：陈家赢，周泽璠，牟经瑞

分布与环境条件　多出现于景德镇、吉安、九江一带的低丘缓坡地段。成土母质为泥页岩坡积物。植被为常绿针阔叶林。年均气温 16.0～17.0℃，年均降水量 1600～1750 mm，无霜期 245 d 左右。

株林系典型景观

土系特征与变幅　诊断层包括淡薄表层、雏形层；诊断特性包括准石质接触面、热性土壤温度、湿润土壤水分状况。土体厚度约 50 cm，淡薄表层厚度约 20 cm，雏形层位于淡薄表层之下，厚度约 30 cm，通体为粉壤土，pH 为 4.9～5.0。

对比土系　东塘系，同一亚类，不同土族，成土母质为玄武岩，质地构型为黏壤土-壤土-黏壤土-壤土；西向系，同一亚类，不同土族，成土母质相同，质地构型为壤土-粉壤土，颗粒大小级别为黏壤质；西堰系，同一亚类，不同土族，成土母质为花岗岩坡积物，质地构型为砂质壤土-壤质砂土-砂质壤土；上新屋刘系，邻近区域，新成土纲，成土母质为风积沙，质地构型通体为砂土；店前系，相近区域，淋溶土纲，成土母质为花岗岩残积物，通体为砂质壤土。

利用性能综述　土壤发育较差，有效土体较薄，氮、磷、钾含量偏低，保水蓄肥性能较差，有少量砾石。应保护植被资源，补种浅根系作物，增施化肥，促进植物生长，减少水土流失，在地势平缓的地区可发展一些地方优势林木和特产作物，提高经济效益。

参比土种　厚层灰鳝泥棕红壤。

代表性单个土体　位于江西省九江市武宁县横路乡株林村，29°24′23.5″N，115°10′22.8″E，海拔 89 m，成土母质为泥页岩坡积物，常绿针阔叶林。50 cm 深度土温 20.2℃。野外调查时间为 2014 年 8 月 6 日，编号 36-025。

株林系代表性单个土体剖面

Ah：0～20 cm，浊黄橙色（10YR 6/4，干），亮黄棕色（10YR 6/6，润），粉壤土，团块状结构，极疏松，有很少量 2～5 mm 的竹子根系，中量 20～75 mm 的棱角状其他岩石碎屑，向下层平滑突变过渡。

Bw：20～50 cm，浊黄橙色（10YR 6/4，干），浊黄棕色（10YR 5/4，润），粉壤土，粒状结构，极疏松，有很少量 2～5 mm 的竹子根系，中量 20～75 mm 的棱角状其他岩石碎屑，向下层平滑突变过渡。

C：　50～80 cm，泥页岩坡积物。

株林系代表性单个土体物理性质

土层	深度/cm	砾石(>2 mm，体积分数)/%	细土颗粒组成 (粒径：mm)/(g/kg)			质地	容重/(g/cm^3)
			砂粒 2～0.05	粉粒 0.05～0.002	黏粒 <0.002		
Ah	0～20	10	281	540	179	粉壤土	1.31
Bw	20～50	10	256	566	178	粉壤土	1.33
C	50～80	—	—	—	—	—	—

株林系代表性单个土体化学性质

深度/cm	pH		有机碳(C)/(g/kg)	全氮(N)/(g/kg)	全磷(P)/(g/kg)	全钾(K)/(g/kg)	CEC/(cmol/kg)	游离铁(Fe)/(g/kg)
	H_2O	KCl						
0～20	4.9	3.8	12.8	0.74	0.32	7.5	13.1	12.1
20～50	5.0	3.9	10.2	0.34	0.32	8.3	12.4	11.1
50～80	—	—	—	—	—	—	—	—

7.14.5 东森系（Dongsen Series）

土　族：粗骨壤质硅质混合型热性-普通酸性湿润雏形土

拟定者：刘窑军，罗梦雨，聂坤照

分布与环境条件　多出现于萍乡、赣州、吉安一带的丘陵、低山缓坡的中下部。成土母质为石英岩坡积物。植被为竹、杉、松等常绿针阔叶林。年均气温 17.3～18.5 ℃，年均降水量 1600～1750 mm，无霜期 275 d 左右。

东森系典型景观

土系特征与变幅　诊断层包括淡薄表层、雏形层；诊断特性包括热性土壤温度、湿润土壤水分状况、铝质现象。该土系起源于石英岩坡积物，土体厚度在 1 m 以上，层次质地构型为壤土-砂质壤土，pH 为 4.2～5.0。

对比土系　西向系，同一亚类，不同土族，成土母质为泥页岩坡积物，质地构型为壤土-粉壤土；株林系，同一亚类，不同土族，成土母质为泥页岩坡积物，质地构型通体为粉壤土；井冲系，邻近区域，相同亚纲，不同土类，成土母质为红色砾岩类的坡积物，层次质地构型为黏壤土-黏土-粉质黏壤土；白竺系，邻近区域，相同亚纲，不同土类，成土母质为泥页岩坡积物，层次质地构型通体为壤土。

利用性能综述　土体厚度中等，砾石含量较高，质地稍偏砂，易造成水土流失，除磷、钾元素外，其余养分含量中等。应保护现有植被，促进植被生长，防止水土流失加剧，增施磷钾肥，合理提高土壤肥力。

参比土种　厚层乌黄砂泥红壤。

代表性单个土体　位于江西省萍乡市上栗县东源乡萍乡森林公园，27°45′50.2″N，113°51′29.5″E，海拔 278 m，成土母质为石英岩坡积物，林地。50 cm 深度土温 16.7℃，热性。野外调查时间为 2015 年 8 月 21 日，编号 36-093。

东森系代表性单个土体剖面

Ah：0～12 cm，淡灰色（10YR 7/1，干），黑棕色（7.5YR 3/2，润），壤土，团粒状结构，疏松，土体中有中量的石英岩碎屑，少量的草根，中量的蜂窝状孔隙，向下层波状清晰过渡。

Bw1：12～40 cm，淡黄橙色（10YR 8/3，干），棕色（7.5YR 4/4，润），壤土，粒状结构，疏松，土体中有中量的石英岩碎屑，很少的草根，大量的蜂窝状孔隙，向下层波状渐变过渡。

Bw2：40～95 cm，浊黄橙色（10YR 7/4，干），暗棕色（7.5YR 3/3，润），砂质壤土，粒状结构，疏松，土体中有较多的石英岩碎屑，很少的草根，大量的蜂窝状孔隙，向下层不规则清晰过渡。

BC：95～120 cm，淡黄橙色（10YR 8/3，干），暗棕色（7.5YR 3/3，润），粒状结构，疏松，土体中有较多的石英岩碎屑，很少的草根，大量的蜂窝状孔隙。

东森系代表性单个土体物理性质

土层	深度/cm	砾石 (>2 mm，体积分数)/%	细土颗粒组成 (粒径：mm)/(g/kg)			质地	容重 /(g/cm^3)
			砂粒 2～0.05	粉粒 0.05～0.002	黏粒 <0.002		
Ah	0～12	10	419	484	97	壤土	1.29
Bw1	12～40	25	462	458	80	壤土	1.28
Bw2	40～95	32	548	334	118	砂质壤土	1.34
BC	95～120	40	—	—	—	—	—

东森系代表性单个土体化学性质

深度/cm	pH		有机碳(C) /(g/kg)	全氮(N) /(g/kg)	全磷(P) /(g/kg)	全钾(K) /(g/kg)	CEC /(cmol/kg)	游离铁(Fe) /(g/kg)
	H_2O	KCl						
0～12	4.4	4.1	22.7	0.96	0.47	15.4	9.5	11.9
12～40	4.2	3.9	7.8	0.67	0.29	14.2	8.7	12.5
40～95	5.0	4.1	6.8	0.59	0.28	13.3	8.3	11.6
95～120	—	—	—	—	—	—	—	—

7.15 斑纹简育湿润雏形土

7.15.1 岭上系（Lingshang Series）

土 族：壤质混合型非酸性热性-斑纹简育湿润雏形土

拟定者：王天巍，罗梦雨，朱 亮

分布与环境条件 多出现于九江、景德镇一带，修河、潦河及乐安江以北的平原地带。成土母质为第四纪黄土状沉积物。植被以草、灌丛等为主。年均气温17.0～17.5 ℃，年均降水量1400～1550 mm，无霜期273 d左右。

岭上系典型景观

土系特征与变幅 诊断层包括淡薄表层、雏形层；诊断特性包括热性土壤温度、湿润土壤水分状况、氧化还原特征。土体厚度为1 m以上，通体可见少量的铁锰胶膜，70 cm以下可见锰结核，质地构型通体为粉壤土，pH为4.6～6.1。

对比土系 小山系，同一亚类，不同土族，成土母质为河湖相沉积物盖红砂岩残积物，质地构型为黏壤土-粉壤土-砂土-砂质壤土；苏山系，邻近区域，人为土纲，成土母质为第四纪红黏土，质地构型相同；曹塘系，邻近区域，人为土纲，成土母质为石英岩类洪积物盖石英岩类残积物，质地构型相同；上新屋刘系，相近区域，新成土纲，成土母质为风积沙，质地构型通体为砂土；昌邑系，相近区域，相同亚纲，不同土类，相同母质，颗粒大小级别为黏壤质，层次质地构型为粉质黏壤土-粉壤土；位于邻近区域的凰村系，淋溶土纲，成土母质为黄土状物质，质地构型相同。

利用性能综述 土体深厚，质地适中，磷、钾含量偏低，表层有较厚的枯枝落叶层，宜耕性较强，地下水位偏高。应注重开沟排水，深挖晒土，降低地下水位，合理施用磷钾肥，种植树木，营造多林种的生态系统。

参比土种 厚层灰黄泥棕红壤。

代表性单个土体 位于江西省九江市都昌县大树乡岭上村，29°16′25.9″N，116°14′50.3″E，海拔 13 m，成土母质为第四纪黄土状沉积物，草地。50 cm 深度土温 20.5℃。野外调查时间为 2015 年 1 月 21 日，编号 36-063。

岭上系代表性单个土体剖面

AOi：+8～0 cm，浊黄橙色（10YR 7/3，干），黑棕色（10YR 2/2，润），团粒状结构，疏松，粉壤土，有大量的草根根系，中量的蜂窝状粒间孔隙，向下层平滑渐变过渡。

Ah：0～12 cm，浊黄橙色（10YR 7/2，干），暗棕色（10YR 3/3），红棕色（5YR4/6，润），粉壤土，团块状结构，疏松，有中量的草根根系，大量的蜂窝状粒间孔隙，结构体表面可见很少的铁胶膜，向下层波状渐变过渡。

Br1：12～40 cm，浊黄橙色（10YR 7/4，干），棕灰色（10YR 4/1），亮棕色（7.5YR5/6，润），粉壤土，团块状结构，疏松，土体内有大量的植物根系，大量的蜂窝状粒间孔隙，结构体表面有很少的铁锰胶膜，向下层不规则渐变过渡。

Br2：40～72 cm，浊黄橙色（10YR 6/4，干），灰黄棕色（10YR 5/2），浊红棕色（5YR 4/4，润），粉壤土，团块状结构，稍紧实，有大量的蜂窝状粒间孔隙，结构体表面有少量的铁锰胶膜，向下层不规则渐变过渡。

Bs：72～122 cm，橙白色（10YR 8/2，干），浊黄棕色（10YR 5/4，润），粉壤土，团块状结构，稍坚实，有大量的蜂窝状粒间孔隙，结构体表面有很少的铁锰胶膜，直径为 2～6 mm 的锰结核。

岭上系代表性单个土体物理性质

土层	深度/cm	砾石(>2 mm，体积分数)/%	细土颗粒组成（粒径：mm)/(g/kg)			质地	容重/(g/cm^3)
			砂粒 2～0.05	粉粒 0.05～0.002	黏粒 <0.002		
AOi	+8～0	0	109	660	231	粉壤土	1.29
Ah	0～12	0	87	698	215	粉壤土	1.39
Br1	12～40	0	143	658	199	粉壤土	1.37
Br2	40～72	0	92	723	185	粉壤土	1.35
Bs	72～122	0	109	708	183	粉壤土	1.35

岭上系代表性单个土体化学性质

深度/cm	pH		有机碳(C)/(g/kg)	全氮(N)/(g/kg)	全磷(P)/(g/kg)	全钾(K)/(g/kg)	CEC/(cmol/kg)	游离铁(Fe)/(g/kg)
	H_2O	KCl						
+8～0	4.6	4.3	19.5	1.57	0.29	13.1	10.9	15.6
0～12	5.3	4.4	9.3	1.02	0.29	16.1	8.2	8.8
12～40	6.0	5.1	8.3	0.83	0.23	16.1	7.1	15.6
40～72	5.5	4.7	8.4	0.74	0.17	20.1	7.8	13.8
72～122	6.1	5.0	3.3	0.51	0.10	20.0	10.5	16.4

7.15.2 小山系（Xiaoshan Series）

土 族：粗骨砂质混合型非酸性热性-斑纹简育湿润雏形土
拟定者：陈家赢，刘书羽，牟经瑞

分布与环境条件 多出现于南昌东北部、上饶西部一带的湖滨地区，地势较低，一般海拔18～20 m，多为平坦草洲，成土母质为河湖相沉积物盖红砂岩残积物，植被主要是禾本科草类，少数菊科蓟属植被。年均气温17.5～18.0 ℃，年均降水量1580 mm，无霜期266 d左右。

小山系典型景观

土系特征与变幅 诊断层包括淡薄表层、雏形层；诊断特性包括热性土壤温度、人为滞水土壤水分状况、氧化还原特征。土体厚度1 m以上，淡薄表层厚约15 cm，雏形层上界出现在15～20 cm，厚约80 cm，结构面有铁斑纹。土层质地构型为黏壤土-粉壤土-砂土-砂质壤土，pH为4.7～6.6。

对比土系 岭上系，同一亚类，不同土族，成土母质为第四纪黄土状沉积物，质地通体为粉壤土，有少量结核；王家系，邻近区域，淋溶土纲，成土母质为河湖相沉积物盖第四纪红黏土，质地构型为砂质黏壤土-黏壤土；乌港系，邻近区域，人为土纲，成土母质为第四纪红黏土，土层质地构型为粉质黏壤土-黏壤土-砂质黏壤土；后周系，邻近区域，人为土纲，成土母质为河湖相沉积物；仰东系，相同土类，不同亚类，成土母质为花岗岩风化物，质地通体为砂质壤土；新建系，相近区域，人为土纲，成土母质为河湖相沉积物。

利用性能综述 地势较低，土体较深厚，质地上层偏黏，下层偏砂，有机质和磷元素含量较低，季节性淹水频繁。应保护现有植被，因地制宜地种植林木，合理施肥，促进植被生长，保持水土，适当翻土，开沟排水，改善土壤的透气性。

参比土种 灰草洲沙泥土。

代表性单个土体 位于江西省上饶市余干县瑞洪镇小山村，28°45′33.0″N，116°22′58.8″E，海拔12 m，成土母质0～43 cm为河湖相沉积物，43～141 cm为红砂岩残积物。天然牧草地，矮草。50 cm深度土温20.1℃。野外调查时间为2015年1月23日，编号36-054。

小山系代表性单个土体剖面

Ah：0～15 cm，淡棕灰色（7.5YR 7/2，干），暗棕色（7.5YR 3/3，润），少量 0.5～2 mm 的根系，少量 2～5 mm 的次圆状砾石，黏壤土，粒状结构，松散，无石灰反应，pH 为 4.7，向下层波状清晰过渡。

Br：15～43 cm，浊橙色（5YR 7/3，干），暗棕色（7.5YR 3/3，润），中量 5～20 mm 的次圆状砾石，粉壤土，团块状结构，疏松，有少量的铁斑纹，无石灰反应，向下层平滑突变过渡。

2Bw：43～53 cm，亮红棕色（5YR 5/6，干），棕色（7.5YR 4/6，润），较多 75～250 mm 的次圆状红砂岩岩石碎屑，砂土，粒状结构，疏松，轻度石灰反应，向下层平滑清晰过渡。

2Br：53～95 cm，浊橙色（7.5YR 6/4，干），棕色（7.5YR 4/6，润），很多≥250 mm 的次圆状红砂岩岩石碎屑，砂质壤土，团块状结构，疏松，有中量的铁斑纹，中量的腐殖质胶膜，无石灰反应，向下层波状渐变过渡。

2C1：95～135 cm，黄橙色（7.5YR 7/8，干），亮棕色（7.5YR 5/6，润），团块状结构，疏松，结构面有较多的铁斑纹，轻度石灰反应。

2C2：135～141 cm，红砂岩风化物。

小山系代表性单个土体物理性质

土层	深度 /cm	砾石 (>2 mm，体积分数)/%	细土颗粒组成 (粒径：mm)/(g/kg)			质地	容重 /(g/cm^3)
			砂粒 2～0.05	粉粒 0.05～0.002	黏粒 <0.002		
Ah	0～15	3	294	421	285	黏壤土	1.32
Br	15～43	10	247	508	245	粉壤土	1.30
2Bw	43～53	30	769	143	88	砂土	1.26
2Br	53～95	60	809	113	78	砂质壤土	1.29
2C1	95～135	0	—	—	—	—	—
2C2	135～141	—	—	—	—	—	—

小山系代表性单个土体化学性质

深度/cm	pH		有机碳(C) /(g/kg)	全氮(N) /(g/kg)	全磷(P) /(g/kg)	全钾(K) /(g/kg)	CEC /(cmol/kg)	游离铁(Fe) /(g/kg)
	H_2O	KCl						
0～15	4.7	3.8	7.1	1.15	0.33	23.5	9.3	14.6
15～43	5.0	3.5	6.6	0.81	0.31	21.8	24.1	9.4
43～53	6.6	3.5	6.4	0.72	0.50	10.6	6.4	10.4
53～95	5.5	3.4	5.7	0.51	0.50	10.6	6.9	19.6
95～135	—	—	—	—	—	—	—	—
135～141	—	—	—	—	—	—	—	—

7.16　普通简育湿润雏形土

7.16.1　仰东系（Yangdong Series）

土　族：砂质硅质混合型非酸性热性-普通简育湿润雏形土

拟定者：王军光，王腊红，曹金洋

分布与环境条件　在全省各地低山下部均有分布。成土母质为花岗岩风化物。植被为灌木林。年均气温 17.0～17.5℃，年均降水量 1750～1900 mm，无霜期 260 d 左右。

仰东系典型景观

土系特征与变幅　诊断层包括淡薄表层、雏形层；诊断特性包括热性土壤温度、湿润土壤水分状况、准石质接触面。土体厚度不足 1 m，淡薄表层厚约 15 cm，之下为雏形层，厚约 20 cm。土体表层有少量的植被根系，通体有少量的岩石碎屑，质地通体为砂质壤土，pH 为 4.8～6.6。

对比土系　昌邑系，同一亚类，不同土族，成土母质为第四纪黄土状沉积物，颗粒大小级别为黏壤质，层次质地构型为粉质黏壤土-粉壤土；小山系，同一土类，不同亚类，成土母质为河湖相沉积物盖红砂岩残积物，层次质地构型为黏壤土-粉壤土-砂土-砂质壤土；西堰系，相近区域，相同亚纲，不同土类，成土母质为花岗岩坡积物，土体质地构型为砂质壤土-壤质砂土-砂质壤土；西向系，相近区域，相同亚纲，不同土类，成土母质为泥页岩坡积物，质地构型为壤土-粉壤土；茶子岗系，相近区域，富铁土纲，成土母质为红砂岩坡积物，质地构型通体为黏壤土。

利用性能综述　地势较高，土壤发育较差，有效土体较浅，氮、磷含量偏低，其余养分较好。应保护好现有植被，增施氮磷肥，有计划地进行林种更新，对发生水土流失的地段，要坚持封山育林，使之尽快恢复植被。

参比土种　厚层灰麻砂泥红壤。

代表性单个土体　位于江西省宜春市奉新县仰山乡东溪村，28°46′32.8″N，115°05′23.6″E，海拔 587 m，成土母质为花岗岩风化物，灌木林地。50 cm 深度土温 18.1℃。野外调查时间为 2014 年 8 月 10 日，编号 36-012。

仰东系代表性单个土体剖面

Ah：0～12 cm，浊黄棕色（10YR 4/3，干），暗棕色（10YR 3/3，润），砂质壤土，团块状结构，疏松，有中量 0.5～2 mm 的根系，少量<5 mm 次棱状岩石碎屑，向下层平滑清晰过渡。

Bw：12～32 cm，浊黄棕色（10YR 5/4，干），浊黄棕色（10YR 5/4，润），砂质壤土，团块状结构，稍坚实，有少量 0.5～2 mm 的根系，少量<5 mm 次棱状岩石碎屑，向下层平滑清晰过渡。

C：32～50 cm，花岗岩风化物。

仰东系代表性单个土体物理性质

土层	深度/cm	砾石(>2 mm，体积分数)/%	细土颗粒组成 (粒径：mm)/(g/kg)			质地	容重/(g/cm^3)
			砂粒 2～0.05	粉粒 0.05～0.002	黏粒 <0.002		
Ah	0～12	3	657	182	161	砂质壤土	1.23
Bw	12～32	3	637	242	121	砂质壤土	1.25
C	32～50	—	—	—	—	—	—

仰东系代表性单个土体化学性质

深度/cm	pH		有机碳(C)/(g/kg)	全氮(N)/(g/kg)	全磷(P)/(g/kg)	全钾(K)/(g/kg)	CEC/(cmol/kg)	游离铁(Fe)/(g/kg)
	H_2O	KCl						
0～12	4.8	3.8	16.3	0.93	0.48	23.6	13.8	10.7
12～32	6.6	3.9	9.8	0.31	0.37	27.1	4.8	4.5
32～50	—	—	—	—	—	—	—	—

7.16.2　昌邑系（Changyi Series）

土　族：黏壤质混合型非酸性热性-普通简育湿润雏形土

拟定者：刘窑军，罗梦雨，关熊飞

分布与环境条件　多出现于南昌北部、九江东南部一带海拔 30～100 m 的湖滩地。成土母质为第四纪黄土状沉积物。植被多为禾本科草被、灌丛。年均气温 17.0～17.5 ℃，年均降水量 1300～1500 mm，无霜期 271 d 左右。

昌邑系典型景观

土系特征与变幅　诊断层包括淡薄表层、雏形层；诊断特性包括热性土壤温度、湿润土壤水分状况、氧化还原特征。土体厚度 1 m 以上，淡薄表层厚约 10 cm，之下为雏形层，厚度在 1 m 以上。层次质地构型为粉质黏壤土-粉壤土，pH 为 4.8～5.8。

对比土系　仰东系，同一亚类，不同土族，成土母质为花岗岩风化物，颗粒大小级别为砂质，层次质地构型通体为砂质壤土；埲前系，邻近区域，人为土纲，成土母质为河湖相沉积物，层次质地构型为壤土-砂质壤土-粉壤土-壤土-砂质黏壤土-粉质黏壤土；岭上系，相近区域，相同土类，不同亚类，相同母质，颗粒大小级别为壤质，质地构型通体为粉壤土；其桥江家系，相近区域，新成土纲，成土母质为红砂岩，土壤质地为壤土-壤质砂土；双洲头系，相近区域，相同土纲，不同亚纲，成土母质为河湖相沉积物，层次质地构型为粉壤土-粉质黏壤土-粉壤土；凰村系，相似区域，淋溶土纲，成土母质为黄土状物质，质地通体为粉壤土，存在黏化层。

利用性能综述　土体深厚，质地适中，氮、磷含量偏低，下层养分含量明显低于表层，植被主要是草本，保水保肥性一般。应保护现有植被，积极种植林木，增施有机肥和化肥，构建良好的生态系统，控制水土流失。

参比土种　厚层灰黄泥红壤。

代表性单个土体　位于江西省南昌市新建区昌邑乡良门村，29°05′48.8″N，116°02′45.2″E，海拔 15 m，成土母质为第四纪黄土状沉积物，内陆滩涂，高草地。50 cm 深度土温 20.8℃。野外调查时间为 2015 年 1 月 18 日，编号 36-047。

昌邑系代表性单个土体剖面

Ah：0～10 cm，橙白色（10YR 8/2，干），浊黄棕色（10YR 4/3，润），粉质黏壤土，棱块状结构，疏松，土体内有少量植物根系，中等的蜂窝状孔隙，向下层间断突变过渡。

AB：10～40 cm，淡黄橙色（10YR 8/3，干），棕色（10YR 4/4，润），粉质黏壤土，棱块状结构，极疏松，土体内有少量植物根系，中等的蜂窝状孔隙，向下层平滑渐变过渡。

Bw1：40～110 cm，橙白色（10YR 8/2，干），棕色（7.5YR 4/6，润），粉壤土，团块状结构，疏松，少量的气孔状孔隙，向下层平滑模糊过渡。

Bw2：110～121 cm，浊黄橙色（10YR 7/4，干），棕色（7.5YR 4/4，润），粉壤土，团块状结构，稍坚实，少量的气孔状孔隙。

昌邑系代表性单个土体物理性质

土层	深度/cm	砾石(>2 mm，体积分数)/%	细土颗粒组成 (粒径：mm)/(g/kg)			质地	容重/(g/cm³)
			砂粒 2～0.05	粉粒 0.05～0.002	黏粒 <0.002		
Ah	0～10	0	129	535	336	粉质黏壤土	1.22
AB	10～40	0	137	569	294	粉质黏壤土	1.40
Bw1	40～110	0	125	613	263	粉壤土	1.36
Bw2	110～121	0	43	707	250	粉壤土	1.45

昌邑系代表性单个土体化学性质

深度/cm	pH		有机碳(C)/(g/kg)	全氮(N)/(g/kg)	全磷(P)/(g/kg)	全钾(K)/(g/kg)	CEC/(cmol/kg)	游离铁(Fe)/(g/kg)
	H_2O	KCl						
0～10	4.8	4.1	14.4	0.68	0.52	20.4	13.4	12.9
10～40	4.9	3.9	4.2	0.27	0.52	20.4	10.8	9.0
40～110	5.8	3.9	3.6	0.20	0.52	22.4	16.9	28.0
110～121	4.8	4.0	3.8	0.21	0.50	22.0	13.1	14.7

第 8 章　新　成　土

8.1　钙质湿润正常新成土

8.1.1　董丰系（Dongfeng Series）

土　族：黏壤质碳酸盐型石灰性热性-钙质湿润正常新成土

拟定者：王天巍，杨家伟，关熊飞

分布与环境条件　多出现于九江、上饶、宜春一带，多处于丘陵上部的凹陷处或丘陵中下部的陡坡地段。成土母质为石灰岩残积物。植被主要为茅草等矮灌丛。年均气温 17.5～18.0℃，年均降水量 1650～1800 mm，无霜期 265 d 左右。

董丰系典型景观

土系特征与变幅　诊断层包括暗沃表层；诊断特性包括碳酸盐岩岩性特征、石质接触面、湿润土壤水分状况、热性土壤温度、石灰性。暗沃表层约 20 cm，有中量的岩石碎屑，质地为粉壤土，pH 约为 7.0。

对比土系　鹅东系，同一亚类，不同土族，成土母质相同，质地构型为黏土，剖面中含有 3%左右的砾石；社里系，同一土类，不同亚类，成土母质为泥页岩，质地构型为粉壤土；上屋系，相近区域，雏形土纲，成土母质为洪积冲积物，层次质地构型为黏壤土-砂质黏壤土；上涂家系，富铁土纲，成土母质为红砂岩坡积物，层次质地构型通体为砂质黏壤土；新昌系，相近区域，淋溶土纲，成土母质为花岗岩坡积物，质地构型为粉壤土-黏土。

利用性能综述　土体浅薄，易受旱，磷含量偏低，地表植被较少，水土流失较严重。应重视保护现有植被，封山育林，增施磷肥，种植浅根系植物，提高植被覆盖度，设置水平拦截沟，防止水土流失加剧。

参比土种　薄层乌棕色石灰土。

代表性单个土体　位于江西省宜春市上高县锦江镇董丰村，28°10′58.4″N，114°53′37.0″E，海拔 122 m，成土母质为石灰岩残积物，草地，仅生长一些苔藓及小灌木。50 cm 深度土温 21.2℃。野外调查时间为 2014 年 8 月 7 日，编号 36-019。

董丰系代表性单个土体剖面

Ah：0～20 cm，暗棕色（7.5YR 3/4，干），暗棕色（7.5YR 3/3，润），粉壤土，片状结构，疏松，有少量 0.5～2 mm 的根系，有中量 20～75 mm 的次棱角状其他岩石碎屑，轻度石灰反应，向下层平滑清晰过渡。

R：　20～70 cm，石灰岩。

董丰系代表性单个土体物理性质

土层	深度 /cm	砾石 (>2 mm，体积分数)/%	细土颗粒组成 (粒径：mm)/(g/kg)			质地	容重 /(g/cm³)
			砂粒 2～0.05	粉粒 0.05～0.002	黏粒 <0.002		
Ah	0～20	10	96	674	230	粉壤土	1.10
R	20～70	0	—	—	—	—	—

董丰系代表性单个土体化学性质

深度/cm	pH		有机碳(C) /(g/kg)	全氮(N) /(g/kg)	全磷(P) /(g/kg)	全钾(K) /(g/kg)	CEC /(cmol/kg)	游离铁(Fe) /(g/kg)
	H_2O	KCl						
0～20	7.0	7.1	18.1	1.34	0.51	17.3	18.7	14.6
20～70	—	—	—	—	—	—	—	—

8.1.2　鹅东系（Edong Series）

土　族：黏质高岭石型非酸性热性-钙质湿润正常新成土
拟定者：蔡崇法，周泽璠，杨　松

分布与环境条件　多出现于九江、上饶、景德镇、宜春一带，多处于高丘中下部的缓坡地段。成土母质为石灰岩残积物。植被主要为茅草等矮灌丛。年均气温 17.5～18.0℃，年均降水量 1650～1800 mm，无霜期 264 d 左右。

鹅东系典型景观

土系特征与变幅　诊断层包括淡薄表层；诊断特性包括碳酸盐岩岩性特征、准石质接触面、湿润土壤水分状况、热性土壤温度。淡薄表层厚度约为 40 cm，剖面中有少量的岩石碎屑，质地为黏土，pH 约为 5.8。

对比土系　董丰系，同一亚类，不同土族，成土母质相同，质地构型为粉壤土，剖面中含有 10%左右的砾石；员布系，同一土类，不同亚类，成土母质为紫色砂岩坡积物，质地构型为壤土；三阳系，邻近区域，雏形土纲，成土母质为石灰岩坡积物，层次质地构型为粉质黏壤土-粉质黏土；社里系，相同土类，不同亚类，存在石质接触面，成土母质为泥页岩，质地为粉壤土；义成系，相似区域，富铁土纲，成土母质为红砂岩类坡积物，质地构型为壤土-黏壤土-黏土。

利用性能综述　土壤发育较差，有效土体较薄，质地偏黏，含有少量砾石，土壤中磷含量偏低。应注意现有植被的保护，合理施肥，提高植被覆盖度，设置水平拦截沟，减少水土流失，有条件的地区可以搬运砂土来加厚有效土层，改善土壤的透气性。

参比土种　厚层乌棕色石灰土。

代表性单个土体　位于江西省宜春市万载县鹅峰乡东溪村，28°05′39.5″N，114°29′28.0″E，海拔 206 m，成土母质为石灰岩残积物，灌木林地。50 cm 深度土温 21.1℃。野外调查时间为 2014 年 8 月 8 日，编号 36-024。

鹅东系代表性单个土体剖面

Ah：0～40 cm，浊红棕色（5YR 4/4，干），灰棕色（5YR 4/2，润），黏土，团块状结构，疏松，有少量 0.5～2 mm 的根系，有少量 20～75 mm 的次棱角状石英、长石碎屑，有少量的蚯蚓粪便，向下层平滑清晰过渡。

C：40～60 cm，石灰岩残积物。

鹅东系代表性单个土体物理性质

土层	深度/cm	砾石(>2 mm，体积分数)/%	细土颗粒组成 (粒径：mm)/(g/kg)			质地	容重/(g/cm^3)
			砂粒 2～0.05	粉粒 0.05～0.002	黏粒 <0.002		
Ah	0～40	3	183	398	419	黏土	1.47
C	40～60	—	—	—	—	—	—

鹅东系代表性单个土体化学性质

深度/cm	pH		有机碳(C)/(g/kg)	全氮(N)/(g/kg)	全磷(P)/(g/kg)	全钾(K)/(g/kg)	CEC/(cmol/kg)	游离铁(Fe)/(g/kg)
	H_2O	KCl						
0～40	5.8	5.7	19.6	1.92	0.43	16.2	17.3	—
40～60	—	—	—	—	—	—	—	—

8.2　石质湿润正常新成土

8.2.1　社里系（Sheli Series）

土　族：壤质硅质混合型酸性热性-石质湿润正常新成土

拟定者：王军光，王腊红，李婷婷

分布与环境条件　多出现于赣州、景德镇、上饶一带。多位于低山、丘陵下部的中缓坡地带。成土母质为泥页岩。植被为白檀、胡枝子、杜鹃等。年均气温 17.5～18.0℃，年均降水量 1777 mm，无霜期 265 d 左右。

社里系典型景观

土系特征与变幅　诊断层包括淡薄表层；诊断特性包括热性土壤温度、湿润土壤水分状况、氧化还原特征、石质接触面。淡薄表层厚度不足 25 cm，结构面有明显的铁锰胶膜，质地为粉壤土，pH 约为 4.3。

对比土系　同一土族中的土系，员布系，成土母质为紫色砂岩坡积物，质地构型为壤土；其桥江家系，成土母质为红砂岩，质地构型为壤土-壤质砂土。平溪系，同一亚类，不同土族，成土母质为花岗岩坡积物，质地构型为砂质黏壤土-壤质砂土；鹅东系，相同土类，不同亚类，成土母质为石灰岩残积物，质地为黏土；陈坊系，相同土类，不同亚类，成土母质为泥页岩坡积物盖泥页岩残积物，土层质地构型为粉壤土-壤土；左溪系，相同土类，不同亚类，成土母质为石英岩坡积物，土体质地为砂质黏壤土。

利用性能综述　土体浅薄，含较多的半风化岩石碎屑，漏水漏肥，磷、钾含量偏低。应实行封山育林，做好荒山荒坡的治理，合理施肥，种植浅根系植物，提高植被覆盖度，解决水土流失的问题，有条件的地区可以搬运客土加厚土层。

参比土种　薄层乌鳝泥红壤。

代表性单个土体　位于江西省上饶市万年县陈营镇社里村，28°43′47.9″N，117°02′35.5″E，海拔 73 m，成土母质为泥页岩，灌木林地。50 cm 深度土温 20.1℃，热性。野外调查时间为 2015 年 5 月 15 日，编号 36-079。

社里系代表性单个土体剖面

Ap：0～25 cm，橙色（2.5YR 6/8，干），红棕色（5YR 4/6，润），粉壤土，粒状结构，有少量 0.5～2 mm 的根系，少量 5～20 mm 的岩屑，可见明显的铁锰胶膜，向下层波状渐变过渡。

R：25～120 cm，泥页岩。

社里系代表性单个土体物理性质

土层	深度/cm	砾石 (>2 mm，体积分数)/%	细土颗粒组成 (粒径：mm)/(g/kg)			质地	容重 /(g/cm^3)
			砂粒 2～0.05	粉粒 0.05～0.002	黏粒 <0.002		
Ap	0～25	3	314	522	164	粉壤土	1.37
R	25～120	—	—	—	—	—	—

社里系代表性单个土体化学性质

深度/cm	pH		有机碳(C) /(g/kg)	全氮(N) /(g/kg)	全磷(P) /(g/kg)	全钾(K) /(g/kg)	CEC /(cmol/kg)	游离铁(Fe) /(g/kg)
	H_2O	KCl						
0～25	4.3	3.4	15.3	1.65	0.29	12.4	8.4	26.1
25～120	—	—	—	—	—	—	—	—

8.2.2 员布系（Yuanbu Series）

土　族：壤质硅质混合型酸性热性-石质湿润正常新成土

拟定者：蔡崇法，周泽璠，曹金洋

分布与环境条件　多出现于上饶、鹰潭、赣州一带，地处山地高丘中坡地段。成土母质为紫色砂岩坡积物。植被多为草本植物，兼有少量灌木或稀疏马尾松。年均气温 18.0～18.5℃，年均降水量 1700～1800 mm，无霜期 278 d 左右。

员布系典型景观

土系特征与变幅　诊断层包括淡薄表层；诊断特性包括热性土壤温度、湿润土壤水分状况、氧化还原特征、准石质接触面。淡薄表层厚度不到 15 cm，之下有紫色砂岩准石质接触面，有轻度石灰反应，可见很少的铁锰胶膜。土层质地为壤土，pH 为 4.6。

对比土系　同一土族中的土系，社里系，成土母质为泥页岩，质地构型为粉壤土；其桥江家系，成土母质为红砂岩，质地构型为壤土-壤质砂土。平溪系，同一亚类，不同土族，成土母质为花岗岩坡积物，质地构型为砂质黏壤土-壤质砂土；鹅东系，相同土类，不同亚类，成土母质为石灰岩残积物，质地为黏土；新山系，相近区域，淋溶土纲，成土母质为石灰岩坡积物，层次质地构型为壤土-黏壤土-黏土；殷富系，相近区域，富铁土纲，颗粒大小级别为黏质，成土母质为花岗岩残积物。

利用性能综述　土壤发育程度较差，有效土体浅薄，保水保肥的能力差，氮、磷、钾含量偏低。应进行封山育林，等高种植草本和林木，合理施用化肥，提高植被覆盖度，减缓水土流失程度。

参比土种　薄层红砂泥红壤。

代表性单个土体　位于江西省赣州市宁都县洛口镇员布村，26°53′15.0″N，116°05′37.3″E，海拔 243 m，成土母质为紫色砂岩坡积物，林地，常绿阔叶林。50 cm 深度土温 21.9℃，热性。野外调查时间为 2015 年 8 月 25 日，编号 36-131。

员布系代表性单个土体剖面

Ah：0～12 cm，浊红棕色（2.5YR 4/4，干），亮红棕色（5YR 5/6，润），壤土，粒状结构，有少量 0.5～2 mm 的草蕨根，有低量<0.5 mm 的蜂窝状孔隙，向下层平滑渐变过渡。

C：12～30 cm，浊橙色（2.5YR 6/3，干），浊红棕色（5YR 4/3，润），团块状结构，有少量<0.5 mm 的蜂窝状孔隙，可见很少的铁锰胶膜，轻度石灰反应，向下层波状渐变过渡。

R：30～100 cm，团块状结构，有很低量<0.5 mm 的蜂窝状孔隙，可见很少的铁锰胶膜，轻度石灰反应，向下层平滑渐变过渡。

员布系代表性单个土体物理性质

土层	深度/cm	砾石 (>2 mm，体积分数)/%	细土颗粒组成（粒径：mm)/(g/kg)			质地	容重 $/(g/cm^3)$
			砂粒 2～0.05	粉粒 0.05～0.002	黏粒 <0.002		
Ah	0～12	0	435	406	159	壤土	1.37
C	12～30	—	—	—	—	—	—
R	30～100	—	—	—	—	—	—

员布系代表性单个土体化学性质

深度/cm	pH		有机碳(C) /(g/kg)	全氮(N) /(g/kg)	全磷(P) /(g/kg)	全钾(K) /(g/kg)	CEC /(cmol/kg)	游离铁(Fe) /(g/kg)
	H_2O	KCl						
0～12	4.6	3.7	16.3	1.12	0.28	16.9	9.9	10.5
12～30	—	—	—	—	—	—	—	—
30～100	—	—	—	—	—	—	—	—

8.2.3 其桥江家系（Qiqiaojiangjia Series）

土 族：壤质硅质混合型酸性热性-石质湿润正常新成土

拟定者：刘窑军，刘书羽，聂坤照

分布与环境条件 多出现于上饶、鹰潭、吉安一带，地处山地低丘上部的微坡地带。成土母质为红砂岩。植被以草、灌丛为主。年均气温 17.3～18.5℃，年均降水量 1540 mm，无霜期 260 d 左右。

其桥江家系典型景观

土系特征与变幅 诊断层包括淡薄表层；诊断特性包括热性土壤温度、湿润土壤水分状况、石质接触面。该土系起源于红砂岩风化物，淡薄表层厚度不足 30 cm，之下具有石英碎屑，土壤质地为壤土-壤质砂土，pH 为 4.1～4.2。

对比土系 同一土族中的土系，员布系，成土母质为紫色砂岩坡积物，质地构型为壤土；社里系，成土母质为泥页岩，质地构型为粉壤土。平溪系，同一亚类，不同土族，成土母质为花岗岩坡积物，质地构型为砂质黏壤土-壤质砂土；昌邑系，相近区域，雏形土纲，成土母质为第四纪黄土状沉积物，层次质地构型为粉质黏壤土-粉壤土；鲤塘系，淋溶土纲，成土母质为红砂岩坡积物，层次质地构型为砂质壤土-砂质黏壤土。

利用性能综述 土体浅薄，结构性差，磷元素较缺乏，植被以草本为主。应保护好现有植被，种植耐酸耐旱的植物，可等高种植一些树木，增施磷肥，促进植被生长，提高覆盖度，控制水土流失。

参比土种 薄层灰红砂泥红壤。

代表性单个土体 位于江西省鹰潭市贵溪市滨江镇其桥江家村，28°20′17.7″N，117°14′25.1″E，海拔 68 m，成土母质为红砂岩，矮草地。50 cm 深度土温 16.7℃，热性。野外调查时间为 2016 年 8 月 2 日，编号 36-170。

其桥江家系代表性单个土体剖面

Ah：0～18 cm，暗红棕色（10R 3/3，干），红色（10R 4/6，润），壤土，粒状结构，疏松，少量的草本根系，15%～30%红砂岩碎屑，向下层波状渐变过渡。

AC：18～50 cm，浊黄棕色（10R 5/4，干），红色（10R 5/6，润），壤质砂土，弱团块状结构，疏松，有少量草本根系，中量的红砂岩碎屑，向下层波状清晰过渡。

R：　50～65 cm，红砂岩。

其桥江家系代表性单个土体物理性质

土层	深度/cm	砾石 (>2 mm，体积分数)/%	细土颗粒组成 (粒径：mm)/(g/kg)			质地	容重 /(g/cm^3)
			砂粒 2～0.05	粉粒 0.05～0.002	黏粒 <0.002		
Ah	0～18	15	385	490	124	壤土	1.30
AC	18～50	6	847	33	120	壤质砂土	1.32
R	50～65	—	—	—	—	—	—

其桥江家系代表性单个土体化学性质

深度/cm	pH		有机碳(C) /(g/kg)	全氮(N) /(g/kg)	全磷(P) /(g/kg)	全钾(K) /(g/kg)	CEC /(cmol/kg)	游离铁(Fe) /(g/kg)
	H_2O	KCl						
0～18	4.1	3.9	10.8	1.32	0.20	20.0	11.4	13.0
18～50	4.2	3.8	13.5	1.06	0.18	16.3	13.6	14.1
50～65	—	—	—	—	—	—	—	—

8.2.4 平溪系（Pingxi Series）

土 族：砂质硅质混合型酸性热性-石质湿润正常新成土

拟定者：王天巍，杨家伟，朱 亮

分布与环境条件 多出现于抚州、赣州、宜春一带，多分布于丘陵低丘中部的缓坡地段。成土母质为花岗岩坡积物。现多种植毛竹、杉木。年均气温 17.0～18.0℃，年均降水量 1700～1850 mm，无霜期 261 d 左右。

平溪系典型景观

土系特征与变幅 诊断层包括淡薄表层；诊断特性包括热性土壤温度、湿润土壤水分状况、石质接触面。淡薄表层厚度小于 25 cm，之下为花岗岩坡积物。土体质地为砂质黏壤土-壤质砂土，片状结构。土表有少量的根系和岩石碎屑，pH 为 3.8～4.5。

对比土系 社里系，同一亚类，不同土族，成土母质为泥页岩，质地构型为粉壤土；其桥江家系，同一亚类，不同土族，成土母质为红砂岩，质地构型为壤土-壤质砂土；昌桥系，邻近区域，淋溶土纲，成土母质为泥页岩坡积物，质地构型为粉壤土-粉质黏土；新昌系，淋溶土纲，相同母质，质地构型为粉壤土-黏土，颗粒大小及别为黏质；竹林系，相同土类，不同亚类，成土母质为风积沙，质地通体为砂土。

利用性能综述 土壤发育程度较差，有效土体较薄，质地稍偏砂，有少量砾石，不利于树木的生长，易引起水土流失。应重视抚育工作，合理施肥，种植草本和灌木，提高植被覆盖度，定期封山，涵养水源，培肥地力，控制水土流失。

参比土种 厚层乌麻砂泥红壤。

代表性单个土体 位于江西省宜春市宜丰县天宝乡平溪村东，28°31′35.0″N，114°45′01.7″E，海拔 95 m，成土母质为花岗岩坡积物，林地，种植落叶林。50 cm 深度土温 20.8℃。野外调查时间为 2014 年 8 月 7 日，编号 36-015。

平溪系代表性单个土体剖面

Ah：0～25 cm，棕色（7.5YR 4/4，干），暗红棕色（5YR 3/2，润），砂质黏壤土，片状结构，疏松，有中量 0.5～2 mm 的根系，有少量 5～20 mm 的次圆状岩石碎屑，向下层平滑清晰过渡。

C：25～80 cm，橙色（5YR 7/6，干），橙色（2.5YR 7/6，润），砂质黏壤土，有少量 0.5～2 mm 的根系。

R：80～130 cm，橙色（5YR 7/8，干），橙色（2.5YR 6/8，润），壤质砂土。

平溪系代表性单个土体物理性质

土层	深度/cm	砾石(>2 mm，体积分数)/%	细土颗粒组成 (粒径：mm)/(g/kg)			质地	容重/(g/cm^3)
			砂粒 2～0.05	粉粒 0.05～0.002	黏粒 <0.002		
Ah	0～25	3	597	199	204	砂质黏壤土	1.30
C	25～80	0	510	145	345	砂质黏壤土	—
R	80～130	0	807	115	78	壤质砂土	—

平溪系代表性单个土体化学性质

深度/cm	pH		有机碳(C)/(g/kg)	全氮(N)/(g/kg)	全磷(P)/(g/kg)	全钾(K)/(g/kg)	CEC/(cmol/kg)	游离铁(Fe)/(g/kg)
	H_2O	KCl						
0～25	3.8	3.5	28.6	1.72	0.36	23.8	24.5	8.6
25～80	4.0	3.6	8.0	0.41	0.43	20.6	21.1	10.2
80～130	4.5	3.8	4.2	0.40	0.47	20.2	25.7	23.1

8.3　普通湿润正常新成土

8.3.1　陈坊系（Chenfang Series）

土　族：粗骨壤质硅质混合型酸性热性-普通湿润正常新成土
拟定者：陈家赢，刘书羽，牟经瑞

分布与环境条件　多出现于吉安、赣州、抚州一带的低山高丘间的中坡地段。成土母质为泥页岩坡积物盖泥页岩残积物。植被多为马尾松、杉、竹等乔灌木和茅草。年均气温 17.5～18.0℃，年均降水量 1834 mm，无霜期 272 d 左右。

陈坊系典型景观

土系特征与变幅　诊断层包括淡薄表层、黏化层；诊断特性包括热性土壤温度、湿润土壤水分状况、氧化还原特征、铁质特性。土体厚度 1 m 以上，淡薄表层厚约 10 cm，黏粒含量约 112 g/kg。之下为黏化层，结构面有明显中量的黏粒胶膜和铁锰胶膜，结构体内有模糊的中量的铁锰斑纹，有多量 75～250 mm 的次棱角状碎屑。土层质地构型为粉壤土-壤土，pH 为 4.5～4.9。

对比土系　左溪系，同一亚类，不同土族，成土母质为石英岩坡积物，质地构型为砂质黏壤土；炉下系，同一亚类，不同土族，成土母质为红砂岩坡积物，质地构型为壤质砂土-粉质黏土；社里系，相同土类，不同亚类，成土母质为泥页岩；东港系，邻近区域，富铁土纲，成土母质为泥页岩类坡积物盖泥页岩类残积物；竹林系，相同亚类，不同土族，成土母质为风积沙，质地通体为砂土；杉树下系，相近区域，人为土纲，成土母质为泥页岩；新建系，相近区域，人为土纲，成土母质为河湖相沉积物。

利用性能综述　土体深度适中，由于搬运作用等成因，砾石含量较多，上层磷、钾含量偏低，下层养分含量均较低。应加强现有植被保护，合理施肥，林草结合，促进植被生长，提高植被覆盖度，减少水土流失，保护生态环境。

参比土种　厚层乌鳝泥红壤。

代表性单个土体　位于江西省抚州市宜黄县凤冈镇陈坊村，27°34′41.0″N，116°09′00.0″E，海拔 128 m，成土母质 0～68 cm 为泥页岩坡积物，68～125 cm 为泥页岩残积物，半落叶林。50 cm 深度土温 21.5℃，热性。野外调查时间为 2015 年 8 月 28 日，编号 36-121。

陈坊系代表性单个土体剖面

Ah：0～12 cm，棕灰色（10YR 6/1，干），暗棕色（7.5YR 3/4，润），粉壤土，团块状结构，疏松，有中量 0.5～2 mm 的草根，有中量的气泡状气孔，有少量<5 mm 的次圆状碎屑，向下层平滑渐变过渡。

BtrC：12～68 cm，橙色（7.5YR 6/6，干），亮红棕色（5YR 5/8，润），壤土，团块状结构，疏松，有少量 0.5～2 mm 的草根，有中量的管道状根孔，有多量 75～250 mm 的次棱角状碎屑，结构体内有模糊中量<2 mm 的铁锰斑纹，结构面有明显中量的黏粒胶膜和铁锰胶膜，向下层平滑渐变过渡。

2Btr1：68～113 cm，浊棕色（7.5YR 6/3，干），浊棕色（7.5YR 5/4，润），壤土，团块状结构，疏松，有很少量 0.5～2 mm 的草根，有中量的气泡状气孔，有多量 75～250 mm 的次棱角状碎屑，结构面有明显的中量的黏粒胶膜和铁锰胶膜，向下层平滑渐变过渡。

2Btr2：113～125 cm，浊橙色（7.5YR 6/4，干），亮棕色（7.5YR 5/6，润），壤土，团块状结构，稍坚实，有很少的气泡状气孔，有多量 75～250 mm 的次棱角状碎屑，结构体内有明显多量的 2～6 mm 铁锰斑纹，结构面有明显多量的黏粒胶膜和铁锰胶膜。

陈坊系代表性单个土体物理性质

土层	深度/cm	砾石 (>2 mm，体积分数)/%	细土颗粒组成 (粒径：mm)/(g/kg)			质地	容重 /(g/cm^3)
			砂粒 2～0.05	粉粒 0.05～0.002	黏粒 <0.002		
Ah	0～12	3	379	509	112	粉壤土	1.31
BtrC	12～68	30	415	432	153	壤土	1.35
2Brt1	68～113	30	407	410	183	壤土	1.41
2Btr2	113～125	30	391	493	116	壤土	1.39

陈坊系代表性单个土体化学性质

深度/cm	pH		有机碳(C) /(g/kg)	全氮(N) /(g/kg)	全磷(P) /(g/kg)	全钾(K) /(g/kg)	CEC /(cmol/kg)	游离铁(Fe) /(g/kg)
	H_2O	KCl						
0～12	4.5	3.8	22.1	1.14	0.41	8.3	11.2	15.4
12～68	4.6	3.7	11.8	0.64	0.41	11.2	21.5	20.2
68～113	4.8	3.9	2.7	0.31	0.06	11.6	11.2	26.5
113～125	4.9	3.7	4.9	0.35	0.08	11.5	9.2	22.3

8.3.2　上新屋刘系（Shangxinwuliu Series）

土　族：砂质混合型酸性热性-普通湿润正常新成土

拟定者：刘窑军，杨家伟，杨　松

分布与环境条件　多出现于九江、湖口、星子一带。主要分布在长江与鄱阳湖交汇口两侧的沙丘地带，成土母质为风积沙。现仅有稀疏草本植被黄花蒿、六月雪等。年均气温 17.0～17.5℃，年均降水量 1500～1650 mm，无霜期 267 d 左右。

上新屋刘系典型景观

土系特征与变幅　诊断层包括淡薄表层；诊断特性包括热性土壤温度、湿润土壤水分状况。淡薄表层厚度不足 20 cm，之下为风积沙母质，质地构型通体为砂土，pH 为 4.8～4.9，土体中有很多的石英云母碎屑。

对比土系　竹林系，同一土类，不同土族，成土母质和质地相同，表层有机质含量为 14.6 g/kg 左右；陈坊系，同一亚类，不同土族，成土母质为泥页岩坡积物盖泥页岩残积物，质地构型为粉壤土-壤土，颗粒大小级别为粗骨壤质；株林系，邻近区域，雏形土纲，成土母质为泥页岩坡积物，通体为粉壤土；岭上系，相近区域，雏形土纲，成土母质为第四纪黄土状沉积物，质地构型为粉壤土；鲁溪洞系，邻近区域，雏形土纲，成土母质为石灰岩坡积物，质地通体为粉壤土-壤土，颗粒大小级别为粗骨壤质；左溪系，相同土类，不同土族，成土母质为石英岩坡积物，土体质地为砂质黏壤土。

利用性能综述　有效土体浅薄，质地很砂，氮、磷、钾含量较低，漏水、漏肥，不利于植被的生长，大量地表直接裸露，流沙移动活跃，易造成土地沙化。应积极营造防风固沙林，进行封沙育草、育林，可在固沙林带间增施有机肥和化肥，种植适宜沙地生长的葡萄、花生等经济作物，实现用养结合，有条件的地方可以搬运客土覆盖砂土层，减少流沙移动，控制水土流失，恢复生态环境。

参比土种　灰砂丘土。

代表性单个土体　位于江西省九江市都昌县多宝乡昭兴村新屋刘村，29°23′56.7″N，116°05′42.0″E，海拔 186 m，成土母质为风积沙，草地，矮灌木、杨树等。50 cm 深度土温 20.6℃。野外调查时间为 2015 年 1 月 20 日，编号 36-064。

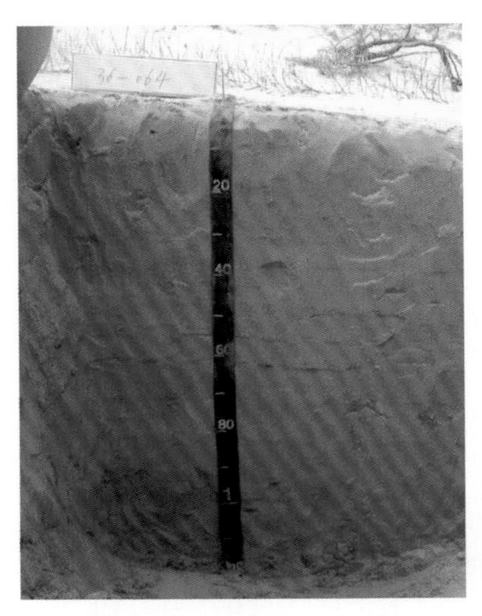

上新屋刘系代表性单个土体剖面

Ah：0～18 cm，浊黄橙色（10YR 6/4，干），浊黄棕色（10YR 5/4，润），砂土，粒状结构，松散，很多 1～2 mm 的石英云母碎屑，向下层波状渐变过渡。

C：18～112 cm，亮棕色（7.5YR 5/8，干），棕色（7.5YR 4/6，润），风积沙，很多 1～2 mm 的石英云母碎屑，砂土，粒状结构，松散。

上新屋刘系代表性单个土体物理性质

土层	深度 /cm	砾石 (>2 mm，体积分数)/%	细土颗粒组成 (粒径：mm)/(g/kg)			质地	容重 /(g/cm³)
			砂粒 2～0.05	粉粒 0.05～0.002	黏粒 <0.002		
Ah	0～18	0	993	5	2	砂土	1.26
C	18～112	0	962	31	7	砂土	1.28

上新屋刘系代表性单个土体化学性质

深度/cm	pH		有机碳(C) /(g/kg)	全氮(N) /(g/kg)	全磷(P) /(g/kg)	全钾(K) /(g/kg)	CEC /(cmol/kg)	游离铁(Fe) /(g/kg)
	H_2O	KCl						
0～18	4.9	4.4	13.1	0.83	0.29	13.5	1.3	5.5
18～112	4.8	4.3	2.3	0.74	0.32	13.5	1.2	4.0

8.3.3 竹林系（Zhulin Series）

土 族：砂质硅质型酸性热性-普通湿润正常新成土
拟定者：王军光，罗梦雨，朱 亮

分布与环境条件 多出现于湖口、星子一带，主要分布在长江与鄱阳湖交汇口的两侧沙丘地带。成土母质为风积沙。现仅有稀疏草本植被黄花蒿、六月雪等。年均气温 17.0～17.5℃，年均降水量 1400～1550 mm，无霜期 266 d 左右。

竹林系典型景观

土系特征与变幅 诊断层包括淡薄表层；诊断特性包括热性土壤温度、湿润土壤水分状况。淡薄表层的厚度为 20 cm，之下为风积沙母质，质地通体为砂土，pH 为 4.7。

对比土系 上新屋刘系，同一土类，不同土族，成土母质和质地相同，表层有机质含量为 13.1 g/kg 左右；平溪系，相同土类，不同亚类，成土母质为花岗岩坡积物，土体质地为砂质黏壤土-壤质砂土；陈坊系，相同亚类，不同土族，成土母质为泥页岩坡积物盖泥页岩残积物，土层质地构型为粉壤土-壤土，颗粒大小级别为粗骨壤质；炉下系，相同亚类，不同土族，成土母质为红砂岩坡积物，层次质地构型为壤质砂土-粉质黏土。

利用性能综述 有效土体较浅薄，质地很砂，氮、磷、钾含量较低，保水保肥性较差，植被生长较差，大量地表直接裸露，流沙移动活跃，加大了土地沙化的可能性。应保护现有防沙林，积极营造新的防风固沙林，进行封沙育草、育林，在固沙林带间增施有机肥和化肥，种植适宜沙地生长的葡萄、花生等经济作物，创造经济效益，有条件的地方可以搬运客土覆盖砂土层，减少流沙移动，构建良好的生态环境。

参比土种 灰砂丘土。

代表性单个土体 位于江西省九江市庐山市星子镇竹林村，29°20′59.3″N，116°00′14.8″E，海拔 50 m，成土母质为风积沙，草本。50 cm 深度土温 20.6℃。野外调查时间为 2015 年 1 月 19 日，编号 36-043。

竹林系代表性单个土体剖面

Ah：0～20 cm，灰黄棕色（10YR 6/2，干），黑棕色（10YR 2/2，润），砂土，屑粒状结构，松散，土体内有少量的植物根系，中量的蜂窝状粒间孔隙，有铁斑纹，向下层平滑渐变过渡。

C1：20～90 cm，浊黄橙色（10YR 7/4，干），浊黄棕色（10YR 5/4，润），砂土，单粒状结构，松散，土体内有少量的植物根系，土体内有中量的蜂窝状粒间孔隙，有铁斑纹，向下层平滑渐变过渡。

C2：90～153 cm，淡黄橙色（10YR 8/3，干），黄棕色（10YR 5/6，润），砂土，单粒状结构，松散，土体内有中量的蜂窝状粒间孔隙，有铁斑纹。

竹林系代表性单个土体物理性质

土层	深度/cm	砾石(>2 mm，体积分数)/%	细土颗粒组成 (粒径：mm)/(g/kg)			质地	容重/(g/cm^3)
			砂粒 2～0.05	粉粒 0.05～0.002	黏粒 <0.002		
Ah	0～20	—	898	75	27	砂土	—
C1	20～90	—	955	30	15	砂土	—
C2	90～153	—	996	2	2	砂土	—

竹林系代表性单个土体化学性质

深度/cm	pH		有机碳(C)/(g/kg)	全氮(N)/(g/kg)	全磷(P)/(g/kg)	全钾(K)/(g/kg)	CEC/(cmol/kg)	游离铁(Fe)/(g/kg)
	H_2O	KCl						
0～20	4.7	3.8	14.6	0.94	0.49	16.2	2.7	8.4
20～90	—	—	3.5	0.61	0.32	10.2	2.0	3.4
90～153	—	—	2.1	0.42	0.33	1.2	1.6	3.9

8.3.4　左溪系（Zuoxi Series）

土　族：粗骨壤质硅质型酸性热性-普通湿润正常新成土
拟定者：刘窑军，邓　楠，关熊飞

分布与环境条件　多出现于赣州、吉安、抚州一带，地处丘陵高丘中部的缓坡地带。成土母质为石英岩坡积物。现多种植马尾松、油茶等林木。年均气温19.5～20.0 ℃，年均降水量1510 mm，无霜期261 d左右。

左溪系典型景观

土系特征与变幅　诊断层包括淡薄表层；诊断特性包括热性土壤温度、湿润土壤水分状况、准石质接触面。土体厚度小于30 cm，准石质接触面上界出现在约30 cm处，土体质地为砂质黏壤土，pH为4.6左右。

对比土系　陈坊系，同一亚类，不同土族，成土母质为泥页岩坡积物盖泥页岩残积物，质地构型为粉壤土-壤土；炉下系，同一亚类，不同土族，成土母质为红砂岩坡积物，质地构型为壤质砂土-粉质黏土；社里系，相同土类，不同亚类，成土母质为泥页岩，质地为粉壤土；上新屋刘系，同一亚类，不同土族，成土母质为风积沙，质地构型通体为砂土。

利用性能综述　土体浅薄，质地偏砂，含有较多砾石，土壤中缺乏磷元素，植物根系不易下扎，易造成水土流失。应实行封山育林，保护现有植被，合理施用磷肥，种植浅根系植物，积极营造多林种的生态系统，控制水土流失。

参比土种　薄层灰黄砂泥红壤。

代表性单个土体　位于江西省赣州市崇义县横水镇左溪村，25°39′40″N，114°16′47″E，海拔448 m，成土母质为石英岩坡积物，灌木林地和竹林地。50 cm深度土温22.7℃，热性。野外调查时间为2016年1月6日，编号36-145。

左溪系代表性单个土体剖面

Oe：+2～0 cm，浊橙色（7.5YR 7/4，干），棕色（7.5YR 4/3，润），向下层平滑清晰过渡。

AC：0～30 cm，浊棕色（7.5YR 5/4，干），灰棕色（7.5YR 4/2，润），砂质黏壤土，团块状结构，稍坚实，有多量的次棱状石英碎屑，有中量 2～5 mm 的禾本植物根，有宽度 3～5 mm、长度<10 cm 裂隙，向下层波状清晰过渡。

C：30～70 cm，石英岩坡积物。

左溪系代表性单个土体物理性质

土层	深度/cm	砾石 (>2 mm，体积分数)/%	细土颗粒组成 (粒径：mm)/(g/kg)			质地	容重 /(g/cm³)
			砂粒 2～0.05	粉粒 0.05～0.002	黏粒 <0.002		
Oe	+2～0	—	—	—	—	—	—
AC	0～30	30	503	272	224	砂质黏壤土	1.31
C	30～70	—	—	—	—	—	—

左溪系代表性单个土体化学性质

深度/cm	pH		有机碳(C) /(g/kg)	全氮(N) /(g/kg)	全磷(P) /(g/kg)	全钾(K) /(g/kg)	CEC /(cmol/kg)	游离铁(Fe) /(g/kg)
	H_2O	KCl						
+2～0	—	—	—	—	—	—	—	—
0～30	4.6	3.7	17.6	1.58	0.49	16.9	16.6	24.3
30～70	—	—	—	—	—	—	—	—

8.3.5 炉下系（Luxia Series）

土 族：粗骨砂质硅质混合型酸性热性-普通湿润正常新成土

拟定者：王天巍，周泽璠，李婷婷

分布与环境条件 多出现于吉安、抚州一带，多处在低丘或高阶地上部的缓坡地带，丹霞地貌。成土母质为红砂岩坡积物。植被以草、灌丛为主。年均气温 17.3～18.5 ℃，年均降水量 1700～ 1850 mm，无霜期 270 d 左右。

炉下系典型景观

土系特征与变幅 诊断层包括淡薄表层；诊断特性包括热性土壤温度、湿润土壤水分状况。该土系起源于红砂岩风化物。淡薄表层不足 30 cm，层次质地构型为壤质砂土-粉质黏土，pH 为 4.2～4.3。

对比土系 上新屋刘系，同一亚类，不同土族，成土母质为风积沙，质地通体为砂土；左溪系，同一亚类，不同土族，成土母质为石英岩坡积物，质地构型为砂质黏壤土，颗粒大小级别为粗骨壤质；下陂系，邻近区域，雏形土纲，成土母质为石英岩残积物，层次质地构型为黏土-砂质黏土-黏壤土；戴白系，邻近区域，雏形土纲，成土母质为千枚岩坡积物，质地构型为砂质黏土-粉质黏土；竹林系，相同亚类，不同土族，成土母质为风积沙，质地通体为砂土；港田系，邻近区域，雏形土纲，成土母质为石英岩坡积物，质地通体为黏土。

利用性能综述 土壤发育程度较差，土体浅薄，含有较多砾石，养分含量较差，不易熟化。应保护现有植被，合理施用农家肥、有机肥和化肥，种草种树，促进植被生长，增加植被覆盖度，构建良好的生态系统。

参比土种 薄层灰红砂泥棕红壤。

代表性单个土体 位于江西省抚州市乐安县龚坊镇炉下村，27°35′15.8″N，115°43′20.3″E，海拔 128 m，成土母质为红砂岩坡积物，裸地，长有荒草。50 cm 深度土温 21.5℃，热性。野外调查时间为 2015 年 8 月 24 日，编号 36-123。

炉下系代表性单个土体剖面

Ah：0～20 cm，浊红棕色（2.5YR 4/3，干），暗棕色（10YR 3/4，润），壤质砂土，粒状结构，坚实，土体有多量的红砂岩碎屑，少量的草根，多量的蜂窝状孔隙，向下层波状清晰过渡。

C：20～40 cm，浊红棕色（2.5YR 4/4，干），暗棕色（10YR 3/4，润），粉质黏土，粒状结构，坚实，土体有多量的红砂岩碎屑，少量的草根，多量的蜂窝状孔隙，向下层波状清晰过渡。

R：40～100 cm，红砂岩。

炉下系代表性单个土体物理性质

土层	深度/cm	砾石(>2 mm，体积分数)/%	细土颗粒组成（粒径：mm)/(g/kg)			质地	容重/(g/cm^3)
			砂粒 2～0.05	粉粒 0.05～0.002	黏粒 <0.002		
Ah	0～20	30	803	176	21	壤质砂土	1.28
C	20～40	40	114	426	440	粉质黏土	1.32
R	40～100	—	—	—	—	—	—

炉下系代表性单个土体化学性质

深度/cm	pH		有机碳(C)/(g/kg)	全氮(N)/(g/kg)	全磷(P)/(g/kg)	全钾(K)/(g/kg)	CEC/(cmol/kg)	游离铁(Fe)/(g/kg)
	H_2O	KCl						
0～20	4.2	3.5	4.8	0.61	0.35	17.2	13.8	17.3
20～40	4.3	3.7	8.5	0.74	0.18	15.3	8.8	18.4
40～100	—	—	—	—	—	—	—	—

参考文献

曹庆. 2012. 庐山北坡土壤发生特性与系统分类[D]. 南京：南京师范大学: 1-61.

陈绍荣. 1990. 江西红砂岩发育的土壤特性及其分类[J]. 土壤学报, 27(3): 343-344.

丁瑞兴，刘友兆，孙玉华. 1999. 我国亚热带湿润区土壤系统分类参比[J]. 土壤, (2): 97-103.

冯跃华，张杨珠，邹应斌，等. 2005. 井冈山土壤发生特性与系统分类研究[J]. 土壤学报, 42(5): 720-729.

龚子同，张甘霖. 2006. 中国土壤系统分类：我国土壤分类从定性向定量的跨越[J]. 中国科学基金, (5): 293-296.

龚子同，张甘霖，陈志诚，等. 2002. 以中国土壤系统分类为基础的土壤参比[J]. 土壤通报, 33(1): 1-5.

黄瑞采，戴朱恒，陈邦本，等. 1957. 庐山区土壤的特征[J]. 土壤学报, (2): 117-135.

江西省地方志编纂委员会. 1993. 江西省动植物志[M]. 北京：中共中央党校出版社.

江西省地方志编纂委员会. 1997. 江西省气象志[M]. 北京：方志出版社.

江西省地质矿产局. 1984. 江西省区域地质志[M]. 北京：地质出版社.

江西省统计局，国家统计局江西调查总队. 2018. 江西统计年鉴 2017[M]. 北京：中国统计出版社.

江西土地资源管理局. 1991. 江西土壤[M]. 北京：中国农业科技出版社.

李德成，张甘霖. 2016. 中国土壤系统分类土系描述的难点与对策[J]. 土壤学报, 53(6): 1563-1567.

史学正，龚子同. 1996. 我国东南部不同分类系统中土壤类别归属的对比研究[J]. 土壤通报，27(3): 97-102.

王景明，卢志红，吴建富，等. 2010. 庐山土壤类型的特点与分布规律[J]. 江西农业大学学报，32(6): 1284-1290.

张甘霖，龚子同. 2012. 土壤调查实验室分析方法[M]. 北京：科学出版社.

张甘霖，李德成. 2017. 野外土壤描述与采样手册[M]. 北京：科学出版社.

张甘霖，王秋兵，张凤荣，等. 2013. 中国土壤系统分类土族和土系划分标准[J]. 土壤学报，50(4): 826-834.

张维理，徐爱国，张认连，等. 2014. 土壤分类研究回顾与中国土壤分类系统的修编[J]. 中国农业科学, 47(16): 3214-3230.

赵安，赵小敏. 1998. 江西 1978 土壤分类系统与 FAO1990 土壤分类系统的衔接研究[J]. 江西农业大学学报, 20(4): 521-527.

中国科学院南京土壤研究所，中国科学院西安光学精密机械研究所. 1989. 中国标准土壤色卡[M]. 南京：南京出版社.

中国科学院南京土壤研究所土壤系统分类课题组，中国土壤系统分类课题研究协作组. 2001. 中国土壤系统分类检索[M]. 3 版. 合肥：中国科学技术大学出版社.

索　引

(S-0010.01)
ISBN 978-7-5088-5701-5

定价：**298.00** 元